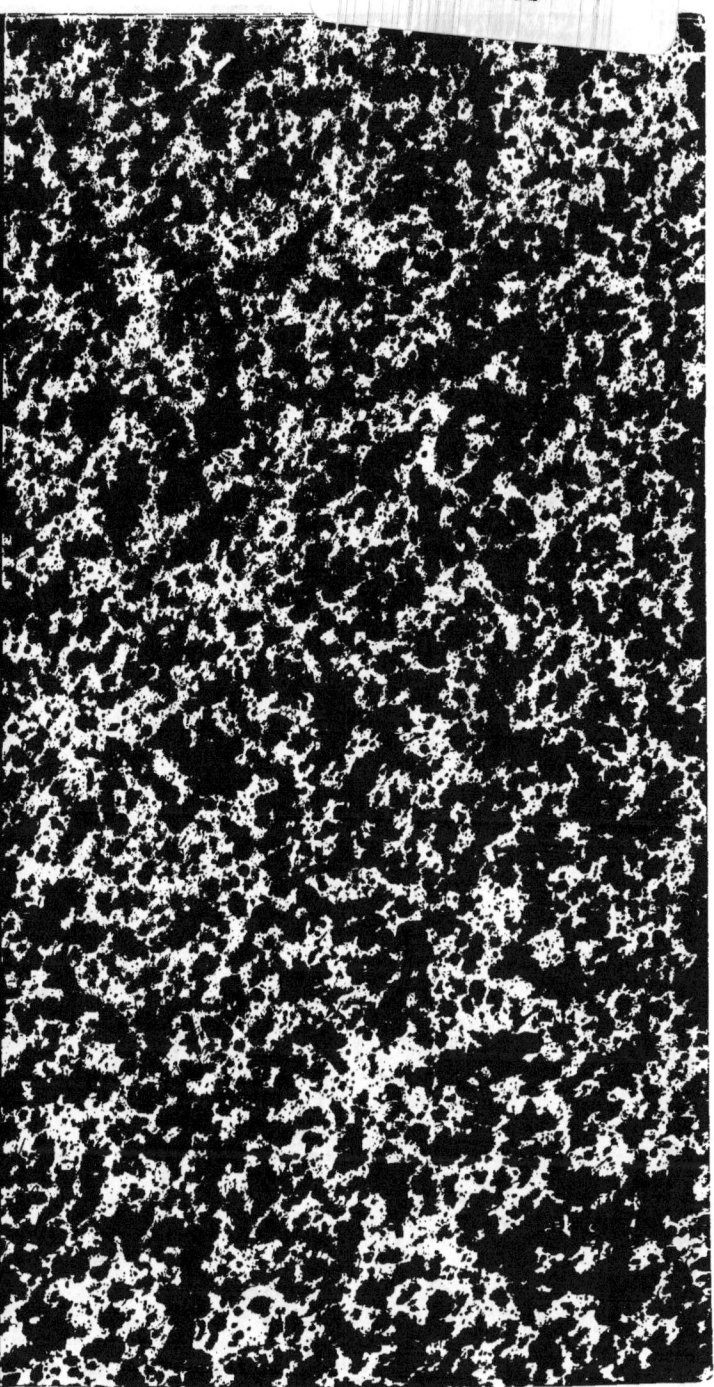

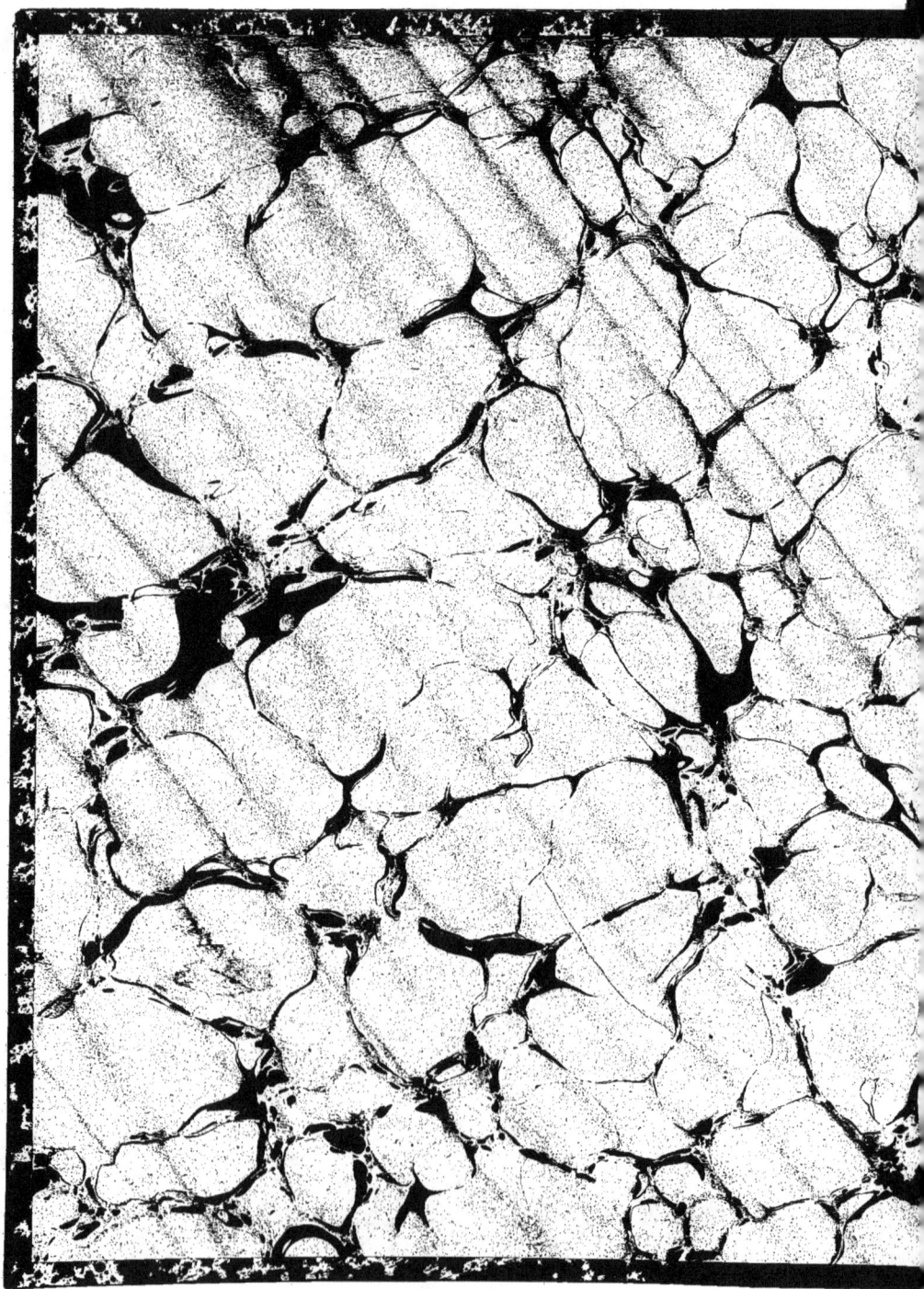

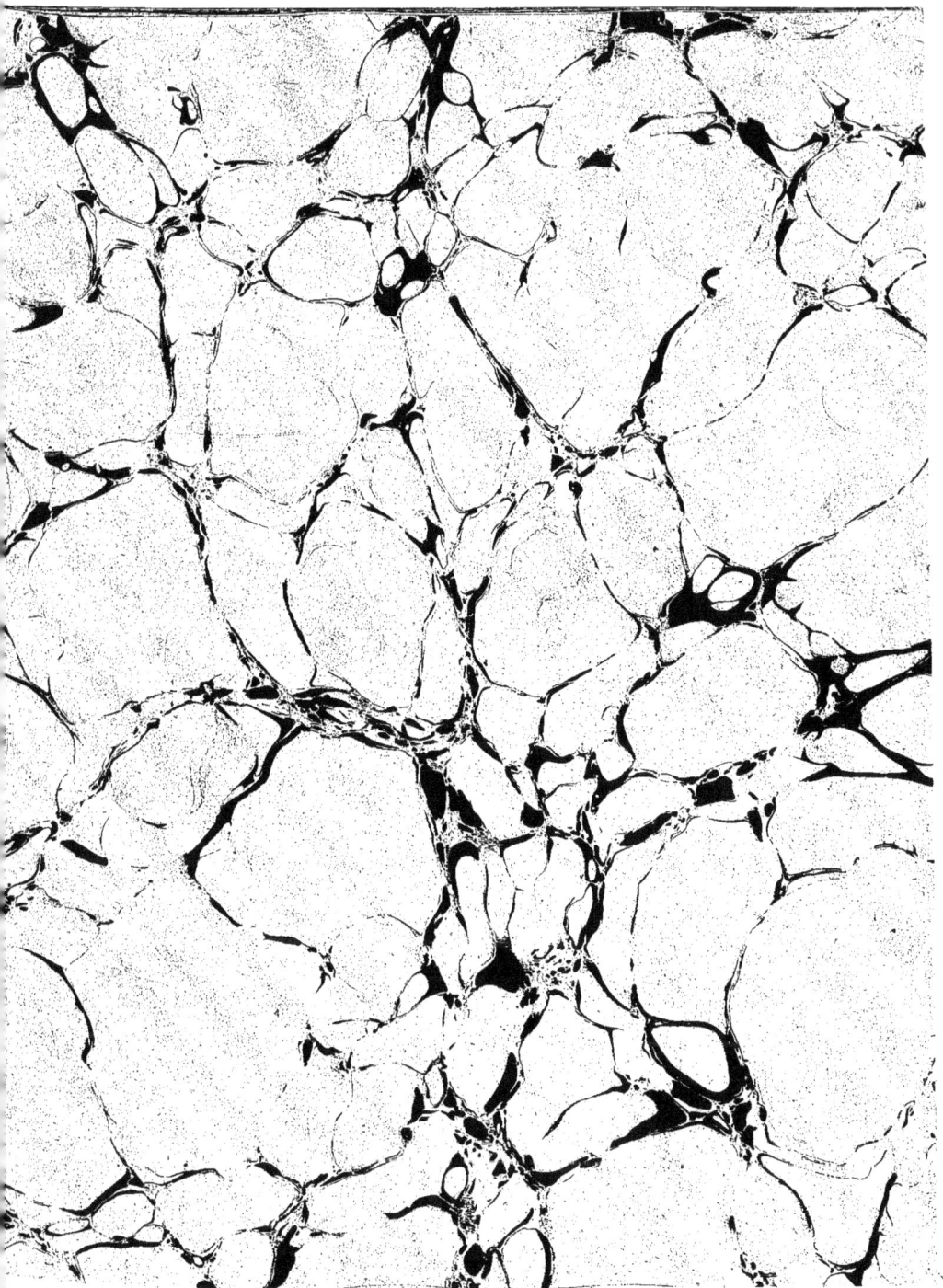

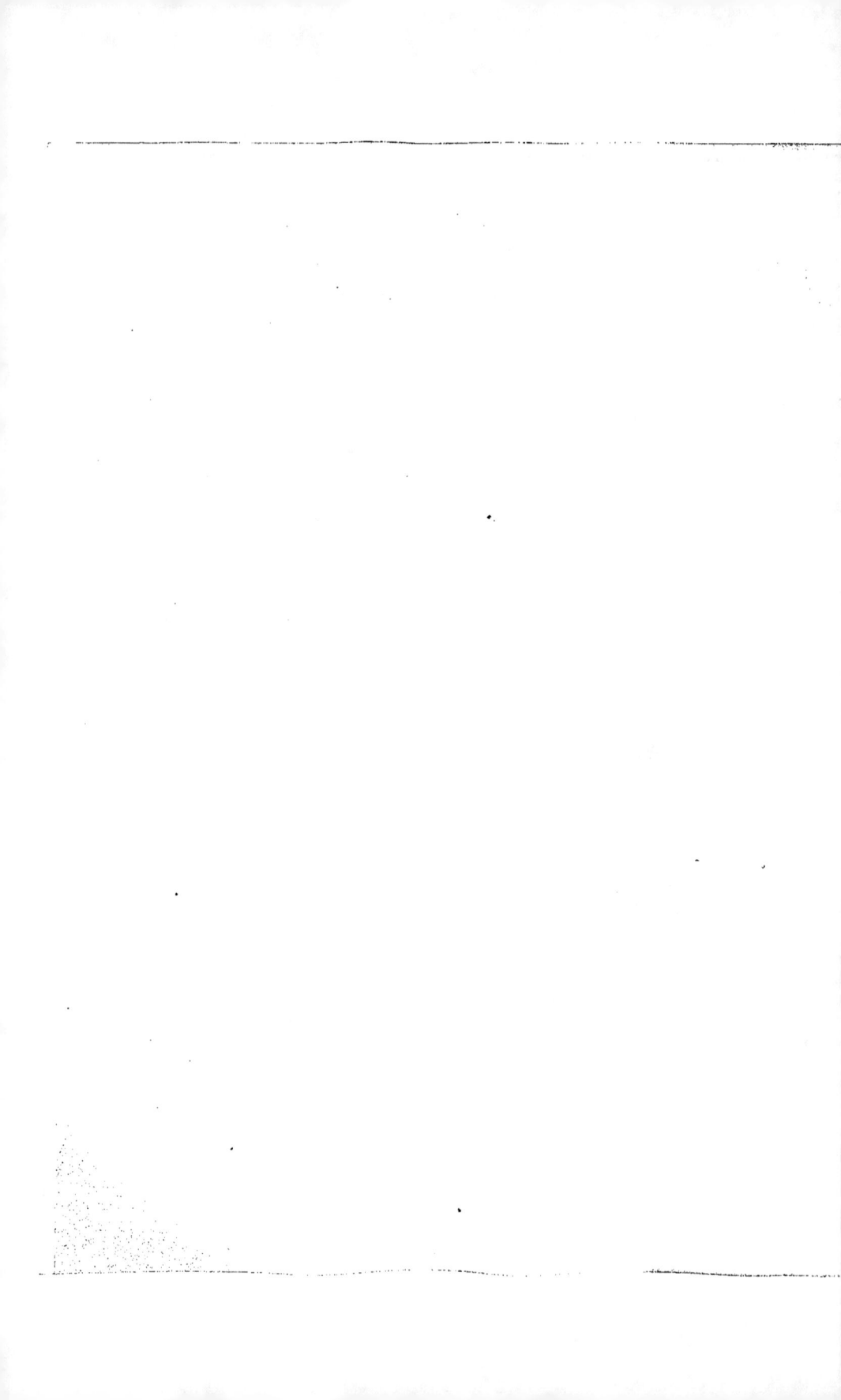

GÉOLOGIE ET PALÉONTOLOGIE

DU

BASSIN HOUILLER DU GARD

PAR

M. C. GRAND'EURY

Correspondant de l'Institut

———— ❦ ————

SAINT-ÉTIENNE
IMPRIMERIE THÉOLIER ET Cⁱᵉ
12, RUE GÉRENTET, 12

1890

GÉOLOGIE ET PALÉONTOLOGIE

DU

BASSIN HOUILLER DU GARD

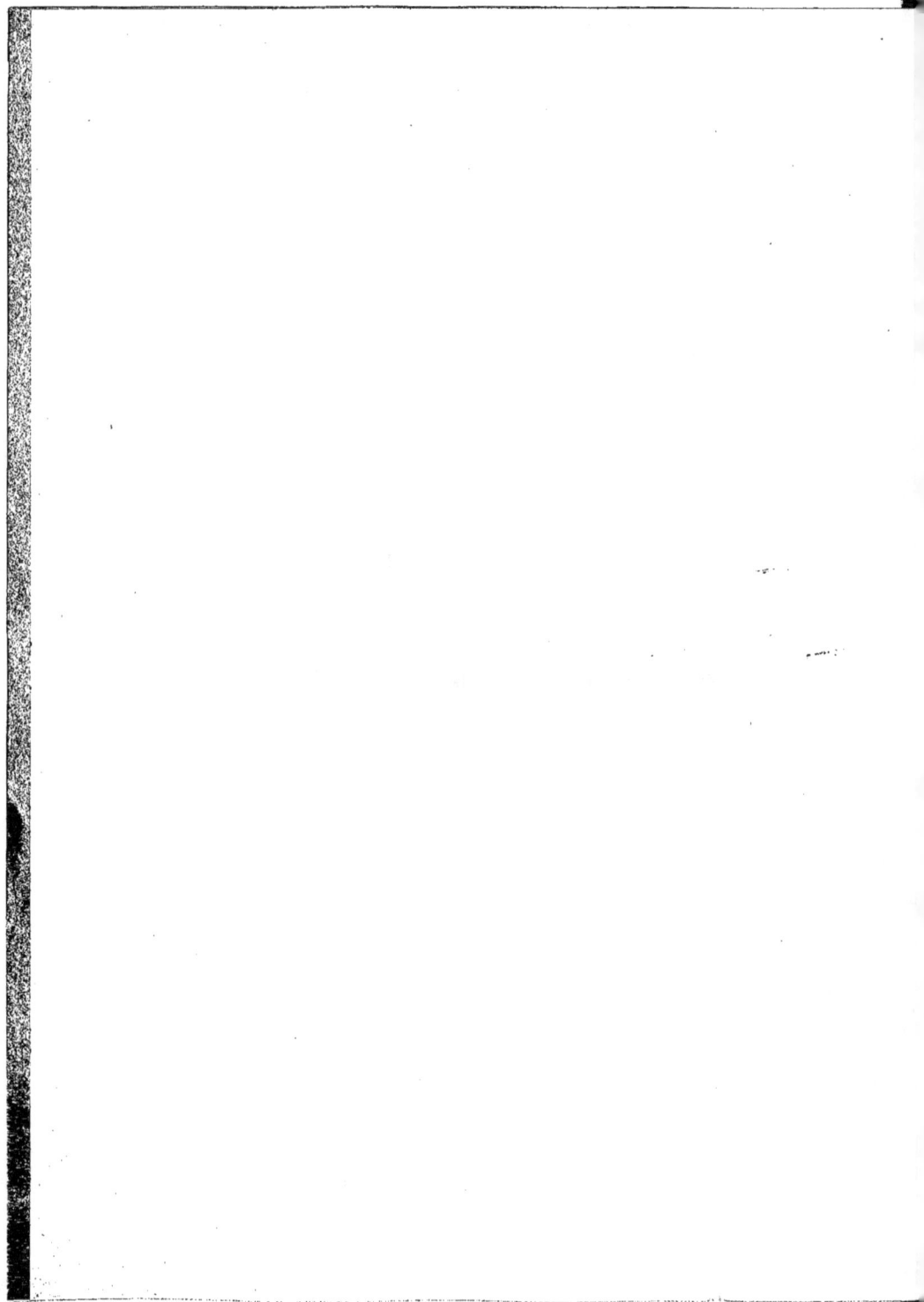

GÉOLOGIE ET PALÉONTOLOGIE

DU

BASSIN HOUILLER DU GARD

PAR

M. C. GRAND'EURY

Correspondant de l'Institut

SAINT-ÉTIENNE

IMPRIMERIE THÉOLIER ET Cⁱᵉ

12, RUE GÉRENTET, 12

—

1890

PRÉFACE

En 1882, M. Parran décida les Compagnies houillères et métallurgiques du Gard (1) à nous charger, M. Zeiller, ingénieur en chef des Mines, et moi, de la mission d'étudier le bassin houiller des Cévennes et principalement d'en classer les couches au moyen des plantes fossiles. M. Zeiller ayant été appelé peu de temps après, par le Gouvernement, à collaborer à la topographie souterraine du bassin houiller du nord de la France, déclina la mission du Gard dont je restai seul chargé.

Après d'assez longues recherches de paléontologie stratigraphique, je remis, en 1885, un mémoire sur la position relative des faisceaux de couches du bassin houiller, avec carte et coupes à l'appui également nécessaires pour montrer les gisements de fossiles et indiquer les couches qu'ils caractérisent et raccordent tout ensemble. De nombreux dessins de fossiles accompagnaient ce mémoire.

Deux ans après, quelques Compagnies (2) me firent demander d'en préparer et surveiller la publication, pour elles, à un petit nombre d'exemplaires.

Le mémoire remis en 1885 n'avait pas été rédigé pour être publié. J'ai d'abord cru en devoir contrôler et compléter les déterminations. La

---

(1) Compagnies houillères de la Grand'Combe, de Bessèges, de Mokta-el-Hadid (mines de Cessous et de Gagnières), de Rochebelle, de Portes, Compagnies des mines et forges d'Alais, des fonderies et forges de Terrenoire, Lavoulte et Bessèges.

(2) Compagnies de la Grand'Combe, houillère de Bessèges, de Mokta-el-Hadid.

production d'une carte géologique avec de nombreuses coupes m'a tout au moins obligé de les vérifier. Et ainsi j'ai été amené à m'occuper de la constitution du terrain houiller, de ses rapports avec les terrains inférieurs et supérieurs, des accidents qui l'affectent, en un mot de la géologie du bassin des Cévennes.

Cependant, dans cette publication, la première place est réservée aux fossiles végétaux : dans la partie géologique même, ils sont à tout instant mis à contribution ; leur description occupe plus de 150 pages de texte et la plupart des planches de l'atlas sont consacrées à leur représentation graphique.

Et, par le fait, le terrain houiller est de toutes les formations géologiques celle qui peut le moins être analysée sans tenir le plus grand compte des fossiles qui forment les couches de houille (c'est-à-dire 1/20 à 1/30 du volume des étages productifs), encombrent les roches de leurs débris et y ont même laissé des traces nombreuses de leur croissance sur place. Les couches et filets de houille sont en effet si nombreux que les circonstances de dépôt du terrain houiller ne sauraient différer beaucoup de celles qui ont présidé à la formation de la houille elle-même. Il est non moins certain que les arbres enracinés, *in loco natali*, annoncent la proximité du bord mobile du bassin géogénique ou marquent l'emplacement des dépôts qui se sont effectués à peu de profondeur.

Le terrain houiller, en général, est aussi, plus que les terrains de marnes et de calcaires, dépourvu d'horizons pétrographiques, et formé de strates irrégulières, discontinues et disloquées ; celui du Gard, en particulier, est en outre démantelé à ce point que, avant que l'on nous eût confié la mission d'en classer les couches par l'emploi du caractère paléontologique de préférence à tout autre, on ne voyait pas le moyen de reconnaître l'équivalence et de déterminer l'ordre de superposition de ses parties disjointes et dissemblables sans consulter les fossiles auxquels on a partout recours aujourd'hui pour l'étude des terrains de sédiment.

Mais, bien que les végétaux fossiles jouent dans ces études le premier rôle, ils ne seront envisagés pour eux-mêmes qu'en dernier lieu, la paléontologie étant une science spéciale à séparer de ses applications.

Ces études touchant la structure, la mécanique, la richesse du bassin des Cévennes, le gisement des fossiles, leur connaissance botanique, forment un ensemble assez complet, une monographie descriptive qui, pour n'être à certains égards qu'une esquisse générale, répond suffisamment bien, je crois, à la mission qui nous a été donnée sans programme.

Cette monographie comprend trois livres ayant respectivement trait à la géologie, à la paléontologie stratigraphique et à la flore fossile dudit bassin : la description du terrain houiller et de ses rapports avec les terrains encaissants fait l'objet du livre premier ; le mode de distribution des débris fossiles et leur application au classement des couches l'objet du livre second, et la détermination des empreintes organiques celui du troisième.

Avant d'aborder l'examen de ces questions, avec tous les développements nécessaires, je devrais, me conformant à la règle, citer les auteurs qui ont écrit sur le bassin du Gard et donner un court aperçu de leurs travaux. Emilien Dumas s'est acquitté scrupuleusement de cette tâche (1) en ce qui regarde les auteurs anciens jusqu'en 1802 et les auteurs modernes jusqu'en 1846, année où il exposa pour la première fois ses vues sur la géologie des environs d'Alais (2). Son ouvrage principal, paru après sa mort (3), contient une description du terrain houiller suivant les idées reçues. Ce terrain a en outre fait l'objet de diverses études spéciales et de détail par MM. Callon, Parran, Zeiller, Sarran, Peyre, etc. Mais, pour ne pas allonger cette préface, je me contenterai de renvoyer à ces écrits dans le cours du texte, où je me suis imposé, autant que possible, de ne mettre en œuvre que mes observations personnelles.

Je me fais un plaisir, et un devoir, de remercier ici les exploitants, les ingénieurs et les géomètres, pour le concours obligeant qu'ils m'ont prêté, et en particulier M. Malartre, qui a dressé la carte d'ensemble, et M. Platon, qui m'a beaucoup aidé à exhumer les fossiles des concessions de la Compagnie de la Grand'Combe.

---

(1) *Statistique géologique, minéralogique, métallurgique et paléontologique du département du Gard*, 1re partie, p. XIX.

(2) *Bull. Société Géol. de France*, 2e série, t. III, p. 566.

(3) *Statistique géologique, minéralogique, métallurgique et paléontologique du département du Gard*, 1re partie 1873, 2e partie 1876, 3e partie 1877. L'historique des mines et des concessions se trouve dans la 3e partie. A la liste donnée des concessions de houille il faut ajouter celles du Provençal, de Saint-Germain, de Montalet, des Mages, ce qui fait 27 concessions attenantes.

LIVRE PREMIER

DESCRIPTION DU BASSIN HOUILLER DU GARD

ET DES

TERRAINS ENCAISSANTS

A ce mémoire est annexée une carte géologique résumant, avec les coupes qui l'accompagnent, tout ce qui est aujourd'hui connu sur le bassin houiller et les calcaires superposés.

Cette carte, dressée à l'échelle de 1/20.000, représente : 1° la surface découverte d'au moins 10 affleurements houillers, et la trace au jour des couches de charbon ; 2° le terrain primitif environnant, avec les roches éruptives et les filons qui le pénètrent et le sillonnent ; 3° les terrains de recouvrement, secondaires et tertiaires, avec les accidents qui les affectent au-dessus du terrain houiller. Les couleurs employées à la distinction des terrains sont celles proposées et adoptées par les Congrès géologiques internationaux de Bologne et de Berlin. Des bandelettes de couleurs plus foncées ou plus vives sont posées sur les couches de houille que raccordent ou parallélisent les fossiles.

Des coupes nombreuses faites dans toutes les directions et passant par les travaux de mines, les sondages et les points les plus intéressants, reproduisent l'allure, la puissance et les rapports de superposition des terrains figurés.

2

Ces terrains sont nombreux et très accidentés ; ils renferment des richesses minérales variées : le territoire d'Alais est concédé pour houille, lignite, bitume, minerai de fer, pyrite de fer, plomb, zinc, antimoine.

Aussi, il m'a paru utile d'indiquer les principaux gisements métallifères, du moins ceux qui sont dans un étroit voisinage avec le terrain houiller ou en rapport d'origine avec les fractures et dislocations de ce dernier.

Toutefois, l'objet de la mission étant borné au terrain houiller, je n'ai fait graver que les limites de concession de houille, et même seulement que le périmètre de celles possédées par la Compagnie des mines de la Grand'Combe, et d'une contenance de plus de 9.000 hectares ; le périmètre de la Compagnie houillère de Bessèges comprend aussi la concession de Bordezac (1).

La carte joint à la topographie extérieure la topographie souterraine.

Le pays, très montagneux, n'offrant pour ainsi dire ni plaines, ni plateaux, est assez bien dessiné par ses lignes de Thaweg et de faîte ; les premières sont tracées à l'encre bleue et les crêtes ou arêtes montagneuses à l'encre noire, en pointillés mixtes, et pour juger des différences de niveau, il a été ajouté un grand nombre de cotes ou d'altitudes à ces lignes les plus marquantes du relief du sol.

La topographie souterraine est représentée par les affleurements de couches de houille, les failles, les coupes, et spécialement par les courbes de niveau des couches les plus exploitées dans chaque district. Ces courbes sont tirées à l'encre rouge, ainsi que les failles, filons et, en général, tout ce qui touche à la structure interne.

Je n'ai pas besoin de dire que, comme tous les travaux de ce genre, la carte géologique du bassin houiller du Gard aura à subir, avec le temps, des modifications au fur et à mesure d'observations plus complètes, d'autant plus que tous les détails n'ont pas été levés, notamment dans la partie nord du bassin, et que, jusqu'à présent, les limites des étages de calcaire et les lignes de la surface n'ont été déterminées avec soin qu'autour des exploitations de La Grand'Combe, de Rochebelle, Saint-Jean, Molières, Bessèges, Lalle et Gagnières ; déjà, des lacunes et imperfections sont à signaler sur la carte qui a été exposée à Paris en 1889.

Tout cela expliqué, le livre premier comprend les chapitres suivants :

---

(1) Les concessions de minerai de fer recouvrent presque toute la surface du terrain houiller. Il a été institué dans la limite de la carte 7 concessions de pyrite, 5 concessions de plomb, zinc et antimoine ; à plusieurs endroits, il y a 2, 3, ou même 4 concessions superposées.

CHAPITRE I

Terrain primitif et Roches éruptives.

RAPPORTS DE CONTACT ET D'ORIGINE AVEC LE TERRAIN HOUILLER.

CONFORMATION ET EXTENSION DU BASSIN DU GARD

Dans les Cévennes, les micaschistes servent de substratum au terrain houiller, du moins dans la partie accessible à l'observation ; le terrain houiller s'est déposé à la suite d'un mouvement orogénique dont nous déterminerons plus loin la date, dans un bassin dont nous allons rechercher la forme ; le terrain primitif, conjointement avec les roches granitoïdes dissimulées sous les calcaires, a fourni au terrain houiller les matériaux dont il se compose.

Les deux terrains ont ainsi des rapports de forme et d'origine que, avant tout, je dois chercher à mettre en lumière, car ils intéressent l'allure générale et l'extension du bassin houiller.

A cet effet, je vais envisager successivement, à grands traits : 1° la nature et la subdivision en zones du terrain primitif ; 2° son allure générale aux confins du terrain houiller ; 3° les rapports de contact existant entre les deux terrains ; 4° les limites originelles du terrain houiller ; 5° son extension en dehors des parties visibles et connues.

1° *Nature et subdivision du terrain primitif.* — Les couches houillères relevées au pied des Cévennes s'appuient directement sur des micaschistes sériciteux et chloriteux, auxquels a été donné improprement le nom de talcschistes et que pendant longtemps on a même pris pour des schistes siluriens fortement métamorphisés (1).

Avec M. G. Fabre, nous avons relevé la coupe du terrain primitif en remontant la Cèze et l'Homol, entre Bessèges et Génolhac. Cette coupe n° 1, servant

Croquis N°1
Coupe et Légende du Terrain primitif

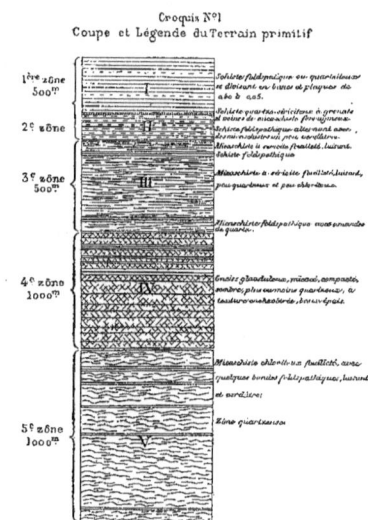

de légende aux croquis suivants, révèle 4 à 5 zones caractérisées assez nettement par la prédominance des micaschistes feldspathiques, sériciteux, gneissique, ou chloriteux. Le micaschiste de la 1re zone est feldspathique, se divise en petits bancs réguliers que séparent de rares intercalations de schistes sériciteux feuilletés ; il comprend des micaschistes quartziteux, ainsi que la 2e zone. Celle-

_____

(1) *Bull. Société Géolog.* : G. Fabre, 3 série, t. V, 1877, p. 399.
—   —   —   Ebray, 3 série, t. I, 1873, p. 132.

ci, moins feldspathique et plus schisteuse que la première, est un peu chloriteuse. La 3ᵉ zone est formée de micaschiste essentiellement sériciteux, ondulé ou feuilleté, luisant, satiné, gris-bleuâtre, tranchant sur ceux de la 2ᵉ et surtout sur ceux de la 4ᵉ zone. Celle-ci, très puissante, est composée de gneiss glanduleux à texture enchevêtrée, rocheux, en bancs épais, sombre, avec sillon de mica brun. A cet étage, sériciteux en haut et un peu chloriteux en bas, succède une très longue série de schistes chloriteux verdâtres se divisant en feuillets et plaques lenticulaires, renfermant parfois beaucoup d'amandes quartzeuses, avec la tourmaline comme minéral accessoire assez fréquent.

Il n'y a pas à douter de l'ordre de superposition de cette suite de schistes primitifs, à laquelle on peut attribuer une épaisseur d'au moins 3.000 mètres ; mais l'on peut s'étonner de rencontrer à la base un massif de plus de 1.000 mètres de chloritoschistes peu et rarement feldspathiques. Il faut croire que la série est loin d'être complète. En considérant que les micaschistes feldspathiques et gneissiques du Gard se retrouvent dans le Forez mélangés aux autres variétés de micaschiste, je suis porté à croire que les schistes anciens analogues des Cévennes appartiennent, quoique séparés en massifs distincts, en entier, à l'étage supérieur du terrain primitif.

2° *Allure générale des schistes primitifs.* — Dans les Cévennes, les schistes primitifs présentent deux allures sans mélanges. (Voir le croquis n° 2, p. 14, carte des micaschistes) : 1° l'allure N.-S. avec plongée à l'Est, entre le Mont-de-la-Barre et Sainte-Cécile ; 2° l'allure E.-O. avec plongée tantôt au Nord, tantôt au Sud, à l'Ouest d'une ligne de fracture très ancienne passant près de Génolhac et d'Alais. Il est à remarquer que la limite séparative des deux allures à angle droit des micaschistes coïncide avec l'extrémité Est du massif de granite porphyroïde de la Lozère et de celui de l'Aigoual, qui s'étend souterrainement jusqu'au mont Cabane où il a été mis à découvert par les érosions ; ces deux massifs ayant la direction E.-O. l'ont naturellement imposée aux schistes soulevés par eux. Les deux allures caractérisent deux régions d'autant plus différentes qu'à l'Ouest la deuxième n'affecte que les micaschistes chloriteux de la 5ᵉ zone (à part une bande de gneiss un peu chloriteux à la Favède), tandis qu'au N.-O. la forte pente de 45° sous laquelle les micaschistes plongent à l'Est en a fait affleurer toutes les zones. Cette pente diminue considérablement vers Génolhac. Le Rouvergue interrompt et déplace les zones, sans en changer l'allure générale ; elles ne sont déviées et contournées qu'à la pointe Sud de ce massif.

3° *Discordance de stratification entre le terrain houiller et le terrain cristallophyllien.* — Dans l'ensemble, les deux terrains sont très discordants. La brèche formant l'assise de base du terrain houiller est en effet en contact

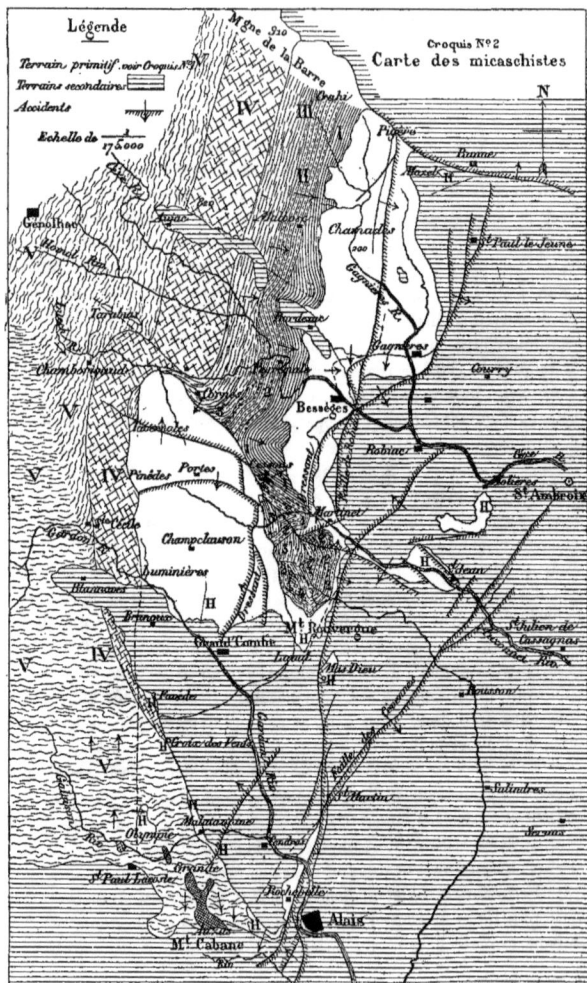

Légende

Croquis N.º 2
Carte des micaschistes

Terrain primitif: voir Croquis N.º 1
Terrains secondaires
Accidents
Echelle de $\frac{1}{175000}$

avec toutes les zones de schistes primitifs, savoir : avec la première, entre le Mont-de-la-Barre et le Rouvergue, avec les 2e, 3e et 4e autour du bassin du Gardon, et avec la 5e à Olympie et au Bois-Commun. Dans la partie Nord, le terrain primitif plonge plus que le terrain houiller (Croquis n° 3). Entre le Chambon

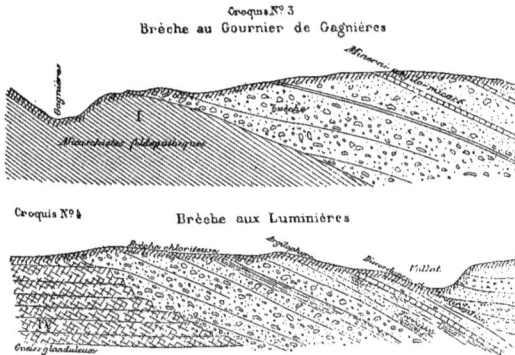

Croquis N° 3
Brèche au Gournier de Gagnières

Croquis N° 4   Brèche aux Luminières

et les Luminières, il est redressé et accidenté, et les relations de contact varient d'un point à un autre : ainsi, tandis qu'à La Jasse les deux terrains sont pour ainsi dire parallèles, aux Tavernoles et aux Luminières la jonction se fait, conformément au croquis n° 4, suivant une espèce de falaise des schistes primitifs en bancs horizontaux, terminés en escalier sans faille ; au Vern, les bancs du terrain houiller reposent sur les tranches verticales d'un micaschiste chloriteux.

Il y a ainsi une indépendance complète, comme allure, entre le terrain houiller et le terrain primitif. Non seulement ils ne sont pas parallèles, mais les différentes zones du second sont mises en présence du dépôt de base du premier. Le terrain primitif a donc été exposé à des érosions très considérables avant la formation houillère et il est plus que probable qu'elles se sont produites après le mouvement ancien qui a donné aux micaschistes les directions N.-S. et E.-O., car, de part et d'autre de la ligne séparative de ces directions, la même brèche repose : aux Luminières, sur le gneiss glanduleux ; à Olympie, sur le micaschiste chloriteux.

4° *Conformation du bassin houiller.* — Cela établi, quelle a bien pu être la forme du bassin de dépôt et le sens général du mouvement soudain qui lui a donné naissance et y a fait affluer des cours d'eau chargée de limon ?

Je suppose que le lecteur connaît le bassin houiller, ou a parcouru les œuvres de E. Dumas, ce qui me permet d'aborder immédiatement la discussion.

La disparition, à l'Est, du terrain houiller sous les calcaires ne permet pas de répondre catégoriquement à la question posée ci-dessus, rien ne pouvant fixer les idées sur le bord Est du bassin, sur la nature des roches qui le forment non plus que sur leur direction et leur plongée, et, par suite, de savoir si ce bassin est synclinal ou isoclinal. La finesse du grain des roches et la régularité des couches à Molières et à Gagnières témoignent tout au plus, à ces endroits, de leur éloignement aussi grand d'un bord que de l'autre. Nous verrons seulement au Chapitre IV qu'un terrain granitoïde a dû dominer dans la partie Est et Sud-Est de l'ancien bassin hydrographique carbonifère, au point le plus déprimé duquel se sont dirigés et accumulés les sédiments houillers.

Il est même assez difficile de reconstituer les grandes lignes du bord Ouest du bassin de dépôt, en faisant abstraction des mouvements postérieurs à la formation houillère.

Cependant il paraît tout d'abord possible de démontrer que le bassin du Gardon s'est dessiné après coup entre les monts Rouvergue et Cabane, parallèles, semblables, et, suivant toute probabilité, contemporains et postérieurs au terrain houiller.

Et en effet, au pied de ces deux montagnes qui encaissent fortement le terrain houiller (Croquis 5 et 6, coupes M^3M^4 et *cd* de la carte), les couches de houille

Croquis N° 5
Bord du Bassin entre Courbessas et Sauvages
Coupe c"d"

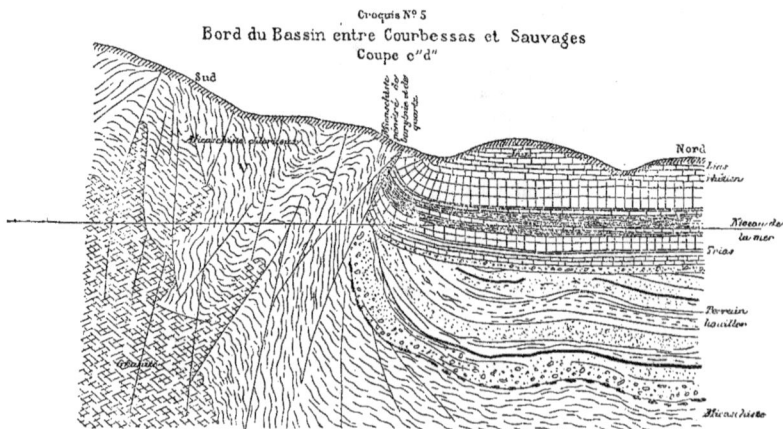

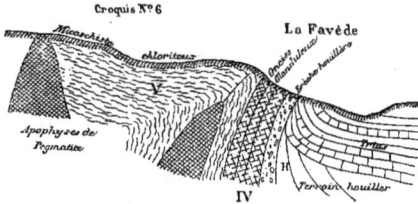

Croquis N° 6

et les feuillets de micaschistes sont entraînés parallèlement, les uns et les autres relevés et même renversés ; le fait est surtout frappant à l'Ouest, où le terrain primitif a déversé sur le terrain houiller (1), et il n'y a pas de doute que les mouvements qui ont ainsi redressé, étiré et laminé les couches ne soient postérieurs à leur formation.

Sur le bord Est du bassin du Gardon, les couches sont également relevées, quoique plus faiblement, au pied du mont Rouvergue qui sépare les deux bassins. Les schistes primitifs de cette arête montagneuse forment une voûte à flanc redressé à l'Ouest (Croquis n°s 7 et 8), mais non brisée et renversée

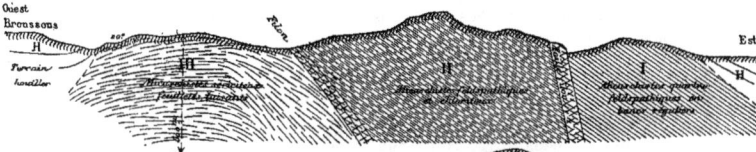

Croquis N° 7
Structure du Rouvergue
Coupe du Martinet aux Brousses

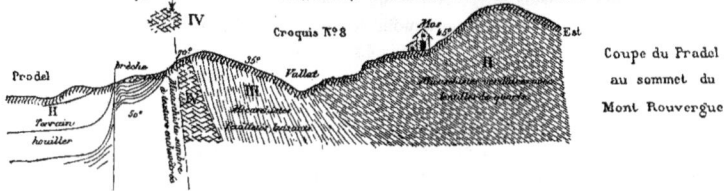

Croquis N° 8

Coupe du Pradel
au sommet du
Mont Rouvergue

(1) A Courbessas on a poussé une descente entre les schistes cristallins et des marnes irisées, dans une couche de houille plongeant seulement de 35° sous les micaschistes qui la recouvrent.

3

comme le plissement qui s'accuse au pied du mont Cabane (Croquis 5 et 6). Cependant l'effet est analogue de part et d'autre, le soulèvement du Rouvergue sur lequel se sont moulées les couches, ayant, par lui-même et par l'accident de La Grand'Combe, joué le rôle d'une grande faille inverse. Ce rôle, déjà accusé par la faible pente du terrain houiller à l'Est et sa plongée à pic à l'Ouest, est parfaitement mis en évidence par le décrochement et le déplacement horizontal de plus de 2 kilomètres de la zone des gneiss glanduleux (Croquis n° 2) et surtout par les dressants du terrain houiller (Coupe M^3 M^4 de la carte).

Nous verrons en effet que le Rouvergue n'était pas encore ébauché lorsque se formait l'étage houiller inférieur, car on trouve des deux côtés les mêmes dépôts et les mêmes fossiles. Comme d'autre part il soulève les terrains secondaires, la division du bassin du Gard en deux sous-bassins peut être considérée, d'une manière générale, comme consécutive à la formation houillère. L'allure du bassin de la Cèze prouve aussi que son pendage actuel s'est accentué après coup, et diverses considérations, à présenter plus loin, portent à penser que les deux phénomènes sont concomitants.

Or, à sa base, le terrain houiller est formé d'une brèche provenant manifestement de la destruction des micaschistes voisins. Ce conglomérat régnant sur toute la lisière Ouest, de Martrimas à Trélys et de La Jasse aux Luminières jusqu'à La Croix-des-Vents, est le même à Bessèges et aux Tavernoles (Croquis n° 2) ; les deux bandes de brèche, aujourd'hui séparées et déplacées par le Rouvergue, appartiennent, par les roches et les fossiles, au même dépôt. Dans son état le plus grossier, la brèche se présente, notamment aux Chamades et aux Tavernoles, comme formée d'éboulis à peine remaniés. Evidemment ce dépôt confus révèle la proximité d'un bord escarpé du bassin géogénique et, à tout prendre, il me paraît probable que, à l'origine, le bassin fût limité à l'Ouest à un relèvement des micaschistes dirigé Nord-Sud, à peu près en ligne droite de Brahic à Olympie, car ici existe, comme témoin de l'extension du terrain houiller en dehors de ses limites actuelles, un ilot isolé de poudingues bréchiformes par rapport auxquels les couches de La Grand'Combe (Voir au livre second) se présentent de la même manière qu'au pied du Mont-Pinèdes. Toutefois, rien ne permet de supposer l'existence d'une falaise élevée produite par le mouvement orogénique qui a signalé le début de la formation houillère ; on ne remarque à la lisière aucun cône de déjection rappelant même de loin ceux de galets de calcaire qui s'avancent à l'Est de la grande chute ou faille des Cévennes, dans l'intérieur d'un terrain tertiaire argilo-marneux. La brèche n'est d'ailleurs pas partout en place, faisant en quelque façon corps avec les micaschistes dont elle procède ; celle des Luminières, composée de blocs de schiste chloriteux s'appuyant sur le gneiss glanduleux (Croquis n° 4), a visiblement subi un certain transport. Le terrain houiller, au reste, a dépassé de beaucoup ses limites latérales actuelles d'érosion, puisqu'on en trouve des lambeaux et boutons aujourd'hui isolés au Vern, au pont du Feljas, etc. (Voir la carte), ce qui prouve qu'à l'origine ce terrain était peu encaissé, du moins sur le bord Ouest, car on ignore complètement la manière dont il se comporte à l'Est, sous les calcaires.

5° *Extension du terrain houiller dans le sens de la longueur.* — Quoi qu'il en soit des bords Est et Ouest du bassin houiller, le mont Cabane, non plus que le mont Rouvergue, ne paraît avoir fait obstacle à son extension dans le sens Nord-Sud. Et d'abord, ces monts, l'un comme l'autre, paraissent avoir acquis leur relief par des secousses et soulèvements successifs : tous deux sont sillonnés de filons métallifères post-carbonifères ; les roches éruptives d'intrusion y ont un caractère récent, les porphyres sont contemporains de la formation houillère ; les microgranulites, outre qu'elles revêtent un aspect de porphyre pegmatoïde au château de Sauvages et à Olympie, apparaissent comme les apophyses d'un granite sous-jacent des plus modernes, que les érosions auraient mises à découvert (Croquis n°ˢ 5 et 6), et, malgré leur présence à deux endroits entre Soustelle et Maltaverne, contre la faille-limite, rien ne démontre que leur injection soit liée au soulèvement du mont Cabane, dont elles n'ont d'ailleurs pas la direction.

D'un autre côté, les couches du Bois-Commun, sans brèche à la base, n'ont aucunement le faciès d'un dépôt de littoral. Sur le croquis n° 5 on voit non seulement le terrain houiller, mais les calcaires supérieurs, butter, sans altération, au terrain primitif ; dès lors les calcaires, tout au moins, ont dû déborder sur ce dernier, et il est permis de présumer qu'ils donnaient la main à ceux d'Auzas avant le dernier soulèvement du mont Cabane. Un lambeau de terrain houiller ayant échappé à la destruction atteste d'ailleurs la formation de ce terrain sur la région soulevée et dénudée du mont Cabane : c'est celui du Bois-Commun.

La question est de savoir si, contrairement à ce que l'on suppose, le terrain houiller s'étend au-delà de l'arête de micaschistes qui, s'avançant du Mas-Coudert (1) entre le trias et le terrain houiller, paraît limiter ce dernier au Sud-Ouest (Voir la carte).

Entre le trias et la susdite arête, j'ai parfaitement constaté le passage d'une faille-filon récente, très nette vis-à-vis du trias, et entraînant au lieu dit « La Mine » les couches de houille dans le même sens. Il n'y a donc pas à douter

---

(1) Là, sur les micaschistes, on peut voir un placage de poudingue houiller non figuré sur la carte.

que celles-ci ne soient rejetées en profondeur par le simple jeu d'une faille ordinaire, sous les calcaires du Sud-Ouest, aussi bien que, par la faille des Sauvages, sous les calcaires du Nord-Est (Coupes D³D⁴, EE¹ de la carte).

On dit avoir trouvé un témoin de terrain houiller en aval de Saint-Jean-du-Gard, à Monniès. Bien que je n'aie pas eu l'occasion de vérifier le fait, j'ai lieu de croire que le terrain houiller s'étend dans la direction d'Anduze.

A ce sujet, j'ai fait une constatation qui me paraît avoir une réelle importance : j'ai rencontré, à mon grand étonnement, à Sumène, à plus de 30 kilomètres de La Grand'Combe, les mêmes fossiles (1), quant aux formes spécifiques, à leur association et au nombre des individus, si bien que je suis très porté à croire qu'ils ont été empruntés aux mêmes marécages ; il ne manque, pour ainsi dire, à Sumène, que l'*odontopteris obtusa* de La Grand'Combe. Je n'en induis pas qu'il y a eu continuité dans les dépôts, mais que des formations du même âge peuvent exister dans l'intervalle.

J'ai aussi visité la mine de houille du Vigan, mais par sa flore (2), elle ne montre avoir aucun rapport avec celle de Sumène, et, bien que le petit bassin de Cavaillac possède quelques fossiles de l'étage de Bessèges, il a tous les caractères d'une formation indépendante.

A son extrémité opposée, le terrain houiller des Cévennes doit également s'étendre fort loin au Nord. Les couches de houille de Mazel et de Pigère et les schistes stériles buttant sans changement à l'oxfordien et au trias, se prolongent forcément, rejetés sous les calcaires, au-delà de la faille de La Bannelle. Il est vrai que, suivant cette faille, une arête de micaschiste avance entre l'oxfor-

---

(1) *Pecopteris arborescens* (fréquent), *Cyathea, gracillima, truncata ?, polymorpha* (à petites feuilles). — *Pecop. arguta* (nombreux), *unita, dentata*. — *Pecop. Plucheneti*. — *Alethopteris Grandini v. irregularis* (commun), *aquilina* (fréquent) ; *Callipteridium ovatum, nevropteroides*. — *Odontopteris Reichiana* (à grandes pinnules). — *Nevropteris gigantea*. — *Sphenophyllum Schlotheimi, papilionaceum ?* — *Annularia brevi* — et *longifolia*, nombreux *Bruckmannia tuberculata*. — *Asterophyllites rigidus*. — *Calamites Cistii, Suckhowii, cannaeformis, cruciatus*. — *Stigmaria ficoides*. — *Stigmariopsis inaequalis*. — *Sigillaria Grasiana* (assez fréquent). — Beaucoup de *Cordaites* avec *Dory Cordaites : Cord. borassifolius, tenuistriatus*. — *Cordaicladus Schnorrianus, ellipticus*. — *Poacordaites linearis* et *Carpolithes disciformis v. parvula* (fréquent). — *Cardiocarpus emarginatus* et *Gutbieri*. — *Dicranophyllum gallicum*. — *Pachytesta gigantea, Codonospermum anomalum*.

(2) *Pecopteris arborescens* (nombreux). — *Annularia brevifolia*. — *Cordaites* (nombreux); *C. borassifolius, grandis*. — *Sigillaria corteiformis, Mauricii* (figuré PL. XI), *polleriana* (collections E. Dumas). — *Dicranophyllum robustum ?* — *Dadoxylon*. — *Cardiocarpus emarginatus*, etc.

dien et le terrain houiller et paraît limiter celui-ci au Nord-Ouest de Pigère. Mais, conformément au croquis n° 9, ce terrain est relevé verticalement, l'oxfor-

Croquis N° 9

Faille de la Banelle

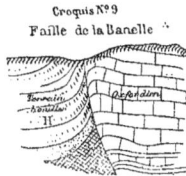

dien est repoussé dessus, et, à bien interpréter les faits, cette double circonstance s'explique par l'affaissement du calcaire dans les plaines de Berrias, qui, en réduisant son aire d'occupation, a déterminé, par réaction, des efforts de compression latéraux, qui ont forcé à se soulever assez récemment ladite arête de terrain primitif.

D'ailleurs, un témoin de l'extension du terrain carbonifère existe à Largentière, où il figure comme représentant le permien dans la nouvelle carte géologique de France. M. G. Fabre y a découvert un banc d'argilophyre, un lit de schiste rempli de Cordaïtes, un psammite avec Pecopteris Cyathea et Cordaites angulososlriatus (1). J'ai eu l'occasion d'observer ce terrain en amont de Largentière ; grossier et d'aspect très sauvage, il est principalement formé d'argiles rouge chocolat, à Vermis transitus, avec un poudingue gris à la base reposant sur le granite porphyroïde sans en recéler un seul grain. Je n'ai découvert de fossiles que dans ce poudingue, et, parmi eux, ne se trouvent aucunes plantes incontestablement permiennes. Les empreintes, malheureusement très frustes, que je suis parvenu à recueillir (2), sont, à part les *Taeniopteris*, plutôt houillères que permiennes. En sorte qu'il pourrait se faire qu'il y eût à Largentière un dépôt houiller très moderne, mais on ne voit pas qu'il se rattache au prolongement sous les calcaires de la formation de Pigère et du Mazel. Le département

---

(1) *Bull. Soc. Géol.*, 3° série, t. XVIII, 1889, p. 23 et 24.

(2) *Pecopteris polymorpha* (fertile et stérile) ; *Callipteridium gigas v. densifolium.* — *Cordaites borassifolius* (nombreux). Au moins deux espèces de *Tæniopteris*, dont l'une paraît se rattacher au *T. multinervis* de Weiss (M. Zeiller, à qui j'ai communiqué l'échantillon, n'en doute pas) ; l'autre, que tous deux nous croyons nouvelle, est représentée Pl. VI et décrite au livre troisième sous le nom de *T. Ardesica*. En outre, indices de *Pecopteris Schlotheimii, unita, densifolia, Candolleana ; d'Odontopteris Reichiana ; de Dicranophyllum.*

de l'Ardèche renferme encore plus loin, au Nord, près d'Aubenas, un petit bassin houiller, ayant de nombreux fossiles communs avec l'étage inférieur de Bessèges ; mais il est isolé.

Alors même que, tout d'une pièce, le bassin du Gard ne dépasserait pas ses limites Nord et Sud actuelles, il n'en serait pas moins fort étendu, comparativement aux autres bassins du Plateau Central de la France. J'ai dit qu'appuyé sur le terrain primitif formant ce plateau, il se dérobe à l'Est sous les calcaires ; ceux-ci, à partir de la faille ou chute des Cévennes, sont accumulés en masses si puissantes qu'au-dessous le terrain houiller est et restera longtemps inaccessible à l'exploitation. Mais, jusqu'à cette faille, telle que nous la déterminerons plus loin entre Alais et Saint-Ambroix, et à l'Ouest d'une faille également considérable entre Pierresmortes et Banne, la surface utilisable de terrain houiller est de 22.000 hectares environ ; elle est plus grande que celle du bassin de la Loire, qui est de 20.000 hectares, et il est fort possible que, dans son entier, le bassin du Gard soit deux fois plus étendu.

CHAPITRE II

Terrain houiller.

ALLURE ET DÉRANGEMENT DES COUCHES, PLIS, DRESSANTS ET FAILLES

Le bassin du Gard est très mouvementé ; des dressants et failles considérables en ont déplacé les parties, qui ont perdu complètement leurs rapports mutuels de position ; les grandes érosions qui ont suivi ont enlevé par places des étages entiers ; bref, le terrain houiller est déformé et démantelé, plus même sous certains rapports que le bassin franco-belge ; si bien que sa description stratigraphique ne saurait se faire sans celle des grandes lignes de dislocation, qui lui impriment un cachet tout particulier.

La carte et les coupes me dispensent d'une description détaillée.

Le terrain houiller n'est mis à découvert que sur une petite partie de son étendue, sur 8.000 hectares environ. Il forme deux grands affleurements, l'un au Nord et l'autre au centre, tous deux rétrécis ou limités au Sud, le premier entre Gagnières et Bessèges, et le second entre Laval et les Luminières, par les calcaires qui recouvrent le bassin partout à l'Est ; ces deux principaux affleurements sont réunis par une bande étroite contournant le mont Rouvergue. Un bombement transversal a fait apparaître le terrain houiller à Saint-Jean et à Molières ; une selle longitudinale l'a fait surgir à Rochebelle, aux portes d'Alais ; il affleure en outre, çà et là, au pied du mont Cabane, et forme à Olympie un ilot isolé au milieu des micaschistes.

Tout légitime la division actuelle du bassin houiller en deux sous-bassins que traverse la coupe MN de la carte. La forme et l'allure du bassin Nord ou de la Cèze ressortent dans les coupes M^5 N, UU^4, CO^5, XX^3, WW^3 et GG^6, sous la forme d'une puissante série de dépôts reposant à pente moyenne sur les micaschistes des Cévennes à l'Ouest et s'enfonçant à l'Est sous les calcaires ; les couches sont dirigées N.-S., et lorsque, comme à Gagnières et surtout à Molières et Saint-Jean, elles offrent une autre allure, c'est sous l'influence manifeste d'accidents transversaux entre lesquels elles tendent constamment à reprendre la direction et la plongée normales.

Il en est tout autrement sur le Gardon ; au lieu que le terrain houiller prenne de l'épaisseur à l'Est comme sur la Cèze, la plus grande puissance du bassin du Gardon se développe, au contraire, à l'Ouest, où les couches supérieures dépassent les inférieures et reposent même directement, sans brèche et sans faille (Croquis n° 10), sur le micaschiste. Nous verrons au livre deuxième, que

Croquis N° 10
Bord du bassin à Cornas

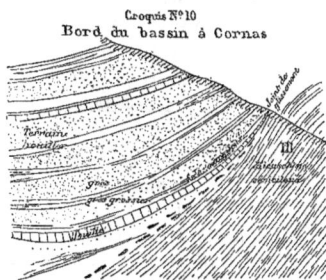

dans ce bassin, les dépôts se sont achevés indépendamment de ceux du bassin de la Cèze, et tandis qu'au-dessus de ce dernier les calcaires sont, dans l'ensemble, peu discordants, dans le bassin du Gardon leur allure n'a aucun rapport avec celle des couches houillères.

Dans l'intérieur du terrain houiller, l'allure des couches est plus ou moins altérée par des accidents considérables, en forme de plis, dressants et failles. Ces accidents sont concentrés dans le terrain houiller par cela même que celui-ci s'étend au pied des Cévennes là où les compressions latérales causées par l'affaissement au large des masses minérales qui s'étendent à l'Est, semblent avoir exercé toute leur action comme contre un massif de résistance ; ce rôle de *Vorland* a été très certainement rempli par les Cévennes, dont les roches ne présentent, entre Bessèges et Génolhac, qu'un ou deux légers plissements à Peyremale. Simulant des bourrelets renversés sur leur bord occidental, tout comme des plis hercyniens, les dressants du terrain houiller, compliqués d'étirement et de failles, ont emprunté la direction générale des schistes cristallins ; ils se sont produits peu de temps après la formation houillère, lorsque les dépôts étaient encore mous ou susceptibles de se plisser ou de s'étirer sans se briser ni se rompre ; et ils étaient achevés lorsque la mer permo-triasique est venue démanteler la formation en enlevant les inégalités montagneuses produites par les dislocations antérieures.

Les dressants ne se présentent pas de la même manière dans les deux bassins ; séparés et déviés par le Rouvergue, ils forment l'un et l'autre des rejets en sens inverse d'une très grande amplitude, comme s'ils se rattachaient à la séparation des deux bassins par le soulèvement de la croupe formant cette montagne, auquel cas il faudrait s'attendre à voir le dressant de La Grand'Combe prendre au Sud-Ouest la direction de la vallée du Gardon.

Aux grands accidents longitudinaux N.-S. s'ajoutent des déformations transversales non moins importantes, à Pigère, à Bordezac et Gagnières, à Portes et Saint-Jean, au Bois-Commun. Les accidents transversaux, dont l'économie ressort mieux sur le croquis n° 2 que sur la carte, s'infléchissant vers le N.-O., sont parallèles entre eux et au cours moyen des rivières principales qui descendent à travers les Cévennes.

Avec les accidents longitudinaux, les accidents transversaux partagent le terrain houiller en panneaux, compartiments ou districts miniers dont la connaissance est subordonnée à celle de ces accidents. C'est pourquoi nous allons les décrire en même temps que le terrain houiller, régions par régions, et sans tenir compte pour le moment d'autres grandes failles N.-E. qui, se rattachant à la direction des Cévennes (Voir croquis n° 2) et étant plus récentes que les calcaires, seront examinées plus loin, au chapitre VI ; à l'occasion de ces roches qui recouvrent d'un voile impénétrable la majeure partie du terrain houiller.

Je suppose toujours que le lecteur a pris connaissance des mémoires d'Emilien Dumas sur le terrain houiller (1).

---

(1) Le lecteur voudra bien se reporter au chapitre suivant lorsque les détails lui sembleront nécessaires pour l'intelligence des vues d'ensemble par lesquelles commence la des-

District de La Grand'Combe. — Dressant du col Malpertus.

Nous verrons au chapitre suivant que le district de La Grand'Combe possède trois étages charbonneux superposés.

La configuration de l'étage moyen est représentée par les courbes de niveau de la couche Grand'Baume, et celle de l'étage supérieur par les courbes de niveau de la couche de Champclauson, maintenant assez bien connue pour en avoir pu figurer de la sorte le relief jusqu'au fond de la cuvette qu'elle forme à Comberedonde. Coupes HH', MM', IJ, OO', traversant le district dans deux sens perpendiculaires, dessinent un bassin limité à l'Est et au Nord par le dressant du col Malpertus ; à l'Ouest par les affleurements et l'accident Roux qui, commençant aux Nonnes où il rejette les couches de 7 mètres, atteint une puissance de plus de 250 mètres au pied des Pinèdes; là il paraît se continuer par la faille Thérond. Au Sud, les couches affleurent sous le trias et l'insuccès du sondage de Branoux et l'allure des courbes de niveau font soupçonner l'existence d'un accident transversal dans la vallée du Gardon. La carte me dispense de plus amples explications.

Mais la constitution du bassin houiller, à l'Est de La Grand'Combe, dépendant de l'effet produit par le dressant du col Malpertus, il importe de déterminer maintenant la véritable nature de ce grand accident.

Ce dressant, resté longtemps comme une énigme, a acquis quelque célébrité depuis que l'on connaît par le résultat du sondage de Ricard le sens et l'amplitude énorme (900 mètres) du rejet qu'il a produit (Coupe I'I' de la carte).

Après que Varin (1) eut supposé que les couches de La Grand'Combe redressées et renversées passent, par une inflexion inverse, au-dessus du système Sainte-Barbe, E. Dumas (1846), Callon (1848) et presque tous les ingénieurs à leur suite (2), ont cru à un rejet en bas des couches de Champclauson descendues au niveau de celles de Sainte-Barbe, qui alors en seraient le prolongement à

---

cription du terrain houiller. Il pourrait même être utile qu'il consultât par avance, à la fin du livre second, le classement des couches par les fossiles. J'aurais suivi un ordre inverse, en allant du particulier au général, si je n'avais eu à m'occuper que du terrain houiller sans considération des terrains encaissants.

La vraie marche à suivre eût été de commencer par la paléontologie, ce qui aurait subordonné la partie utile à la partie scientifique de ce mémoire. J'ai cru mieux répondre à l'attente des ingénieurs en exposant d'abord les résultats obtenus avant d'aborder l'étude longue et minutieuse des fossiles et de leurs modes de gisement.

(1) *Explication de la carte géologique de France*, I, 567.

(2) M. Fumat s'est rangé à l'avis de Varin et a combattu l'opinion contraire.

4

l'Est. A ce sujet, Callon, dans une discussion serrée (1) avec les données qu'on possédait alors, se fondant sur l'absence de couches inférieures à celles de La Grand'Combe vers l'Ouest, et sur ce que les dépôts grossiers de l'Est qui longent le Rouvergue, de Palmesalade au Pradel, sont inférieurs aux systèmes de Sainte-Barbe et de Champclauson, en inféra, malgré des différences touchant la nature des charbons, que ces deux systèmes sont équivalents.

Les coupes OO², I¹I² de la carte, par Pluzor et Saint-Andéol, les coupes et croquis Pl. I, Fig. 8, 9 et 10, montrent la forme du dressant. Il est assez bien aligné par la galerie de sortage de Ricard, le crochon formé par les couches renversées étant à l'entrée de cette galerie à la cote + 205, au puits de la Forêt à + 128 et au puits du Pontil à + 167.

Sur les deux rives du Vallat de La Grand'Combe affleurent des couches de houille et des grès et schistes tout à fait différents, ce qui suppose un accident dans le ravin, ayant renversé d'un côté les couches de La Grand'Combe, e les ayant relevées, à un endroit, de plus de 350 mètres, distance verticale entre leur affleurement actuel et le fond du crochet ; de l'autre côté dudit Vallat, les couches de Sainte-Barbe sont presque horizontales, et la plus inférieure : *Sans-Nom*, chevauche de 150 mètres sur le crochet, au col Malpertus, où cette couche n'est qu'à 5 à 6 mètres de La Grand'Baume.

En lui-même le dressant ne se voit pas, ne se devine même pas à la surface ; c'est un plan idéal d'étirement asymptote aux bancs affilés des deux côtés ; il s'est produit peu de temps après la formation, car, dans les plis les plus brusques, le charbon n'est pas brisé, non plus que les roches. On a lieu de croire que son inclinaison ne dépasse pas 30°, comme celle de la bissectrice des crochets aigus formés par les couches de houille renversées. Le fait est que le puits du Pontil, situé à plus de 100 mètres de l'affleurement du dressant, l'a traversé à 40 mètres de profondeur.

On a maintenant la preuve paléontologique et géométrique que les couches de Sainte-Barbe, situées, dans l'échelle de superposition, à plus de 800 mètres au-dessous de celles de La Grand'Combe, ont été remontées d'une profondeur au moins égale et repoussées sur le plan de l'accident au-dessus de ces dernières. De la sorte, le dressant est analogue à la faille eifélienne qui, dans le nord de la France, a soulevé et repoussé le terrain dévonien sur le terrain houiller, à cela près que dans le Nord les plis en zigzags affectent la partie recouverte au lieu qu'à La Grand'Combe c'est la partie recouvrante (Coupe OO² et IJ).

---

(1) *Annales des Mines*, 4ᵉ série, XIV, page 355.

L'accident est manifestement dû à l'effort gigantesque d'une poussée horizontale de refoulement, car à l'Est, du côté où est venue la poussée, les couches sont repliées et, à la vieille caserne, comme entassées sur elles-mêmes (Pl. I, Fig.10); le dressant de Laval, celui de 120 mètres de Sans-Nom et d'autres plissements, se présentent sous la forme d'ondulations plus abruptes du côté Ouest que du côté Est (Coupe II¹ de la carte et coupe Fig. 9, Pl. I). Et ce qui prouve bien que le système de Sainte-Barbe a été tout entier remonté sur le dressant, c'est une espèce de poudingue bréchiforme, pointant au jour sur la route, en face du puits du Pontil, et qui semble avoir été arraché à la base de la formation et remonté jusqu'à la surface du sol. Je dois ajouter toutefois que la dénivellation paraît en majeure partie due à l'affaissement du bassin de La Grand'Combe plutôt qu'au soulèvement même de la montagne Sainte-Barbe.

Parvenu au Pontil, le dressant, dévié par le Rouvergue, se dirige sur Palmesalade. Là, à l'Affenadou, un pli horizontal rapproche les trois étages (Voir la carte); un témoin des couches de Sainte-Barbe (1) a été respecté par les érosions entre deux accidents (Croquis n° 11); les traces charbonneuses inférieures

Croquis N° 11
Coupe pq (de la carte) de l'Affenadou à Fernet
1/10000

de l'Affenadou, considérées autrefois comme représentant la couche Sans-Nom,

---

(1) J'ai, en effet, trouvé à l'Affenadou des *Pecopteris abbreviata*, *Sphenopteris mixta*, cf., et, il m'a semblé, d'autres fossiles de la montagne Sainte-Barbe.

appartiennent par les roches, quelques fossiles et le minerai de fer, au faisceau des couches de La Grand'Combe étirées dans le dressant ; et comme la trace des mêmes couches passe dans le ravin de Palmesalade, on est amené à penser, comme l'indique le croquis n° 11, que le deuxième affleurement est dû à l'intervention de failles verticales liées à un deuxième soulèvement du terrain situé à l'Est du dressant.

A l'Affenadou, Crespon avait cru apercevoir la preuve que la couche Sans-Nom est la couche de Champclauson, dans un prétendu pli couché dont il n'est pas bien difficile de démontrer la non-existence. Les deux filets de charbon A, B (Croquis n° 11), entre lesquels Crespon faisait passer son accident de la Pilhouze, font partie l'un et l'autre, d'après les fossiles, de la couche des Lavoirs, et ils ne sauraient en tout cas être les branches d'un même pli, puisque, au mur de chacun d'eux et plus à l'Est, des tiges enracinées ont leurs racines toutes tournées de ce côté, où l'on trouve, immédiatement après, les grès à sigillaires inférieurs à cette couche, et, un peu plus loin, jusqu'aux fossiles de la couche du sommet des plans. Crespon avait relié le banc de grès C au banc D par une courbe de raccordement, mais, indépendamment de ce que le grain de ces bancs n'est pas le même, on voit, en montant le coteau, lesdits bancs se rapprocher, les schistes intermédiaires s'effiler et le tout plonger à l'Est dans un parallélisme stratigraphique évident.

En face, sur la rive gauche de l'Auzonnet, on constate entre la couche de Champclauson et celles de Palmesalade que les fossiles identifient aux couches de La Grand'Combe, une superposition sans accident de plus de 400 mètres de grès et poudingues grossiers. Le dressant est donc reporté au mur de ces couches relevées en éventail sous son influence (Coupe V V¹ de la carte). Puis, par une nouvelle poussée oblique combinée au soulèvement local des couches inférieures de Trémont, ou plutôt par l'effet du soulèvement du seuil de Portes dont il va être question, la faille de la Cascade reporte le dressant à la Destourbes. Au-delà, le dressant, de plus en plus incliné, continue en ligne droite sur Lagrange, laissant à peine les couches de La Grand'Combe à l'Est, et diminuant d'amplitude jusqu'à sa rencontre avec la faille de Chamarit, parallèle, inverse et paraissant contemporaine de la faille de la Cascade. Le dressant jalonne ainsi l'affleurement des couches de La Grand'Combe. Cette coïncidence serait difficile à comprendre si elle n'était fortuite, car il serait téméraire de supposer, dans l'état actuel des connaissances, que l'accident se serait ébauché pendant la formation de ces couches et aurait contribué à en circonscrire l'aire de dépôt.

On ne sait pas ce que devient l'accident de La Grand'Combe du côté Sud, où il se dérobe sous le trias. Il ne doit pas se continuer en ligne droite, car son passage ne se voit pas dans les micaschistes, à La Croix-des-Vents. Des raisons de parallélisme seules pourraient faire supposer qu'il descend la vallée du Gardon. Mais ce qui se passe au Sud de Sainte-Barbe et de Laval sous les calcaires échappe pour le moment à l'analyse.

Ce qu'il y a de certain et est à retenir, c'est que le dressant du col Malpertus est en rapport avec le soulèvement du Rouvergue.

Demi-fond de bateau de La Vernarède. — Faille de Chamarit.
Seuil de Portes. — Comberedonde.

A Portes se dessine un fond de bateau coupé en biais par la faille de Chamarit ; les courbes de niveau tracées dans la couche Terrenoire et dans la couche Saint-Augustin en représentent le relief stratigraphique. Le système charbonneux repose à l'Ouest sur une assise épaisse de poudingues, et à l'Est directement sans faille sur les micaschistes. Très encaissé au Sud-Est, le bassin y admet un puissant dépôt de poudingues constituant le sommet géologique de la formation houillère. Les coupes TT^2 et SS^4 de la carte font ressortir la forme de ce petit bassin.

Je viens de dire que celui-ci est limité et en quelque façon fermé au Sud par une faille anticlinale sur laquelle on ne parvient pas à se mettre d'accord.

Nous démontrerons par les fossiles que les couches inférieures de La Vernarède sont identiques aux couches du Chauvel, descendues au Nord de la faille. Mettant en présence sur l'Oguègne la couche Blachères avec la couche Saint-Augustin, et à Rouchan le poudingue supérieur du Mont-Châtenet avec la série olivâtre, la faille de Chamarit accuse un rejet vertical de 300 mètres environ (Coupe O^3 O^4).

Cette faille, imposant sa direction aux couches, au Mas-Andrieu et aux Rompues, joue un grand rôle dans la topographie souterraine du district.

Elle se présente sous la forme d'une arête de rebroussement, sans cassure nette ni brèche de frottement, comme les failles qui se sont produites peu de temps après la formation houillère.

Or, sur le passage de la faille de Chamarit, pointe, au Mas-Andrieu, une masse importante de micaschiste. Cependant, vu la nature des roches voisines au Sud, il ne paraît pas possible que ce micaschiste soit en place ; c'est suivant toute vraisemblance un lambeau de schiste ancien arraché au sommet de l'arête de micaschiste et remonté sur le plan de la faille par le soulèvement effectif du seuil de Portes, comme l'exprime le croquis n° 12.

Croquis N°12

Faille anticlinale de Chamarit au Mas Andrieu

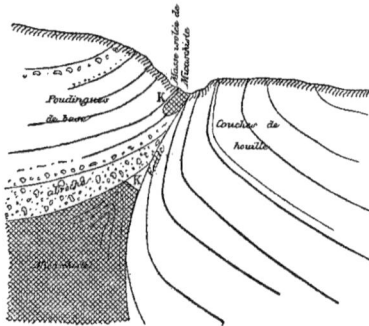

C'est exactement comme le coin de poudingue bréchiforme isolé que nous avons signalé au Pontil (Coupe OO²): appartenant visiblement à la base de la formation, il a dû être arraché, puis poussé au jour par le soulèvement et le cheminement de la montagne Sainte-Barbe. Ce phénomène dynamique ne paraît pas rare dans le bassin des Cévennes. Ainsi, au pied du mont Cabane, la bande verticale de terrain houiller, paraissant devoir être interrompue en profondeur (Coupe *cd*) comme elle l'est en direction, doit sa position à des mouvements corrélatifs d'affaissement des calcaires et d'exhaussement des micaschistes (1). Dans tous les cas, la faible quantité relative, dont ont été déplacées les masses minérales isolées par rapport à l'amplitude totale des rejets, invite à rapporter ceux-ci en majorité aux affaissements.

La dénivellation produite résulterait alors du jeu combiné de l'affaissement prépondérant de la partie Nord de la faille avec un certain soulèvement du terrain houiller au Sud d'une autre cassure moins inclinée (non figurée au croquis ci-dessus, mais indiquée sur la coupe V²V³).

Entre la faille de Chamarit et les failles de Thérond et de la Cascade se dessine nettement sur la carte et les coupes, à Portes même, dans une direction générale Est-Ouest, un seuil très marqué paraissant en rapport, tout au moins comme cause, avec l'ensemble des mouvements qui ont fait affleurer le terrain

---

(1) Le lambeau de trias de Tamaris et celui constaté isolé contre le filon de Saint-Félix, ne sont pas dans le même cas ; ils ont été laissés en route sur le plan des failles pendant la descente des terrains rejetés par elles en profondeur.

houiller à Saint-Jean et à Molières. Le soulèvement de ce seuil a eu pour effet de rétrécir la bande houillère à l'Ouest, et à l'Est de remonter au jour, à Trémont, des couches de houille très inférieures. La concession de Comberedonde, étant en outre traversée par le dressant du col Malpertus prolongé, montre tous les systèmes de couches dont est formé le bassin dans la région (Coupe M³M⁴); ces systèmes sont au nombre de trois, soit dit en attendant que nous nous occupions de la constitution du bassin, savoir celui des couches de Champclauson, celui des couches de La Grand'Combe et celui de couches inférieures situées au-dessus du faisceau de Sainte-Barbe. Les poudingues qui s'étendent de Notre-Dame de Palmesalade à Broussous étant inférieures à ce faisceau, il y a lieu de supposer que celui-ci s'avance jusque dans la concession de Comberedonde, et en effet, on croirait voir poindre, au col du Devès, les roches de la montagne Sainte-Barbe au-dessous des poudingues micacés qui dominent le long du Rouvergue.

Région de Sainte-Barbe, du Pradel, de Laval, des Oules, de Malbosc.

Cette région n'est connue qu'en faible partie ; les couches, d'après mes déterminations, étant toutes des plus inférieures, occupent un plateau houiller ondulé par des dressants parallèles à celui du col Malpertus (Coupe II²). Les quelques courbes de niveau, tracées à Sans-Nom et à Laval, montrent l'allure normale. Les couches sont relevées à l'Est par le Rouvergue et buttent au Sud au trias.

D'après ce qui est connu, on pouvait supposer que les couches inférieures du Pradel affleureraient sous le trias, plus près du Gardon. C'est ce que ne confirment aucunement les recherches de Malbosc et des Oules, lesquelles autorisent à penser que de grands accidents transversaux descendent les couches au Sud-Ouest et y augmentent considérablement l'épaisseur du terrain houiller.

Le fait est qu'au puits des Oules on a déjà découvert beaucoup de fossiles de La Grand'Combe, notamment des *Pecopteris Cyathea* et *Alethopteris aquilina* à différentes profondeurs, des *Pecop. arborescens, Annularia radiata*, indices d'*Odontopteris obtusa*, etc.

La preuve n'est pas encore faite, mais si l'analogie se confirmait, le puits des Oules offrirait un bel exemple des surprises que ménagent les recherches futures sous les calcaires, par suite d'accidents, comme le dressant du col Malpertus, la faille des Nonnes (de 120 mètres), que rien ne trahit à la surface. Le puits de Malbosc est tombé sur une série de couches inconnues dans la région ; leur classement sur la coupe K³ K⁴ n'est que problématique.

En raison de l'intérêt d'actualité que présente la région inconnue dont il s'agit, je donne ci-dessous la coupe n° 13, faisant pendant à la coupe I I² de la carte,

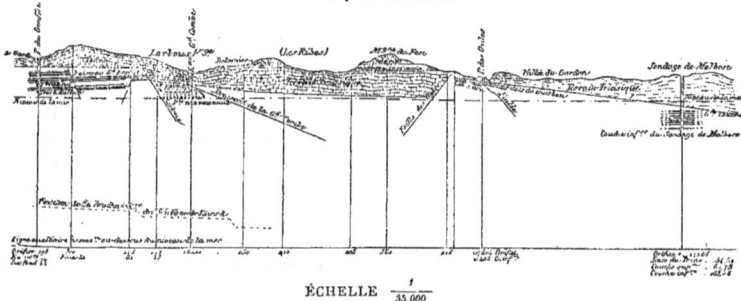

Croquis N°13

Coupe passant par le puits du Gouffre, le puits des Oules et le puits de Malbosc

ÉCHELLE $\frac{1}{35.000}$

On ne sait absolument pas comment se comporte le terrain houiller sous les recouvrements calcaires entre Malbosc et Alais (Coupe K¹ K²).

Terrain houiller au pied du mont Cabane, district de Rochebelle.

Au pied du mont Cabane, de La Clémentine à La Croix-des-Vents, la faille-limite gouverne l'allure des couches redressées, étirées et même renversées, sauf à Rouquet où un accident transversal change la direction et la nature des roches mises en présence. Cette faille-limite est très considérable, et les plis et recoutelages que j'ai observés dans les calcaires au voisinage permettent de supposer qu'elle est principalement due à l'affaissement de ceux-ci.

A Olympie, il est resté sur les micaschites un témoin de l'extension du terrain houiller, limité à l'Ouest par une faille et contenant une couche de charbon dirigée Est-Ouest.

Nous avons parlé ci-dessus du soulèvement du Bois-Commun, au Sud d'Alais ; les affleurements y sont nombreux et la direction des couches est également Est-Ouest, du moins cette direction domine dans la double sinuosité que décrivent les courbes de niveaux tracées dans ces couches. Il n'y a pas de région qui soit aussi diversement atteinte par des plis et accidents s'étant produits à des époques différentes, suivant plusieurs directions. Je ne signalerai ici que ceux du terrain houiller, réservant les autres pour le chapitre VI.

Les couches du Bois-Commun ont été plissées en long et en travers avant le dépôt du trias, comme le montrent les coupes D^3D^4, EE^1 ; elles sont précipitées au Nord-Est, sous les calcaires, par un accident beaucoup plus considérable dans le terrain houiller que dans le trias, ce qui explique l'absence de tout affleurement houiller à Auzas, la région y ayant été élevée et dénudée avant les formations secondaires.

Cependant, si du Pont-Gisquet l'on se dirige vers le Mas-Deleuze ou vers le col de l'Ermitage, on trouve les empreintes caractéristiques de l'horizon Sans-Nom. Le grand accident précité semble donc devoir diminuer jusqu'à zéro avant d'arriver au Pont-Gisquet ; il paraît bien s'arrêter, en tant que rejetant le trias, à la fontaine Daniel, à une autre faille perpendiculaire, limitant, avec la première un enfoncement angulaire de calcaires au Nord.

A Rochebelle, près d'Alais, où les affleurements sont peu connus au milieu des plis de terrain, les couches de houille sont figurées sur la carte par leur intersection avec un plan horizontal à la cote 60 entre Rochebelle et Cendras, et un autre plan horizontal à la cote 140 entre Cendras et Fontanes. Des affleurements ont été ajoutés à la pointe de Saint-Félix, où il n'y a pas de travaux de mine. En outre, quelques courbes de niveau sont tracées dans la 3° de Rochebelle et dans une couche qu'on a poursuivie jusqu'au-delà du ruisseau de Sauvages, ce qui, avec les coupes générales ab, $E\,E^2$, $K\,K^1$, suffit à montrer l'allure très tourmentée du bassin en cet endroit.

C'est un très grand accident qui, affectant le faisceau houiller de Rochebelle, le fait affleurer sous la forme d'une selle à grande envergure. Les couches plongent à l'Est comme la faille qui sépare le terrain houiller des calcaires. Au sommet de la selle, deux plis ont imposé leur direction Nord-Sud aux couches de houille. Ces plis accessoires sont plus prononcés, rapprochés et abruptes à Fontanes qu'à Rochebelle (Coupe $K\,K^1$ de la carte). En regardant le Nord, les plissements forment une M en projection horizontale comme en projection verticale. Le pli Est, le plus important de Rochebelle, est renversé, simulant, en coupe transversale, la chute en arrière d'un bonnet phrygien (Coupes $E^1\,E^2$ et ab de la carte) ; le pli Ouest disparaît en s'atténuant au Sud. La ligne d'ennoyage plonge au Nord et au Sud, et il est à remarquer que l'amplitude maximum des plissements est au milieu du fuseau, en face même de la plus grande dénivellation des calcaires à l'Est. Il est évident que la forme et l'allure des couches de Rochebelle sont liées, comme cause, à la grande faille ou chute des Cévennes.

Et, en effet, en dehors de sa zone d'action, les couches prennent, soit à l'Ouest de Rochebelle, soit surtout entre Rochebelle et le Bois-Commun, une allure sensiblement Est-Ouest. Cette allure, reconnue sur près de 1.000 mètres,

5

en direction, sans faille, paraît normale. Elle s'accorde avec l'orientation des terrains anciens et a une signification qui n'a pas encore été saisie.

Nous avons reconnu dans les calcaires, au Nord-Ouest et au Sud-Ouest du fuseau houiller de Rochebelle, des plissements parallèles affectant aussi le terrain houiller ; nous les décrirons au chapitre VI.

En somme, la région d'Alais est une des plus disloquées du bassin du Gard.

On suppose que le terrain houiller de Rochebelle se raccorde souterrainement avec celui du Mas-Dieu. Ce terrain, plissé et orienté par la faille des Cévennes, paraît devoir se continuer dans la direction de Saint-Julien-de-Valgalgues, où se prolonge l'anticlinal de Rochebelle (Croquis n° 30). Toutefois la pointe soulevée de Saint-Félix pourrait se concilier avec une autre allure, et dans le cas vraisemblable où la croupe de Rochebelle serait en rapport avec le Rouvergue, cette crête montagneuse séparerait sous les calcaires des régions à l'Est et à l'Ouest où le terrain houiller serait très puissant.

Mas-Dieu, Mercoirol. — Le Martinet. — Golfe et dressant de Crouzoule.

Autour de la pointe Sud du Rouvergue, le terrain houiller est redressé principalement à l'Est et à l'Ouest et plissé par le dressant de Laval ; le Rouvergue est lui-même tronqué parallèlement à ce dressant et à celui de La Grand'Combe ; une ondulation semblable fait affleurer le terrain houiller au Mas-Dieu.

Sur la carte d'ensemble (Croquis n° 2), on croirait voir la grande faille de Robiac se poursuivre en ligne droite au pied du mont Rouvergue jusqu'à Alais.

Mais le dressant même de Bessèges, passant au col de Trélys (Coupe W^1W^2), va mourir au terrain primitif, et au golfe houiller de Crouzoule correspond un accident transversal antérieur au trias, qui paraît devoir changer l'économie du dressant de Robiac parvenu au pied du Rouvergue.

Au Martinet, le terrain houiller fortement plissé éprouve une déviation à Crouzoule où, sous la forme d'un golfe, il pénètre dans la montagne, s'élève jusque près de son sommet et, de là, tend la main à la crique du Mas-de-Curé. Il y a là le signe d'une ride profonde remplie de terrain houiller, laquelle n'est peut-être pas sans rapport d'origine avec le dressant de La Grand'Combe, encore qu'il soit impossible de les réunir tous deux géométriquement. A cette ride correspond, en tout cas, une espèce de dressant de même sens, facile à constater à la surface du terrain primitif. En se rendant du Mas-de-Curé à Crouzoule, on voit les schistes primitifs prendre la direction d'un ravin, et l'on reconnaît au

Nord ceux des première et deuxième zones, et au Sud ceux de la troisième. Il y a donc un accident important dans ce ravin, et un accident auquel fait suite le bord Sud du golfe houiller de Crouzoule (Croquis n° 14) ; ce golfe a, en effet,

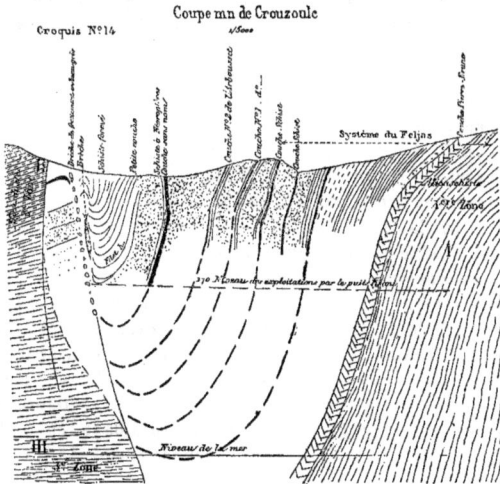

Croquis N°14

Coupe mn de Crouzoule

la forme d'un monoclinal accusé par la présence des micaschistes de la première zone au Nord et de la deuxième zone au Sud ; le soulèvement du bord Sud, par rapport au bord Nord, est de plus de 250 mètres, et le rejet total qui met la couche Sans-Nom en présence de la deuxième zone de micaschiste a une amplitude de 400 à 500 mètres.

L'accident en question doit s'atténuer au S.-O. ou tourner à angle droit pour former le bord en faille du terrain houiller vers le Pradel, où les mica schistes plongent fortement ; à l'Est, la faille de Crouzoule, s'avançant dans le terrain houiller, passe près du puits Pisani où, sur la foi des fossiles, l'horizon de la couche Sans-Nom fait face aux couches du Martinet. C'est peut-être là le grand rejet qu'il est nécessaire de supposer entre Bessèges et Molières, si les couches de ces deux districts appartiennent au même étage. En tout cas, la coupe G⁵ G⁶ de la carte, complétée autant que possible par des observations faites dans le voisinage, est contraire à l'idée que la faille-dressant de Robiac passe, sans changements considérables, entre Le Martinet et Saint-Jean.

Districts de Saint-Jean et de Molières (Coupes AA² et GG⁴).

L'émergement du terrain houiller à Saint-Jean et à Molières, à l'Est de la ligne d'affleurement général de ce terrain et à l'Ouest de la chute des Cévennes, se présente sur la carte comme un fait exceptionnel fort difficile à expliquer. Le découvrement du terrain houiller a été produit par le déchirement des calcaires et les érosions subséquentes, mais la structure de ce terrain dénote l'existence d'un bombement transversal plissé, antérieur aux érosions permo-triasiques qui ont, je me figure, laissé subsister des étages supérieurs dans des bas-fonds situés plus au Nord entre Molières et Bessèges, et plus au Sud, entre Saint-Jean et Alais ; les plis de ce bombement et la réduction de surface qui s'en est suivie ne se comprennent guère, en effet, que par l'affaissement des régions voisines.

Lorsque, sur la carte et sur le croquis n° 2, on envisage comparativement ce bombement et le seuil de Portes, on les voit, en quelque façon, reliés entre eux par des filons et autres accidents qui coupent le Rouvergue en écharpe, et l'on ne saurait s'empêcher de soupçonner la même relation de cause à effet entre les failles et plissements dont tous deux sont accompagnés. On croirait voir de part et d'autre les effets multiples d'un soulèvement transversal contrariés par les accidents antérieurs et compliqués d'accidents postérieurs.

Sur la carte, l'allure des couches est représentée à Saint-Jean par les affleurements et, en particulier, par les courbes de niveau de la couche du Puits, et à Molières, par celles des couches Sainte-Malthide, Saint-Louis et Saint-Alfred. L'allure normale est celle du bassin Nord.

Les exploitations ont mis en évidence de grands plissements qui changent ou tendent à changer de 90° cette allure. L'inflexion de Couze imprime aux couches de Molières la direction Est-Ouest (Voir la carte). Il en est de même de l'accident des Ribots vis-à-vis des couches de Saint-Jean. Dans l'intervalle, un grand vallonnement se dessine entre Saint-Jean et Molières. La recherche du puits central venant de recouper les couches Sainte-Malthide, Saint-Louis et Sainte-Clémentine (1) à 21 et 22 p. °/₀ de matières volatiles derrière la faille de Fontanieux (Coupe AA⁴), en deçà de laquelle le charbon est au même niveau maigre à 14 p. °/₀, révèle un soulèvement de 250 mètres, presque immédiatement suivi

---

(1) J'ai positivement retrouvé dans les roches extraites de ces couches les fossiles de Molières : *Acanthophyllites, Pecopteris Lamuriana* (nombreux), *Schizopteris rhipis.* — *Calamites cistii* (avec branches), *Lepidodendron Sternbergii.* — *Lepidostrobus mirandus,* beaucoup de *Pecopteris nevropteroïdes,* un seul *Pecop. arborescens,* sans *Alethopteris.*

d'une faille inverse également importante, constatée par les travaux de mines de pyrites (PL. I, FIG. 1 de l'Atlas) ; ce double accident est précédé, près de La Nougarède, de plis énergiques (Figurés dans le croquis n° 15). Le vallonnement s'atténue vers Fontanieux où, finalement, il paraît se résoudre en une faille simple (Croquis n° 16).

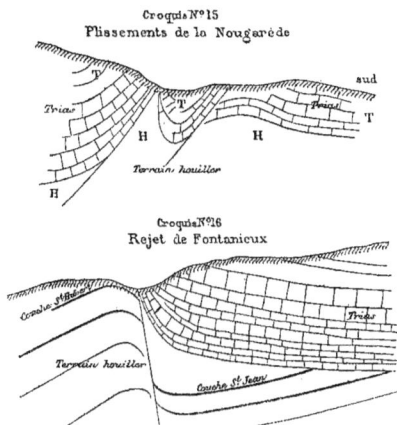

Croquis N° 15
Plissements de la Nougarède

Croquis N° 16
Rejet de Fontanieux

Les couches de Molières affleurent au Nord sous le trias et, étant relevées au Nord-Est par des failles parallèles au Rouvergue, elles semblent, par leur position, devoir être de beaucoup supérieures à celles de Bessèges. Dans ce cas, la faille de Robiac, dont nous allons parler, prendrait entre Saint-Jean et le Martinet (Coupe G^4G^5) une amplitude de 1.200 à 1.500 mètres, car elle mettrait au niveau de la couche Sans-Nom des couches correspondantes à celles de Gagnières (Se reporter au chapitre suivant).

Cependant les fossiles sont en majeure partie les mêmes à Molières et à Bessèges, et l'on pourra se laisser convaincre au livre second, contre l'existence de ce rejet invraisemblable, de l'analogie, accusée par les fossiles, des systèmes de couches exploitées dans ces deux districts.

S'il y a parallélisme entre eux, force est de faire intervenir un accident transversal entre Molières et Bessèges, et un accident d'autant plus considérable que l'intervalle est occupé sous le trias par les schistes de l'étage stérile. Cet accident est peut-être celui signalé à Crouzoule et passant auprès du puits Pisani.

La question revient à savoir si les schistes stériles sont supérieurs ou inférieurs au système de Molières et de Saint-Jean ou descendus par cette faille ou toute autre au niveau des couches de Molières. Les recherches qui se poursuivent actuellement entre Créal et Molières et de Bessèges vers Robiac se chargent de résoudre définitivement le problème, qui est aussi important pour la stratigraphie du bassin Nord que celui relatif au dressant du col Malpertus pour le bassin Sud.

District et dressant de Bessèges (Coupes M⁴N, et QR).

Au Martinet, à Créal et à Bessèges, le relief souterrain est représenté par les courbes de niveau de la couche Saint-Emile ; à Lalle sont tracées quelques courbes de niveau dans la couche Sainte-Barbe, et une seule courbe dans la couche Sainte-Yllide, la dernière donnant la section horizontale de l'accident des crochets.

Du Martinet jusqu'à Lalle, les couches plongent à l'Est jusqu'à la faille de Robiac, qui les précipite à une grande profondeur sous les schistes stériles, et de l'autre côté de laquelle elles ne sont pas connues.

La faille de Robiac est accompagnée du dressant de Bessèges, qui fait décrire aux couches un grand pli vertical. Ces accidents jumeaux, coupant les couches obliquement, changent l'ordre naturel de juxtaposition des étages et, se prolongeant jusqu'à Pigère, jouent un très grand rôle dans la mécanique du terrain houiller.

Pris dans l'ensemble, l'accident a une direction générale N.-S., tirant un peu sur l'Est. Il revêt des caractères bien différents de ceux du dressant du col Malpertus, encore que l'un et l'autre soient dus à de gigantesques efforts de refoulement latéral, combinés à des affaissements.

L'accident à Bessèges forme donc deux branches principales :

La branche connue sous le nom de dressant de Bessèges prend naissance au Martinet, où il est dévié par le Rouvergue en sens contraire du dressant de La Grand'Combe. Ressemblant à Créal à un grand pli, il forme, avec le pendage des couches, un N couché, sans autre interruption qu'un chevauchement des branches au sommet. A Bessèges même, où le jambage médian est fortement étiré, le dressant (Fidèlement représenté Pl. I, Fig. 2) simule un gigantesque recoutelage relevant la couche Saint-Auguste de 400 à 500 mètres ; mais il ne rejette pas, par lui-même, définitivement les couches, car, au niveau inférieur de Robiac, au Sud du versant de retombée du pli dit « faille inverse », on retrouve les empreintes végétales des couches inférieures de Bessèges.

Le dressant est accompagné, à Bessèges, d'une grande faille dite de Robiac, qui, étant dirigée N.-S., paraît, dès l'abord, appartenir à un autre ordre de phénomènes mécaniques que le dressant dirigé N.-N.-E. Le fait est que le dressant s'éloigne de ladite faille vers le Sud, où il plisse énergiquement les couches de l'Arbousset avant d'aller mourir au terrain primitif à l'entrée du golfe de Crouzoule, ou plutôt se perdre dans un pli. A Bessèges, le dressant butte à la faille. A Lalle, il est remplacé par un autre pli couché prenant naissance dans le Vallat des Forges (1) (Coupe $X^1 X^2$). Mais ce pli se confond au Castellas avec la faille qui entraîne des grattes et des schistes miroités à coquilles jusque derrière l'église de Lalle, au contact du terrain houiller avec le trias (Voir la carte); et à Sallefermouse, les deux accidents sont inséparables. Au Nord de Lalle, la faille de Castellas paraît passer dans le Vallat du Mas-Cabanel, où les schistes fissiles sont plissés comme partout ailleurs au voisinage des dressants (Coupe $Y^3 Y^4$ de la carte). Cependant une autre faille s'en détache et va rejoindre le ruisseau de Long : mettant en présence les couches moyennes de Lalle avec les schistes fissiles, elle me paraît représenter la grande faille déviée à cet endroit. C'est entre les failles de Castellas et de Long et les affleurements contournés des couches de Lalle que gisent celles-ci, dans un espace limité par ces failles, ayant, à cause de leur forte inclinaison, la forme d'une espèce de pyramide renversée.

La faille de Long, qu'il est important de connaître pour dresser la coupe des terrains, sépare les couches supérieures de Lalle de celles de Montbel, et c'est encore elle qui, après un grand soulèvement transversal, paraît mettre les couches inférieures de l'étage en contact avec les schistes feuilletés productifs supérieurs du Mas-Bleu.

Mais revenons à la faille de Robiac :

Cette faille, s'éteignant au Sud, y est remplacée par une faille parallèle et équivalente non moins importante à laquelle se greffe à l'Est la faille transversale du Travers, qui se prolonge jusqu'à Gagnières et par laquelle semble préluder au Nord du bassin une répétition de la faille des Cévennes (Voir croquis n° 2).

La faille de Robiac met souterrainement face à face ou presque côte à côte les couches moyennes de Bessèges avec les schistes stériles qui les coupent en sifflet et les suppriment les unes après les autres vers le Sud et en descendant; elle a donc dans le terrain houiller une amplitude très considérable. Avant que

---

(1) La compression latérale a produit des plis accessoires dans le val des Emplis et jusque contre le poudingue de base (Croquis n° 22).

cela ne fût constaté par les travaux de mine, on ignorait son importance ; on exploitait à La Chapelle-Saint-Laurent des couches sous le trias, sans faille entre les deux formations, et l'on comptait bien retrouver ces couches rejetées en profondeur sous les calcaires, conformément à l'épure tracée sur la coupe, Fig. 2, Pl. I.

Grand a été l'étonnement lorsqu'à leur place on a pénétré, contre toute attente, en pleins schistes stériles, ce qui implique forcément, avant la formation du trias, l'état de choses indiqué dans le croquis n° 17, c'est-à-dire : 1° une

Croquis-diagramme N°17

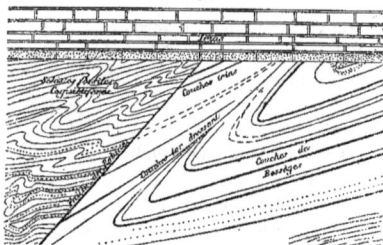

grande faille dans le terrain houiller mettant les schistes stériles en face des couches supérieures de Bessèges ; 2° l'abrasion complète de ceux de ces schistes qui s'étaient déposés au-dessus des couches de houille de La Chapelle-Saint-Laurent.

Après la formation du lias, ladite faille a été augmentée du rejet du trias, et portée à une amplitude minimum mesurant 700 mètres dans le terrain houiller. (Je dis minimum, car si l'hypothèse qu'amènent à faire les recherches de Gagnières se vérifie, le rejet est plus considérable). Il en est de même sous le Fal : le trias recouvre le terrain houiller au Martinet et les schistes stériles à la Valette (Coupe W W¹ de la carte).

En résumé, la faille de Robiac a produit une dénivellation d'au moins 400 mètres avant les érosions de la mer Permienne, et s'est aggravée ultérieurement de plus de 300 mètres par un rejet de cette hauteur dans le trias, et cette faille a les caractères qui accompagnent les dressants : plissements et rebroussements de couches.

Au Martinet, les couches sont momentanément relevées à l'approche de la faille à l'encontre du pendage général, et par suite leurs affleurements, arrivés à l'accident de Crouzoule, près du puits Pisani, décrivent une courbe et reviennent sur leurs pas sous le trias (Voir la carte).

On croit que, dans le terrain houiller, la faille de Robiac est un contact d'érosions, et l'on n'est pas loin de désespérer de retrouver toutes les couches de Bessèges au-dessous des schistes stériles, par cela même que ces couches s'effilent contre eux sans grande discordance de stratification. Il se présente là les effets de la partie étirée d'un grand pli, et, à mon avis, cette éventualité n'est pas à redouter ; les dépôts sont trop constants et parallèles dans la partie Nord du bassin pour que tout à coup, au Sud de Lalle, il en puisse être tout autrement. Ce qui se passe à Sallefermouse et que nous allons bientôt décrire est de nature à enlever toute crainte à cet égard.

Zone plissée et accidentée de Bordezac à Gagnières. — Districts de Gagnières et des Pinèdes.

Nulle autre part le terrain houiller n'est plus tourmenté qu'au Nord de Lalle, où se croisent accidents transversaux sur accidents longitudinaux, si bien que je n'aurais jamais pu déterminer la position relative des lambeaux qui y sont disjoints sans la connaissance des autres parties du bassin, et surtout sans les fossiles.

Les accidents transversaux débutent à Bordezac, au-dessous du Mas-des-Minières, par une arête de micaschiste plus récente que le trias, sortant au jour entre celui-ci et le terrain houiller (Voir la carte) ; en prolongement de cette arête pointe un autre lambeau de micaschiste au milieu du terrain houiller, près de l'auberge de Rochoule. Dans ce même alignement, sur le ruisseau « Le Long », les couches forment deux V ouverts, l'un en haut et l'autre en bas. Puis vient l'accident qui fait faire un coude aux couches de Lalle, les interrompt et reporte la zone moyenne des schistes fissiles du ravin de Cabanel au Martinet-de-Gagnières, et c'est encore dans la direction générale de tous ces accidents que se présentent les plis horizontaux et verticaux antérieurs au trias figurés sur la carte par les affleurements des couches de Gagnières, et sur la coupe $C^1 C^3$. Le terrain houiller est tout plissé entre le grand soulèvement transversal de 300 à 400 mètres reconnu au Martinet et la faille de Castillon. Au Nord de cette zone il est au contraire admirablement régulier. Dans la zone plissée, le pendage Nord des plis des schistes fissiles est plus incliné que le pendage Sud ; il y a eu grande réduction de surface et tout indique que ces plis ont été engendrés sous un effort de refoulement venu du Sud où les calcaires et surtout le terrain houiller étant considérablement enfoncés ont, par leur surampleur même, dû repousser les couches sur la limite. C'est à cet enfoncement qu'est due la présence des schistes stériles sous le trias au milieu de la concession de Bessèges.

6

La zone en question sépare deux régions bien différentes, celle déprimée de Robiac, vers laquelle les courbes de niveau de la couche n° 2 de Gagnières et la coupe X^2X^5 représentent l'allure du terrain, et celle soulevée des Pinèdes où n'affleurent plus que quelques lambeaux de l'étage de Bessèges.

On ne pourrait guère faire que des conjectures gratuites sur l'allure et la composition du terrain houiller, au Sud-Est de Gagnières.

Au Nord-Ouest de ce district, les susdits lambeaux de l'étage de Bessèges sont fortement et diversement disloqués, quoique encaissés entre des schistes fissiles et des poudingues également très réguliers à l'Est et à l'Ouest (Coupe C^3 C^4). Les lambeaux houillers des Pinèdes disparaissent même dans le lit de la Gagnières, par le fait d'un accident que nous allons examiner et sans lequel on pourrait croire que le terrain houiller est stérile sur toute sa largeur entre Malbosc et Pierresmortes.

On peut voir sur la carte que le soulèvement du Martinet fait disparaître en les reportant loin à l'Est les couches de Gagnières. Celles-ci, après une longue interruption, reparaissent au Mazel rapprochées de celles de Pigère par le grand accident longitudinal qui, dans cette région, augmente encore de puissance. Sans ce dernier accident, les couches de Gagnières seraient ignorées dans la région, mais aussi l'étage de Bessèges y serait représenté au complet.

Au Mazel (Voir la carte), les couches, formant une cuvette fermée, buttent à l'oxfordien, par l'intermédiaire d'un des plus grands accidents du pays des Cévennes, la faille de la Bannelle.

Partie Nord du bassin. — Dressants de Sallefermouse.

La partie Nord du bassin est peu connue, elle a été peu étudiée; M. Fuchs, qui l'a parcourue en 1873, a dressé un rapport où il paraît avoir été réduit à ne faire que des hypothèses. Les idées les plus divergentes se sont produites touchant le nombre des couches, leur correspondance : on a tour à tour supposé qu'il y a un seul faisceau, trois faisceaux, deux faisceaux; que le système du Bois-Noir disparaît au Nord en s'amincissant et se transforment en schiste fissile, ou se relevant en fond de bateau, et dans cette dernière supposition G. Calas a assimilé les filets de La Crouzille aux couches de Pigère ou à celles du Souterrain.

Cette diversité d'appréciations vient de ce que l'exploitation se poursuit dans une région plissée et très accidentée.

Des Pinèdes à Pigère, la partie productive du terrain houiller court entre les poudingues de base et l'étage stérile, cette partie formant une bande rétrécie par le passage du grand dressant. Dans cette bande étroite qui s'épanouit un peu sur les hauteurs de Sallefermouse, les couches de houille sont plissées, et finalement buttent à l'Est à une grande faille en profondeur, au pied de laquelle ces couches ne sont pas reconnues. Les érosions ont considérablement réduit la bande houillère, qui repose en pente douce sur les poudingues de base.

Les travaux de mine étant peu profonds, l'allure des couches est suffisamment indiquée par leurs affleurements et les coupes UU^5 et ef. Leur conformation est d'ailleurs l'effet des dressants.

A Sallefermouse (Voir la carte), il existe au moins deux dressants parallèles dirigés sensiblement Nord-Sud : celui de Combelongue ou du Cros, dont le prolongement au Nord sépare les deux cuvettes de Pigère (Coupe UU^1), et celui du Souterrain. Le premier est très couché (Voir la coupe ee^1 de la carte) ; au Cros, le refoulement horizontal a rompu le crochet et superposé par recoutelages une couche deux ou trois fois sur elle-même (PL. I, FIG. 5 et 6). D'abord descendues dans le plan du dressant, les couches ont par la même cassure été relevées au jour sans doute, car l'on a de bonnes raisons de croire qu'elles affleurent de nouveau à l'Est, auquel cas le pli aurait la forme d'un Z couché dont le jambage aurait été transformé en faille d'étirement. La galerie de la Pauze figurée sur ladite coupe n'ayant pas recoupé les couches de Combelongue, on est amené à penser que ces couches plongent peu et ondulent près de la surface jusqu'à un anticlinal ou une faille, qui les descend plus à l'Est sous les couches du Souterrain.

Ces dernières couches, les travaux de mine l'ont récemment démontré, forment un grand V couché, dont la pointe très aiguë est à 100 mètres de profondeur seulement (Coupe e^1f de la carte et PL. I, FIG. 4). Dans la branche Est du V, les couches sont étirées. Immédiatement plus à l'Est de leurs affleurements, il y a des schistes fissiles à coquilles, puis un gros banc de poudingue qui paraît occuper la base du système du Bois-Noir. Or, ces schistes sont de beaucoup supérieurs aux couches inférieures du Souterrain, et ils ne succèdent ainsi à l'affleurement de ces dernières que grâce à une grande faille ; sur le ruisseau de Merle on croirait voir replonger les couches de houille sous ces schistes. Quoi qu'il en soit, le dressant du Souterrain avec sa faille inverse rappelle celui de Bessèges, à cela près qu'à Sallefermouse la faille inverse est augmentée d'un rejet équivalent à celui de Robiac. Ces deux failles ajoutées descendent les couches à une grande profondeur, le travers-bancs fait au fond du puits du Doulovy pour les recouper, n'en ayant trouvé que l'entraînement au milieu de leurs roches et fossiles assez caractéristiques (Coupe e^1f).

(Pour l'intelligence de ce qui suit, voir plus loin, chapitre III, la composition du terrain houiller dans la région Nord.)

Ce grand accident augmente encore vers le Nord, où, chose extraordinaire, il fait disparaître petit à petit le système du Bois-Noir tout entier et le précipite même à une grande profondeur. Après avoir bien constaté que les dépôts de ce système ni ne deviennent fins ni ne s'amincissent vers le Nord, j'ai vu, près de la carrière Nadal (Croquis n° 18), entre des schistes à coquilles, en haut et en

Croquis N° 18

Crouzille — Coupe *gh* de la carte par la galerie St Joseph

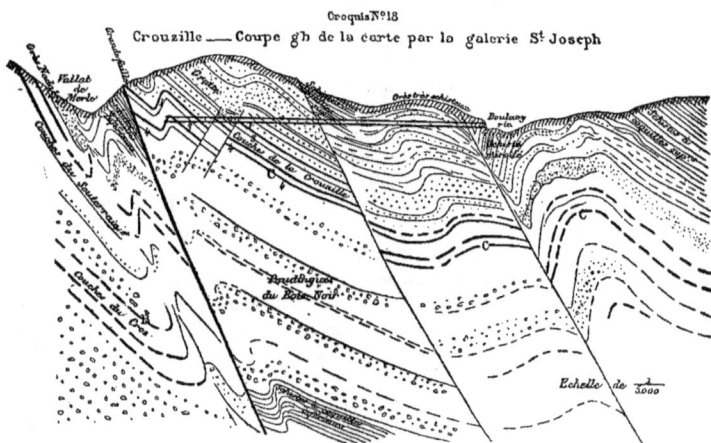

Echelle de $\frac{1}{5000}$

bas, à partir du grand coude horizontal qu'ils forment à La Crouzille (Voir la carte), les grattes d'abord et les filets de houille ensuite se mettre les uns après les autres en contact avec les schistes à coquilles inférieurs ; les grès supérieurs, sans se transformer, sont les derniers à disparaître en face du puits Laganier où, grâce à un bombement, la partie inférieure de l'étage stérile occupe une assez grande largeur ; là le passage du grand accident est accusé par la différence de faciès des roches, et des plissements importants. En continuant vers Pigère, la susdite partie inférieure de l'étage stérile disparaît à son tour, et les schistes fissiles supérieurs arrivent à se rapprocher de ceux du Vallat de Merle, à les toucher, à cheminer côte à côte et à se confondre en quelque sorte entre eux près de Pigère. Entre La Crouzille et Pigère, la faille fait ainsi disparaître plus de 500 mètres de terrain, tout comme la faille de Robiac au Sud de Bessèges.

La même région présente une autre particularité, ce sont, à l'Est de la grande faille, des plis horizontaux, limités à cet accident, notamment à Gachas, au col des Houlettes, au puits Laganier, entre Le Mazel et Pigère et surtout à La Crouzille, où l'effort oblique qui les a produits paraît avoir été considérable (Voir la carte).

Petits bassins alignés. — Stérilité apparente du terrain houiller dans la vallée de La Gagnières.

Une disposition très singulière se dessine dans la région, celle de couches de houille formant de petites cuvettes alignées. Le fond de bateau du Souterrain se relève au Sud avant d'atteindre La Gagnières et au Nord dans le Vallat de Merle. La cuvette de Combelongue est séparée de celle du Cros par un soulèvement transversal ; la cuvette du Cros plongeant au Nord est certainement aussi relevée par un autre accident apparemment parallèle aux Cévennes, au lieu dit Belbézet, car la cuvette de Garde-Giral est fermée au Sud. Cette disposition, qui se voit également à Trélys, s'explique facilement par des plis synclinaux morcelés par les érosions, même sans le secours de failles transversales.

Le croquis n° 20 est la projection exacte, à l'échelle, des deux lignes d'ennoyage formées par les couches du Souterrain et les couches de Combelongue, à Sallefermouse et à Pigère ; ces lignes étant peu profondes et ondulées, on comprend que des érosions aient pu aisément les atteindre et séparer aujourd'hui des bas-fonds alignés. Or, la coupure profonde que s'est pratiquée La Gagnières dans le terrain houiller a enlevé les deux vallées houillères de Combelongue et du Souterrain, ce qui explique la stérilité du terrain houiller dans le lit de cette rivière. A supposer que celle-ci se fût ouvert un passage à la cote 200, entre Le Cros et Combelongue, elle n'aurait mis à nu que des couches inférieures, et 100 mètres plus bas qu'un entraînement de ces couches dans la grande faille, exactement comme cela se passe sur La Gagnières, où le seul entraînement charbonneux visible représente une des couches de Combelongue, entre schiste satiné rempli de *Cordaites lingulatus, Pecopteris Candolleana, Pecop. gracillima,* etc. La succession des schistes et grès que l'on croise en descendant le lit de la rivière, notamment aux Houlettes, correspond au système du Bois-Noir. Le puits de Chavagnac a extrait les roches et les fossiles du puits du Doulovy, et je me figure que si le premier a échoué, c'est qu'il n'a pas été foncé assez bas (1) (Voir la coupe C⁵C⁴ de la carte où ce puits est projeté).

---

(1) Au fond on a suivi une couche irrégulière de 0ᵐ,80 d'épaisseur. Les *Odontopteris*, sortis de ce puits se trouvent dans le faisceau supérieur de Lalle.

Croquis N°19

Coupe de la Gagnieres à Bigère montrant les lignes d'envoyage des couches

Échelle

Sud

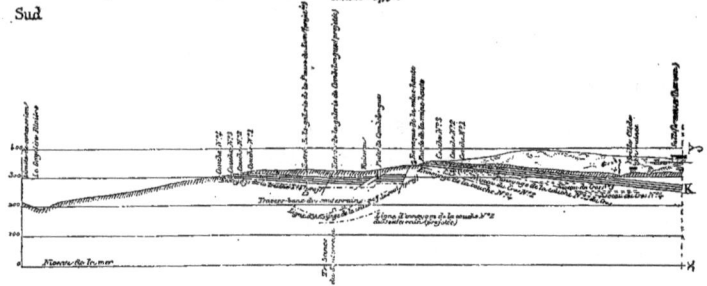

Suite de la coupe précédente

Nord

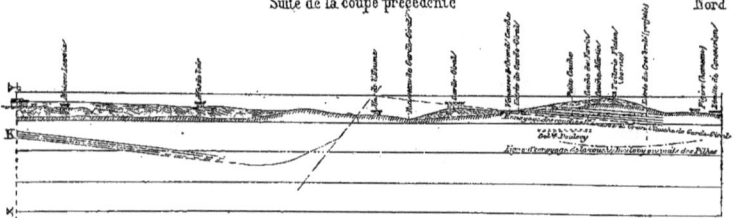

Et une preuve que telle est la cause de la stérilité apparente de La Gagnières, c'est qu'à La Combe-du-Loup (Voir la carte) on retrouve les roches du Souterrain, et en haut du Malpas une couche de houille de $0^m,80$ avec les roches et les fossiles de Combelongue ; on croirait même rencontrer aux Viges les schistes fissiles du Vallat de Merle. En tout cas, la présence sur les deux coteaux de La Gagnières des deux faisceaux de Sallefermouse ne peut laisser subsister aucun doute sur leur existence en profondeur sous cette rivière. L'absence de plis ne doit pas étonner, ces petits accidents n'affectant à la montagne Sainte-Barbe que les couches supérieures ; de même à Lalle, les couches sont plus plissées à la surface qu'en profondeur ; c'est d'ailleurs une règle assez générale.

Observations sur la mécanique du terrain houiller du Gard.

Après les descriptions qui précèdent, on a lieu d'être étonné devant le nombre, la diversité et la grandeur des mouvements qui ont déformé et morcelé le terrain houiller des Cévennes.

Abstraction faite des détails, il semble que les régions situées à l'Ouest de la dislocation ancienne d'Alais à Génolhac étant restées fixes, la conformation actuelle du bassin du Gard tienne à l'introduction ou soulèvement violent d'un coin de terrain primitif ayant pour côtés le revers occidental du Rouvergue et le bord Ouest du bassin de La Cèze, et pour faces latérales correspondant aux dressants de La Grand'Combe et de Bessèges, deux plans inclinés tous deux du même côté, à l'Est (Coupes l'J $+$ W^{2}W^1 et IJ). Mais vers le sommet de l'angle aigu formé par ce coin, les effets de repoussement sont déviés et il s'ajoute de grandes ondulations transversales ; aussi les failles se croisent dans tous les sens et certains panneaux découpés par elles ont joué séparément (1).

Des accidents connus, ne se dégage aucune loi de coordination avec une évidence qui permette de préjuger ce qui se passe sous les calcaires. Je n'essaierai donc pas de les résumer. Qu'il me suffise de signaler quelques particularités saillantes.

La plupart des accidents décrits sont antérieurs au trias et par suite ne s'aperçoivent pas dans les calcaires qui recouvrent le terrain houiller. A Gagnières, Saint-Jean et Molières, il y a des failles anciennes et des failles relativement modernes (2). Il nous reste à signaler (Chapitre VI), dans les calcaires, au-dessus du terrain houiller, d'autres grands accidents, notamment la faille des Cévennes, qui par la chute considérable des couches vers l'Est, y limite la partie exploitable du terrain houiller.

Parmi tous les accidents longitudinaux et transversaux ressortent comme des points singuliers, les sommets des monts Cabane et Rouvergue, situés à l'extrémité

---

(1) Le filon du Rouvergue changeant les micaschistes et jouant le rôle d'une faille plongeant au Nord, l'on a au Gournier (Croquis n° 2) un croisement de failles inclinées en sens contraire à partir de leur point de rencontre, et séparant des angles deux à deux soulevés ou abaissés, opposés par le sommet.

(2) A Gagnières, les plissements sont antérieurs au trias, dont ils ne dérangent pas les couches ; le soulèvement du Martinet est postérieur. A Saint-Jean, la faille du Puech-Vert, mettant la couche Montfrin en regard de la couche du Puits, n'affecte pas le trias au Sud non plus qu'au Nord des exploitations. A Couze et aux Ribots, la déviation des couches est ancienne, les failles, ne rejetant pas les calcaires de la même manière que le terrain houiller, ont joué plusieurs fois. Les failles, qui, à Molières, relèvent au Nord-Est les couches parallèlement au Rouvergue, sont antérieures au trias.

de deux caps de micaschiste. Ces sommets ont été repoussés par les dressants et écrasés par eux (Croquis n° 2); le pic de Rouvergue a ainsi été surélevé de plus de 500 mètres, si au Sud-Est de Mas-de-Curé (où le terrain primitif est très disloqué) affleure réellement la 4ᵉ zone des gneiss glanduleux (Croquis nᵒˢ 2 et 8). Le granite est à découvert au pic du mont Cabane; les deux monts ont été le siège de puissantes imprégnations minérales, et aux alentours les accidents se sont produits à différentes époques sous des efforts et dans des directions analogues.

Les accidents antérieurs au trias, c'est-à-dire propres au terrain houiller et s'y arrêtant, sont peu visibles et dépourvus de remplissages filoniens, ce qu'il faut attribuer sans doute à ce qu'ils se sont produits dans un terrain encore mou ou plastique, ou plutôt à ce fait qu'ils se terminent dans des plis. La plupart sont accompagnés de plissements, et le rejet étant souvent à contrepente, ils sont très certainement dus à des affaissements ayant réduit les surfaces et provoqué des refoulements latéraux. Peu de failles ordinaires séparant des couches espacées dans le sens horizontal aussi bien que dans le sens vertical, dénotent des soulèvements ayant au contraire augmenté les surfaces.

Ces dernières failles, ressemblant à celles que l'on trouve partout, n'ont pas été signalées ici, non plus que les petites ondulations des couches; elles sont figurées sur la carte; peu d'entre elles offrent d'ailleurs de l'intérêt (1).

Relativement à la cause déterminante des failles, j'ai constaté des cassures continuant des plis non rompus et dessiné à Ricard (PL. I, FIG. 8) un rejet sensible se terminant à peu de profondeur. Le croquis PL. IIIᵇⁱˢ, FIG. 6, montre un autre effet curieux produit par un changement de pente sur les branches inférieures et supérieures de la couche Chauvel des deux côtés d'une cassure oblique au plan de cette couche.

CHAPITRE III

Composition du terrain houiller.

SYSTÈMES DE GISEMENT

A présent que nous connaissons la forme générale du bassin houiller,

---

(1) A La Baraque (Montagne Sainte-Barbe) est connue une faille à bascule rejetant à un bout les couches au Nord de 40 mètres et à l'autre au Sud de 60 mètres. La faille de Werbrouck (district de Portes), plongeant et descendant les couches au Nord, est cependant accompagnée d'un rejet à contrepente au puits d'aérage.

l'allure des couches et leurs principales dénivellations, c'est-à-dire la stratigraphie et l'hypsographie du terrain, nous allons entrer dans le détail de sa composition et d'abord établir les coupes à différents endroits du bassin.

La carte, à cause de la petite échelle employée, ne donne ni la composition du terrain ni la nature des roches, deux données de première importance sur la constitution intime du bassin. La PL. II supplée à cette insuffisance de la carte ; elle représente les systèmes de gisement du Gard, c'est-à-dire la coupe du terrain houiller dans chaque district. L'explication de ces coupes fait l'objet du présent chapitre. Nous analyserons ensuite les roches et les dépôts houillers, les roches d'origine éruptive, puis nous décrirons les couches de houille, et nous terminerons la partie géologique de ce mémoire, par l'étude des terrains de recouvrement aux points de vue de leur épaisseur et des accidents récents qui atteignent le terrain houiller au-dessous des masses calcaires.

Système de gisement de La Grand'Combe.

De tous les districts du Gard, celui de La Grand'Combe offre la plus longue et plus riche série de dépôts, de 1.600 mètres d'épaisseur, sans solution de continuité. Le terrain est régulier, comme on peut s'en rendre compte sur les coupes I J, M N, O P de la carte, et les couches de houille puissantes ; La Grand'-Baume est la plus belle couche du bassin.

La coupe n° 1, PL. II, a été relevée au puits de la Serre, au Petassas, dans les plans inclinés de la Levade, au puits du Ravin et au sondage de Ricard arrêté en plein terrain charbonneux.

Au puits de la Serre, le terrain est stérile jusqu'à la couche de La Forge. Entre la couche Fontaine et la couche de Champclauson, beaucoup de nodules de carbonate de fer lithoïde. Au-dessous de Champclauson, bancs puissants de grès et grattes très quartzeux, formant trois corniches aux affleurements. Les roches des couches de La Grand'Combe sont de tout autre nature ; les schistes satinés contiennent des nodules ferrugineux aux contours irréguliers.

Je place au mur des couches de La Grand'Combe les schistes fissiles à écailles de poisson et *Samaropsis* qui affleurent au confluent du Vallat de Sans-Nom avec La Grand'Combe (PL. I, FIG. 8). Ils semblent bien sortir à Ricard de dessous La Grand'Baume. On doute cependant qu'ils gisent à cette place à cause des plis qu'ils présentent et qui se trouveraient au mur du dressant. Mais on peut d'abord remarquer qu'entre eux et la couche Sans-Nom passe un accident qui sépare des roches très dissemblables. Les schistes à écailles, entremêlés de

7

schiste satiné et de lentilles de grattes sauvages, sont inconnus sous cette couche ; leur flore comprenant des débris de *Walchia* est d'ailleurs très analogue, pour ne pas dire identique, à celle des schistes à écailles de poissons qui surmontent la couche Pilhouze ; le sondage de Sans-Nom a recoupé finalement la première série schisteuse et les veines de houille du sondage de Ricard, et c'est la partie supérieure de cette série qui affleure avec des écailles de poissons. Au surplus, ces schistes sont très fissiles et ne sont pas sans ressembler à ceux qui, à Gagnières, occupent la même position géologique, mais j'y ai vainement cherché des coquilles.

Le sondage de Ricard a révélé, au-dessous de cette assise schisto-charbonneuse, un puissant étage de 400 mètres de conglomérats et roches quartzo-micacées extrêmement sauvages, avant d'aboutir à un nouvel étage productif et de recouper, au fond, deux grandes couches de houille.

Il y a donc, à La Grand'Combe, trois systèmes de couches de houille superposés (Coupes I²J et O²O³).

Les couches de La Grand'Combe proprement dites, celles formant le système moyen et que, jusqu'à ces temps derniers, l'on avait cru tout à fait inférieures, aucune couche n'affleurant entre elles et le terrain primitif, les couches de La Grand'Combe, dis-je, subissent, en particulier, des modifications si importantes du Sud au Nord, qu'on n'a été tout à fait convaincu de l'identité de celles de La Levade avec celles du Gouffre que lorsqu'on a eu percé d'une mine dans l'autre. Nous aurons à revenir sur ces changements, qui supposent l'apport simultané des limons par deux cours d'eaux et expliquent pourquoi, au mur de La Grand'Baume, on ne voit, à La Trouche et au quartier du Rat, à la place du système des schistes à écailles de poissons, que des poudingues micacés avec des argiles schisteuses grises.

Système de gisement de Portes.

La mine du Chauvel a communiqué, depuis longtemps déjà, avec la mine de Champclauson par une galerie qui, à Cessous, a passé d'une couche dans l'autre près du point où la faille de La Croix de Poldie est réduite à zéro, et si je donne la coupe détaillée du terrain au Chauvel (Pl. II, coupe n° 2), c'est pour servir de terme de transition entre le système de Champclauson et celui de La Vernarède (Pl. II, coupe n° 3), en même temps que pour compléter la coupe du district de Portes jusqu'à la base de la formation houillère en cet endroit.

A la vérité, il y a, d'un côté à l'autre de la faille de Chamarit, des différences importantes de terrains à La Vernarède et au Chauvel, ayant permis de soutenir l'indépendance des deux systèmes de couches. Ces différences, portant sur l'augmentation des stampes ou intervalles séparant les couches au Chauvel, sur la présence de grattes quartzo-micacées à La Vernarède, ont peu de valeur, car, à Cessous, les intervalles varient du simple au double entre certaines couches, et en descendant l'Oguègne on voit s'intercaler et se développer, comme nous l'expliquerons plus loin, les susdites grattes entre les mêmes roches qu'au Chauvel. Au reste, des différences non moins grandes, touchant la nature des roches et surtout l'importance des intervalles, se remarquent dans les coupes de terrain aux puits Nord et Sud de La Vernarède.

Les différences expliquées, les analogies s'affirment par la comparaison des couches inférieures accompagnées des mêmes grès, et si le parallélisme ne se poursuit pas en haut, c'est qu'au Chauvel disparaissent les couches supérieures qui déjà s'amincissent entre le puits Nord et le puits Sud de La Vernarède. Cependant on reconnaît, d'un côté, entre les couches Anonyme et Blachères, les roches verdâtres qui règnent, d'autre part, à La Croix de Veyras et aux Rompues. En outre, des deux côtés, il y a de nombreuses concrétions ferrugineuses concentriques dans les grès et beaucoup de rognons cloisonnés de carbonate de fer dans les schistes ; à La Vernarède, les rognons sont surtout nombreux entre Jenny et Terrenoire et au Chauvel, comme à Champclauson, dans les couches inférieures.

Nous verrons que les fossiles ne laissent absolument subsister aucun doute sur l'identité des deux systèmes.

La comparaison de ceux-ci a servi de thème à variations. On a d'abord pensé que les couches de Portes correspondent à celles de La Grand'-Combe, par cela même que, de part et d'autre, ce sont les premières au-dessus des micaschistes. Cette assimilation, qui ne tient plus debout depuis l'exécution du sondage Ricard, a été discutée par Callon (1) à une époque où les couches de Portes étaient très incomplètement connues. Plus tard, Crespon, dans un rapport non imprimé, développant la même thèse, a assimilé individuellement les couches moyennes et inférieures de Portes aux bancs des couches de La Grand'Combe, savoir Rouvière à La Pilhouze, Jenny et Terrenoire à Abylon, Palmesalade à La Minette d'Abylon et Saint-Augustin à Grand'Baume. Sans m'arrêter à la comparaison qui a aussi été faite de la série des couches de Werbrouck avec la série des couches de Sainte-Barbe, mettant Sans-Nom en parallèle avec Saint-Augustin, je signalerai à l'attention l'étude de M. Sarran qui a

(1) *Annales des Mines*, 4ᵉ série, XXIV, 1848, page 339.

rapproché, par des observations très détaillées, une à une, les couches du Chauvel de celles de La Vernarède (1). Cependant, les conclusions de M. Sarran n'ont pas été acceptées de confiance, et, en désespoir de cause, l'on en est arrivé à admettre que le système de Portes constitue un gisement à part.

On peut voir sur les coupes n⁰ˢ 2 et 3, Pl. II, qui en disent plus que le texte, au-dessus de la couche Blachères, en s'élevant vers le sommet géologique du mont Châtenet, se succéder une assise de schistes et de grès psammitiques avec nodules, puis une assise de roches blanches sans rognons, de 50 mètres d'épaisseur environ, formée en grande partie de poudingues à éléments porphyriques ; au-dessus viennent des grattes quartzo-micacées avec nodules, et le tout est couronné par un poudingue bréchiforme renfermant quelques galets de porphyre rouge brique de la nature de l'orthophyre de Rouchau (Coupe T¹T²).

La coupe n° 3, Pl. II, donne la composition du terrain houiller jusqu'à La Jasse, et la coupe n° 2, en plus, la puissante assise inférieure de poudingues qui forme le mont des Pinèdes, le plus élevé de la formation houillère (740 mètres). Cette assise commence presque immédiatement au-dessous de la couche Chauvel ; à sa base, on a exploré récemment quelques petits filets charbonneux paraissant représenter les couches de La Grand'Combe très dégénérées. Lesdits poudingues reposent sur la bordure vineuse bréchiforme formant la base du terrain houiller. Nous verrons qu'il y a discordance entre les poudingues et cette brèche. Celle-ci tranche par son faciès sur le micaschiste d'un côté et les poudingues de l'autre ; les roches en sont gris sombre, et au Péreyrol on peut distinguer deux horizons d'argile lie de vin.

Système de Sainte-Barbe et du Pradel.

On a vu, dans le paragraphe relatif au dressant du col Malpertus qu'il existe à La Grand'Combe un quatrième faisceau de couches que les uns font descendre des hauteurs de Champclauson et les autres remonter de dessous les couches de La Grand'Combe même. Il sera établi plus loin, par la considération des fossiles, que les couches de Sainte-Barbe dont il s'agit sont non seulement inférieures à ces dernières, mais même à celles trouvées au fond du sondage de Ricard, de telle façon que celui-ci les aurait certainement traversées si l'on eût continué le forage jusqu'à 1.000 mètres. La série de Sainte-Barbe est ainsi à ajouter en bas à celle de La Grand'Combe, dont elle est séparée par un hiatus que rien dans les environs immédiats ne permet de combler, mais que j'ai lieu

---

(1) *Bulletin Sté Ind. minérale*, 1ʳᵉ série, tome XIV, 1868, page 123.

de croire assez important. Si d'un autre côté on ajoute en haut la partie supérieure de la coupe de Portes jusqu'au couronnement du mont Châtenet, on obtient une épaisseur de dépôts houillers, dans la région, dépassant 2.500 mètres, et égalant la puissance donnée par Gruner aux étages ajoutés du bassin de la Loire, ce qui est loin des 1.000 mètres attribués autrefois au terrain houiller des Cévennes par Em. Dumas.

La coupe analytique n° 4, PL. II, a été prise du col Malpertus au Mas-de-Coudous, en passant par le Pradel. Au-dessous de la couche Sans-Nom affleure un faisceau de couches, dont la base n'est pas accessible à l'observation, le bord du bassin étant en faille.

Entre le Rouvergue et le Pradel, les schistes renferment de nombreux nodules de minerai, sont satinés comme ceux de La Grand'Combe, et les grès sont grossiers, quartzo-micacés, ce qui a donné lieu à une nouvelle hypothèse, savoir que les couches de La Grand'Combe, passant sous la montagne Sainte-Barbe, se relèvent au Pradel contre les micaschistes du Rouvergue.

Les grès de Sainte-Barbe sont fins, tout divisés par des tranchants obliques; ils n'ont pas leurs analogues à Champclauson. En haut de Sainte-Barbe dominent les schistes. Il n'y a pas ou presque pas de minerai.

Laval, Les Oules, Malbosc, Mas-Dieu, Mercoirol.

Les couches de Laval sont exactement celles de Sainte-Barbe ; la série y est seulement moins complète (Coupe K⁴K⁶).

Le puits des Oules, avons-nous dit, explore une nouvelle région de La Grand'Combe. Foncé au bord du Gardon, sur un pointement houiller, il traverse des roches analogues à celles de La Grand'Combe, mais on ne sait pas encore dans quel étage il pénètre ; il est peu profond et je me dispense d'en donner la coupe.

A Malbosc, sous les calcaires, on a reconnu un système de couches que les fossiles et les roches ne permettent pas de rapporter à Sainte-Barbe. J'en donne la coupe, PL. II, FIG. 5, telle que l'a constatée l'avant-puits de Malbosc foncé à niveau plein et destiné à inaugurer dans le Gard, l'un des premiers, l'exploitation de la houille sous les terrains de recouvrement. Les couches sont nombreuses et importantes. On les a tour à tour comparées aux couches de Sainte-Barbe, de Champclauson et du Pradel.

De Laval à Mercoirol et à l'Auzonnet, le Rouvergue est bordé par l'horizon de la couche Sans-Nom, reposant, sans faille, sur une étroite bande de brèche à petits éléments que l'on peut suivre du Mas-Antoinette jusqu'à la Bayte. La même roche se représente sur la bordure Nord du golfe houiller de Crouzoule. De là vers Bessèges, elle augmente de grosseur et d'épaisseur, arrive ainsi à avoir une puissance de 100 mètres sur le Rieusset, où elle commence à être surmontée de la zone à nodules que nous retrouverons dans toute la partie Nord du bassin.

Système du Martinet et de Trélys.

A l'extrémité alignée Sud-Est du Rouvergue, la couche Sans-Nom et ses satellites courent entre des roches blanches et grises. On ne voit affleurer les couches supérieures qu'à Laval d'un côté et au Nord du puits Pisani de l'autre. L'horizon de Sans-Nom, par la couleur de ses roches, tranche sur la teinte terne et l'aspect sauvage du substratum, dont il est seulement séparé, à Fanaubert, par un charbon terroule que l'on croit représenter la couche Pierrebrune, la plus inférieure du système du Feljas, mais cela est douteux, et il est à remarquer que ce système manque à l'extrémité du Rouvergue. Au-dessus de la couche Sans-Nom se développe à Mercoirol-Bas un massif épais de schistes sombres, durs, rubanés, très particuliers, que l'on retrouve tout plissés au Sud du puits Pisani.

La coupe n° 6, Pl. II, a été établie conformément aux observations suivantes. Elle comprend les couches du Feljas, de l'Arbousset et du Martinet.

A Crouzoule, repose sur la brèche le prolongement des couches du Feljas, dans des grès gris et des schistes satinés où gisent de nombreux rognons de minerai de fer. Au-dessus, on reconnaît, par les fossiles, l'horizon de Sans-Nom que l'on peut suivre pour ainsi dire sans interruption jusqu'à l'Arbousset où l'on exploite trois couches repliées plusieurs fois côte à côte : le n° 2, de 2 à 5 mètres, avec renflement de 10 mètres, les couches Saint-Pierre et Sainte-Adèle qui ne sont probablement que les satellites de la couche Sans-Nom, car Saint-Pierre en aurait les empreintes caractéristiques. Du côté de Trélys, ces couches disparaissent, et l'intervalle qui les sépare de celles du Feljas est masquée par le dressant. Mais elles sont superposées à ces dernières dans le golfe de Crouzoule, et il semble possible que la base du système de l'Arbousset soit représentée au Feljas par la couche n° 0. Les schistes sombres, durs et rubanés, supérieurs aux branches de la couche Sans-Nom, paraissent en tout cas développés au col de Trélys. Les travers-bancs poussés entre l'Arbousset et le Martinet permettent d'en évaluer l'épaisseur à 200 mètres environ.

Les couches du Martinet sont remarquablement régulières au milieu de schistes feuilletés abondants et de grès excessivement fins. Elles se laissent raccorder par Saint-Emile à celles de Créal et par suite aux couches inférieures de Bessèges, auxquelles elles ressemblent d'ailleurs de tous points.

Système de la montagne de Bessèges.

Les coupes Fig. 2, Pl. 1 et n° 7, Pl. II, représentent en détail le terrain formant la montagne de Bessèges. On ne voit au-dessous de la couche Saint-Félix, la plus inférieure du Martinet, que deux couches : celle en amas de 0 à 24 mètres, dite Saint-Denis, et Saint-Charles, assimilées toutes deux aux couches du Feljas. La schistification qu'éprouvent ces couches avant d'atteindre le Rieusset fait douter de ce rapprochement. Un peu par les roches, un peu par les renflements et irrégularités de formation qu'elle présente, et eu égard à la constitution physique du charbon, la couche Saint-Denis me paraît pouvoir correspondre au faisceau de l'Arbousset; de son côté, par les roches et les fossiles, Saint-Charles représenterait la couche supérieure du Feljas.

La réduction et l'altération, à la montagne de Bessèges, du système du Feljas et de l'Arbousset font partie d'un phénomène géogénique aujourd'hui bien connu, dont l'effet atteint successivement les couches en allant au Nord où elles se rapprochent, puis disparaissent par voie de schistification, les unes après les autres, en descendant le long d'une lisière de gratte, ce qui a fait comparer leur disposition à un éventail ouvert dont les lames se superposeraient du Sud au Nord. Ainsi Saint-Charles et Saint-Denis disparaissent à l'Ouest de la montagne de Bessèges, Saint-Félix, Saint-Barbe et Sainte-Emile au Nord de Bessèges, et à Lalle n'affleurent plus de Bessèges que les couches supérieures.

Système de Lalle.

Voir la coupe n° 8, Pl. II. L'établissement de cette coupe a présenté de réelles difficultés à cause des grands accidents qui cachent une partie des terrains et des plis qui empêchent d'en mesurer l'épaisseur et même de constater l'ordre véritable de superposition, si bien que, pour mettre à leur place les termes de la série, il a fallu recourir à l'échelle des terrains équivalents, moins dérangés, de la partie Nord du bassin.

Le raccordement entre Lalle et Bessèges se peut faire par deux couches, notamment par Saint-Yllide à la cote 110 mètres, dans une zone régulière entre les deux dressants, et aussi par la couche Sainte-Barbe de Lalle, que l'on croit identique à la couche Saint-François de Bessèges. Les autres couches, celles dépourvues d'individualité, changent d'un côté à l'autre par le nombre, la composition, la puissance et l'intervalle tout à la fois; par suite, elles portent des noms et un numérotage différents. A Lalle, à l'inverse des couches inférieures, les couches supérieures à Saint-Yllide sont plus belles qu'à Bessèges. La dernière couche actuellement exploitée est Tri-de-Chaux. Or, les grattes qui la surmontent ne sont pas sans ressembler à celles de La Chapelle-Saint-Laurent. Les couches n°s 6 à 12 de Lalle nous paraissent ainsi devoir occuper un niveau supérieur au sommet géologique de la montagne de Bessèges. Ces couches affleurent dans l'intérieur du coude en cirque que forment le faisceau de Lalle au Nord. A Montbel, à l'Est de ce cirque, émergent d'autres couches forcément plus élevées encore, ayant à leur base des roches et poudingues très grossiers (Coupe Y^2Y^4). La faille du Long dissimule complètement l'intervalle qui les sépare des autres, et qui est considérable si, comme j'ai lieu de le croire, cette faille appartient au dressant de Bessèges et continue la faille de Robiac.

J'ai heureusement pu combler en partie la lacune, dans le Vallat des Viges, où l'on voit se succéder, au-dessous de grattes et poudingues analogues à ceux de Montbel, des schistes fins à coquilles, des grès rappelant ceux de Nadal, puis vers le Mas-Bleu des schistes avec couches de houille, le tout formant un ensemble assez comparable à la série située dans la partie Nord du bassin, entre les couches de Sallefermouse et les poudingues du Bois-Noir (Comparer les coupes 8 et 9, Pl. II). Ce système schisteux (non intercalé dans la coupe Fig. 8), ou au moins sa partie supérieure occupe une position intermédiaire entre les couches de Montbel et celle de Lalle.

Les poudingues que l'on trouve superposés au système du Mas-Bleu en haut du ravin des Viges, étant situés au-dessous de l'étage stérile, paraissent devoir correspondre à ceux de La Pioulière. Ces derniers sont très développés à Chavagnac, sur La Gagnières et y forment une assise de plus de 200 mètres dont on n'aperçoit du côté de Lalle que le sommet à Montbel et la base aux Viges.

Ces poudingues sont couronnés par un système schisto-charbonneux, généralement peu développé et très pauvre, excepté à Montbel où affleurent plusieurs petites couches de houille.

Etage stérile.

Les couches de Montbel sont minces, entre schistes ordinaires et grès sableux gris cendré. Immédiatement au-dessus commence l'étage stérile des phyllades houillers. La base de cet étage, en remontant le Vallat de Cabanel, se voit formée de grès exceptionnellement fins alternant avec des schistes plus ou moins gréseux, durs, rubanés et rougeâtres; ces roches sont bientôt remplacées par une alternance de bancs de grès toujours très fins avec des schistes rubanés et fissiles à coquilles, caractéristiques de l'étage stérile; cet étage a une épaisseur considérable qu'on était loin de soupçonner autrefois;

E. Dumas l'estimait à 200 mètres. Nulle part elle n'a pu être déterminée rigoureusement par coupes, soit à cause des plissements, soit à cause des failles, qui en augmentent ou réduisent l'épaisseur apparente. L'étage stérile m'a paru se décomposer partout en trois zones : une zone inférieure de grès et schistes gréseux avec quelques bancs de schistes fissiles, une zone moyenne formée en presque totalité de schistes fissiles bleuâtres à coquilles, et une zone supérieure où dominent des grès gris en bancs plus ou moins épais, entre lesquels les schistes fissiles renferment beaucoup de coquilles. La zone inférieure ne paraît pas avoir plus de 100 mètres. La zone moyenne a été évaluée à au moins 250 mètres aux environs du puits Sirodot. Quant à la zone supérieure, lorsqu'on remonte le Doulovy dans la direction du Frigolet, on lui reconnaît une épaisseur considérable au moins égale à la puissance de la zone moyenne. En sorte que l'étage stérile a au moins 600 mètres, et, entre les belles couches actuellement exploitées à Lalle et celles de Gagnières, l'intervalle est peut-être de plus de 1.000 mètres. Les couches du Mas-Bleu sont à plus de 600 mètres de profondeur au Martinet. Le puits Jullien ne les atteindra, si je ne me trompe, qu'à plus de 800 mètres. L'étage stérile est complètement dépourvu de houille et même d'empreintes végétales autres que des fragments et détritus indéterminables. Il n'y a pas de schistes charbonneux, je n'y connais qu'un seul et unique filet de houille visible à l'Est du Mas-Cabanel, à la tranchée Barrès du Martinet et au Sud du puits Laganier de Montgros ; là, le filet de houille, de $0^m,10$ d'épaisseur, recouvert de schiste à coquilles, contient dans l'intérieur du charbon beaucoup de grains de quartz en haut et de paillettes de mica en bas ; c'est une houille sédimentée dans toute l'acception du mot.

L'étage stérile (Coupes U^1U^3, CC^5, M^4N) affleure sur une grande étendue du bassin Nord (Voir la carte) et lui donne avec les poudingues de base l'apparence d'un terrain sans houille.

Système de Gagnières.

Au-dessus de l'étage schisteux réellement et tout à fait stérile, on exploite à Gagnières 5 à 6 couches de houille faisant partie d'un système charbonneux interrompu en haut par le trias et dont on ne connaît pas en bas la liaison avec le terrain stérile. Toutefois, il y a lieu de croire que celui-ci commence immédiatement au mur des filets de houille rencontrés en dernier lieu par le puits de Gagnières, comme au puits Jullien au mur du dernier filet de Souhaut.

Aux Bouziges, sur le point de butter au trias, la série de Gagnières comprend un autre petit groupe de couches, et plus haut, dans une position inconnue, paraissent devoir se présenter des argiles micacées, dont plusieurs témoins ont

8

été trouvés entraînés dans la faille du Moulinas, et que l'on a été tenté de rapporter au terrain permien. Sous la forme d'argiles bariolées, à *vermis transitus*, ce schiste ressemble, au moins par la couleur, à ceux que l'on voit, entre Molières et Les Brousses, n'être, d'après les empreintes végétales contenues, que des schistes houillers pourris et rubéfiés au contact du trias.

A Gagnières, les grès sont fins, et les schistes feuilletés très fossilifères et même fissiles, avec coquilles entre les couches de houille exploitées, qui sont très régulières sans rognons de sidérose.

Recherche des couches de Lalle à Gagnières. — La compagnie de Mokta a entrepris depuis quelque temps la recherche des couches de Lalle sous l'étage stérile à grande profondeur. Cette recherche, actuellement poursuivie dans la région soulevée du Martinet, et au succès de laquelle est suspendu l'avenir du bassin Nord, vient de découvrir à 180 mètres dans le plan incliné à travers-bancs une première couche de 0^m60 que l'on croit pouvoir rapprocher de la petite couche supérieure des Viges (Pl II Fig. 8) ; il y a de part et d'autre au-dessus de ces couches des schistes sombres avec coquilles sans empreintes végétales, et, au-dessous, dans un schiste analogue, des *Pécopteris* variés.

Système du Mazel, Montgros, Sallefermouse, Martrimas.

Au Nord de Gagnières, la zone supérieure de l'étage stérile régnant sous le trias, le moindre synclinal renferme de la houille. C'est ce qui a lieu au Mazel, où l'on a exploité au fond d'une cuvette les couches inférieures de Gagnières ; ces couches rapprochées ont fourni du charbon excellent.

En descendant vers Pigère, la zone supérieure de l'étage stérile ne paraît pas avoir plus de 150 mètres d'épaisseur.

L'établissement de la coupe générale (Fig. 9, Pl. II) a présenté des difficultés particulières, tant à cause des caractères nouveaux que revêtent certains groupes de couches, que d'accidents de nature à tromper sur la position et l'épaisseur des dépôts. La base de la formation est plus complète et beaucoup plus puissante qu'ailleurs. Je dois dire que la coupe en question n'a pas été dressée suivant une ligne ; elle résume ce que j'ai pu observer à La Crouzille, au Souterrain, à Combelongue, à La Fenière, à La Prade et à Martrimas ; en voici les traits principaux au-dessous de l'étage stérile.

Au pied du versant Est du Bois-Noir apparaît une bande de silex parmi des grès sableux gris cendré analogues à ceux de Montbel et faisant la transition entre l'étage stérile et le système des couches ou plutôt des filets de houille de La Crouzille. Ceux-ci se forment au Nord du viaduc et sont au nombre de 7 à 8 à La Crouzille, dont 2 seulement de 0^m,50 et de 0^m,30 ont été exploités dans la concession de Montgros. Le passage de ce système peu charbonneux se reconnaît au col des Houlettes, auprès du puits de Chavagnac, au Sud-Est de La Pioulière, mais sans houille, et accompagné près de La Clède par des schistes feuilletés où j'ai réussi à découvrir quelques coquilles ; il correspond au faisceau de Montbel, d'après l'ensemble des empreintes végétales et la position qu'il occupe à la base de l'étage stérile.

Au-dessous, la montagne du Bois-Noir est formée de bancs de gratte passant au poudingue, entre lesquels quelques zones gréseuses comportent la présence de petits filets de houille dans des schistes gris.

Au-dessous de cette montagne formée de dépôts grossiers (Croquis n° 18), j'ai été fort intrigué, il y a deux ans, de rencontrer des schistes fissiles à coquilles, semblables à ceux de l'étage stérile. Toutefois, ils sont plus jaunâtres et tranchent sur les phyllades houillers plus sombres et plus durs, lorsque, rapprochés à la latitude du puits Laganier, ils se rejoignent plus au Nord vers Pigère. Dans le Vallat du Merle, ils passent en haut à un schiste plus sombre et plus compacte, et ils font suite en bas à des grès schisteux et schistes gréseux blanchâtres remplis d'empreintes végétales sans coquilles. Les schistes à coquilles ont été constatés récemment par M. Peyre en différents endroits, entre la carrière Nadal et La Gagnières (Voir la carte).

Les grès schisteux et schistes feuilletés blanchâtres sans coquilles se voient dans l'intérieur du V du souterrain, et il semble qu'immédiatement au-dessus se trouve le grès Nadal (Suivi par M. Peyre ¦sans interruption de La Crouzille jusqu'auprès du puits des Pilhes à Pigère). Ce grès fin, blanc mat ou gris jaunâtre, a le faciès de celui de la montagne Sainte-Barbe ; il renferme des Sigillaires et a été exploité pour meules à affûter.

Au-dessous de ce grès, à la carrière Nadal, gît une couche de houille appartenant au faisceau du Souterrain (Croquis n° 10). Les grès de ce faisceau sont fins et quartzo-feldspathiques comme ceux de Lalle et de Bessèges.

Bien différentes sont les roches et les couches de Combelongue et du Cros ; les grès sont gris et les schistes satinés, entre grattes et poudingues quartzomicacés. On ne connaît pas l'épaisseur des poudingues qui séparent les couches du Souterrain de celles de Combelongue ; cette épaisseur, diminuant à Pigère, ne doit pas être inférieure à 100 mètres. Au nombre de cinq, les couches de Combelongue et du Cros sont les mêmes que celles de Garde-Giral.

J'ai figuré à peu de distance au-dessous de ces couches, au milieu des poudingues de la base, une petite couche de houille en deux bancs, formée de Cordaïtes, dans laquelle on a ouvert quelques fouilles à La Fenière, près de la tuilerie Platon, et au Nord de chez Cogniard à Pigère.

Plus bas, dans la série de ces poudingues, se présentent à La Prade, où ils ont été exploités, de nombreux nodules et bandes de minerai lithoïde au milieu d'une assise formée en partie notable d'argiles schisteuses grises. Au-dessous, affleure une puissante assise de poudingue très quartzeux, et entre cette assise et la brèche, on aperçoit près du Gournier-de-Gagnières des filets schisto-charbonneux renfermant les fossiles les plus anciens du bassin du Gard ; plusieurs bancs de minerai argilo-micacé se montrent ensuite à la partie supérieure de la brèche. Les filets charbonneux du Rieubert surmontent aussi presque immédiatement la brèche ; ceux de Martrimas en sont séparés par une certaine épaisseur de roches relativement fines. Mais, en dépit de quelques variations, la composition des terrains est assez uniforme dans toute l'étendue de la partie Nord du bassin, autrefois désignée sous le nom de bassin houiller des Vans. Sa coupe, Pl. II, Fig. 9, porte, comme celle du bassin Sud à La Vernarède, un certain nombre de dépôts d'origine éruptive.

On peut aussi remarquer sur cette coupe la pauvreté de l'étage comparé à sa richesse à Bessèges. On verra au livre second comment il est composé de part et d'autre, et au chapitre suivant les chances qu'il a de s'améliorer vers l'Est, où il paraît devoir échapper peu à peu aux influences stérilisantes des roches grossières quartzo-micacées si développées à l'Ouest.

Système de Saint-Jean et de Molières.

Mis à découvert par les déchirements du trias et les érosions, les faisceaux de couches de Saint Jean et de Molières, aux flores différentes, ont été raccordées par la couche Saint-Alfred et les grès qui l'avoisinent. Ils forment, superposés, une magnifique série de près de 1.400 mètres d'épaisseur, renfermant des couches très nombreuses, mais minces et souvent schisteuses. Celles actuellement en exploitation à Saint-Jean sont : la couche n° 1, la couche du Puits et les couches Pommier n° 1 et n° 2 ; les meilleures sont la couche n° 1 et la couche du puits.

La coupe n° 10, Pl. II, n'a pas besoin de commentaires.

Qu'il me suffise de signaler, d'une manière générale, qu'à Molières les grès sont fins, blancs et quartzo-feldspathiques, peu gratteux, et les schistes noirs sans nodules ; tandis qu'à Saint-Jean les grès plus gris sont grossiers et compactes, souvent gratteux, et généralement moins feldspathiques qu'à Molières, et les schistes un peu lustrés avec beaucoup de nodules ferrugineux.

La série de Saint-Jean va du n° 1 à la couche Saint-Alfred inclusivement ; la base en est très gréseuse et le sommet schisteux.

A la séparation des deux faisceaux de Saint-Jean et de Molières, entre Sainte Clémentine et le Gravoulet, existe un système schisteux avec grès fins gris, parallélisés par E. Dumas à l'intervalle qui sépare les deux groupes de couches de Bessèges. Ces schistes, par la finesse de leur pâte et leur fissilité, paraissent comporter la présence de coquilles ; ils correspondent à ceux du Mas-Bleu et de Sallefermouse, si le classement des couches par les fossiles est exact. En ce cas, Saint-Jean équivaudrait à Montbel et au Bois-Noir. Nous verrons au chapitre IV comment pourrait alors s'effectuer la transformation entre dépôts houillers si différents.

Le sondage des Mages et le sondage de Montalet ayant, suivant toute vraisemblance, respectivement recoupé les couches de Saint-Jean et de Molières, n'ont révélé dans la région la présence d'aucun autre système de couches ; je puis donc me dispenser de donner la coupe détaillée de ces sondages.

Système de Rochebelle.

A Rochebelle, les couches, au nombre de quinze, sont également nombreuses ; leur épaisseur varie de $1^m,50$ à 6 mètres. La coupe n° 11, Pl. II, représente sans contredit le plus riche faisceau du Gard, le rapport de l'épaisseur totale des couches à la puissance du terrain productif étant supérieur à 1/20. D'après les fossiles, le faisceau de Rochebelle serait contemporain du faisceau de Saint-Jean.

A Rochebelle, les couches de houille affleurent en petit nombre et très incomplètement sur la croupe de terrain houiller, au milieu de plissements et d'accidents qui en auraient à jamais rendu la connaissance impossible sans les travaux de mine qui ont établi la superposition des trois faisceaux de Fontanes (pour ne pas dire comme autrefois de Saint-Martin), de Cendras et de Rochebelle (Coupe E^1E^2). Le faisceau de Rochebelle est caractérisé par la prédominance des grès massifs et grattes quartzeuses ; il n'y a pour ainsi dire de schistes qu'au contact des couches ; la houille et les schistes ont des épaisseurs très irrégulières dans les plissements; pas ou presque pas de nodules. Le système de Fontanes est schisteux à la partie supérieure ; les couches sont régulières, les grès généralement fins et blanchâtres. On n'y voit affleurer que les couches supérieures; le n° 1 ne sort au jour qu'en un seul point, à Tamaris.

Le puits de Fontanes a recoupé au-dessous plusieurs autres couches, dont la plus importante, la dernière, a une épaisseur de 10 mètres. Cette couche est recouverte de schistes gréseux et grès schisteux, comme il s'en trouve au-dessus de la couche Sans-Nom ; toutefois, dans le peu de ces schistes que j'ai vu, je n'ai pas trouvé les fossiles si caractéristiques de cette couche. Ledit puits a été arrêté dans un poudingue à gros éléments qui annoncent la base.

La partie supérieure du faisceau de Rochebelle est interrompue par le trias et n'est pas connue.

Bois-Commun. — Malataverne. — Olympie.

On suppose que le système de Rochebelle est répété au Bois-Commun, où affleure, dans des roches quartzo-feldspathiques, un riche et puissant faisceau de couches épaisses (Coupe FF² de la carte), que à première vue on serait tenté de rapprocher de Fontanes. A la base de ce faisceau on a exploré à Traquette quelques veines de charbon, au milieu de roches quartzo-micacées assez grossières et de schistes satinés à fond verdâtre ; dans ces schistes on trouve les empreintes de Pigère. Le puits du Provençal paraît avoir atteint ces veines au mur de la faille-filon dont nous avons parlé au chapitre I, p. 19.

Cependant la couche n° 8, dite de Saint Raby, se rattache par les fossiles à l'horizon de Sans-Nom, et la position de cette couche ne laisserait pas d'embarrasser si elle était réellement supérieure à toutes les autres du Bois-Commun. Faut-il donc croire qu'elle a été remontée de plus bas et plissée au Pont-Gisquet par un dressant en prolongement de l'arête de Rochebelle ? En tout cas, la même couche, au lieu dit « La Mine », paraît rapprochée du micaschiste. Au Nord de Traquette on a autrefois exploité à ciel ouvert dans un lambeau isolé de terrain houiller une couche épaisse évidemment inférieure, au milieu de grès quartzo-feldspathiques, à côté de schistes sombres, et contenant un nerf à Bacillarites. Quel est son numéro d'ordre ? A-t-elle des rapports avec la couche Saint-Raby ? Je ne suis pas en mesure de répondre à ces questions. Le district du Bois-Commun est un des plus bouleversés, et j'ai à faire des réserves au sujet de la représentation de cette partie du bassin sur la carte géologique.

Au Nord de Malataverne, dans les roches analogues à celles de Fontanes, on exploitait en 1874 par puits deux couches verticales en chapelet, de 1 à 2 mètres d'épaisseur, dans une bande de terrain houiller resserrée entre le micaschiste d'un côté et le trias donné par une grande faille de l'autre (Coupe *cd* de la carte). Au Sud de Malataverne on a fait quelques fouilles près de la surface dans trois ou quatre couches inférieures courant entre grès et schistes micacés. A Rouquet affleure de nouveau un lambeau de terrain analogue à celui de Fontanes, avec des roches comme il en existe à proximité de la couche Sans-Nom.

De Malataverne à Soustelle sont relevées contre les micaschistes des roches grossières, et au-dessus des schistes satinés renfermant beaucoup d'*Alethopteris*. A La Croix-des-Vents le terrain houiller en bancs verticaux est aussi à base de mica ou de séricite. A La Favède on reconnaît la formation de brèche.

A Olympie, le terrain est presque entièrement formé de conglomérat, analogue à celui des Luminières et de La Favède. Cependant, au sommet de la formation on a exploité une petite couche de charbon anthraciteux de $0^m,25$ à $0^m,30$ d'épaisseur entre schiste noir fossilifère au toit et grès au mur. Cette couche s'améliore beaucoup à l'Est où j'ai relevé la coupe détaillée Pl. III, Fig. 13.

Nous verrons plus loin à quels étages se rattachent ces divers lambeaux de terrain houiller.

CHAPITRE IV

Grès et schistes houillers.

VARIATIONS HORIZONTALES ET VERTICALES DES DÉPOTS. — ARRANGEMENTS DE CEUX-CI. — DISCORDANCES DE STRATIFICATION. — ÉTAGES STRATIGRAPHIQUES.— MINERAI DE FER ET ROCHES D'ORIGINE ÉRUPTIVE INTERSTRATIFIÉS.

Sous prétexte que les roches du terrain houiller sont très uniformes, l'on n'a pas trop, jusqu'à présent, cherché à les distinguer. Cependant un examen attentif révèle des différences très appréciables touchant leur nature et leur origine, et fait apercevoir des changements parfois considérables, sur la verticale et sur l'horizontale, en relation étroite avec le mode de formation. Il importe donc, après l'établissement des coupes générales du bassin, d'analyser de près les dépôts houillers et de suivre leurs modifications.

Les questions se rapportant à la nature, à la provenance et à l'apport des sédiments, et à leur arrangement respectif, présentent, dans le Gard, des difficultés que je n'ai résolues le plus souvent que par analogie.

Les grès et schistes, formant presque tout le terrain houiller, sont, à Alais comme à Saint-Etienne, de deux sortes : 1° grès quartzo-feldspathiques blancs, avec schistes argileux ; 2° grès quartzo-micacés gris, avec schistes satinés.

1° Grès quartzo-feldspathiques et schistes argileux.

Les grès blancs du Gard sont formés, en proportions variables, de grains de quartz vitreux, de grains de feldspath kaolinique auxquels ils doivent leur teint clair, et de paillettes de mica blanc. Ces grès, généralement fins, règnent sans partage au Bois-Commun, Rochebelle, Sainte-Barbe, Laval, Saint-Jean et Molières, Bessèges, Sallefermouse (faisceau du Souterrain); également à Gagnières et aussi, quoique plus quartzeux, à Champclauson et à Portes. Il y en a de particulièrement feldspathiques à Saint-Félix, au Pradel, à Crouzoule, à Molières, à la montagne de Bessèges, etc. Dans les grès très quartzeux, le feldspath broyé est réduit à l'état de ciment; lorsque la roche passe au psammite, le mica abonde (Rochebelle, Molières, etc.).

Les schistes associés aux grès blancs sont argileux et altérables; ils renferment des paillettes de mica blanc très fines dans une pâte compacte.

2° Grès quartzo-micacés et schistes satinés.

Le terrain houiller du Gard est composé, en partie non moins importante, de grès gris et schistes satinés régnant sans mélange à La Grand'Combe, au Feljas, au Cros, à Pigère, etc. Ces grès sont formés de grains de quartz saccharoïde, de grains de schistes primitifs, reliés par une pâte de séricite, sans mica de micaschiste (commun dans les roches analogues de Saint-Etienne), excepté à La Pioulière, sans grains de feldspath ni, pour ainsi dire, de mouchetures de kaolin.

A l'inverse des grès feldspathiques, les grès micacés sont généralement grossiers, passant souvent au poudingue à éléments assez peu roulés. La base et la lisière Ouest du terrain houiller sont formées de ces poudingues, qui dominent également au milieu et au sommet de la formation.

Toutes ces roches sont franchement formées de détritus du terrain primitif avoisinant; il n'y a pas de doute à avoir là-dessus, la pâte, les grains et les galets en révèlent clairement la provenance. Leur nuance varie suivant qu'elles procèdent de micaschistes feldspathiques, sériciteux ou chloriteux, mais dans d'étroites limites. Certains schistes et grès blanchâtres de Martrimas proviennent visiblement de micaschites feldspathiques plus ou moins quartziteux, comme il y en a dans la région. Au Cros, aux Pinèdes, à La Grand'Combe, au Mas-de-Curé, etc., les schistes sont en grande partie composés de séricite; le gneiss glanduleux entre dans la composition des roches associées à la brèche des Tavernoles.

Provenance des grès feldspathiques et schistes argileux.

Les roches quartzo-feldspathiques et quartzo-micacées se présentent exactement dans le Gard comme dans la Loire. Les premières, à Alais, ressemblent tellement à celles de Saint-Etienne formées visiblement de sables de granite, que, en vertu de l'analogie, on les peut tenir comme provenant aussi de la désagrégation de roches granitoïdes. Il y a ainsi une différence fondamentale, comme origine, entre les deux sortes de roches, si bien que l'on ne saurait concevoir, autrement que par mélange, une transformation des unes dans les autres, les éléments des grès feldspathiques blancs ne se trouvant pas dans le terrain primitif dont dérivent les grès micacés qui sont gris.

Par conséquent, dans le Gard comme dans la Loire, les dépôts houillers ont été alimentés partie par les détritus de la décomposition des micaschistes, partie par ceux provenant de granites.

Or, par la nature de leurs éléments, les grès feldspathiques des environs d'Alais ne sauraient provenir des granites de la Lozère ou de l'Aigoual; ils ont été amenés d'autres régions; le sens de variation horizontale des dépôts, de l'inclinaison des tiges enracinées, tout indique que les granites auxquels le terrain houiller doit la moitié environ de ses roches occupaient à l'Est et au Sud du bassin de vastes surfaces aujourd'hui cachées sous les calcaires.

Cependant les grès blancs, dans le Gard et dans la Loire, offrent des différences qu'il nous reste à examiner et à interpréter pour répondre d'avance à l'objection suivante :

Alors que dans la Loire les roches quartzo-feldspathiques sont uniquement granitogènes et que cette origine est nettement affirmée par les poudingues connexes, dans le Gard, les roches feldspathiques sont d'ordinaire mélangées de quelques grains de micaschiste, et lorsqu'on y discerne des fragments de roche, ce ne sont pas des galets de granite, mais de quartz et schistes micacés ou chloriteux, à Champclauson, Saint-Jean, Rochebelle, Lalle, etc.

Devant ce fait, on peut d'abord faire remarquer que, dans les grès blancs du Gard, les éléments essentiels sont uniformément de dimensions fort réduites, beaucoup plus petits que les grains de micaschiste inclus, et qu'à Saint-Etienne, dans les grès fins, on chercherait vainement des fragments reconnaissables de granite.

La finesse des grains et leur provenance lointaine pourraient donc déjà expliquer l'absence de galets de granite, ou plutôt leur rareté, car je me suis trop peu appliqué à les rechercher pour dire qu'il n'y en a pas.

Examinant les choses de plus près, dans les grès du Gard, le quartz est

9

granuleux et à facettes, quelques grains sont pyramidés ; le feldspath est, l'on peut dire, toujours kaolinisé (sauf à ma connaissance quelques grains à Molières) ; le feldspath renferme fréquemment des inclusions quartzeuses (très rares à Saint-Etienne) et rappelle alors les plages blanches des pegmatites du mont Cabane ; du moins ce caractère, propre aussi à la granulite du Pilat (Loire) et des Colettes (Allier), s'applique principalement au grès de l'étage inférieur, car à Champclauson, je n'ai pas observé d'inclusions dans le feldspath, qui est plus comparable à l'orthose. De plus, dans toutes les roches feldspathiques ou argileuses du Gard, grès et schistes, il n'y a que du mica argentin analogue à celui de la granulite (d'après la détermination de M. Termier), tandis qu'à Saint-Etienne il n'est pas rare que les grès contiennent du mica brun en voie de décomposition parmi le mica blanc. J'ajouterai qu'à Saint-Jean, à Rochebelle, on trouve quelques éléments de granulite, feldspath blanc et quartz, mais, pour ainsi dire, sans mica.

De tout cela ne pourrait-on induire que les grès blancs du Gard proviennent de la désagrégation d'un vaste épanchement de granulite traversé par des variétés pegmatoïdes où le quartz s'est subcristallisé en même temps que le feldspath, et d'une granulite décomposée peu cohérente dont les détritus auraient été entraînés en majorité sous forme d'arènes ? L'absence de mica brun s'expliquerait alors, comme dans beaucoup de grès granulitogènes de Saint-Etienne, par la décomposition facile de cette espèce minérale.

Quoi qu'il en soit, et de quelque manière qu'on les envisage et qu'on les compare, les grès blancs du Gard procèdent incontestablement de roches éruptives granitoïdes récentes ; c'est là un point acquis, et il importait de le mettre hors de toute contestation pour ce qui suit.

Eléments accessoires des grès.

Quoique le but de ce travail ne comporte pas l'étude pétrographique des roches houillères, je crois cependant devoir signaler deux éléments adventifs, savoir :

1° Des grains et plaquettes de lydienne dans les grès et grattes feldspathiques de Comberedonde, Rochebelle, Molières, Saint-Jean, etc. ; quelques-uns de ces grains sont bitumineux, j'ai cru y remarquer des traces d'organisme, et divers fragments ne sont pas sans ressembler au silex et au schiste siliceux noir des terrains dévoniens ou siluriens de l'Hérault ou de l'Aude. Il n'y a pas de lydienne dans les roches quartzo-micacées ;

2° Des particules et grains de houille nombreux dans l'intérieur des grès de Gagnières, Lalle, Martinet, Molières, Saint-Jean, Rochebelle, Bois-Commun, etc., avec de véritables galets de charbon et fragments de houille au mur de la couche Fontaine (Crouzette), à la partie supérieure de la gratte de la 3ᵉ corniche de Champclauson, et surtout au-dessus de la couche des Lavoirs (Carrière de l'Eglise) où quelques-uns atteignent $0^m,10$ de côté ; là, ils apparaissent comme les ruines d'une couche que la ressemblance des charbons permet de supposer être celle des Lavoirs elle-même. Il y a des grès qui sont en quelque façon imprégnés de houille en menus débris.

Nous verrons plus loin le parti à tirer de ce fait, qui est très général dans les Cévennes, dans les roches productives, de quelque nature qu'elles soient.

Puisqu'il y a tant de charbon remanié, il doit aussi y avoir des débris de schistes dans les grès ; c'est, en effet, ce qui a lieu à de nombreux endroits : Molières, Rochebelle, etc. Le grès seul, comme roche, a échappé aux premiers remaniements qui l'ont rendu à l'état de sables.

Nuances principales des grès feldspathiques.

Ces roches dans le Gard présentent quelques nuances, parmi lesquelles se distinguent, avant tout, les suivantes :

A Champclauson, en connexion avec les grès blancs, et à Cendras, il existe des bancs de gratte extrêmement dure, en quelque façon formée de grains de quartz agglutinés. A Portes, les grès sont tellement siliceux qu'ils rappellent certains quartzites.

Par contre, à Montbel, au viaduc du Doulovy, dans l'horizon de Sans-Nom, etc., se présentent des grès couleur de cendres, qui tombent facilement en sables.

La couche n° 2 de Rochebelle a pour toit une gratte composite, avec éléments et ciment stéatiteux.

Dans les sillons caillouteux des grès de Saint-Jean, on trouve des galets de granulite ou de pegmatite, de feldspath, de microgranulite, de lydienne, de quartzite micacé, de quartz vitreux, de micaschiste.....

Autres espèces de roches.

En dehors des catégories de roches décrites ci-dessus, il existe, aux environs d'Alais, trois espèces de dépôts qui méritent, chacune séparément, une mention spéciale, comme révélant, par leur faciès et les débris organiques inclus, des conditions de formation particulières.

Psammites à vermis transitus. — Ce sont des grès fins micacés, remarquables par l'arrangement des parties sous forme de petits cylindres tortueux dirigés dans tous les sens et qui sont tout simplement des traces, des pistes d'annélides (1) ; j'en représente deux échantillons Pl. IV, Fig. 1, 2 et 3. Ces grès, aux formes singulières, se développent au Nord de La Grand'Combe (dès le Vallat de La Trouche où on les voit en rapport de provenance avec des grattes quartzo-micacées), à l'Ouest du bassin de Portes, notamment à Pourcharesse ; il y en a au toit de la couche Terrenoire, sous un banc puissant de grattes quartzo-micacées, et au mur de la couche Palmesalade ; ils abondent au Sud-Est de la faille de Chamarit, sur le chemin de Portes à Bessèges ; on en trouve aussi beaucoup au quartier de La Rouvière, près de La Destourbes ; le sondage de Ricard en a rencontré à 690 mètres de profondeur. Il s'en trouve en haut du plan des Pinèdes, à La Rouviérette (à 50 mètres au-dessus de la couche Blachères), au puits Siméon, aux Masses, à Trépeloup, à la mine de Notre-Dame-de-Palmesalade. Dans le bassin de La Cèze, je n'en ai aperçu que près de La Mathe (commune de Bordezac), et à La Boudène, dans un schiste argileux rouge.

Les *Vermis transitus* ne se trouvent, à Alais comme à Saint-Etienne, que dans les roches fines argilo-micacées. Je n'en ai jamais vu traces dans les roches argilo-feldspathiques. Il faut croire que les Annélides, qui ne vivent pas dans toutes sortes de vases, ne trouvaient à se nourrir d'infusoires ou d'algues microscopiques qu'au milieu des limons micacés, et lorsque, comme à Portes, on en découvre entre les roches feldspathiques, on peut être sûr que leur présence est due à l'intrusion de ces limons entre ces roches.

Phyllades houillers à coquilles. — Les phyllades houillers à coquilles sont composés de grès très fins et de schiste ardoisier, feuilleté, miroité et fissile. Les grès, bien que denses et durs, s'émiettent à l'air comme les roches à ciment argileux. Les schistes forment avec les grès des couches extrêmement régulières, ayant tous les caractères et le faciès d'un dépôt lent, en eau tranquille et profonde, de matières ténues bien classées ; dans tout l'étage stérile, il n'y a pour ainsi dire pas de grès grossier. Sur le plan des schistes rubanés, on remarque des *ripple-marks*. On n'y découvre que des détritus de plantes indéterminables, comme dans les dépôts de limon charrié de loin.

Et ce qui distingue avant tout les schistes fissiles, c'est la présence presque constante, entre leurs feuillets, de coquilles parfaitement conservées, souvent ouvertes en deux valves et certainement à l'endroit natal (Pl. XXII, Fig. 4). Evidemment, les phyllades se sont formés dans des conditions particulières, mais qui ne devaient pas être exceptionnelles, car les mêmes schistes à coquilles

---

(1) Grand'Eury, *Flore carbonifère*, p. 346.

gisent à un niveau inférieur, dans le Vallat de Merle, entre les couches du Souterrain et celles de La Crouzille. On trouve aux Viges des schistes à coquilles dans la même position. Il y a des coquilles semblables au toit de la couche n° 1 de Saint-Jean, de la couche n° 3 de Gagnières.

Cependant, partout où on les rencontre, les schistes sont fins et fissiles, il y a peu ou point d'empreintes végétales, et jamais de tiges enracinées ni de racines *in loco natali*. Nous avons dit qu'ils ne renferment pas de houille, et, vu leur homogénéité, il n'y a aucune probabilité pour qu'ils deviennent productifs à Molières, comme on l'a supposé.

On verra que ces coquilles sont des *Estheria*, appartenant à des *Entomostracés* d'eau douce ou tout au plus d'eau saumâtre. Toutefois, le genre ayant disparu, on ne serait pas en mesure de trancher la question, si tout, dans le bassin du Gard, n'indiquait une formation terrestre. Du reste, des schistes feuilletés, également stériles, se rencontrent en masse considérable à Brassac, au milieu d'un bassin houiller circonscrit.

Schistes à écailles de poissons et oléo-bitumineux. — Dans le bassin du Gardon, on rencontre aussi des schistes fins ou feuilletés au mur de La Grand'-Baume, au toit de la couche Pilhouze et au-dessus de la couche Blachères ; mais, au lieu de coquilles, on n'y trouve que des écailles de poissons. Ceux de la couche Blachères ressemblent au schiste oléo-bitumineux d'Autun ; ils sont chargés en écailles et en coprolithes et brûlent avec une grande flamme. Ils dénotent, les uns et les autres, le retour d'un régime lacustre dans l'intervalle des périodes de sédimentation active.

La présence exclusive des poissons dans le bassin de Gardon, et des coquilles dans celui de La Cèze, accentue l'indépendance de ces deux bassins, en ce qui touche les étages supérieurs.

Couches de houille. — Comme représentant la partie utile du terrain houiller, la description des couches de houille et des qualités de charbon exigera quelques développements, à raison desquels, et pour ne pas disjoindre les conséquences à tirer de ce qui précède, cette description fera l'objet du chapitre suivant.

VARIATIONS HORIZONTALES ET VERTICALES DES DÉPÔTS. — FORME, DISPOSITION ET ARRANGEMENT DES ÉTAGES, ASSISES ET COUCHES DE GRÈS ET SCHISTES

Les roches quartzo-micacées sont généralement exemptes de tout mélange, et les roches quartzo-feldspathiques de toute variation dans la proportion des éléments composants. Dans tout le système quartzo-micacé de La Grand'Combe, les grès

n'offrent quelques grains de feldspath qu'au mur de la couche Caserne-Antoine.
A La Clède, par exception, les éléments des deux sortes de roches sont mélangés ;
au sommet du Feljas, ils alternent de préférence.

Apport du limon par plusieurs cours d'eau. — De ce que les grès micacés et feldspathiques sont d'ordinaire séparés, il résulte que les éléments dont
ils se composent ont dû être chariés par des cours d'eau différents, car lorsque
les roches blanches et grises passent des unes aux autres, on voit que la transition résulte du mélange des limons dans le bassin de dépôt même. Ces cours
d'eau passaient les uns sur les granites, les autres sur les micaschistes. La
composition peu variable des grès feldspatiques de l'étage de Bessèges conduit
à admettre que leur contingent de micaschistes a été fourni, en dehors du bassin,
par un affluent des cours d'eau qui baignaient les régions granitiques.

La disposition des poudingues micacés et leur décroissance d'épaisseur,
d'accord avec la diminution de grosseur des galets vers l'Est, prouvent à ne pouvoir
en douter qu'ils sont descendus de l'Ouest ou du Nord-Ouest. La finesse
que, par contre, prennent à l'Ouest les grès de Bessèges, à Sainte-Barbe et surtout
au Martinet, le rapprochement des couches du même côté, l'augmentation parallèle
de la proportion de schiste, l'amincissement et la disparition des bancs de grattes
au Nord-Ouest de Rochebelle, la diminution dans le rapport de 120 à 90 de l'étage
de Champclauson à Portes, tout indique que le limon quartzo-feldspathique arrivait
de l'Est ou du Sud-Est, de plus loin et en plus grande abondance que l'autre.

Sous ce rapport, le bassin du Gard présente quelque analogie avec le bassin
de la Loire. Dans le premier, les assises de roches quartzo-micacées doivent
diminuer d'épaisseur vers l'Est d'autant plus vite qu'elles sont plus grossières,
à l'inverse des roches quartzo-feldspathiques qui, au contraire, semblent
augmenter lentement d'épaisseur du côté de l'Est.

D'où il suit que, dans l'ensemble, à La Grand'Combe par exemple, les étages
inférieurs et moyens se présentent très probablement sous la forme générale
de deux grands coins superposés à pointes opposées, comme à Grand'Croix
(Loire) les roches micacées sur les roches granitiques (Croquis n° 20, p. 71).

Les étages éprouvent d'autres changements. Celui de Bessèges par exemple
varie de composition au Nord de Lalle, des assises disparaissent, des roches
quartzo-micacées se substituent aux roches feldspathiques (Voir livre second,
conclusions, et comparez les coupes 8 et 9, PL. II).

Transformations horizontales des roches par mélange et coins alter-
nants. — On s'illusionnerait grandement si l'on pensait avec les anciens géologues

Croquis N° 20 _ Etages superposés de roches quartzo-micacées
et de roches quartzo-feldspathiques

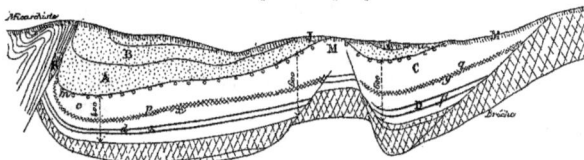

A B _ a.b _ Poudingues quartzo-micacés
C D _ c.d _ Grès et schistes quartzo-feldspathiques
K L ...... Poudingues brechiformes de micaschiste
M M ... m v _ Poudingues à blocs de quartz guyurien
p q _ Trapp interstratifié
x y _ Brèche granitique
a β _ Couches de houille

que les dépôts houillers, et surtout les dépôts de roches différentes, s'étendent parallèles et constants sur toute la surface du bassin houiller ; mais l'on se tromperait autant si on leur supposait les variations et les rapports complexes qu'offrent entre eux les deltas voisins d'un lac profond, conformément à la théorie de M. Fayol.

En fait, les dépôts de même âge, à faciès différents, ne sont pas disposés et ne se transforment pas comme dans les lacs. Au lieu de passer les uns dans les autres par des brouillages et des pendages contraires, ils s'enchevêtrent, bien que grossiers, par coins alternants sur de grandes surfaces.

J'ai eu l'occasion de vérifier le fait à Portes, où, au Nord, à Pourcharesse, les roches sont toutes quartzo-micacées, et, au Sud, au Chauvel, dans le même horizon, exclusivement quartzo-feldspathiques. En cherchant à se rendre compte du phénomène, on voit de l'Ouest s'avancer vers l'Est, entre les couches Jenny et Terrenoire et au milieu des roches feldspathiques, un puissant banc de gratte quartzo-micacée, jusqu'au puits Sud ; au mur de la couche Palmesalade, un banc analogue se termine également en lentille à l'Est. Au Chauvel même, tandis qu'à l'Est les roches micacées commencent presque immédiatement au mur de la grande couche, à l'Ouest on ne les voit apparaître qu'au-dessous de la couche des Lavoirs, tranchant complètement par leur nature, leur teinte, la disparition des empreintes et l'absence de tiges enracinées sur les schistes noirs très fossilifères et les grès blancs formant tout le terrain supérieur (Croquis n° 21). Au Nord de la faille de Chamarit, à Saint-Urbain, la grande couche est encaissée dans des roches à base de micaschiste ; des schistes mélangés et une gratte micacée apparaissent déjà au-dessous de la couche Petit-Canal. A Pourcharesse, le terrain est tout micacé (sauf au toit de la couche Terrenoire), la couche Palmesalade disparaît, des coins de gratte font diverger les bancs de la couche

Saint-Augustin, et ces bancs de houille amincis finissent eux-mêmes par disparaître vers La Jasse (La transformation s'effectue dans le détail, comme l'indique le Croquis n° 21 *bis*). Le contraste entre les deux sortes de rocher est frappant lorsqu'elles ne sont pas mélangées, et ce qui prouve à l'évidence que, les grès micacés, qui sous forme de coins s'enfoncent entre les grès blancs, ont été amenés par un autre cours d'eau, c'est que, même à l'extrémité des coins tournés vers le Sud, le grain est beaucoup plus grossier que dans l'ensemble du grès feldspathique d'alentour.

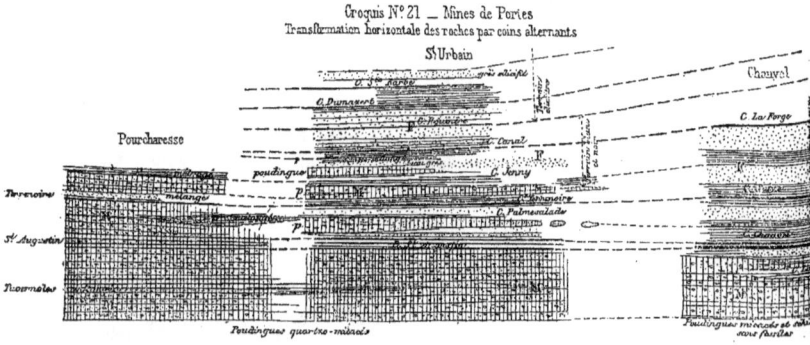

Croquis N° 21 — Mines de Portes
Transformation horizontale des roches par coins alternants

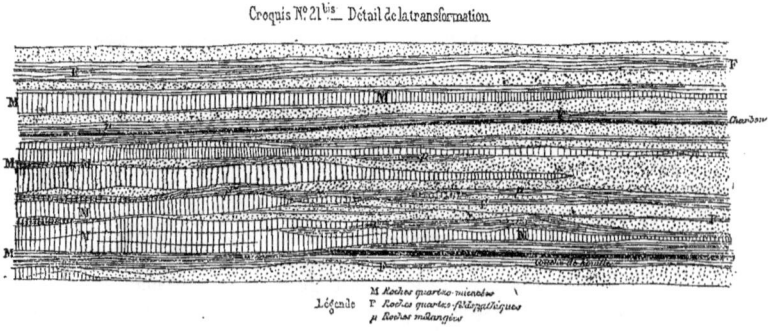

Croquis N° 21 *bis* — Détail de la transformation

Légende
M Roches quartzo-micacées
P Roches quartzo-feldspathiques
μ Roches mélangées

Au Nord de Bessèges, la transformation s'opère de la même façon, mais avec diminution d'épaisseur des roches micacées (Voir Croquis n° 22, comparez coupes 6 et 7, Pl. II). Et si, comme semblent l'indiquer les fossiles, le système de Saint-Jean correspond à celui de Montbel, y compris les poudingues de La Pioulière, la série est beaucoup plus épaisse du côté des roches granitiques que du côté des roches micacées. Au lieu donc, dans ces deux cas, que les dépôts prennent de l'épaisseur en même temps que grossit leur texture, ils diminuent au contraire, en confirmation du principe posé ci-dessus, à savoir que les roches feldspathiques et micacées en prolongement les unes des autres ne sont pas les produits séparés de l'apport par un seul et même cours d'eau.

Croquis N° 22
Mines de Bessèges

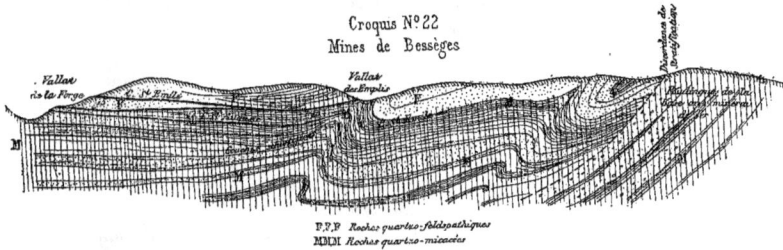

P.P.P Roches quartzo-feldspathiques
MMM Roches quartzo-micacées

La supposition contraire faite à Portes serait plus facile à soutenir à La Grand'Combe, où les roches fines de Ricard sont de la même nature que les roches grossières de La Levade. Mais là encore les bancs de gratte venant du Nord-Ouest se terminent en chapelets ne dépassant pas les puits de La Trouche, du Ravin et de Trescol ; le terrain ne s'accroît pas en épaisseur du côté des poudingues ; nous avons vu que les roches ne sont pas, à La Levade et à Ricard, les mêmes au mur de La Grand'Baume ; les couches se schistifient en s'engageant dans les poudingues, de la même manière qu'à Portes et à Bessèges, et l'on voit à Ricard les tiges debout pencher au Nord-Est en sens inverse de la direction suivie par les grattes bréchiformes à éléments mal classés, et en tout cas non susceptibles, suivant toute apparence, de former, en s'éloignant du point de départ, les roches fines qui avoisinent les couches de charbon. Nous reviendrons sur la dégénérescence de celles-ci par introduction d'éléments grossiers, et nous trouverons là un nouveau moyen de démontrer que ce genre d'altération des couches est dû à l'intervention locale, au bord du bassin en voie de remplissage, de cours d'eau torrentueux qui, et cela est à remarquer, n'ont pas formé de cône de déjection, comme cela aurait eu lieu s'ils s'étaient jetés dans un lac profond.

Variations verticales des dépôts. — Nous établirons aussi que, pendant son remplissage, le bassin houiller se creusait ; il y a lieu d'admettre, pour

10

les mêmes raisons, que le sol environnant était soumis à des oscillations de niveau, ce qui a ajouté deux nouvelles causes de variations dans les dépôts, si importantes que, dans le Gard comme dans la Loire, on voit se superposer des étages formés de roches de nature et d'origine différentes. Ainsi, sur le Gardon, à la brèche succèdent, dans l'ordre ascendant, le système quartzo-feldspathique de Sainte-Barbe, le système quartzo-micacé de La Grand'Combe, le système feldspathique de Champclauson, recouvert au N.-E. de Portes par un conglomérat micacé. A Lalle, les couches en exploitation appartiennent à un étage feldspathique compris entre des poudingues quartzo-micacés. L'avènement des phyllades houillers a vu cesser tout à coup le dépôt des poudingues micacés de Chavagnac. Durant la formation de l'étage moyen, le cours d'eau principal charriait encore du limon granitique vers Gagnières, pendant qu'un autre affluent, baignant exclusivement les micaschistes, se rendait à La Grand'Combe.

Evidemment, une pareille alternance de dépôts est hors de proportion avec ce qui peut se produire dans les deltas par les plus grandes crues ; elle implique tout au moins des changements complets et durables dans l'ensemble des conditions générales de la sédimentation.

Quelle que soit la cause de ces changements, ils ont tendu à compliquer la forme et la disposition des dépôts houillers, et influent sur la répartition de la richesse minérale. Mais peu d'indices mettent sur la voie de leur arrangement et, dans les coupes, il n'a pu en être tenu compte ; j'y ai seulement représenté deux discordances de stratifications, dues l'une à un mouvement orogénique et l'autre au dépôt alternatif de roches de grosseur et de nature différentes.

Discordances de stratification. — A Bessèges et à Lalle, les couches s'effilent et se rapprochent à l'affleurement en allant butter aux poudingues de base. Cependant, le soulèvement des Viges ramène au jour des couches inférieures qui n'affleurent pas à Lalle, mais qui doivent s'ajouter en profondeur, et, en effet, sur la coupe X^1X^2, on voit le nombre des couches de houille croître en descendant, le poudingue étant plus incliné que ces couches.

A l'Ouest de La Grand'Combe, dans le Vallat des Luminières jusqu'à La Jasse, s'accuse une autre discordance de stratification par la superposition sur la brèche d'assises différentes. Et d'abord le sondage de Ricard a traversé des couches inférieures qui, n'affleurant pas, vont butter à la brèche plus inclinée qu'elles (Coupe I^2J de la carte). Au Vallat des Luminières, rive droite, strates relevées et ondulées, et, rive gauche, régulières et horizontales ; d'ailleurs, sur la rive droite, fossiles anciens, tels que *Dictyopteris nevropteroides*, et, lorsque la jonction est visible, on voit ou semble voir les grattes supérieures s'effiler sur la brèche, à l'Ouest et au Nord, en plan comme en coupe (Croquis n° 4). De plus, les poudingues de la brèche sont imprégnés de produits de sources dont sont privées les grattes supérieures. D'un autre côté, dans l'ensemble, les couches de La Grand'Combe se rapprochent de la brèche aux Pinèdes ; les schistes des Tavernoles, à empreintes de La Grand'Combe, ne vont pas jusqu'à La Jasse ; les filets des Tavernoles, beaucoup plus élevés, atteignent eux-mêmes la brèche au moment où celle-ci disparaît sous les poudingues de Cessous. La discordance est donc bien certaine, et, en raison de son importance, il ne paraît pas douteux qu'elle ne soit due au soulèvement de la brèche avant la formation des étages de La Grand'Combe. C'est pour avoir ignoré cette discordance que l'on a pu rapprocher les couches de Portes de celles de La Grand'Combe.

Mais les discordances de stratification sont peu marquées et les dépôts sont plus réguliers que ne le laissaient espérer les développements qui précèdent ; sans être parallèles, ils sont emboîtés en plan et rien n'indique qu'ils le soient moins bien en coupe. On voit seulement à Trélys le système du Feljas s'amincir et disparaître au Nord et à la partie Sud du Rouvergue, à l'affleurement. Nulle part, on n'aperçoit un dépôt reposant sur des couches érodées et coupées en sifflet. La succession sans transition de l'étage des phyllades aux poudingues, elle-même, supposant un changement de régime des eaux et de relief du sol, est à peine accompagnée d'une discordance peu appréciable à Chavagnac, où semble manquer une partie de la base de l'étage stérile.

On craint, à Bessèges, que l'avènement des phyllades n'ait causé des érosions et suppressions de couches considérables. Cela est d'autant moins probable que le dépôt de l'étage stérile commence par des roches fines au-dessus de poudingues grossiers.

Ce n'est pas à dire qu'il n'y ait eu des érosions, puisqu'on en trouve les produits dans les grès sous forme de grains et plaquettes de houille et de schiste ; mais, le bassin de dépôt s'étant affaissé sans récurrence, les érosions révélées par ces détritus proviennent vraisemblablement de la partie des dépôts de bordure qui, par un mouvement de bascule, s'est trouvée exondée pendant que se creusait et se remplissait le bassin houiller. Dans l'intérieur de celui-ci rien ne motive la crainte qu'à un changement d'étage correspondent des érosions notables. Au contraire, le mécanisme de la formation est un gage de conservation des dépôts, une fois formés dans l'intérieur du bassin.

En fait d'érosions, je n'ai observé qu'un simple remaniement (PL. IIIbis, FIG. 8), semblable à ceux qui se produisent sous l'effort d'un faible courant d'eau à peu de profondeur.

Variations horizontales et continuité des dépôts. — Reprenant la question des dépôts, voyons comment ils se sont effectués au point de vue des circonstances de formation et de la cause du renouvellement répété des mêmes faits représentés sur la Pl. II.

En principe, les couches de sédiments grossiers diminuent en même temps que le grain de la roche, les grès se terminent en coins dans le sens du courant. Seuls les grès dont le sable est assez fin pour avoir pu se maintenir en suspension dans l'eau agitée forment des dépôts étendus et parallèles ; tels sont les grès de l'étage de Bessèges et ceux de Gagnières ; les plus grossiers d'entre eux offrent de fausses stratifications (beaucoup plus rares à Alais qu'à Saint-Etienne). Le croquis n° 23 représente cette disposition accusée par des joints ou veines de gore ou même de houille, s'atténuant et s'évanouissant en haut en reprenant l'allure normale des grès, et s'arrêtant brusquement en bas au faux-toit d'une couche de houille ; il y a là motif de croire que celle-ci et son faux-toit se sont déposés horizontalement et qu'au-dessus les sables poussés constamment en avant, sous un cours d'eau peu profond, se sont accumulés en pente comme les remblais d'une décharge.

Croquis N.° 23

Fausse stratification de grès sur une couche de houille
s'arrêtant à son faux toit

Dans le Gard, les dépôts sont persistants sur de grands espaces. Les phyllades ne subissent, de Pigère à La Valette, sur une étendue de plus de 10 kilomètres, de variations autres qu'un amincissement progressif des grès supérieurs entre Gagnières et Le Mazel. Les grès fins forment des couches presque aussi étendues que les schistes. Les grès grossiers et les poudingues ne sont pas en masses limitées comme s'ils s'étaient déposés au bout d'un delta lacustre dans une eau profonde et tranquille ; les galets les plus gros s'avancent fort loin, formant, à la fin, des lentilles de poudingue dans les schistes. Les poudingues de La Pioulière en particulier, produisant une assise parallèle aux roches encaissantes, dénotent un entraînement sous un fort courant d'eau superficiel. En somme, on trouve presque partout la preuve que les dépôts se sont opérés dans des eaux courantes peu profondes.

Mouvements orogéniques contemporains de la formation houillère. — En jetant un coup d'œil sur le croquis n° 20, on voit, à 200 mètres au-dessus de couches de houille, une coulée de trapp reposant sur une brèche très grossière, et, plus haut, à la jonction de deux étages, un poudingue à éléments énormes, une brèche et des produits de sources hydrothermales. Qui ne voit là les signes d'un trouble soudain autrement important que celui causé par une grande crue de rivière ? Le terrain houiller est plein de contrastes analogues : on voit partout succéder à des dépôts essentiellement tranquilles, comme la houille, des dépôts torrentueux, inconciliables dans l'hypothèse du comblement d'un lac.

Je me suis expliqué ailleurs (1) à ce sujet, et suis arrivé à la conclusion que dans le centre de la France les strates houillères se sont en général formées à peu de profondeur d'eau et n'ont pu continuer à s'accumuler qu'autant que s'encuvaient les bassins de dépôt.

Les seules considérations géologiques ont conduit Gruner à la notion de mouvements lents et saccadés pendant la formation du bassin de la Loire (2).

L'examen des roches éruptives interstratifiées va nous apprendre que, pendant la formation houillère dans les Cévennes, le sol était sujet à des secousses fréquentes, qui provoquaient des éruptions de boues porphyriques. L'étude des tiges enracinées nous permettra de démontrer rigoureusement que le bassin de dépôt a éprouvé des mouvements d'affaissement et des déplacements de bordure. Enfin, la recherche des conditions de formation des couches de houille nous apportera un surcroît d'arguments en faveur de la thèse que le bassin du Gard a été alternativement un réceptacle de limon et gravier et un marais plus ou moins profond.

On est ainsi amené, de toute manière, à l'idée que le bassin a pris naissance par un mouvement orogénique qui s'est continué pendant la formation houillère, et que celle-ci a pris fin avec ce mouvement.

Peut-on classer les couches du bassin du Gard au moyen de la notion que l'on s'est faite de l'étage stratigraphique ? — Les considérations qui précèdent me conduisent à discuter cette question.

Ceux qui ont écrit sur la constitution géologique du bassin houiller du Gard l'ont subdivisé en étages formés, en bas, de roches grossières et stériles, et en haut de roches fines avec couches de houille ; du moins c'est principalement d'après cette manière de voir qu'on en a classé les couches.

(1) *Mémoires Société géol. de France,* 3ᵉ série, t. IV, 1887, p. 127 à 152.

(2) *Bassin houiller de la Loire,* 1ʳᵉ partie, 1882, p. 82.

Les séries qui réalisent le mieux cette succession d'assises de roches fines et de roches grossières sont (Voir les coupes de la Pl. II) les systèmes de Sainte-Barbe, de La Grand'Combe, de Saint-Jean, etc.

Nous avons vu qu'une assise de poudingues peut correspondre à un système charbonneux : telle série grossière et sans houille devient, à peu de distance, fine et charbonneuse, ou réciproquement. C'est ainsi que les couches de Portes tendent à disparaître vers La Serre dans des grès grossiers et poudingues, et les couches du Pradel à Palmesalade entre des roches sauvages. Nous verrons que le système de Saint-Jean correspond probablement en partie aux poudingues stériles à gros éléments de Chavagnac.

La conception de l'étage stratigraphique peut donc se trouver en défaut lorsqu'il s'agit de classer les couches d'un bassin houiller étendu et compliqué comme le bassin du Gard.

Cependant ladite succession suppose, dans chaque cas, qu'un régime de quasi-équilibre a pris peu à peu la place d'un régime torrentueux, et lorsqu'une assise de poudingues repose sur un système charbonneux, cela n'a pu se faire, d'après la connaissance que l'on a des lois de la sédimentation, que par une augmentation durable de la pente des cours d'eau, à la suite de mouvements orogéniques nécessaires au réveil des forces d'érosion et au transport précipité des graviers ; eux seuls peuvent expliquer les grandes alternances de roches feldspathiques et micacées, qui supposent un déplacement des cours d'eau, ou tout au moins l'exaltation des uns aux dépens des autres.

D'après cela, les étages stratigraphiques sont séparés par des oscillations du sol, et leurs limites supérieure et inférieure ont d'autant plus de valeur que l'augmentation soudaine et grossière des éléments des dépôts coïncide avec un changement de roches.

Mais, même conçus assez largement sur ce double principe, les étages stratigraphiques n'ont qu'une existence locale et une réalité relative très restreinte ; ils ne cadrent pas, dans le Gard, avec les étages paléontologiques, ni même avec leurs subdivisions, et je ne m'y arrêterai pas davantage.

Minerais de fer et roches d'origine éruptive interstratifiés dans le terrain houiller.

Le bassin du Gard est favorisé sous le rapport du minerai de fer et renferme des roches d'origine éruptive peut-être plus variées qu'aucun autre bassin houiller du centre de la France.

MINERAIS DE FER

Le fer s'y trouve : 1° à l'état de minerai lithoïde et d'argile ferrugineuse, dont l'exploitation est concédée sur presque toute l'étendue du terrain houiller (1) ; 2° à l'état de minerai spathique en amas stratifiés.

Minerai des houillères carbonaté lithoïde. — Sous forme de nodules aplatis, ce minerai abonde dans le Gard, où pendant longtemps il a été ramassé pour le haut-fourneau, notamment au milieu des poudingues de base dans des argiles schisteuses grises d'un aspect particulier, formant une zone (Voir la carte) ; un bon échantillon recueilli par moi, dans cette zone, à Bessèges, a donné à l'analyse : Fe, 48 p. %; Mn, 0,35; SiO^3, 17,50 ; CaO, 0 ; Al^2O^5, 1,20. Les nodules sont également très communs dans le système inférieur, au Pradel, au Feljas, à Pigère, et dans les couches moyennes de La Grand'Combe et supérieures de Portes. Il n'y en a pas ou presque pas dans l'étage de Bessèges, ce qui est à remarquer.

L'origine du carbonate de fer est encore entourée de mystère. Il n'y a pas de doute pour moi que, en général, il ne provienne de la décomposition du silicate de fer des roches préexistantes et principalement des chloritoschistes, qui ont pris une part importante à la formation du terrain houiller. Aussi, dans le Gard, le minerai lithoïde n'abonde-t-il que dans les roches quartzo-micacées et fait-il à peu près défaut dans les roches granitogènes.

Il y a ainsi, entre le minerai de fer lithoïde et les roches, un rapport de quantité qui décèle une commune provenance.

Cependant, à Portes, ce minerai abonde dans les schistes argileux entre grès blancs, et de nombreux bancs de houille sont minéralisés par le carbonate de fer (PL. III *bis*, FIG. 14, 15, 16). Dans ce cas particulier, je me figure qu'un appoint important de minerai a été fourni par des sources, car le carbonate spathique de la couche Palmesalade prend parfois la forme et la texture du carbonate lithoïde, et j'ai trouvé, à Cornas, des nodules très riches qui ne paraissent pas pouvoir provenir de sa concentration, après coup, dans l'intérieur des schistes.

Il y a aussi lieu de présumer que la zone des nodules est redevable de sa richesse en minerai à des sources thermo-ferrugineuses, dont l'intervention fréquente est attestée par les produits suivants :

---

(1) Dans l'étendue de la carte, il existe 17 concessions de fer (coïncidant en partie avec celles de houille), non compris la concession de minerai oolithique des Avelas et celle de minerai oligiste de Pierresmortes. Ces 17 concessions, que je me suis dispensé de figurer, sont établies sur le minerai du terrain houiller, sur la couche d'hématite manganésifère du trias et en même temps sur les affleurements de pyrite transformés en minerai de fer siliceux.

Minerai argilo-micacé. — On trouve, à Combelongue, à Frémouse (à la partie supérieure de la brèche), au Peyrérol, etc. (PL. II, FIG. 2, 3 et 9) des argiles ferrugineuses qui ont donné, à Gruner, jusqu'à 15 p. % de fonte (1) ; et, au mur des couches de Pigère, du minerai en partie concrétionné, correspondant aux argiles ferrugineuses de Combelongue.

Ces minerais sont probablement dus à l'imprégnation du limon par le bicarbonate de fer de sources pendant la formation même du terrain houiller, car certains schistes stériles extraits du puits des Bartres ont pris à l'air, par la décomposition de ce sel dont ils sont imprégnés, la couleur sang de bœuf ou vineuse du minerai argilo-micacé. Celui-ci est d'ailleurs indifférent à la nature des roches qu'il pénètre ; son gisement est discontinu. A Frémouse, il comprend des grès ferrugineux identiques à ceux qui se trouvent parfois en rapport avec les hématites dans les gîtes de fer sédimentés ; il est d'ailleurs en connexion avec du silex argileux et des minéraux d'origine éruptive ; même tout indique que les eaux ferrugineuses étaient chaudes, car, au Vern, les argiles rubéfiées sont énergiquement cimentées, ayant l'aspect et produisant le son d'une terre à moitié cuite.

Minerai spathique interstratifié. — A Notre-Dame de Palmesalade, entre les couches dressées en éventail du terrain houiller (Coupe VV'), que les fossiles permettent d'identifier à celles de La Grand'Combe, on a exploité du minerai spathique semi-cristallin, d'origine certainement plutonique, car dans les couches n°s 2 et 3 notamment il contient des sulfures de fer, de cuivre, de zinc, de la bournonite, etc.

La question est de savoir si ce minerai est en couches contemporaines de la formation, comme le pense M. Peyre, ancien ingénieur des mines de Palmesalade, ou forme des filons-couches, comme l'a prétendu M. de Reydellet. Avant qu'on ne sût, par les fossiles, que les gisements de l'Affenadou, de Notre-Dame de Palmesalade et de la Destourbes se trouvent dans le même système de dépôts, croyant le minerai introduit dans plusieurs étages différents, on était tout naturellement porté à admettre que l'on devait avoir affaire à plusieurs filons-couches ; la paléontologie stratigraphique permet d'envisager la question à un autre point de vue.

Le gîte de Palmesalade, qui a fait la réputation du fer soudant d'Alais, a été décrit et figuré par E. Dumas et M. L. Peyre (2). Il forme des couches en chapelet

---

(1) *Annales des Mines*, t. XIV, 1848, p. 281.

(2) *Statistique géologique. min.* etc., 3ᵉ partie, 155 ; *Bulletin Soc. Industrie minérale*, t. XIII, 2ᵉ série, 1884, 5.

parfaitement stratifiées, courant entre mur et toit, *sans les traverser* ; exploité sur 750 mètres en direction et 65 mètres en pente, les veines et amas en sont répartis dans 100 mètres d'épaisseur de terrain houiller. Les coupes (PL. III, FIG. 16 et 16 *bis*) qui m'ont été remises par la Compagnie des Forges d'Alais et M. Peyre montrent la couche n° 1 entre charbon et poudingue, et des bancs de houille intercalés dans le minerai ; celui-ci est en connexion avec la houille, comme dans l'Aveyron le carbonate de fer ; un blackband feuilleté est en dépendance avec la couche intermédiaire, le minerai porte en lui-même une partie du combustible nécessaire au grillage. A cela j'ajouterai que sur les haldes de la mine on trouve beaucoup de minerais mélangés de sédiments, il n'est pas rare de rencontrer au cœur du carbonate des grains de quartz et de micaschiste isolés. Il existe aussi des bancs d'argile schisteuse rouge en rapport avec lui, et comme le terrain entre les couches de minerai n'est pas minéralisé, j'estime, me ralliant à l'opinion de M. Peyre, que le carbonate de fer de Palmesalade est le dépôt de sources thermales intermittentes contemporaines de la formation houillère. On ne peut nier que la couche intermédiaire n'offre les caractères et les modifications d'un dépôt stratifié ; on connaît au reste à Portes un minerai analogue en couche dont l'origine hydrothermale est évidente, ainsi qu'on va en juger.

Le minerai dont il s'agit perd 30 p. % à la calcination, et après grillage sa richesse est de 52 p. % de fonte. En voici l'analyse :

	Couche n° 1.	Blackband.
Gangue...........................	7,85 p. %	0,40 p. %
Co^2, FeO	85,32 —	85,35 —
Co^2, MgO	0,39 —	0,95 —
$Al^2 O^3$............................	5,90 —	4,45 —
Eau et bitume	1,84 —	6,69 —

Minerai de la couche Palmesalade à Portes. — Ce minerai, tantôt compacte, tantôt semi-cristallin comme celui de Notre-Dame de Palmesalade, forme dans l'intérieur de la couche (PL. III *bis*, FIG. 13) de grandes lentilles plates disparaissant en profondeur, où il est remplacé par un nerf. Son épaisseur dans la région favorisée, à l'aval de la mine Sainte-Amélie, est au maximum de $0^m,70$.

Or, au Nord de la faille Werbrouck, le minerai est remplacé par un silex noir caverneux, ferrugineux, translucide, semblable à certaines variétés de quartz calcédoine de Saint-Priest (Loire).

Il n'y a pas à douter que ce minerai, tout comme le silex, ne soit un produit de sources contemporaines de la formation de la houille.

Le minerai de Portes, bien postérieur à celui de Notre-Dame-de-Palmesalade, présente une composition très variable; il est manganésifère et à gangue très siliceuse.

Roches d'origine éruptive.

D'après ce qui précède, des sources abondantes ont à différentes reprises versé des eaux chaudes chargées de bicarbonate de fer dans le bassin de dépôt.

D'après ce qui suit, aux extrémités Nord et Nord-Ouest des deux bassins, des roches d'origine éruptive communes et variées gisent dans le terrain houiller sous forme de porphyre, argilophyre, silex, argile chocolat, etc. Elles ont surgi pendant la formation houillère à l'état de boue liquide ou dissoutes dans l'eau. Le gore blanc est fréquent à Portes en particulier, et le silex à La Crouzille (PL. II, FIG. 1, 2, 3 et 9). Dans l'intervalle, je n'ai découvert que deux espèces de roches d'origine éruptive, l'une à Saint-Jean et l'autre à Cendras. Dans le bassin du Gardon, elles sont situées à l'Ouest du dressant de La Grand'Combe; dans le bassin de La Cèze, elles occupent principalement une zone transversale allant de La Crouzille à Frémouse, où je crois avoir vu la place d'une source ferrugineuse très ancienne dans le terrain primitif. Des deux côtés, leur répétition implique tout au moins des secousses et convulsions qui ont ouvert et réouvert les bouches d'émission et les sources qui les ont jetées dans le bassin.

La fixité du sol est incompatible avec l'éruption intermittente de ces roches caractérisant, sous le rapport qui nous occupe, deux régions qui ont dû être violemment agitées par des actions volcaniques pendant la formation houillère. Ces actions ont commencé et se sont terminées plus tôt dans le bassin Nord que dans le bassin du Gardon. Il est probable que dans ce dernier le phénomène a dépendu des mouvements qui paraissent s'être localisés à l'Est de Portes pendant le dépôt des étages supérieurs.

Nous allons décrire lesdites roches en commençant par les coulées de porphyre pétrosiliceux qui, dans le Gard, comme partout, sont contemporaines du terrain houiller supérieur.

PORPHYRE PÉTROSILICEUX DE LA DESTOURBES

Cette roche, déterminée par M. Termier, est, au quartier de La Rouvière, en contact avec une couche de La Grand'Combe, que je présume être la couche Abylon. De couleur cendre et d'aspect porphyroïde, elle devient poreuse à l'air. Elle est cependant très siliceuse et a dû s'épancher à une température de plusieurs centaines de degrés. La roche a une structure fluidale étirée comme celle d'une pâte qui a coulé.

ORTHOPHYRE DE ROUCHAN. — PORPHYRITE AMPHIBOLIQUE ET ROCHES OLIVATRES
DES ROMPUES

En allant de Portes à Bessèges (Voir la carte) on rencontre, à partir de la Croix de Veyras, d'abord des schistes et grès houillers fins verdâtres ; puis, aux Rompues, parmi ces roches, du pétrosilex amphibolique en lentilles stratifiées ; et, arrivé à la faille de Chamarit, un banc épais d'orthophyre micacé à pyroxène, nommé ainsi par M. Termier qui a bien voulu, sur ma demande, déterminer la nature des coulées éruptives du bassin houiller du Gard (1). Reposant en concordance de stratification sur un grès schisteux, cette roche est mise en contact par la faille avec le poudingue bréchiforme du mont Châtenet.

Sur place, il est facile de constater que le pétrosilex est une condensation de la solution minérale serpentineuse qui a verdi le terrain houiller sur une centaine de mètres d'épaisseur en se mélangeant aux sédiments pendant leur dépôt ; les grès sont très durs, quelques-uns sont silicifiés, et dans leurs joints scintillent des cristaux de quartz. La couleur olivâtre des schistes va en diminuant d'intensité vers La Serre. Au Nord de la faille de Chamarit, les roches olivâtres ne se voient bien qu'entre les couches Blachères et Anonyme, mais commencent déjà au-dessus de la couche Rouvière.

L'orthophyre, sur deux mètres d'épaisseur environ, forme une alternance de veines blanches et vert sombre, également pointillées de taches vertes. La nuance vert sombre n'est pas sans rappeler le pétrosilex amphibolique, et la variété blanche le gore blanc ; à la base de la nappe éruptive, veine rouge.

Tufs porphyriques de la couche Pommier n° 2 de Saint-Jean. — A la partie inférieure de cette couche (PL. III, FIG. 9), on peut voir, aux Prats, au bord de la route, une roche sombre pointillée de vert, rappelant le trapp de Rouchan ; elle alterne avec des argiles blanches et des schistes plus ou moins minéralisés.

A la partie supérieure de la même couche, court, entre charbon, un nerf blanc d'apparence gréseuse ; ce nerf, à bacillarites, passe, au puits Central, partie à un grès fin silicifié, partie au gore chocolat ; les plantes y sont à demi carbonisées comme dans le gore blanc, le vide des tiges et racines est rempli par du silex argileux.

Dans ce nerf, on trouve, en particulier, tous les organes du *Lepidodendron Sternbergii* : tiges, branches et rameaux feuillés, cônes, non désintégrés par

(1) *Bulletin Soc. géologique de France,* 3ᵉ série, t. XVI, 1888, p. 617.

la macération qui a toujours précédé le dépôt libre des empreintes végétales, et non comprimés, ce qui dénote une roche aussitôt solidifiée que déposée. A la manière dont se présentent les débris fossiles, je me figure que la coulée éruptive a arraché sur son passage des plantes vivantes qu'elle a entraînées et embouées tout entières, ce qui pourrait permettre d'en restaurer le port et la forme avec un degré de certitude que ne comportent pas les empreintes.

ARGILOPHYRES. — GORE BLANC

Cette roche argilo-feldspathique est commune dans les bassins du centre de la France (1) ; elle est tantôt compacte, tantôt stratifiée, tantôt mélangée aux sédiments ; en banc compacte, elle a le grain de la porcelaine cassée ; elle est souvent siliceuse et rubanée par des veines et filets de silex feldspathique. Les grès, schistes et houilles, situés au-dessus, sont parfois silicifiés (Luminières, Trépeloup, Destourbes), et les bois pétrifiés (Garde-Giral, Trépeloup). Cependant, dans la roche, les tissus végétaux sont très mal conservés, même dans les parties siliceuses.

Indifférent à la nature des roches encaissantes, le gore blanc ne provient pas du lessivage des roches feldspathiques, puisqu'il git au milieu des schistes et grès micacés. Bien qu'à texture très fine, l'argilophyre est en nappes limitées, variant d'ailleurs beaucoup de nature comme les roches d'origine éruptive ; sur les confins, il passe à l'argile savonneuse ou couleur chocolat ; les empreintes n'y sont pas aplaties, sauf dans les bancs rubanés. Au surplus, le gore blanc est lié aux coulées de porphyre de la même manière que l'argile chocolat ou le silex feldspathique l'est à l'argilophyre ; ce dernier correspond, en effet, au toit de la couche Abylon à la carrière Luce. au porphyre pétrosiliceux de la Destourbes. Du reste, à Comberedonde, le gore blanc accuse une structure globulaire de roche éruptive. C'est donc, à tout prendre, un produit d'épanchement boueux ou de coulées demi-liquides, ayant probablement eu pour cheminées les filons d'orthophyre.

Le gore blanc renferme des empreintes spéciales que je n'ai pas encore rencontrées en dehors de lui : ce sont les *Autophyllites* (PL. XVII), comme si ces végétaux n'avaient pu vivre que sous l'influence de son émission, aux abords des sources chaudes.

Tantôt l'argilophyre en roche compacte s'est étalé rapidement ; tantôt

---

(1) GRAND'EURY. — *Mémoires de la Soc. géol. de France*, 3e série, t. IV, 1887, p. 87.

stratifié et rubané, il dénote un dépôt lent de plus ou moins longue durée ; dans ce cas, la roche d'origine éruptive est souvent mélangée aux grès et schistes ou alterne avec eux, mais pas toujours. Le croquis n° 24 représente une succession de gore blanc et verdâtre, de silex et d'argile, avec intercalations de grès et schistes plus ou moins mélangés et silicifiés.

Mais, dans la région de Portes, où l'argilophyre est fréquent, l'action volcanique à laquelle il est dû a été intermittente et de faible durée, la roche en question se présentant en bancs isolés et distincts dans la série verticale des lits alternants de grès et schistes.

Ses gisements sont figurés sur la PL. II et sont énumérés ci-dessous avec leurs principales modifications.

Gisements. — Le gore blanc gît au milieu des roches de base, au Vallat des Luminières.

Sur les coupes (FIG. 1 et 2, PL. III *bis*) on voit un nerf de gore blanc dans la couche Grand'Baume et un tuf à son mur. A La Trouche, gore blanc au-dessus de la couche du Lard, de même au-dessus de la couche Abylon. A La Levade, dans le toit de La Pilhouze (PL. II, FIG. 1), gore blanc très siliceux, reprenant son aspect ordinaire à Trescol ; au Ravin, il est mélangé et altéré à un mètre au-dessus du banc supérieur de cette couche.

Au pied de la couche de Champclauson (PL. III *bis*, FIG. 4), argile blanche et silex feuilleté ; à 25 mètres plus bas, schiste blanchi, veines siliceuses et bois pétrifiés. A 15 mètres au-dessous de la couche Chauvel et reposant sur un filet de houille à l'Ouest de Portes, gore blanc stratifié avec veines pétrosiliceuses, se mariant avec les dépôts supérieurs. Dans cette couche, nerf blanc à Cessous, mais non à Comberedonde. Sur le banc de charbon inférieur de Saint-Augustin, lien blanc, et au-dessous de cette couche à La Vernarède, gore et tuf blancs. A La Vernarède (PL. III *bis*, FIG. 6, 7 et 15), gore blanc au toit de la couche Jenny, etc. (Voir PL. II, FIG. 2 et 3).

A La Destourbes, avec du silex blanc identique à celui de La Levade, renfermant les mêmes fougères et occupant la même position stratigraphique, gore blanc porphyroïde ; à Trépeloup, gore blanc et trois veines de silex feldspathique.

Au mur de la deuxième couche de Cendras (PL. III, FIG. 11), silex argileux sous un tuf d'argilophyre.

Croquis N° 24

Argilophyre, silex interstratifié grès, schistes et bois silicifiés

Grès grossier et bois silicifiés
Grès et schistes silicifiés avec veines de silex verdâtre
Silex blanchâtre
Gore blanc feuilleté
Concrétions ferrugineuses
Grès siliceux
Gore et silex ou êtres mélangés
Grès et schistes plus ou moins minéralisés
Gore blanc mélangé
Silex noirâtre
Gore blanc
Gore blanc siliceux et d'Arténophyllites
Grès silicifié
Gore blanc lamelleux
Gore blanc d'Antophyllites
Gore ferrugineux
Silex feuilleté
Silex rubané feldspathique
Argile blanche
Gore blanc à concrétions ferrugineuses
Argile blanchâtre
Schiste noir silicifié à Aspardir ogériennes
Houille
Argile blanche à Phelérite
Minéral lithoïde
Argilophyre
Schistes ordinaires

Argilophyre et houille silicifiée

Argilophyre à Phelérite
Argile silicifiée
Argilophyre
Houille silicifiée
Argilophyre
Houille
Argilophyre

Dans le bassin Nord, gore blanc ordinaire stratifié au mur des couches de Combelongue, et au Bois-Noir (Voir Carte et Pl. II, Fig. 9). Dans le lit du Doulovy, tuf d'argilophyre au milieu de bandes siliceuses et de roches silicifiées.

ARGILE CHOCOLAT A PHOLÉRITE ET A BACILLARITES

A la suite du gore blanc dont elle dérive, j'ai à signaler une argile également d'origine éruptive, couleur chocolat, dans laquelle se sont cristallisés par voie métamorphique, tantôt des paillettes nacrées de pholérite, tantôt des Bacillarites.

Son caractère éruptif ressort de ce fait que, tout comme le gore blanc, elle gît indifféremment dans les roches quartzo-sériciteuses ou quartzo-feldspathiques.

Ces argiles plutoniques, claires et parfois légèrement translucides, se trouvent principalement dans les couches de houille ou en dépendance d'elles, et les *bacillarites* s'y présentent comme un produit minéral spécial aux marais de l'époque houillère.

Argile chocolat à pholérite. — Ces argiles sont assez communes dans la houille ; une veine d'argile blanche à pholérite est figurée dans le croquis n° 24. Le nerf de la couche Veinasse (Pl. III, Fig. 2) est une variété silicifiée d'argile cornée et a donné à l'analyse : Silice libre, 5,30 p. %: silice combinée, 36,90 ; alumine et fer (Fe² O³), 40,90 ; fer soluble à l'état de Fe² O³, 1,33 ; chaux, 0,37 ; magnésie, 0,20. — Total des cendres, 83,50. — Perte par calcination en vase clos, 6 p. %.

A Gagnières, sur la couche n° 3 (Pl. III, Fig. 4), est une mise d'argile chocolat mélangée au charbon, laquelle renferme un grand nombre de paillettes de pholérite ou espèce minérale très développée dans certaines modifications du gore blanc. Le nerf lourd et siliceux de la même couche renferme des paillettes identiques, ainsi que les filets schisteux ou un peu ternes de la houille de cette couche. M. de Lajudie a bien voulu analyser un échantillon de cette argiolithe ; en voici la composition en regard de celle d'une roche similaire de Saint-Etienne :

	Argile chocolat de Gagnières.		*Argile chocolat de Saint-Etienne.*	
Eau à 100°......................	1,40 p. %			
Perte au feu (^{Co²}, eau de combinaison, gaz combustible.)....	9,60 —	Perte au feu.......	13,15 p. %
Si O³..........................	53,90 —	....	43,52 —
Al² O³.........................	27,63 —	....	36,05 —
Fe² O³.........................	1,92 —	....	3,30 —
Ca O...........................	1,50 —	....	2,18 —
Mg O...........................	0,80 —	....	0,87 —
Ba O...........................	0		
Mn.............................	0		
Zn	0,72 —		
S..............................	0,068 —	....	0,18 —
Ph	0,114 —		

Argile, gore blanc, silex argileux et minerai de fer à bacillarites.
— Dans la couche proprement dite de Traquette existe un nerf en chapelet
d'une argile remplie de bacillarites, laquelle est, au fond, absolument identique,
à part sa couleur plus foncée, au nerf blanc de Rive-de-Gier.

A la Gagniérette, dans le système ferrugineux qui surmonte la brèche, j'ai
trouvé : 1° une veine de minerai de fer argilo-micacé à bacillarites ; 2° une veine
de silex argileux renfermant le même minerai, avec quelques cristaux de quartz
à arêtes vives. La FIG. 11, PL, IV représente du gore blanc à bacillarites en
chapelets lobés d'une manière fantastique dans une couche de houille ; le nerf
blanc de la couche Pommier n° 2 est également en chapelet.

Je représente, PL. IV, FIG. 4, le *bacillarites problematicus* de K. Feismantel,
d'après l'échantillon de Radnitz que m'a envoyé M. Stur, et par les FIG. 5, 6, 7, 8, 9
et 10, les groupements et les formes les plus remarquables de ce minéral, décrit
comme un organisme énigmatique par MM. D. Stur (1) et Stanislas Meunier (2).

De forme vermiculaire, contournée et tordue, arqués et atténués comme de
petites cornes, ces singuliers cristaux, à section hexagonale de 3 à $1^{m}/^{m}$ de
diamètre, composés de disques irréductibles, sont ondulés et repliés sur eux-
mêmes, quelques-uns formant la boucle, emmêlés les uns autour des autres
sans se déprimer, souvent cassés comme du bois ; quelques-uns sont isolés
entre les feuillets de houille et dans la houille elle-même, comme s'ils étaient
tombés tout formés au fond de l'eau ; la matière jaune sanguine, grasse ou
cireuse de certains d'entre eux recouverts d'une espèce de cuticule charbonneuse, conjointement avec leur forme articulée, nous a trompés sur la nature de
ce pseudo-organisme, en le tenant (3) pour un fossile particulier transformé en
une espèce de pholérite. C'est surtout contre les empreintes végétales (FIG. 5, 6 et 7,
PL. IV), que les bacillarites se sont le mieux cristallisés ultérieurement au dépôt,
avec des formes bien capricieuses pour un minéral.

Une roche composée exclusivement de bacillarites a donné :

Perte par calcination au creuset........	11,50 p. °/₀
Perte par incinération.................	0,60 —
Silice	52,54 —
Alumine..............................	31,34 —
Chaux	4,13 —
Magnésie	0 —

C'est à peu près la composition de l'argile chocolat, de la pholérite ou du

---

(1) *Geol. Verhält. Jemnik-schachtes... bei Schlan in Kladnoer Becken,* p. 8 à 16.

(2) *Le Naturaliste* du 1er mai 1889, p. 111.

(3) *Comptes-Rendus de l'Académie des Sciences,* t. CIV, p. 398.

kaolin. Un échantillon traité par ClH a dégagé du bitume odoriférant; traité par AzO^5 et par la liqueur Eggertz, il a révélé la présence du phosphore en quantité très appréciable.

On ne saurait séparer les bacillarites des écailles de pholérite, qui se trouvent les uns et les autres dans les mêmes nerfs de la houille, les premiers, toutefois, de préférence au centre et les autres près de la surface. M. Termier, à qui j'ai remis les échantillons du Gard, considère les deux sortes de cristaux comme faisant partie d'un seul et même minéral nouveau auquel il donne le nom de Leverriérite (1).

Tantôt il ne s'est formé dans l'argile éruptive que des paillettes de pholérite, tantôt que des bacillarites; dans certains nerfs, ceux-ci sont tous gros de 1 à $3^{m/m}$, dans d'autres, tous très petits, de 1/2 millimètre. Des argiles amorphes, de même nature et même origine, étant souvent privés de ces minéraux, il faut croire que ceux-ci, pour se développer, demandaient certaines conditions ayant tenu en éveil l'activité cristallographique du milieu. La pholérite paraît s'être développée, avec le temps, sous la moindre influence métamorphique. Cependant, l'association des bacillarites au gore blanc pétrosiliceux, au minerai de fer et silex argileux de La Gagniérette, porte à penser qu'une certaine température était nécessaire pour leur production dans l'argile. Toutefois, les *Stigmaria* ayant poussé en grand nombre dans les nerfs à bacillarites, la température de cristallisation de ces derniers ne pouvait être élevée.

Or, à Bully (Loire), où les paillettes de pholérite et les disques de bacillarites pénètrent en quelque sorte l'anthracite comme la houille de la 3e couche de Gagnières, on peut vérifier que le charbon a été exposé pendant son dépôt à l'action de contact de produits éruptifs et que sa conversion en anthracite est, au moins en grande partie, contemporaine de la formation. Le concours d'eaux chaudes ou tièdes, au sein desquelles se préparait la houille, s'accorde parfaitement avec ce fait qu'elle a été assez vite formée pour que l'on en rencontre partout des détritus dans les grès qui encaissent les couches de combustible dont proviennent ces détritus *(ante page 66)*.

Quoi qu'il en soit, je n'ai pas connaissance que des nerfs à bacillarites existent dans les stipites et les lignites et, à plus forte raison, dans la tourbe. C'est probablement un produit spécial au terrain houiller, et qui dénote des circonstances de formation au nombre desquelles les éruptions boueuses et les sources thermo-minérales figurent comme des facteurs presque constamment actifs.

---

(1) *Comptes-Rendus de l'Académie des Sciences*, t. CVIII, p. 1071.

Bancs de silex noir. — J'ai constaté dans le bassin Nord la présence de plusieurs bancs de silex noir, analogue à celui qui, à Grand'Croix (Loire), renferme des débris fossiles si admirablement conservés qu'on en peut faire l'anatomie comme de végétaux vivants ; mais, dans le Gard, les tissus sont très altérés, ce qui peut provenir de ce que les eaux qui ont véhiculé le silex étaient trop chaudes ; les empreintes sont charbonnées, mais, par cela même que la substance organique peut se détacher, la silice, lorsqu'elle était à l'état gélatineux, a moulé à la perfection quelques tiges de *Lepidodendron Sternbergii*, *Syringodendron cyclostigma*, etc.

Au pied du versant Est du Bois-Noir (Carte et PL. II, FIG. 9), on peut suivre, du gouffre Veyret à la galerie Fabre, un banc de 0ᵐ,30 de silex noir, reposant sur une veine de houille (Croquis n° 25). Au mur des couches de La Crouzille, sur les deux versants de la montagne, s'étend un autre banc de silex plus clair, situé également sur un filet de houille (Même croquis) ; au-dessus de ce banc, le grès est quartzifié par la silice. Sur un autre filet de charbon, on peut voir un enduit de silex calcédoine.

A part le prolongement quartzeux de la couche Palmesalade au Nord de Werbrouck, je ne connais, dans le bassin du Gardon, aucun banc de silex noir.

Croquis N° 25
Silex de la Crouzille
Banc inférieur

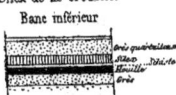

Houilles pétrifiées au contact du gore blanc et du silex. — Du moment que les grès et schistes houillers sont souvent silicifiés au contact de ces roches, on peut s'attendre à ce qu'il en soit de même de la houille. Et, en effet, à la carrière Ricard, dans la couche Grand'Baume, le charbon est durci et dénaturé, sur 0,10 à 0,20 d'épaisseur, au contact du gore blanc qui sépare les planches du banc supérieur ; de même, à La Trouche, la partie supérieure du Lard est silicifiée au contact de l'argilophyre. C'est surtout lorsqu'elle est engagée dans le gore blanc (Croquis n° 24)

Banc supérieur

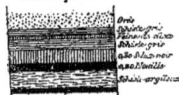

que la houille est imprégnée de silice. A la base de la couche supérieure d'Abylon (PL. III *bis*, FIG. 2), se trouve un banc de houille terne, compacte, fortement pétrifiée, faisant feu sous le pic et rayant le verre, qu'on n'exploite pas ; son analyse, rapportée ci-dessous, a été faite à l'Ecole des Mines par les soins de M. Leclerc ; les 34 p. °/₀ de quartz contenu représentent la silice libre apportée par les sources dans la vase végétale d'où est résultée cette houille.

Dans la partie Nord du bassin, le charbon du milieu de la couche supérieure de La Crouzille est partiellement pétrifié par la silice ; on le voit formé, en grande partie, de *Lepidodendron elongatum*. A Garde Giral, parmi du charbon à gaz, et à Montgros, il y a de la houille dure ressemblant à du cannel-coal, mais silicifiée et donnant peu de flamme. Le tableau suivant contient l'analyse d'un charbon analogue de Gagnières, provenant de la partie supérieure de la couche n° 1.

	Charbon pétrifié de la couche Abylon	Charbon compacte de Gagnières
Quartz	34 p. %	4,40 p. %
Silice combinée	6,60 —	6,16 —
Alumine et fer (Fe^2O^3)	9,73 —	8,77 —
Fer soluble (carbonate, etc.), dosé à l'état Fe^2O^3	0,90 —	1,45 —
Chaux	1,23 —	0,24 —
Magnésie	0,40 —	0,72 —
Total des cendres	51,90 —	20,20 —
Perte par calcination en vase clos	9 —	14,25 —

CHAPITRE V

Couches de houille. — Répartition de la richesse minérale.
Nature du charbon. — Métamorphime.

La houille est par excellence la roche utile du terrain houiller, celle qui en forme la valeur et dont la distribution, par cela même, devait nous préoccuper au premier chef. Aucunes des données de ce chapitre ne sont empruntées à l'œuvre de E. Dumas. Elles sont tirées directement des archives des Compagnies et représentent l'actualité.

Il a été extrait en 1888 :

Par La Grand'Combe	744.000 tonnes.
Bessèges	470.588 —
Portes	156.500 —
Trélys	166.522 —
Rochebelle	165.050 —
Lalle	90.986 —
Gagnières	66.414 —
Cessous et Comberedonde	79.713 —
Banne	12.650 —
Total	1.952.423 —

On a supputé l'extraction totale faite jusqu'en décembre 1888, et on a reconnu que

La Grand'Combe a extrait en tout.........	22.900.400 tonnes.
Bessèges	14.004.919 —
Portes.......................	5.176.837 —
Trélys.......................	4.987.294 —
Rochebelle	3.351.440 —
Lalle........................	2.058.276 —
Gagnières....................	878.545 —
Cessous et Comberedonde	1.391.895 —
Banne.......................	531.050 —
Total...............	55.280.656 —

Les coupes des systèmes de gisement (PL. II) portent avec leur épaisseur moyenne les nombreuses couches de houille connues dans chaque district. Je dois dire que cette épaisseur n'a pas été comptée partout de la même manière : à Molières, elle représente seulement la partie exploitable ; à Saint-Jean, elle comprend des parties schisteuses.

Beaucoup de coupes de couches de houille ont été publiées, et je ne saurais vouloir les rééditer. Je ne figure (PL. III et III bis) que les coupes non connues ou dont j'ai relevé les circonstances stratigraphiques et paléontologiques de gisement.

Je vais les décrire à peu près dans l'ordre où ont été passés en revue les systèmes de gisement, indiquer leur variation et dire comment est distribuée la richesse houillère dans chaque district.

COUCHES DE LA GRAND'COMBE

Ces couches ont été figurées et décrites en détail par E. Dumas, Callon et Sarran, dans les écrits cités plus haut.

Toutefois, je représente (PL. III bis, FIG 1 et 2) celles que j'ai moi-même dessinées à Ricard et à La Trouche, aux extrémités Nord et Sud des travaux d'exploitation. J'y joins la coupe de La Pilhouze au Ravin (FIG. 3), et la coupe d'une couche de schiste noir (FIG. 22) pour montrer que la présence de la houille n'est pas absolument liée au sol de végétation et aux tiges enracinées et racines qui les accompagnent ordinairement. Le charbon de La Grand'Baume est en partie formé de Cordaïtes ; certaines barres de la couche de Champclauson en sont aussi presque entièrement composées.

Les couches de La Grand'Combe se poursuivent sans changement jusqu'au Pontil, et de là, en diminuant d'épaisseur, jusqu'à la Grange de Comberedonde. Elles sont coupées par la faille de Roux et disparaissent industriellement au N.-O.

de La Levade, où elles éprouvent une dégénérescence telle qu'elles ne se prolongent du côté de Portes qu'à l'état de filets.

Je donne (PL. III, FIG. 15), le détail des deux grandes couches trouvées récemment au fond du sondage de Ricard.

On voit sur la planche III bis, en rapport avec les couches Abylon et Grand'Baume, des tiges enracinées et des forêts fossiles, au-dessus, au-dessous et entre les bancs de charbon. A Champclauson (Même planche, FIG. 4 et 5), les couches portent des forêts fossiles remarquables par la variété des essences dont elles se composent et l'excellente conservation des sigillaires, qui ont fourni, avec les calamites de Ricard, des matériaux de grande importance pour la connaissance de ces fossiles.

La couche de Champclauson se poursuit régulière dans Comberedonde jusqu'à Cessous ; elle est meilleure vers Portes que du côté de l'Affenadou. Il en est de même de la couche Crouzette, de la couche Fontaine, de la couche des Lavoirs et de celles du sommet des plans : elles ne sont exploitables que vers la Crouzette. Le puits de l'Auzonnet, foncé de 150 mètres au-dessous de la couche de Champclauson, n'a pas trouvé les deux dernières, même à l'état de filet ; au Sud-Est de Champclauson, elles se transforment en schistes charbonneux. La couche Fontaine, contenant un nerf très pyriteux d'une nature particulière, est représentée à Comberedonde par la couche Bâtarde, réduite à un filet charbonneux (cette Bâtarde, exploitée pour minerai de fer, est l'équivalent de la couche Palmesalade). La couche Salze du Chauvel, devenue schisteuse près de la faille Thérond, est un simple filet de houille au puits de la Serre. La couche de la Forge, seule des couches supérieures, est encore exploitable à l'Auzonnet.

Il paraît donc y avoir indépendance sous le rapport de l'enrichissement entre les faisceaux des couches de La Grand'Combe et des couches de Champclauson, puisque, d'une manière générale, les premières diminuent et disparaissent vers le Nord, où au contraire les secondes ont leur plus complet développement ; et cela n'a rien qui doive surprendre, puisque les cours d'eau sous la dépendance desquels se sont déposés les deux systèmes de couches de charbon étaient différents, l'un ayant apporté à La Grand'Combe des limons quartzo-sériciteux, et l'autre, après, à Champclauson des limons quartzo-feldspathiques.

Les deux faisceaux de couches figurent sur les coupes $MM^5, I^2J, O'O^4, VV^2$.

COUCHES DE PORTES

(Chauvel et La Vernarède. Coupe $T\,T^2$ et $O^5\,P$).

Bien que les couches de Portes aient été figurées avec détail par M. Sarran, je crois néanmoins utile de faire connaître les faits nouvellement constatés et mes observations touchant quelques-unes de ces couches représentées en coupe Pl. III bis, Fig. 6, 7 à 21 (Voir aussi les Fig. 1, 2, 3, Pl. II).

La couche de Champclauson est de beaucoup la plus importante. Au Chauvel, elle a plus de 5 mètres d'épaisseur et est divisée en 4 bancs principaux. Sous le nom de Saint-Augustin, elle est à La Vernarède composée de 6 à 8 bancs, dont 3 à 4 exploitables, se subdivisant eux-mêmes au Nord et disparaissant au Nord-Est. La couche se ramifie dès la Croix de Poldie, au puits Sud et principalement à Broussous. A la mine Sainte-Amélie, la couche Saint-Augustin diffère moins de la couche du Chauvel que d'elle-même au puits Sud. A Cessous, elle est formée de deux parties écartées par un coin de grès.

Au-dessous de la couche de Champclauson, la couche des Lavoirs disparaît à l'Est du Chauvel (Pl. II, Fig. 2 et 3). Les filets des Tavernoles, absents au puits Sud, la représentent très certainement au Nord du bassin, sans que pour cela il y ait nécessairement jonction entre les deux dépôts charbonneux (Coupe $S^t S^5$). Les différences que l'on remarque entre eux tiennent à cette double circonstance, relatée ci-dessus, qu'au Nord-Ouest de Portes, la couche des Lavoirs s'est déposée entre roches feldspathiques, tandis qu'aux Tavernoles, sous l'apport des roches micacées, elle a été divisée en veines et filets nombreux.

Au-dessus de la couche de Champclauson, la couche de Palmesalade (ainsi baptisée parce qu'elle renferme généralement un banc de minerai de fer carbonaté semblable à celui de Notre-Dame-de-Palmesalade et que, naguère, on exploitait encore) n'est bonne, avec une épaisseur de $0^m,80$, qu'au Sud du rejet de Werbrouck ; elle est imparfaitement représentée au Chauvel. La couche Terrenoire de La Vernarède, correspondant à la couche Salze de Chauvel, est plus puissante au puits Nord qu'au puits Sud. La couche Jenny n'est exploitable qu'au Nord de Werbrouck. La couche Canal, ayant les roches du toit et les fossiles de la couche Rouvière maigre (qui n'est autre chose que la couche de La Crouzette), est également plus puissante au Nord qu'au Sud. La couche Rouvière grasse, aussi, n'est bonne qu'au Nord, où elle touche la couche Canal ; elle s'en éloigne, au Sud, de 50 mètres et, en même temps, les deux couches s'amincissent. La couche Dumazert, qui est schisteuse, se laisse comparer à la couche de la Forge. La couche Sainte-Barbe a $0^m,90$ à l'Est et 2 mètres à l'Ouest. La couche Anonyme est en 4 bancs trop éloignés pour être exploités avec avantage. La couche des Blachères n'est bonne qu'au Nord-Ouest de son affleurement ; la petite couche supérieure ne se dessine que du même côté. Ces dernières couches ne sont pas représentées au Chauvel, sauf peut-être la couche Blachères par des schistes charbonneux le long de la faille des Rompues ; on croit reconnaître cette couche aux Masses.

Toutes les couches de La Vernarède sont meilleures à la mine Sainte-Amélie qu'à l'Est, où elles s'altèrent à partir du fond du bateau, devenant minces et irrégulières à Cornas. La plupart ne sont exploitables qu'au puits Nord ; elles s'espacent, en diminuant d'épaisseur, au puits Sud par où se fait la transition au Chauvel. En somme, la ligne de plus grande richesse passe au puits Nord (pour ce qui concerne les couches les plus élevées), à la mine Amélie, à Portes même, à La Crouzette, étant ainsi à angle droit sur celle des couches de La Grand'-Combe proprement dites.

COUCHES DE SAINTE-BARBE ET DU PRADEL

(Coupe O O').

La montagne de Sainte-Barbe renferme 14 couches rapprochées et réparties régulièrement dans 250 mètres de terrain (PL. II, FIG. 4). Je ne donne pas la coupe des couches simples, je ne représente (PL. III, FIG. 14) que les couches Velours et Sans-Nom.

Les couches de la Baraque, du Pin, du Bosquet, du Portail sont en deux bancs. Sans-Nom, Velours et Portail se divisent au Pontil. A part cela, les couches sont très régulières, se reproduisant à Laval avec les mêmes caractères qu'à Sainte-Barbe.

La couche Sans-Nom, la plus importante, a une épaisseur de 2 à 3 mètres à Sainte-Barbe, et se divise en trois branches au Pradel (PL. I, FIG. 9).

Au-dessous de cette couche affleurent, entre le Pradel et les micaschistes du Rouvergue, plusieurs couches minces à Broussous et au Mas-de-Curé ; plus au Sud, quatre de ces couches deviennent assez sérieuses, et l'une d'elles assez puissante pour s'être prêtées à une comparaison avec les couches de la Grand'-Combe.

COUCHE SANS-NOM. — AMAS DE HOUILLE

Cette couche a une individualité et des fossiles propres. Contournant seule ou presque seule le mont Rouvergue, elle est partagée en plusieurs branches gisant dans des grès blancs massifs caractéristiques. Elle constitue un grand horizon charbonneux susceptible de se renfler considérablement et de former des amas puissants. Le charbon en est pur et assez friable. A Laval, son épaisseur varie de $1^m,50$ à 12 et même 14 mètres ; la FIG. 14 (PL. III) est une coupe prise dans une région où la couche est assez régulière. On dit cette couche très puissante (10 mètres) au Mas-Dieu, où le charbon est cokéfié et minéralisé. Nous allons voir qu'elle a une égale épaisseur à Fontanes et forme une lentille importante au Bois-Commun. C'est donc une grande couche, et par son étendue c'est peut-être la plus importante du bassin.

A Mercoirol-Haut, elle forme un véritable amas avec boules de grès dans la partie la plus épaisse ; j'ai essayé d'en dessiner la coupe horizontale à l'affleurement (Croquis sans échelle, n° 26). Le nerf médian disparaît au 4ᵉ niveau, et, comme il renferme des *Nevropteris flexuosa*, j'avais pensé que l'épaisseur de 10 à 15 mètres de charbon résulte d'un recoutelage qui expliquerait du même coup la conformation de la coupe à l'échelle (Croquis n° 26 *bis*). Mais la partie

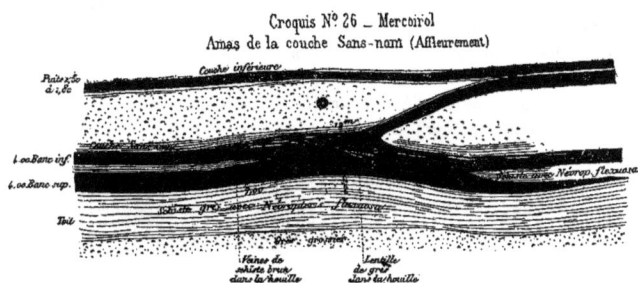

Croquis N° 26 — Mercoirol
Amas de la couche Sans-nom (Affleurement)

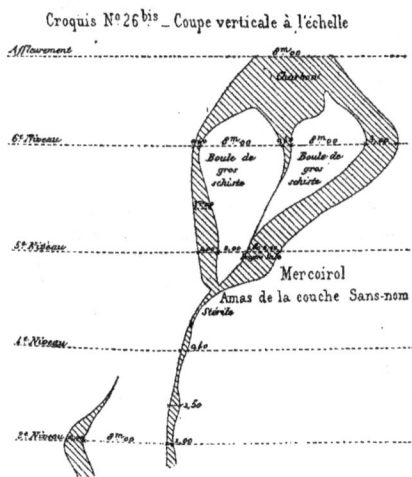

Croquis N° 26 bis — Coupe verticale à l'échelle

supérieure de l'amas est plus pure que l'inférieure, celle-ci renfermant des veines de schiste brun près de la sole, et j'ai en main plusieurs coupes verticales montrant des noyaux analogues dans le milieu d'une couche plus régulière. Cependant elle gît dans une région plissée et failleuse, et une part des irrégularités de l'amas de Mercoirol a pour cause les phénomènes dynamiques. En tout cas l'épaisseur en charbon varie considérablement : dans une coupe verticale, sur 100 mètres de hauteur, elle passe successivement par 5, 12, 10, 8, et 0,80 d'épaisseur, et tout à côté par $3^m,80$, 3 mètres, $6^m,30$, 1 mètre et $3^m,90$. Une bande de charbon se détachant du mur (Croquis n° 26) s'en va rejoindre la couche inférieure qui, de son côté, au 6ᵉ niveau se soude à la couche principale.

A Crouzoule, la couche, en plusieurs bancs, est plus régulière ; on exploite la branche qui a 2 mètres d'épaisseur. Nous avons dit plus haut (page 54) comment elle est représentée à l'Arbousset.

Si la couche Saint-Denis appartient à Sans-Nom, celle-ci forme, en haut de la montagne de Bessèges, un amas de 150 mètres en direction sur 60 suivant la pente, avec une puissance ayant atteint 24 mètres au milieu ; là, avec ses satellites aux allures bizarres, elle est encore plus irrégulière qu'à Mercoirol-Haut.

COUCHES DU MARTINET ET DE TRÉLYS

Les couches du Feljas ont leur épaisseur indiquée sur la coupe n° 6, PL. II ; Trélys 2 est en deux bancs, Pierrebrune n'est pas exploitable. Ces couches, correspondant à celles du Pradel, disparaissent à la montagne de Bessèges, et n'existent pas, du moins à la surface, au Sud du golfe de Crouzoule ; de plus, elles sont assez peu régulières. Mais elles reparaissent vers le Mas-Bleu, et nous les verrons développées au Nord du bassin.

Nous avons expliqué que les couches de l'Arbousset en sont indépendantes (ce qui n'est pas encore admis sans conteste et ne figure pas sur la coupe W W²), et occupent une position intermédiaire entre celles de Feljas et celles du Martinet. Elles s'amincissent et paraissent s'évanouir au Nord du puits de l'Arbousset. Mais un horizon charbonneux comme celui de Sans-Nom peut offrir des parties pauvres, comme les horizons de la 3ᵉ et de la 13ᵉ de la Loire, sans disparaître pour cela, et je me figure que si le puits de Créal ne l'a pas trouvé, c'est qu'il n'a pas été foncé assez bas. Cet horizon remarquable ne paraît pas avoir été atteint à Molières.

Les couches du Martinet se relient presque sans discontinuité à celles de Bessèges par l'intermédiaire des couches tourmentées de Créal ; la série des couches s'arrête à Sainte-Mathéa, les autres ayant été dénudées et emportées par la mer permienne. Saint-Emile et Sainte-Barbe sont divisées chacune en deux bancs : Saint-Emile par un nerf séparatif qui augmente progressivement jusqu'à 30 mètres d'épaisseur. Les grès sont fins, les schistes feuilletés dominent ; peu d'empreintes, sauf au toit de Sainte-Barbe ; au toit de Saint-Félix 15 mètres et à son mur 4 mètres de schiste non fossilifères. Dans de pareilles conditions on comprend que les couches soient plus régulières qu'à Bessèges.

COUCHES DE BESSÈGES, DE LALLE ET DES PINÈDES

Les séries de Bessèges et de Lalle (Coupes générales M^4N, X^1X^2) se complètent réciproquement, les couches figurent avec leur position et leur épaisseur moyenne sur les coupes n°ˢ 7 et 8, Pl. II. Je représente en détail (Pl. III, Fig. 6 et 7) un certain nombre de couches, les moins simples, celles qui se transforment en schiste ou qui présentent à leur mur ou à leur toit quelques particularités botaniques.

Dans son entier, le système de Bessèges comprend 20 couches exploitables d'une épaisseur variant de 0,70 à 3 mètres ; ce système, par la régularité et le faible intervalle des couches réparties dans 500 mètres de terrain, est le plus beau sinon le plus riche du Gard ; la proportion de houille est de 1/20, à peu près comme à Rochebelle.

Dans la montagne de Bessèges, Saint-Charles et Saint-Denis sont variables en épaisseur et en propreté, Saint-Charles se bifurque, son banc supérieur est schisteux. Dans la lentille de Saint-Denis, le charbon était très pur au centre et schisteux sur les bords. Les couches Saint-Emile (en trois bancs), Saint-André (en un seul banc), Saint-Yllyde (contenant des nodules de carbonate de fer) figurent parmi les meilleures et les plus régulières et celles dont le charbon est le plus apprécié. Saint-Auguste est divisé en 2 bancs parfois assez écartés pour constituer deux couches distinctes ; Saint-François en 2 bancs est très schisteux ; les couches supérieures sont médiocres.

Derrière le dressant (Pl. I, Fig. 2) on connaît une 3ᵉ branche des couches, dites Saint-Auguste (ter), Sainte-Barbe (ter). Saint-Auguste (ter, 1,80 à 2 mètres de charbon) est en 2 bancs assez écartés pour former 2 couches que l'on assimile l'une à Saint-Auguste et l'autre à Saint-Emile. Les couches (ter) sont moins belles que les couches correspondantes de Bessèges, en partie, je me figure, à cause de l'étirement qu'elles ont subi. De l'autre côté du dressant on exploite, en outre, sous le lambeau de trias resté à La Chapelle Saint-Laurent, trois couches dites trias, savoir : n° 1 de 0,60, n° 2 peu connue, et n° 3 de 1 mètre à 1^m,50 d'épaisseur.

Nous avons dit plus haut que les couches inférieures disparaissent au Nord les

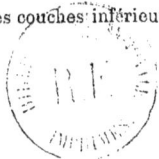

13

unes après les autres par l'effet d'une altération qui commence, d'après les coupes Pl. III, au puits Grangier. Mais la disparition des couches n'est que locale, elles reprennent, avons-nous dit, en profondeur. Ainsi, au puits de Robiac, à la cote — 230, on a retrouvé Saint-Denis.

Par compensation, il s'ajoute du côté de Lalle des couches supérieures à celles de Bessèges. Les nouvelles couches surmontent Tri-de-Chaux; parmi elles, les nos 7 et 10 sont fort belles (En voir les coupes, Pl. III).

A Lalle les couches Saint-Emile, Saint-Auguste et autres inférieures de Bessèges sont schisteuses et inexploitées; aussi est-on parti, pour le numérotage, de la couche Saint-Henry. Les couches exploitées sont plus subdivisées par des nerfs qu'à Bessèges; Sainte-Mathéa est en 5 bancs; Saint-André, bonne au Sud, se schistifie au Nord. Il semble que l'altération commence près du dressant.

Dans le Vallat des Viges, on a exploré des couches en lentilles dans un terrain plissé schisto-charbonneux qui, étant situé au dessous des poudingues de La Pioulière, paraît former le couronnement de l'étage de Bessèges et de Lalle; le même terrain schisto-charbonneux semble en effet recouvrir les couches supérieures de Lalle en haut et à l'Est de l'éperon montagneux du Castellas. J'aurais donc dû ne pas passer la teinte des couches de Bessèges sur les couches moyennes du Vallat des Viges. De ce Vallat, j'ai figuré la couche supérieure (Pl. III, Fig. 5), qui gît dans des schistes analogues à ceux de l'étage stérile. Au Mas-Bleu affleure une belle couche.

A Montbel, au-dessus des poudingues, on connaît 4 veines de houille schisteuse de $0^m,40$ à $0^m,50$.

A La Clède et à Gachas, on a exploité 2 et 4 couches de $0^m,50$ à $0^m,80$ de charbon plus ou moins schisteux. Nous avons parlé (page 42) de cette région très failleuse et montré que sa pauvreté est plus apparente que réelle; le soulèvement du Martinet, qui la sépare des mines de Lalle, est postérieur à la formation houillère. Il n'y a que la dégénérescence des couches, au Nord de Lalle, qui puisse, avec les accidents, occasionner des mécomptes dans le district des Pinèdes; mais la schistification de la houille y est réellement à craindre à cause du changement de roches.

COUCHES DE SALLEFERMOUSE, DE PIGÈRE ET DE LA CROUZILLE

On exploite à Sallefermouse deux faisceaux de couches, celui de Combelongue et celui du Souterrain, le premier correspondant aux couches de Fuljas et l'autre au système de Bessèges. Leurs couches figurent avec les épaisseurs

moyennes sur la coupe 9, Pl. II. Du premier faisceau, j'ai relevé les circonstances de gisement des couches 1 et 4 (Pl. III, Fig. 2), et du second, je donne
(Fig. 3) la coupe des couches 1 et 2, et sur les croquis nos 27 et 28 la composition
des couches 1 et 3 dans le crochet qu'elles forment au pied du dressant.

Croquis N° 27 — Couche N° 3 du Souterrain

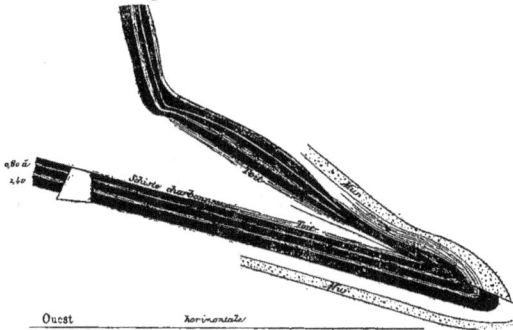

Ouest   horizontale

Croquis N° 28 — Souterrain
Coupe du pli de la couche N°1 prise à 35m au sud du Travers-Loves
(Cote + 180)

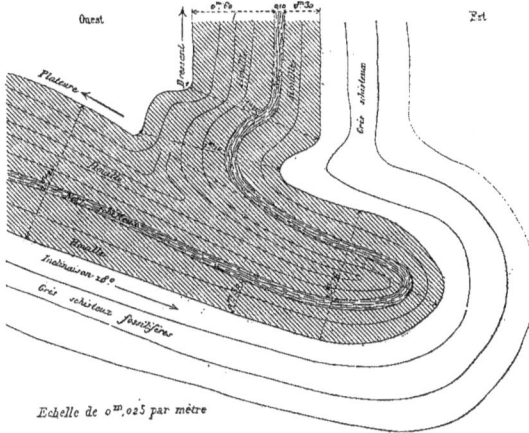

Echelle de 0m,025 par mètre

Au Cros, où sont remontées, par plusieurs escaliers, les couches de Combelongue, celles-ci sont plus épaisses et le charbon est en même temps plus pur près du dressant que dans les plateures ; elles s'amincissent en plongeant au Nord. Les Fig. 5 et 6, Pl. I les représentent, près du dressant, repoussées deux fois sur elles-mêmes par des recoutelages. La couche n° 1 a 0^m,60 de charbon en 3 planches rapprochées ; le n° 2, 1^m,90 de charbon en dressant et 0^m,70 en plateure ; le n° 3, 0^m,65 en dressant et 0^m,35 en plateure ; le n° 4, 1^m,50 en dressant et 0^m,45 en plateure.

Les couches du Souterrain sont belles et régulières entre les mêmes roches qu'à Bessèges. On y connaît, d'après M. Peyre, 6 couches, savoir : n° 1, de 1 mètre ; n° 2, de 1^m,50 ; n° 3, de 1 mètre ; n° 4, de 2 mètres ; n° 5, de 0^m,70, et n° 6, de 0^m,80, et le système n'est pas complet. Les couches sont étirées en dressant ; elles s'amincissent au Nord. Dans les crochets les plus aigus, le charbon n'est pas brisé, non plus que les roches ; il est resté dur dans la pointe du croquis n° 27.

A Pigère, on a exploité presque complètement deux petites cuvettes séparées par un dressant, la cuvette de Garde-Giral et la cuvette des Pilhes (Coupe U U^1). A Garde-Giral, il y a 5 couches, savoir : couche Veinasse, de 1^m,40 de charbon, en 5 planches ; Grande Couche en deux bancs, de 2^m,10 ; Petite Couche, de 0^m,70 ; couche Ferrin, de 1 mètre ; couche Martin, dont il n'a pas été possible de prendre l'épaisseur. Ces couches, correspondant à celles du Cros, sont deux fois plus rapprochées et contiennent deux fois plus de charbon. Au quartier des Pilhes, le faisceau est encore plus concentré, les couches s'y présentant comme les bancs de charbon d'une grande couche (Pl. III, Fig. 1).

Entre Pigère et Sallefermouse, les couches, très dérangées, sont peu connues, à part la couche dite du Doulovy, sur la valeur de laquelle cependant on n'est pas d'accord.

A La Crouzille affleurent, dans la position qu'occupent les petites couches de Montbel, un certain nombre de veines et filets charbonneux qu'on a essayé d'exploiter, mais sans succès, les veines étant trop minces ou schisteuses. Le n° 1 est en charbon schisteux. On n'a un peu exploité que le n° 2, de 0^m,40 en deux bancs ; le n° 4 paraît, dit-on, susceptible de fournir 0^m,50 de charbon.

Ces mines diminuent et disparaissent au Sud ; le n° 2 est déjà inexploitable à la galerie Fabre. Le puits des Bartres les a recoupées mauvaises, accompagnées des mêmes fossiles qu'à La Crouzille. Peut-être seront-elles trouvées meilleures au puits Laganier, dans la direction où elles paraissent s'améliorer. Entre Montbel et le viaduc du Souterrain, ces couches n'existent pour ainsi dire pas, dans les schistes et grès qui représentent le faisceau dans ce long intervalle.

COUCHES DU MAZEL ET DE GAGNIÈRES

Les couches connues à ces deux endroits sont les mêmes et très certainement elles existaient dans tout l'intervalle au-dessus de l'étage stérile avant les érosions ante-triasiques.

Ces érosions n'ont laissé subsister dans la cuvette en fond de chaudron du Mazel que les couches inférieures de Gagnières, au nombre de 4 à 5, assez épaisses et séparées par des intervalles de 2 à 15 mètres (Voir la coupe n° 9, PL. II).

A Gagnières, les couches exploitées affleurent peu et n'ont pas de noms propres ; elles sont numérotées de haut en bas (PL. II, FIG. 8) ; la plus inférieure assez éloignée des autres, le n° 7 a $0^m,40$ d'épaisseur. Les coupes (PL. III, FIG. 4) ont été prises par moi dans la mine. Les couches, bien que très régulières, offrent cependant des coupes assez différentes aux puits du Viaduc, de Gagnières, de Lavernède, et à Souhot; ainsi, le barré à 35 p. °/₀ de cendres du banc inférieur de la couche n° 1 au puits du Viaduc est du charbon exploitable au puits de Gagnières. Ce barré est formé de *Sigillaria scutellata, rugosa, formosa, Sillimanni, cyclostigma, polleriana,* avec *Lepidodendron Beaumontianum, Nevropteris flexuosa, Flegmingites,* etc.

On ne voit sortir au jour que trois bancs et couches de charbon de 0,40, 0,35 et 0,50, formant le groupe supérieur ; le banc le plus élevé porte le nom de couche des Bouziges, et celui immédiatement au-dessous, de couche Murgeas.

Les couches de Gagnières paraissent devoir s'étendre fort loin du côté de Robiac.

COUCHES DE MOLIÈRES ET DE SAINT-JEAN

La série complète de ces couches, jusqu'au fond du sondage des Brousses, est représentée à petite échelle dans les coupes A¹ A², G¹ G⁴ et O R, et à grande échelle par la coupe n° 10, PL. II.

Les couches de Molières sont minces, mais si régulières qu'avec une épaisseur de $0^m,45$ à $0^m,60$ elles font l'objet d'une exploitation annuelle de 200.000 tonnes de charbon. La FIG. 8, PL. III, donne la coupe de quelques-unes d'entre elles. Les couches exploitables et actuellement exploitées sont au nombre de 10, savoir :

Couche n° 0, Petite-Saint-Alfred....	$0^m,50$ de puissance utile, charbon pur.	
— n° 1, Couche Saint-Alfred...	$0^m,95$	— —
— Gravoulet	intermédiaire, schisteuse.	
— n° 2, Sainte-Clémentine.....	$0^m,45$ de puissance utile.	
— n° 3, Saint-Louis..........	$0^m,50$	— —
— n° 4, Sainte-Mathilde........	$0^m,45$	— —

Couche n° 5, Saint-Hubert.......... $0^m,45$ de puissance utile.

  —   n° 6, Saint-Ferdinand....... $0^m,50$ —   —   charbon pur.

  —   n° 7, Saint-Jean............ $0^m,65$ —   —   —

  —   n° 8, Saint-Pierre.......... $0^m,40$ —   —   —

  —   n° 9, Couche du Sondage.... $0^m,40$ —   —   charbon friable.

Je n'énumérerai pas les couches de Saint-Jean dont j'ai déjà parlé page 60. La série de ces couches ne s'arrête pas au n° 1, elle se prolonge aux Ribots par 3 à 4 veines supérieures de $0^m,30$ à $0^m,85$, qui, ajoutées aux autres, donnent 20 couches de charbon de $0^m,50$ à $1^m,50$, dont 10 environ sont susceptibles d'être exploitées. Les deux séries de Saint-Jean et de Molières ont 3 à 4 couches communes. A Saint-Jean comme à Molières, la matière charbonneuse est disséminée en un très grand nombre de couches, mises et filets de charbon, la plupart perdus pour l'exploitation, tant à cause de leur impureté que de leur faible épaisseur et de leur éloignement. Plusieurs couches sont schisteuses. La couche Michel, reposant sur un mur rempli de Sigillaires, passe en haut et en bas à des schistes charbonneux, et ceux-ci, du côté du mur, à des schistes gris.

Par contre, le n° 1 est nettement séparé de son toit et de son mur. La Fig. 9, Pl. III, représente les couches les plus intéressantes avec les forêts fossiles qui les accompagnent. Le charbon se montre généralement organisé, formé d'écorces, feuilles, cuticules, parfaitement reconnaissables et même déterminables au milieu des détritus et produits ulmiques qui, comme toujours, forment une partie importante de la houille.

COUCHES DE ROCHEBELLE ET DU BOIS-COMMUN

Les couches de Rochebelle (Coupe $F^1 F^2$), dont nous connaissons l'allure générale et les plissements, sont, *dans les roches productives les plus grossières du bassin*, la plupart épaisses, mais très déformées par des déplacements ou écoulement de matière sous l'effort des accidents. Les éperons (Croquis n° 29) sont au

Croquis N° 29

Crochons, queuvées et recoutelages des couches de Rochebelle.

Echelle de $\frac{1}{100}$.

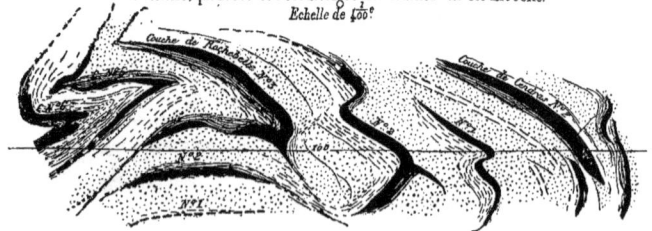

nombre des déformations les plus caractéristiques du gisement ; j'ai figuré ailleurs (1) un recoutelage imparfait de la couche n° 1. Cependant quelques irrégularités semblent dues au dépôt lui-même sur une sole inégale (2).

Les couches de Rochebelle sont tellement variables qu'on ne saurait assigner une épaisseur qu'aux n° 1 ($1^m,50$) et n° 5 ($2^m,50$) (Fig. 12, Pl. II). Les n°^{s} 2 et 3 sont les plus irréguliers, le n° 3 variant de 0 à 15 mètres ; en supposant le charbon de cette dernière réparti uniformément sur la surface exploitée au puits Sainte-Marie, elle aurait $2^m,50$ à 3 mètres d'épaisseur. La couche n° 4 est schisteuse, elle n'est d'ailleurs connue que près des affleurements. La couche n° 6 a eu de 4 à 10 mètres d'épaisseur sur 200 mètres d'étendue. Enfin, dans la direction du Bois-Commun, on a déjà suivi derrière un accident peu net, sur 900 mètres en direction, une belle couche de $3^m,50$ à 4 mètres, à laquelle on a donné le n° 7, mais son toit contient quelques fossiles des autres couches ; la région où s'étend la couche n° 7 promet beaucoup.

A Cendras, les couches, qui s'amincissent au Sud, varient aussi entre des limites d'épaisseur assez éloignées, par exemple le n° 3, de 0 à 8 mètres ; cette couche a 5 mètres dans les dressants et est inexploitable dans les plateures. La couche n° 1 de Cendras (Pl. III, Fig. 11), en un certain nombre de bancs, est schisteuse.

A Fontanes, les couches sont relativement régulières. La couche Alix, de $0^m,60$, est identique à la couche Espérance de Cendras. Le puits de recherche a recoupé 7 couches de 2 à 10 mètres. Les couches 3 et 4, ainsi numérotées sur une hypothèse qui ne s'est pas réalisée, sont restées longtemps les seules connues. La couche n° 1, par sa puissance, sa régularité et par la qualité du charbon, est une des plus belles du bassin (Pl. III, Fig. 10).

Au Bois-Commun, on connaît 8 couches, non compris les veines de Traquette. Les couches numérotées sur la coupe $F^1 F^2$ de la carte sont souvent en chapelet ou étranglées. Le n° 1 a $1^m,50$; le n° 2, 1 mètre ; le n° 3, 3 mètres, en chapelet ainsi que le n° 4, de 4 mètres ; le n° 5, 1 mètre de charbon sale ; le n° 6, 2 mètres ; le n° 7 en chapelet ; et le n° 8 ou Saint-Raby forme une lentille puissante.

Nous avons noté précédemment les couches de Malataverne et d'Olympie.

---

(1) *Mémoires de la Société géologique*, 3e série, t. VI, p. 65.
(2) Gerrard, *Industrie Minérale*, 2e série, t. XV, 1886, p. 395 et pl. XX, fig. 7 et 8.

Dégénérescence des couches de houille dans certaines directions.

Dans le Gard, comme dans la Loire, les couches de houille éprouvent dans certaines directions, près des bords du bassin, une dégénérescence qui, heureusement, paraît toute locale ; elle se rattache à la transformation des roches par substitution, dont nous avons parlé page 70.

I. — A Bessèges et à Lalle, en s'approchant des poudingues de base, les roches changent, les couches se schistifient d'abord sans changer d'épaisseur, et finissent par disparaître dans des terrains de plus en plus micacés, bien différents de ceux qui encaissent ordinairement ces couches ; il y a donc eu introduction d'un élément étranger qui a arrêté leur développement.

A Bessèges, les étapes de la transformation sont très nettes. Ainsi, à l'Ouest de la montagne de Bessèges, les roches de Saint-Félix, Sainte-Barbe, Saint-Auguste sont quartzo-feldspathiques ; à partir du puits Grangier et surtout du Vallat des Forges, elles deviennent micacées. Là, Saint-Auguste, déjà médiocre au milieu de roches mélangées, est en deux bancs (Croquis n° 22, p. 72) ; le banc supérieur rejoint la couche Saint-Emile au val d'Emplis, où le banc inférieur est entièrement schistifié dans des roches exclusivement micacées sans feldspath. Saint-Emile seule passe outre entre des roches ordinaires, mais n'arrive pas à Lalle.

A Lalle, les couches, en s'approchant des poudingues, s'altèrent également dans des brouillages au milieu de roches de plus en plus micacées où apparaissent des rognons de fer carbonaté ; Saint-Yllide en particulier se schistifie et se prolonge quelque temps dans cet état entre mur et toit parallèles avant de buter aux poudingues plus inclinés dont la présence paraît due à une faille dite faille Nord.

En résumé, du Sud au Nord, les couches se schistifient successivement, les inférieures les premières, à partir d'un plan idéal dirigé, à Bessèges, au Nord-Est avec plongée au Sud-Est, et prenant, à Lalle, une direction perpendiculaire Sud-Est. Et le phénomène se produit exactement comme à Saint-Etienne.

Nous avons déjà fait remarquer (page 73) que les couches se rapprochent alors que s'introduisent, au Nord de Lalle, des grattes micacées. Celles-ci ont donc été apportées de ce côté par un autre cours d'eau que les roches ordinaires, sans quoi les stampes augmenteraient au lieu de diminuer et les roches non privées de feldspath seraient plus fines que les autres. Les couches inférieures et moyennes de Bessèges, étant schistifiées à Lalle où ne parviennent, avec leurs belles roches, que les couches supérieures, la venue du limon micacé a rétrogradé momentanément pour revenir, plus grossier et plus puissant que jamais, former, après le dépôt de la série charbonneuse de Bessèges et de Lalle, l'assise de poudingues de la Pioulière.

La coïncidence des éléments micacés grossiers avec les couches schistifiées paraît faire dépendre l'altération de celles-ci de l'arrivée de ces éléments. Dans ce cas, les roches micacées, venant de l'Ouest ou du Nord-Ouest, stériliseraient de moins en moins les couches vers l'Est, et l'on pourrait s'attendre, dans le bassin Nord, à trouver les couches meilleures en profondeur qu'aux affleurements.

II. — Au Nord de La Grand'Combe, les couches se subdivisent par la formation d'entre-deux augmentant progressivement d'épaisseur, en même temps que diminue la somme de charbon. Cette première altération coïncide avec l'introduction de roches grossières s'avançant en coins entre les autres, qu'elles finissent par remplacer ; le charbon disparait aussi, peu à peu, et la transformation paraît résulter de l'apport, par un torrent latéral, de graviers stériles dans le bassin de dépôt. Cependant, les roches ne changent pas de nature comme à Bessèges, elles sont, de part et d'autre, quartzo-sériciteuses ; mais, tandis qu'à La Grand'Combe elles proviennent de micaschistes profondément décomposés et sont formées de boues fines, bien classées, apportées du Sud par un long cours d'eau, celles de La Levade sont grossières, stériles et révèlent, par la forme un peu anguleuse des galets, la proximité de leur provenance et, par la distribution des poudingues, leur apport par un cours d'eau descendant du N.-O.

Les coupes, Fig. 1 et 2, Pl. III *bis*, montrent ce que deviennent les couches de Ricard à la Trouche, où La Grand'Baume est en 4 bancs, Abylon en 5 et La Pilhouze inexploitable. Plus au Nord, au quartier du Rat, il ne reste plus, de La Grand'Baume, que le banc inférieur réduit à 1 mètre et subdivisé lui-même. Au bas du plan des Pinèdes, le faisceau n'est plus représenté que par 2 ou 3 veines de charbon terreux, encore réduites près du Péreyrol, et, finalement, remplacées par des schistes aux Tavernoles et au fond du puits Siméon.

III. — Au Nord de La Vernarède, les roches deviennent micacées, la couche Saint-Augustin se subdivise en bancs qui s'amincissent et disparaissent dans les poudingues quartzeux du viaduc. A partir du fond de bateau, les couches s'altèrent, se rapprochent, en diminuant d'épaisseur, vers le bord Est du bassin, où elles sont relevées schistifiées à l'approche et brouillées sans faille au contact du terrain primitif. Cependant, à Trébiau, on voit, reposant sur le micaschiste, de beaux grès feldspathiques qui sont d'un bon présage pour la continuité des couches sous le mont Châtenèt.

Le phénomène ne se produit pas partout de la même manière. Des faisceaux de couches, comme ceux du Feljas, du Pradel, de La Crouzille, etc., s'amincissent et disparaissent, dans les mêmes roches, au fur et à mesure que celles-ci deviennent plus grossières ; il y a peu de charbon au milieu des massifs de poudingues, et dans les assises de roches quartzo-micacées, là où le grain est le plus fin, là aussi il y a le plus de houille, toutes choses égales d'ailleurs.

14

Cela dit, j'ignore si les couches de Portes disparaissent à la Serre et sur les hauteurs de Champclauson, par suite de l'intrusion des éléments micacés ou par l'augmentation d'épaisseur du grain des grès. Ce que je sais, c'est que la couche de Champelauson se maintient, jusque près du Rouvergue, dans des roches invariables, mais que, peu au-dessous, en face de Notre-Dame-de-Palmesalade, la couche des Lavoirs et autres inférieures se perdent dans des poudingues quartzomicacés tenant la place des grattes quartzeuses et grès feldspathiques qui forment l'assise des corniches de La Grand'Combe.

On voit, d'après ce qui précède, que la formule de dégénérescence des couches de houille est moins simple que cela ne paraissait dès l'abord. Le problème de la répartition de la richesse minérale se butte à des difficultés pour le moment insurmontables. On ne connaît pas les relations existantes entre la houille et les roches encaissantes, eu égard à leur nature, leur dépôt, etc. On peut dire seulement que les terrains les plus réguliers ne sont pas les plus riches en houille, et que la finesse de grain des roches est une circonstance favorable. Nous verrons en tête du livre second dans quelles conditions spéciales s'est accumumulée la houille et dans quel cas elle a chance de prendre de l'épaisseur et de gagner en pureté.

Bilan des richesses houillères du bassin.

Autrefois, partant de l'idée que les dépôts houillers sont régulièrement stratifiés et que les couches de houille occupent toute l'étendue des étages, on calculait avec assurance le cube de charbon supposé contenu dans les bassins circonscrits du centre de la France. Aujourd'hui on n'aborde plus ce calcul qu'avec la plus grande circonspection, que dis-je? on évite de le faire, sachant trop par expérience que les étages n'ont pas la continuité et la disposition que la théorie semblait leur donner, et que les couches, outre qu'elles changent d'épaisseur, disparaissent complètement et irrémédiablement dans certaines directions

En posant la question, je voudrais seulement présenter, sous réserve, quelques observations générales touchant la richesse du bassin houiller dont il s'agit dans ce mémoire, en laissant à chacun le soin de faire des calculs plus exacts pour une région donnée en tenant compte des faits révélés par l'exploitation et en prenant pour guide les considérations exposées ci-dessus.

Or, nous verrons au livre second que le puissant étage de Bessèges, de 1.000 mètres d'épaisseur, occupe la plus grande étendue du bassin. Tout nous

porte à croire que, en retrait sous les couches de La Grand'Combe et l'étage
stérile, il ne dépasse pas au Nord-Ouest Champclauson et la Croix-des-Vents.
S'enfonçant à l'Est, la partie exploitable de l'étage n'est arrêtée de ce côté que
par la faille des Cévennes.

A tout prendre, j'ai lieu de croire, mensuration faite, que sa superficie
horizontale ainsi limitée dépasse 12.000 hectares. Sur cette surface, 2.000 hectares
sont inconnus et soupçonnés médiocres au Nord du bassin de La Cèze, 1.000 à
1.500 hectares sont en plateaux aux environs de Laval et du Mas-Dieu où n'ont
échappé aux érosions que les couches inférieures de l'étage, et l'on peut admettre
que sur pareille surface ne subsistent à Molières, Fontanes, etc., que la moitié
des couches. Mais à Bessèges et Lalle il y a plus de 20 couches et de 25 mètres
de charbon ; à Rochebelle, les exploitants comptent 25 couches et 40 mètres de
houille et évaluent les ressources de cette concession à 300.000.000 de tonnes ; à
Sainte-Barbe, 12 couches et 18 mètres de charbon (Voir les Coupes PL. II) ;
au puits de Malbosc, sur 125 mètres de terrain houiller, on a recoupé 6 couches
et 16 mètres de houille ; au fond du sondage Ricard, 12 mètres de charbon. Il est
vrai que vers Sallefermouse et Pigère, l'étage est moins riche, mais encore y
connaît-on 10 mètres de houille en comprenant les couches inférieures dont je
fais généralement abstraction ailleurs à cause de leur inconstance.

Cependant, des 12.000 hectares embrassant la surface de l'étage à l'Ouest
de la faille des Cévennes et de celle de Saint-Paul-le-Jeune, il convient de
retrancher 2.000 hectares pour ne pas compter la région qui se trouve à 700 ou
800 mètres de profondeur sons les calcaires entre Saint-Julien de Valgalgues et
la faille de Drulhes (Voir la carte), et surtout l'espace beaucoup plus important
entre Gagnières, Saint-Ambroix et Robiac, où les couches inférieures sont
portées au-dessous des calcaires, de l'étage charbonneux moyen et de l'étage
stérile réunis, à une si grande profondeur que dans cet espace elles peuvent être
considérées comme inaccessibles à l'exploitation au même titre que le terrain
houiller à l'Est de la faille des Cévennes.

Mettons seulement sur les 10.000 hectares restants $7^m,50$ de charbon pour
faire la part large à l'imprévu, et nous aurons 850.000.000 de tonnes de houille
exploitable avec les moyens dont dispose l'art des mines, jusqu'à 1.000 et
1.200 mètres de profondeur (1). La grande richesse de l'étage à Rochebelle, à
Saint-Jean, contre la faille des Cévennes, se porte garant de l'évaluation sous
les calcaires à l'Est. A l'autre limite, on connait l'affleurement des couches sur

(1) A Charleroi, on exploite la houille à 940 mètres, et l'on s'apprête à l'extraire de 1.000
à 1.200 mètres, sans changer les moyens d'extraction.

toute la longueur du bassin. Ce chiffre est donc de tous points acceptable. Il est faible, toute proportion gardée, à côté de celui que s'attribue la Compagnie de Rochebelle. C'est un minimum à adopter, pour tenir compte du charbon qu'il faudra laisser sous les calcaires et les cours d'eau.

Nous verrons également plus loin qu'après le dépôt de cet étage principal, prépondérant, la formation s'est restreinte et localisée. Et, les érosions aidant, les couches médio-cévenniques ont comparativement peu d'étendue. En leur supposant seulement une surface de 2.500 hectares dont 1.000 hectares vers Robiac, et appliquant d'un côté une épaisseur de 10 mètres, et de l'autre de 5 mètres, on obtient environ 200.000.000 de tonnes.

Quant à l'étage supérieur, il n'est connu qu'à l'extrémité Nord du bassin du Gardon, où sa superficie ne dépasse pas 800 hectares. En laissant de côté les chances très sérieuses qu'on a de le retrouver à l'Est de Robiac, et admettant 4 à 5 mètres de charbon, la partie en exploitation de l'étage cube environ 35.000.000 de tonnes, c'est-à-dire à peu près les 2/3 de tout le charbon qui a été exploité dans le Gard jusqu'à présent.

Le bassin renferme donc, suivant toute probabilité, au moins un milliard de tonnes, ou 20 fois plus de houille qu'il n'en a été extrait ; sans tenir compte des couches de mauvais charbon que tôt ou tard l'on parviendra à utiliser, et non compris les richesses enfouies dans la partie du bassin située à l'Est de la faille des Cévennes.

Nature et qualité industrielle des houilles du Gard.

En ce qui regarde la qualité industrielle des houilles du Gard, et pour la connaissance du métamorphisme accidentel et local, la proportion de matières volatiles est encore ce qu'il y a de plus significatif ; la teneur en cendres, d'ailleurs très variable, ne présente de l'intérêt, au deuxième point de vue, que quand celle en matières volatiles n'est pas calculée déduction faite des cendres.

La teneur en matières volatiles diminue partout avec la profondeur, conformément à une loi générale ; elle change en outre parfois tout à coup au même niveau, par l'effet d'influences qui, pour être secondaires, n'en ont pas moins desséché très fortement la houille près de certaines failles.

HOUILLES DES ENVIRONS D'ALAIS

Au Bois-Commun, le charbon, assez propre, est anthraciteux, contenant 8 à 10 p. °/₀ de matières volatiles. A Courbessas, Malataverne et Olympie, la houille est également anthraciteuse. Un échantillon pris à Olympie sur les anciennes haldes, m'a donné : cendres grisâtres, 7,77 p. %/$_o$; matières volatiles, 9,22 ; il brûle sans flamme.

A Rochebelle, Cendras et Fontanes, le charbon, un peu gras à la surface du terrain houiller, devient rapidement maigre en profondeur.

A Rochebelle, avec 15 à 20 p. %/$_o$ de matières volatiles, il est un peu flambant, mais ne colle pas ; il est maigre dans le sens du mot. Voici quelques analyses moyennes.

Couches de Rochebelle.	Matières volatiles.	Cendres.
N° 1.......................	15,80 p. %/^{o}	18 p. %/$_o$
N° 2....................... .	15,20 —	18,75 —
N° 3.......................	15,50 —	13,10 —
N° 5.......................	16,90 —	18 —
N° 6.......................	17,25 —	17 —

Le charbon du n° 6 est le plus gras de tout Rochebelle. Le charbon du n° 5, à texture schisteuse, décrépite au feu. Les roches et le charbon dégagent de l'acide carbonique, la couche n° 5 et la couche n° 7 (que suivent les travaux de recherche dans la direction du Bois-Commun) avec du grisou si bien mélangé qu'il est descendu et maintenu par le premier gaz au sol des galeries pendant quelque temps. Au milieu de la couche n° 3, il y a du charbon terne plus pur et plus gazeux que l'autre. Avec un triage soigné dans la mine, on obtient des 2° et 3° couches une partie de l'extraction avec une teneur en cendres variant de 5 à 10 p. %/$_o$.

A Cendras, où a cessé l'exploitation, le charbon est un peu plus gras qu'à Rochebelle ; la couche Julienne en a fourni à 20 p. %/$_o$ de matières volatiles.

A Fontanes le charbon le plus gras et en même temps le plus pur est celui de la couche Julienne ; celui de la couche Alix est demi-gras, ainsi que celui de la couche n° 4. Celle-ci dégage de l'acide carbonique sans pression : le gaz ne s'échappe à haute pression que des couches de 245 mètres de profondeur et de 10 mètres d'épaisseur.

Couches de Fontanes.	Matières volatiles.	Cendres.
Couche Julienne	18 p. %/$_o$	» » p. %/$_o$
Couche n° 4...............	17 —	16 —
Couche n° 3...............	14,60 —	19,50 —
Couche n° 1...............	17,50 —	18 —
Couche de 245 mètres.......	12 —	» » —
Couche de 10 mètres........	charbon anthraciteux.	

Le charbon de Rochebelle est pyriteux.

HOUILLES DU BASSIN DE BANNE

A l'extrémité opposée du bassin, la houille est éminemment grasse ou à longue flamme. Ainsi :

				Matières volatiles.	Cendres.
Au Mazel,	couche n° 3, de forge,	charbon menu	34,50 p. %	9,20 p. %
A Pigère,	couche n° 1,	—	grelassons	26,60 —	8 —
—	couche n° 3,	—	—	29,50 —	5,10 —
Au Cros,	couche n° 1,	—	motte........	27 —	8,80 —
—	couche n° 2,	—	—	29,25 —	5,60 —
—	couche n° 3,	—	menu lavé	28 —	8 —
—	couche n° 4,	—	menu........	24,50 —	23,50 —
Au Souterrain,	couche n° 3,	—	motte	29,50 —	5,25 —
—	couche n° 4,	—	—	29 —	7,50 —

Au Mazel, charbon de forge et à coke. Dans la cuvette des Pilhes, charbon à gaz ; à Garde-Giral, charbon gras ; au Cros, charbon très gras et charbon de forge ; au Souterrain, charbon flénu. Le pouvoir calorifique des charbons du Cros a été trouvé de 7.284 et 6.536 ; celui de la couche n° 4 du Souterrain de 6.197. Dans le charbon du Mazel, 1,60 p. % de pyrite, dans celui de Combelongue, 3,30, et dans celui d'une couche inférieure de Pigère, 2,20 p. %.

Les charbons de Combelongue et du Cros en particulier s'altèrent, devenant, après quelque temps d'exposition à l'air, jaune verdâtre ; il en est de même du charbon du Feljas. Le charbon du Souterrain est plus gras, plus clair et, bien qu'en petites planches, plus pur que celui des couches inférieure du Cros.

Le charbon de La Crouzille contient, dit-on, seulement 22 à 24 p. % de matières volatiles.

Au puits de Doulovy, à 400 mètres de profondeur, le charbon contient encore 20 p. % de matières volatiles. C'est, paraît-il, la teneur du charbon de Martrimas.

Il paraît que presque au contact du terrain ancien il y a une veine de charbon anthraciteux.

HOUILLES DE GAGNIÈRES, DES PINÈDES, DE LALLE ET BESSÈGES

A Gagnières, les houilles rendent :

	Matières volatiles.		Cendres.
Couche n° 1, banc supérieur (après dessiccation 1 p. % d'humidité.)	23 p. %	.....	12,50 p. %
Couche n° 2, —	22 —	.....	9,50 —
Couche n° 3, —	24,50 —	.....	13,50 —
Couche n° 4	23 —	.....	10,50 —

Le charbon renferme moins de matières volatiles qu'à Lalle et surtout qu'à Bessèges ; il contient 3 p. % de pyrite.

M. Artier m'a envoyé au dernier moment le tableau ci-après pour le district des Pinèdes :

DESIGNATION DES PRISES DE HOUILLE.	TENEUR en cendres.	MATIÈRES volatiles.	OBSERVATIONS
Gachas (affleurement)	18,50 p. %.	24,30	Culot de coke.
La Clède (affleurement).	22 —	39	Pas de coke.
La Clède (travaux souterrains).	7,50 —	26	Coke superbe.
Ravin des Viges (couche supérieure au-dessous des poudingues, affleurement).	5 —	34	Pas de coke.
Mas Bleu (affleurement près de la maison).	7 —	22	à peine ou peu de mauvais coke.
Montbel (ruisseau des Figeirettes)	5 —	34	Pas de coke.
Montbel (sommet de la Côte).	7 —	40	Pas de coke.
Plan incliné du puits de Gagnières à 700m de profondeur.	5 —	14,50	Pas de coke.

Ce tableau ne laisse pas que d'étonner en tant qu'il porte des houilles très gazeuses non susceptibles de faire du coke, à l'égal des houilles maigres. L'anomalie pourrait bien être due à l'altération de la houille aux affleurements et à une forte proportion d'eau contenue dans les matières volatiles, comme semblent l'indiquer les deux essais relatifs à La Clède. En tout cas, la couche des Viges, à 34 p. % de matières volatiles, a été rencontrée à 700 mètres de profondeur par le puits de Gagnières avec une teneur réduite à 14,50 p. %.

A Gachas, le charbon est un peu moins gras qu'à Lalle. Celui de Montbel est dit à gaz.

On exploite à Lalle des charbons de forge, à gaz, grisouteux et pyriteux, plus gras qu'à Gagnières, ainsi que cela résulte des essais suivants, comparés à ceux ci-dessus, p. 110 :

	Matières volatiles	Cendres	
Couche Saint-André, charbon tout-venant,	25,20 p.%	16,50 p.%	
— Sainte-Barbe, —	26 50 —	12 70 —	charbon de forge.
— Saint-Henry, —	26 —	14 —	charbon de forge et à gaz.
— N° 1 ou tri de forge (tri signifie menu)	25 50 —	15 50 —	
— Tri-de-Chaux.	26 50 —	17 50 —	
— N° 7.			bon charbon.
— Nos 9 et 10.			très bon charbon à gaz.

A Bessèges, d'une façon générale, la teneur en cendres des mottes varie de 5 à 10 p. % et la teneur en matières volatiles de 25 à 30 p. %. Les matières volatiles diminuent pour les diverses couches à mesure qu'on descend géologiquement, et pour une même couche à l'aval-pendage ; telle couche qui au 2e niveau a 28 p. % de ces matières n'en a plus que 24 au 8e étage, c'est-à-dire à 400 mètres plus bas. Le charbon est un peu sulfureux ; sa texture est grenue.

	Matières volatiles		Cendres		
Couche Saint-Charles........	27	p. °/₀	7	p. °/₀	menu de fabrique.
— Saint-Denis..........	26 50	—	9	—	menu grisouteux.
— Saint-Félix..........	26 70	—	7 20	—	menu de fabrique.
— Sainte-Barbe........	27	—	10	—	charbon dur.
— Saint-Auguste......	26	—	10	—	charbon à gaz.
— Saint-Emile........	28 50	—	9	—	charbon de forge et à gaz.
— Sainte-Mathéa......	28 50	—	10	—	charbon de forge et à gaz.
— Saint-André........	28 50	—	9	—	charbon à gaz très pur.
— Saint-Yllide........	28 30	—	8 50	—	charbon à gaz.
— Saint-Auguste (ter)..	29 50	—	6 50	—	charbon à gaz.
— Trias n° 3..........					charbon à gaz.

HOUILLE DE TRÉLYS, DU MARTINET, DE SAINT-JEAN ET DE MOLIÈRES

A Trélys suivant les quartiers exploités, la Compagnie des Forges d'Alais produit du charbon de qualités très différentes. Les couches de charbon gras de Roche-Sadoule deviennent un peu maigres au Martinet. Les charbon de l'Arbousset sont demi-gras. Ceux du Feljas sont gras, mais menus, schisteux, blanchissant à l'air.

	Matières volatiles		Cendres	
Couche du Feljas 1ᵉʳ niveau....................	20 20	p. °/₀	20 50	p. °/₀
Couche du Feljas galerie Saint-Félix............	23 80	—	13 50	—
Couche n° 2 de l'Arbousset....................	19	—	16 50	—
Couche Sainte-Barbe au Martinet (puits Pisani)..	17 80	—	13 50	—

On voit que la qualité n'est pas en rapport avec la proportion de matières volatiles seulement ; elle dépend ici comme ailleurs de la composition de ces matières (Voir plus loin à ce sujet, p. 121, les tableaux d'analyses immédiates et élémentaires des houilles du Gard).

A Molières, le charbon est dur, gras et mi-gras, bon pour coke, avec une teneur en matières volatiles de 18 à 30 p. °/₀ et en cendres de 5 à 12 p. °/₀. Dans les étages inférieurs, le taux des matières volatiles oscille entre 15 et 20 p. °/₀. La couche Saint-Jean donne du charbon pur à 20 p. °/₀ de gaz ; il est plus gras que celui des couches immédiatement supérieures. Le charbon de Saint-Pierre est déjà un peu maigre ; celui de la couche du Sondage est maigre. Le charbon pur et gras de Saint-Alfred s'amaigrit de l'Est à l'Ouest et du Nord au Sud, comme du reste en profondeur.

A Saint-Jean, le charbon est généralement maigre, flambant, à 10 et 15 p. °/₀ de produits volatiles ; il est sensiblement plus maigre qu'au Martinet et surtout qu'à Molières. Dans les couches supérieures de Saint-Jean, le charbon est plus maigre que dans les couches moyennes de Molières. Seule la couche n° 1 de Saint-Jean donne de la houille demi-grasse ; mais le charbon schisteux de la couche n° 2 est déjà maigre.

Cependant la recherche du puits Central vient de trouver tout à coup derrière la faille de Fontanieux du charbon gras à 21,67 p. % de matières volatiles et 8,44 p. % de cendres.

A Saint-Jean et Molières, surtout à Saint-Jean, le charbon renferme assez de pyrite.

HOUILLES DE CROUZOULE, DE MERCOIROL, DE LAVAL ET DE MALBOSC

Le charbon exploité à Crouzoule contient 18,50 p. % de matières volatiles et 5 p. % de cendres.

L'amas de Mercoirol donne un charbon maigre, mais pur, à 4 p. % de cendres, bon pour agglomérés ; cependant la teneur en matières volatiles est élevée, ce que l'on rapporte à une proportion notable d'eau d'imbibition.

	Matières volatiles.		Cendres.
Ainsi, au 1er niveau	18,02 p. %	....	4,75 p. %
3e niveau........	19,50 —	....	16,25 —
6e niveau........	20 —	....	7,25 —

A Laval, le charbon est très maigre, avec 17,27 p. % de matières volatiles et 5,39 p. % de cendres.

Au puits de Malbosc (PL. II, Coupe 5), les essais ont donné :

	Matières volatiles.		Cendres.
Couche n° 1	19 p. %	....	14,80 p. %
Couche n° 2	15,56 —	....	10,50 —
Couche n° 6	16,22 —	....	10,18 —
Couche n° 7	15,20 —	....	12,25 —
Couche n° 7 bis...........	13,50 —	....	7 —
Couche n° 8	12,10 —	....	13,75 —
Couche n° 10	11,25 —	....	23,87 —

HOUILLES DE SAINTE-BARBE, DU PONTIL ET DU PRADEL

A Sainte-Barbe, le charbon des couches supérieures et moyennes, de la couche Bosquet à la couche Cantelade comprise, est gras collant. Immédiatement au-dessous, le charbon de la couche Ayrolle est partout maigre, entre la couche du Pin qui est un peu grasse et sous des charbons gras collants ; il y a là une anomalie dont je n'ai pas l'explication. Le charbon de Sans-Nom est demi-gras flambant. Voici quelques résultats d'essais montrant à nouveau que la qualité de la houille n'est pas exclusivement fonction de la teneur en matières volatiles et indépendante de la nature des gaz.

	Matières volatiles.		Cendres.
Couche Sans-Nom (Montagne Sainte-Barbe)	19,44 p. %	....	6,85 p. %
Couche du Pin, —	20,12 —	....	6,82 —
Couche Ayrolle, —	17,16 —	....	6,80 —
Couche Cantelade, —	16,54 —	....	10,53 —
Couche Velours, —	15,67 —	....	10,20 —

15

Au Pontil et au Pradel, tout le charbon est maigre ; à Broussous, il est anthraciteux à 9 p. %. de matières volatiles.

HOUILLES DE LA GRAND'COMBE

Les couches proprement dites de La Grand'Combe fournissent principalement du charbon gras. Le point où il est à la fois le plus épais, le plus pur et le plus bitumineux est au Gouffre. Il devient maigre dans la direction du Pontil où La Grand'Baume conserve son épaisseur, et anthraciteux en s'enfonçant sous Champclauson. Vers La Levade, il s'amaigrit, mais lentement. Au Ravin et au puits Laforêt, le charbon, gras à l'affleurement, est demi-gras en profondeur, la teneur en matières volatiles diminuant de 24 à 10 p. %.. La couche Abylon en particulier donne du charbon à coke.

	Matières volatiles.		Cendres.
Couche Grand'Baume, Gouffre........	19,66 p. %.	....	5,13 p. %.
— Ravin..........	16,06 —	....	4,77 —
— Forêt (Dressant).	17,17 —	....	6,42 —
— couche du Lard.	19,73 —	....	8,22 —
Couche Abylon, au Gouffre...........	22,15 —	....	6,36 —
— au Ravin	20,16 —	....	8,10 —
Couche Pilhouze.....................	22,22 —	....	16,56 —

A Champclauson, la houille est maigre, sauf à l'affleurement au quartier des Rosiers, où il est un peu gras. Ainsi :

	Matières volatiles.		Cendres.
Couche de Champclauson, en général...	11,47 p. %.	....	9,23 p. %.
— aux Rosiers..	19,34 —	....	9,66 —

Au fond du sondage de Ricard, le charbon est très maigre.

Au puits des Oules, le banc de houille de 0,20 traversé à 36 mètres de profondeur, est gras collant, à 23 p. %. de matières volatiles.

HOUILLES DE COMBEREDONDE

Tandis qu'à Notre-Dame-de-Palmesalade le charbon est maigre ; il fait du coke au col du Devès, à Trémont, et se maintient gras tout le long du Rouvergue; à Lagrange, il contient de 14 à 22 p. %. de matières volatiles. A l'Est du dressant, quartier de Trépeloup, une couche donne du charbon gras à 20 p. %. de matières volatiles, à côté d'une autre couche à 11 p. %. mais située à l'Ouest de ce dressant qui passe entre les deux. La couche de Champclauson, exploitée à 400 mètres de profondeur, ne fournit que de l'anthracite ou du charbon très anthraciteux.

	Matières volatiles.		Cendres.
Couche de Trémont (morceau choisi)......	18,50 p. %.	....	7,28 p. %.
Couche de Champclauson —	......	10,73 —	....	6,00 —
Couche du Chauvel —	......	9,60 —	....	6,84 —
Couche du Salze —	......	9,17 —	....	12,35 —
Couche Rouvière —	......	9,00 —	....	12,40 —

HOUILLES DE PORTES

A La Vernarède, la houille n'est réellement grasse qu'au puits Nord et à l'Ouest. Entre le rejet de Werbrouck et la faille de Chamarit, il ne fait pas de coke ; le degré de collant diminue à l'Est, et au Chauvel le charbon est tout à coup très maigre. Le charbon schisteux de la couche des Blachères est à longue flamme ; celui de la couche Rouvière grasse est d'excellente qualité pour la forge ; celui de la couche Canal Ouest fait du coke ; celui de Saint-Augustin est peu gras et, sous le rapport des matières volatiles, cette couche conserve l'originalité qu'elle présente sous le rapport stratigraphique ; peut-être son charbon est-il un peu silicifié (Voir p. 122 le tableau qui clos le chapitre).

Les chiffres suivants sont des moyennes de nombreux essais de charbon pris au front de taille dans la mine :

		Matières volatiles.		Cendres.
Couche Blachères,	à La Lauzière..	22,50 p. %	....	28,00 p. %
Couche Rouvière,	puits Nord.....	20,50 —	....	9,25 —
Couche Canal,	—	18,70 —	....	19,00 —
—	puits Sud......	15,50 —	....	20,00 —
Couche Terrenoire,	puits Nord.....	18,00 —	....	22,00 —
—	puits Sud.....	16,00 —	....	18,50 —
—	Sainte-Amélie.	18,00 —	....	17,50 —
Couche Saint-Augustin, 1er banc,	puits Nord.....	15,00 —	....	18,00 —
—	puits Sud.....	16,50 —	....	14,00 —
—	Sainte-Amélie.	16,25 —	....	15,00 —
— 2e banc,	puits Nord.....	15,00 —	....	18,00 —
—	puits Sud.....	16,00 —	....	18,50 —
—	Sainte-Amélie.	16,00 —	....	18,00 —
Couche du Chauvel,................................		10,50 —	....	16,00 —
Couche Salze................................		10,75 —	....	17,50 —

**Réflexions sur le métamorphisme général et accidentel,
que suggère la teneur des houilles en matières volatiles.**

Partout, dans le Gard, se vérifie la loi de dégradation avec la profondeur des matières volatiles des charbons sur la même verticale, et l'examen attentif de ce qui se passe réellement à Comberedonde n'autorise pas à supposer, comme on l'a fait, qu'on trouvera de la houille grasse sous la houille maigre sans accident dans l'intervalle.

Dans le Nord du bassin, la diminution du bitume s'opère moins vite qu'ailleurs et, sous ce rapport, le rapprochement des micaschistes semble produire le même effet que la profondeur.

Au centre, à Molières par exemple, le charbon devient assez rapidement maigre en descendant, soit dans la même couche, soit d'une couche à l'autre sur la même verticale.

La dégradation à l'aval-pendage s'observe aussi à Bessèges, à La Grand'-Combe, etc. ; elle implique le relèvement des couches avant que le métamorphisme général ait produit son effet principal, c'est-à-dire non longtemps après la formation.

Je ne rappellerai pas à ce sujet les raisons très probantes (1) portant à supposer que le métamorphisme houiller ayant commencé, avons-nous vu plus haut, pendant la formation, s'est accompli presque en entier dans peu de temps. Tout convie à admettre qu'il s'est effectué sous l'action du rayonnement de la chaleur centrale. Aussi, sur une tranche verticale, les houilles présentent-elles partout la même dégradation ; secs en haut, ils deviennent gras en bas ; gras ou mi-gras en haut, ils sont maigres ou anthraciteux en bas. Les faits révélés ci-dessus (page 66) sont favorables à l'idée que la houille se déposait encore en haut, alors qu'elle était déjà formée en bas, et cela n'a rien de surprenant ; car, si en Hollande, il se produisait des remaniements, on verrait des débris de tourbe faite recouvrir la tourbe en formation. Il y a cette différence entre les temps que la houille s'accumulait plus vite que la tourbe, mais aussi la conversion était plus rapide. Le maximum de l'effet produit paraît antérieur au trias, sous lequel, dans le Gard, le métamorphisme se présente comme dans les parties où le calcaire ne semble pas avoir recouvert le terrain houiller.

I. — Une première conséquence se présente à l'esprit : lorsque la houille est anthraciteuse aux affleurements, on peut raisonnablement admettre que ceux-ci appartiennent à des couches situées plus ou moins bas au-dessous de la surface originelle des dépôts houillers et qu'une grande épaisseur de ces dépôts a été enlevée par érosion. C'est sans doute ce qui a eu lieu à Olympie et au Bois-Commun, et l'on est ainsi amené à supposer, en conformité des premières pages de ce mémoire, que le mont Cabane a été tout recouvert de terrain houiller. En vertu du même principe, on peut se représenter le Rouvergue décapité de plus de 1.000 mètres de dépôts houillers et de micaschiste. Pour une raison analogue, on peut se figurer au Nord du bassin que le terrain houiller a dépassé de beaucoup sa limite Ouest actuelle, ce que confirmera plus loin l'enseignement tiré des arbres enracinés dans la partie restante du terrain.

---

(1) Grand'Eury, *Annales des Mines* 1882. Formation de la houille p. 273.
B. Renault : *Compte-Rendu de l'Académie*, juillet 1884, et *Génie civil*, 1er semestre 1884-1885, p. 136.

II. — Au Sud du bassin, à Rochebelle en particulier, la qualité grasse des houilles décroît rapidement à partir de la surface, et il est à remarquer qu'elle n'est pas proportionnelle à la profondeur. Ainsi, la 5ᵉ couche qui, à l'affleurement, renferme 18 p. °/₀ de matières volatiles, n'en a plus que 15 p. °/₀ à 50 mètres plus bas, où le charbon ne colle plus ; les matières volatiles de la couche nouvelle n° 7 sont de 18,40 p. °/₀ au niveau de Saint-Charles, de 16,50 à 190 et de 16 à 250. Le charbon de la couche n° 1 de Fontanes a 18,50 p. °/₀ de matières volatiles à Saint-Félix, et l'on voit sa teneur descendre à 15 p. °/₀ à 125 et à 14 p. °/₀ à 200 mètres de profondeur ; plus bas, la décroissance est encore plus lente. Pareil fait est aussi marqué à Malbosc (p. 113).

Dans cet ordre de faits les choses se présentent comme si pendant la conversion en houille la surface actuelle du terrain houiller fût peu éloignée de la surface découverte des dépôts ou de rayonnement.

Dès lors, le charbon étant presque gras à la surface, ne pourrait-on supposer que les étages houillers supérieurs n'ont jamais existé à Rochebelle, Malbosc, etc. ? Dans le cas contraire, le dépôt de ces étages, puis leur enlèvement, auraient exigé une longue période de temps qui nous aurait laissé du charbon plus maigre à la surface, ou dont la teneur en matières volatiles décroîtrait en tout cas proportionnellement à la profondeur.

L'idée pourrait aussi venir, mais sans infirmer la conséquence qui précède, que l'état des choses résulte de l'échauffement ultérieur du charbon primitivement gras, sous une surface refroidie par le trias.

III. — Cela nous amène à examiner une autre question qui se rattache à la précédente sans en être solidaire, c'est-à-dire du surmétamorphisme local et accidentel des houilles.

Le Rouvergue a desséché le charbon comme autour d'un foyer de chaleur rayonnante. Cependant, à Comberedonde se présente une exception remarquable : la houille, de maigre qu'elle est de Laval à Palmesalade jusqu'à la faille de la Cascade, devient tout à coup grasse au Nord de cette faille ; de La Destourbes jusqu'à Lagrange le dressant joue le même office, séparant les charbons maigres de l'Ouest d'avec les charbons gras situés entre ce dressant et les micaschistes. La faille de Chamarit sépare également le charbon maigre du Chauvel du charbon gras de La Vernarède. Et cependant, l'espace limité où le charbon est gras se trouve précisément sur le seuil de Portes ; et ce seuil étant le résultat d'un soulèvement, le charbon, au contraire de ce qui existe, devrait être plus maigre qu'en dehors. Il y a là une anomalie.

La présence des charbons gras à Trémont suggère d'abord l'idée qu'ils ont été relevés par la faille de La Cascade et le dressant bien avant que le métamorphisme normal les ait pu dessécher à la profondeur où ils se trouvaient. Mais la mise en face du charbon maigre avec le charbon gras n'est pas l'effet du rejet produit par ces accidents, car, après métamorphisme, le charbon gras des couches supérieures aurait été descendu par eux à l'Ouest et au Sud, et du charbon maigre se trouverait à Trémoux, contrairement à la réalité. Force est donc de rechercher une autre cause.

Or, on ne voit pas, d'un côté à l'autre des grands accidents, que ceux-ci aient pu changer notablement le métamorphisme général qui s'est produit sous l'influence du rayonnement souterrain de la chaleur centrale. Il n'y a qu'un surcroit d'échauffement local limité aux failles qui puisse expliquer d'une manière satisfaisante les faits relatés ci-dessus.

Les charbons cokéfiés du Mas-Dieu, du Gournier d'Auzonnet, de Saint-Félix, sont bien en rapport avec des émanations filoniennes postliasiques qui, là, ont considérablement augmenté le métamorphisme normal. Pourquoi alors les anomalies ci-dessus ne résulteraient-elles pas d'un surmétamorphisme à l'occasion des grandes dislocations dont le bassin Sud a été le théâtre ?

Le terrain houiller de Saint-Jean paraît aussi avoir été exposé à des influences calorifiques toutes particulières, le charbon y étant plus maigre qu'au Martinet et surtout qu'à Molières, bien que les couches de Saint-Jean soient stratigraphiquement les plus élevées. Cette circonstance ne paraît pas étrangère à la formation filonienne des Ribots et du Rouvergue, et quoique la faille correspondante des Ribots ne limite pas au Nord les charbons maigres de Saint-Jean (Voir la carte), le surmétamorphisme longeant au Sud la faille de Chamarit, le dressant de Comberedonde, la faille de La Cascade, le filon et, enfin, la faille des Ribots, paraît se relier au soulèvement transversal de Portes et de Saint-Jean, au travers du Rouvergue.

En tout cas, à Saint-Jean vient de se révéler un nouveau fait, qui ne trouve d'explication que dans une action métamorphique locale, limitée à la faille de Fontanieux, au Nord de laquelle on explore du charbon à 21 p. % de matières volatiles, alors qu'en deçà, au même niveau, la teneur ne dépasse pas 14 p. %.

D'après cet exemple, on peut espérer trouver, dans le bassin Sud qui a été exposé à diverses reprises à des dégagements de chaleur solidaires, des émanations de matières filoniennes, on peut, dis-je, s'attendre à trouver du charbon maigre après du charbon gras, d'un côté à l'autre de certaines failles isolantes, et réciproquement.

Nous avons vu, entre Lalle et Gachas, un passage où le charbon ne fait plus de coke, et cette nouvelle anomalie se produit pareillement sur un soulèvement transversal récent, celui de Bordezac au Martinet. Si donc, comme cela paraît vraisemblable, la forte teneur en matières volatiles du charbon du Mas-

Bleu et des Viges était comme à Mercoirol due principalement à de l'eau d'imprégnation, il se serait produit là un dessèchement lent sous l'influence dudit soulèvement qui a, en effet, dû dégager de la chaleur, car à Bordezac il est accompagné de filonnets de barytine et au Martinet dans la faille qui le limite au Sud il y a une brèche de frottement cimentée par le silex pyriteux et la barytine, avec carbonate de fer, blende, mispickel, etc., et les grès du voisinage sont coupés par des diaclases remplies de blende et galène.

Tableaux d'analyses immédiates et élémentaires.

Les résultats d'analyses suivants empruntés à différentes sources sont loin d'avoir la valeur qu'ils auraient si les analyses avaient été faites avec unité de vues par le même chimiste.

Le succès des fours à coke Carvès, installés à Bessèges et à Tamaris, a fait faire, dans le Gard, de nombreux essais au point de vue des sous-produits ; les résultats en sont consignés dans le tableau ci-après, qui résume tout ce que j'ai pu réunir à ce sujet :

COMPOSITION IMMÉDIATE

DÉSIGNATION DES COUCHES ET CHARBONS	COKE	GOUDRON	EAUX ammoniacales.	GAZ	OBSERVATIONS
Couche n° 6 de Rochebelle...	83,70 dont 5 p. °/₀ de cendres.	2,80	13,50		Gaz aux 100 k. de houille, 22ᵐ3,20.
Couche n° 4 du Souterrain...	71	4,20	3,90	20,90	
Charbon de Gagnières.......	78,87 dont 8 p. °/₀ de cendres.	4,50	3,72	12,87	Eaux ammoniacales titrant 3° à la temp. de 26. — Gaz aux 100 k., 29ᵐ3,70. — Sulfate d'amm. par tonne, 6 k. 626.
Charbon de Lalle...........	67,19	5,04	3,03	31,30	
Charbon de Bessèges	70,19	3,60	3,24	29,60	
Charbon de Robiac.........	74,35 dont 8,30 p.°/₀ de cendres.	6,77	4,55	14,33	Eaux amm titrant 5°,2 à 10° contenant 2 p.10 d'eau hygrométrique. — Gaz aux 100 k., 26ᵐ3. — Sulfate d'amm. par tonne, 8 k.582
Charbon de Trélys lavé......	77,08 dont 9,85 p.°/₀ de cendres.	4,80	4,15	13,97	Gaz aux 100 k., 27ᵐ3,50. — Sulfate par tonne, 7 k.,251
Charbon du Martinet	79,65	2,136	2,113	22,40	
Charbon de Saint-Jean	78,33	2,35	5,07	14,25	Moyenne des couches Saint-Louis, Sainte-Mathilde et Sainte-Clémentine au puits Central.
Couche de 2ᵐ,77 de Malbosc (charbon lavé).............	85,60	1,30	13,10		
Couche Sans-Nom à Laval....	82,73	2,71	5,52	9,04	
Id. Sᵗᵉ-Barbe	80,56	2,63	5,56	11,25	Moyenne de 6 analyses.
Couche Cantelade	83,46	2,31	3,87	10,36	
Couche inférieure du sondage de Ricard................	90,82	0,41	3,27	5,05	
Couche Grand'Baume,Gouffre banc inférieur.............	80,34	3,31	3,90	12,45	
Couche Grand'Baume,Gouffre banc supérieur............	80,83	2,92	8,54	7,71	
Idem. Ravin, banc inférieur ..	83,94	2,47	3,60	9,99	
Idem. Laforêt, dressant, banc supérieur	83,77	2,45	4,24	9,54	
Couche Abylon, Gouffre	77,85	3,64	5,30	13,21	
Couche de Champclauson en aval-pendage..............	88,53	0,70	3,84	6,93	
Couche de Champclauson aux Rosiers	80,66	1,82	4,00	13,52	

COMPOSITION ÉLÉMENTAIRE

DÉSIGNATION DES COUCHES ET CHARBONS	C	H	O et Az.	CENDRES	OBSERVATIONS
	p. °/₀	p. °/₀	p. °/₀	p. °/₀	
Couche de Champclauson, mine Thérond.............	88,90	4,70	2,40	4	Analyse faite à La Grand'-Combe.
Couche Abylon, Gouffre	79,63	4,67	4,70	11	Id.
Grand'Baume, Gouffre, banc inférieur	88,63	4,70	3,09	3,50	Id.
Grand'Baume, Couche sans désignation, Trescol.......	87,40	4,16	3,54	4,90	Id.
Couche Sans-Nom, Sainte-Barbe....................	82,63	5,22	1,80	10,35	Id.
Couche du Pin	85,41	5,17	4,02	5,40	Id.
Couche Ayrolle........	84,81	4,56	2,38	8,30	Id.
Couche Cantelade	77,04	5,11	3,25	14,60	Id.
Couche Velours............	79,90	5,22	5,03	9,85	Id.
Couche n° 1 de Saint-Jean ..	82,22	4,44	3,66	9,68	Id.
Couche du Puits id ..	84,46	4,94	3,97	6,63	Id.
Couche Pommier n° 2...... .	79,71	4,91	5,88	9,50	Id.
Charbon du Martinet	82,90	5,12	5,58 dont 1,45 d'Az.	6,40	Analyse faite à l'usine de Bessèges.
Id. Trélys	76,90	4,85	6,84 dont 1,35 d'Az.	11,41	Id.
Id. Robiac.........	78,14	4,70	7,95 dont 2,70 d'Az.	9,21	Id.
Id. Lalle	75,30	4,61	7,39 dont 2,15 d'Az.	12,70	Id.

16

ANALYSE DES CENDRES

PROVENANCE	Si O³	Al² O³	Fe² O³	Ca O	Mg O	KO	Na O	S ou SO³	Ph ou Ph O³	OBSERVATIONS
Portes, coke des couches Canal, Jenny et Terrenoire....	56	22,615	12,385	4,100	0,650	»	»	S = 1,438	Ph = 0,084	
Champclauson, Rosiers	60,30	36		3	0,70	»	»	»	»	Cendres infusibles.
Grand'Baume, Ravin..	47,10	39,10		13,10	0,07	»	»	»	»	
CoucheSans-Nom,Laval	30,10	36,90		33	»	»	»	»	»	
Sondage de Ricard, couche inférieure	51,00	40,20		8,40	1,80	»	»	»	»	
Coke Grand'Combe....	48,05	28,20	11,10	10,50	2,59	»	»	S = 1,86	Ph = 0,084	Analyses faites à Tamaris
Briquettes de Roche-belle....	71,80	11,50	10,20	3,80	0	»	»	S = 4,10	Ph = 0,104	Id.
Charbon du Martinet..	49,80	23,45	11,80	3,10	traces	»	»	S = 2,21	Ph = 0,064	Id.
Coke de Trélys........	44,92	27,10	14,06	10,95	3,05	»	»	S = 2,17	Ph = 0,089	Id.
Coke de Robiac......	44,50	25,51	16,07	7,93	traces	2,60	0,76	SO³ = 2,23	Ph O⁵ = 0,35	Analyses faites à Bességes
Coke de Lalle........	40,90	27,00	14,85	10,36	1,14	2,25	1,10	2,20	0,36	Id.
Mollières............	»	»	»	»	»	»	»	S = 0,164	Ph = 0,026	

CHAPITRE VI

Terrains de recouvrement secondaires et tertiaires. — Composition et épaisseur de masses calcaires, dénivellations et accidents au-dessus du terrain houiller.

Nous avons vu que le terrain houiller s'enfonce et se dérobe à l'Est sous les formations de calcaires.

Comme on le voit sur la carte et les coupes, il y a indépendance complète entre les deux terrains : les limites d'affleurement du trias, auquel est lié le lias, n'ont aucun rapport avec l'allure des couches de houille ; à l'Ouest et au Nord de Molières, entre Sainte-Barbe et Laval, ces couches vont butter sous tous les angles au banc inférieur du trias. A Molières (Coupe Q R), le trias plongeant au Nord et le terrain houiller à l'Est et même au Sud, il y a d'abord eu soulèvement de ce terrain dans un sens, puis, après le dépôt du trias, un affaissement en sens contraire. En d'autres endroits, on constate la même indépendance entre les oscillations du terrain houiller et celles postérieures au trias. On sait que les plus grands accidents du terrain houiller n'affectent pas le trias, qui passe en ligne droite sur le dressant du col Malpertus, aussi bien que sur ceux de Sans-Nom et de Laval (Coupe I¹ J et PL. I, Fig. 8).

En un mot, il n'existe aucun rapport stratigraphique entre le terrain houiller et le trias ; les accidents du trias ne coïncident même que par exception avec ceux antérieurs du terrain houiller.

Mais ce qui frappe le plus dans les rapports du terrain houiller avec le trias, c'est ce fait général que le trias, lui-même aujourd'hui assez dérangé de sa position primitive, repose sur le terrain houiller, comme aussi, du reste, sur les micaschistes, pour ainsi dire partout par la même arkose incohérente (sauf, à ma connaissance, à Mercoirol, Martinet). Cette arkose, très grossière, s'étant déposée horizontalement ou sur le plan doucement incliné d'une plage marine, l'on est forcé d'admettre qu'après les grandes et nombreuses dislocations du terrain houiller, la mer permienne, avec une force de destruction extraordinaire, est venue dégrader ce terrain en voie de submersion par le travail érosif des vagues, en araser les inégalités aux proportions montagneuses (1), enlever des

(1) La mer crétacée a accompli un travail autrement considérable sur les terrains primaires et houillers aux environs de Liège, d'après MM. Briart et Cornet (*Sur le relief du sol en Belgique, après les temps paléozoïques, 1877*).

étages entiers avant le dépôt des graviers et poudingues qui constituent la base du terrain de recouvrement. Des érosions subaériennes ont pu précéder celles de la mer, mais celles-ci seulement ont pu égaliser les surfaces et les préparer à recevoir partout le même dépôt.

Par suite de l'érosion des parties soulevées de terrain houiller, on ne peut guère s'attendre à trouver, entre Saint-Jean, La Grand'Combe et Alais, les étages supérieurs conservés que dans les dépressions intermédiaires. Mais rien ne fixe les idées sur l'affleurement des étages sous les calcaires, aucun indice ne m'a permis de les teinter, même en pointillé comme le bord de l'étage stérile entre Bessèges et Molières. Il est cependant à espérer que les étages ne sont pas distribués sans ordre sous les calcaires et qu'une connaissance plus complète des accidents du terrain houiller guidera sur leur tracé, au moins jusqu'à une certaine distance des parties connues.

En dépit de l'indépendance du terrain houiller vis-à-vis des calcaires, leur examen, la détermination de leur épaisseur, leur allure et dénivellation et leurs accidents, qui forment un minimum de perturbation dans le terrain houiller, sont de première importance pour l'exploitation future de celui-ci. A cet effet, j'ai délimité sur la carte les étages de calcaire, ce qui, conjointement avec les lignes de faîte et de thalweg pourvues de cotes, permet, connaissant l'épaisseur de ces étages, de se représenter tout au moins la topographie de la surface de jonction du terrain houiller avec le trias. Les inégalités de cette surface obéissent aux mouvements qui affectent les calcaires. Ainsi, le soulèvement conique, de plus de 200 mètres, des calcaires au Sud du Rouvergue, a produit le même effet sur le terrain houiller au-dessous ; les dénivellations du trias, évaluées à plus de 400 mètres entre Gagnières et Le Martinet-d'Auzonnet, sont la mesure d'égales dépressions éprouvées par cette surface. La selle et la faille des Oules ont remonté le terrain houiller au niveau du Gardon ; l'affaissement des calcaires au pied du mont Cabane l'a, au contraire, considérablement descendu entre la faille de Lavabreille et Rochebelle. Nous avons fait allusion à la grande profondeur où est porté le terrain houiller entre Saint-Julien-de-Valgalgues et la faille de Drulhes, juste en face du Rouvergue ; pareille dépression existe à La Chapelle-Saint-Sébastien, vis-à-vis du soulèvement du Martinet. Il n'est pas rare de trouver ainsi, dans les calcaires comme dans le terrain houiller, des affaissements faisant suite à des exhaussements comme par l'effet d'une espèce de balancement des masses rocheuses.

De cet exposé général, il ressort que l'étude des calcaires recouvrant plus de la moitié de la partie utilisable du terrain houiller nous renseignera tout au moins sur les déformations qu'il a subies dans les temps géologiques plus modernes, lesquelles déformations s'étendent à la partie découverte du terrain

houiller. tout comme les déformations anciennes reconnues dans ce terrain se prolongent sous les calcaires, en sorte que pour ce qui est de l'allure et des accidents
du terrain houiller, le présent chapitre VI complète réellement le chapitre II.

L'étude des terrains de recouvrement, au point de vue de leurs déformations,
rentre donc dans le cadre de ce travail.

ÉTAGES DE CALCAIRE. — COMPOSITION ET ÉPAISSEUR

Les terrains secondaires sont presque tous représentés aux environs d'Alais,
où existe en plus un étage de tertiaire. Depuis longtemps, E. Dumas a reconnu
le keuper, le lias, l'oxfordien, le néocomien et l'éocène.

Les calcaires forment une puissante série de couches, qui, étant d'origine
marine, s'étendent réguliers et parallèles d'une manière qui contraste complètement avec les dépôts houillers.

Leur composition et leur épaisseur sont à indiquer tout d'abord.

Trias. — A cause de sa position immédiatement au-dessus du terrain
houiller, cet étage mérite que j'en donne une coupe. Je représente (PL. II, FIG. 5)
celle qu'a établie le puits de Malbosc : à la base figurent des conglomérats et
graviers, au milieu des calcaires et grès fins, et en haut des argiles versicolores,
une couche de minerai de fer et des grès calcarifères également caractéristiques
du keuper. On avait cru que des trois étages du trias, ce dernier seul est représenté dans le Gard ; aujourd'hui il convient d'admettre, avec M. Parran (1), la
présence des trois étages.

Le trias a, dans la région des Cévennes qui nous intéresse plus particulièrement, une épaisseur de 230 mètres à Gagnières, de plus de 225 à Malbosc.
Cependant, à Rochebelle, l'avancement des travaux vers le Bois-Commun permet
d'affirmer que là le trias ne peut avoir plus de 140 mètres, on lui en donne 120.
La puissance qu'il a à Malbosc ne résulte pas de l'inclinaison des bancs, mais
de l'augmentation des marnes irisées. M. Czyskowski croit le trias variable en
épaisseur et en composition, certaines couches renfermant des fragments de
marnes remaniées, par suite, croit-il, de mouvements pendant la formation; ainsi,
il pense que le Bois-Commun a émergé tout à coup après le dépôt de l'arkose.
M. G. Fabre estime que le trias est un dépôt de lagune.

Quoi qu'il en soit, l'épaisseur du trias n'est pas d'importance à effrayer les
exploitants, qui atteindront facilement, et le plus souvent à moins de 200 mètres,
le terrain houiller sous les affleurements de cet étage.

---

(1) Essai d'une classification stratigraphique des terrains du Gard par étages, 1871.

Malheureusement sa base sableuse, lorsqu'elle n'est pas cimentée, est très aquifère, et, lorsqu'elle affleure sous les cours d'eau ou est déchirée par des failles, il est à craindre qu'elle n'occasionne des grandes venues d'eau permanentes. Mais en dehors de ces cas, je suis de l'avis de M. Czyskowski, je crois que le trias et les autres calcaires donneront peu d'eau une fois saignés. On parle comme d'un fait constaté que le sondage des Mages ne s'est rempli d'eau qu'arrivé à la base du trias, à 350 mètres de profondeur.

Lias. — Dans l'étendue de la carte, le lias montre avec le trias une dépendance de superposition et de parallélisme marquée, de telle sorte que quand, comme à Fontanieux, les étages ne sont pas complets, on peut être assuré que les parties manquantes sont supprimées par des accidents.

Le lias complet est composé comme suit :

Marnes supra-liasiques (Toarcien)	50	mètres.
Calcaires siliceux à Bélemnites	100	—
Calcaires à Gryphées arquées	200	—
Dolomies(150ᵐau mont Sᵗ-Germain,40ᵐ à Malbosc)	80	—
Infra-lias	35	—
TOTAL	465	—

Je sépare sur la carte par une teinte plus foncée les deux derniers membres sous le nom d'étage rhétien, plus pour figurer les zones où le terrain houiller Est entre 200 et 300 mètres de profondeur, que pour témoigner d'une tendance à considérer cet étage comme indépendant du lias aussi bien que du trias, car s'il a des fossiles propres tels que l'*Avicula contorta*, sa flore participe beaucoup plus de celle du jurassique que de celle du Keuper. Il y aurait plutôt lieu de détacher du lias pour les réunir au Jurassique les marnes supra-liasiques qui accompagnent ce dernier de préférence à l'autre.

Dans tous les cas, le lias ajouté au trias forme déjà une épaisseur considérable de dépôts marins (600 mètres). Néanmoins, la surface de terrain houiller recouverte par cette formation est parfaitement exploitable, parce qu'entre les hauteurs qu'elle couronne affleurent dans les vallées, à chaque instant, les dolomies ou même le trias.

D'après la manière de vivre des mollusques contenus dans le lias, on a lieu de supposer qu'il s'est formé dans une mer peu profonde, sur un lit qui s'affaissait.

Jurassique. — L'oxfordien, au contraire, a tous les caractères d'un dépôt de pleine mer. Il ne se lie pas au lias, l'oolithe inférieur manque au Sud de la carte, et l'on n'est pas loin d'admettre qu'un mouvement du sol s'est produit entre les deux formations et a changé la limite des dépôts marins. Dans cette voie on est allé jusqu'à supposer que le retrait de la mer est marqué par la faille des Cévennes, le long de laquelle les dépôts ont paru amincis, comme à une plage ou à un talus du lias. On a écrit que le lias était émergé à l'Ouest de cette faille lorsque se formait l'oxfordien : la manière dont s'avance celui-ci dans le golfe de Saint-Martin de Valgalgues jusque près du Mas-Dieu, et dont il se termine au col de l'Ermitage, les cônes de déjection que ses débris joints à ceux du crétacé forment dans le terrain tertiaire au pied de ladite faille, tout doit faire abandonner cette manière de voir et lui faire substituer celle admettant que ces étages se sont suffisamment avancés à l'Ouest pour que les torrents transversaux qui ont formé ces cônes de déjection n'aient roulé et entraîné dans le lac tertiaire que des calcaires oxfordiens et néocomiens. Ce raisonnement amène à l'idée d'érosions énormes des calcaires au-dessus de la partie exploitable du terrain houiller, dépassant 600 mètres entre Rochebelle et le Bois-Commun. Et cependant il est bien difficile d'admettre que l'oxfordien se soit étendu jusqu'à La Grand'Combe. Et de fait, les calcaires à entroques disparaissent au Nord-Ouest de Saint-Julien, où l'oxfordien repose, paraît-il, sur les dolomies, et il est permis de s'imaginer que cet étage jurassique s'est déposé effilé sur les pentes que présentait le lias relevé ultérieurement par la faille de refoulement des Cévennes sur son bord occidental.

Mais je ne puis suivre M. Czyskowski, malgré sa connaissance des terrains du Gard, lorsqu'il se figure qu'avant le dépôt de l'oxfordien la mer avait rongé, aux environs d'Alais, le long de la faille, le lias et une partie du trias, conformément à la coupe Pl. I, Fig. 3.

Le jurassique est représenté par l'oolithe inférieur, l'oxfordien, le corallien, et par le tithonique à la Bannelle. J'ai renforcé la teinte de l'oolithe qui comprend des calcaires à entroques (Bajocien), et comme oxfordien je figure sur la carte l'ensemble des dépôts compris entre le calcaire à entroques et le néocomien, c'est-à-dire le callovien, l'oxfordien proprement dit, les calcaires à *Ammonites bimammatus*, les calcaires à *Am. polyplocus* et les calcaires massifs ruiniformes.

L'oxfordien proprement dit qui nous intéresse principalement a 225 mètres d'épaisseur.

Sur l'Auzonnet, l'exploitation des mines ne s'avancera certainement pas de beaucoup sous la lisière du jurassique, les bancs d'oxfordien y plongeant fortement et étant recouvert par les marnes et calcaires néocomiens eux-mêmes très inclinés, de telle sorte que, sous la majeure partie de cette lisière, le terrain houiller est aussi profond que, plus à l'Est, sous le terrain tertiaire.

Néocomien. — Bien que situé à la base du terrain crétacé, le néocomien repose, entre Alais et Saint-Ambroix, en discordance de stratification sur l'oxfordien, le soulèvement de la chaîne jurassique des Cévennes (N.-N.-E.) s'étant produit dans l'intervalle ; aussi cet étage est-il aujourd'hui limité à la faille des Cévennes. Les quatre assises dont se compose le néocomien forment une épaisseur de 325 mètres qui, ajoutée à la somme des autres calcaires sous-jacents, supprime toute possibilité d'aller exploiter la houille sous le crétacé.

Tertiaire. — A plus forte raison est-il prudent de repousser tout espoir d'extraire jamais la houille sous le tertiaire à Alais même, où, si la série des étages est complète, le terrain houiller est à environ 1.200 mètres de profondeur. Dès lors, le sondage du Moulinet n'a pu raisonnablement être entrepris que dans l'hypothèse qu'une faille peu inclinée ferait tomber la sonde des calcaires supérieurs dans le terrain houiller, car la supposition qu'à Tamaris le néocomien repose sur le trias est fondée sur un fait mal interprété : la présence d'un lambeau de trias laissé isolé au sommet de la faille de l'oxfordien (Coupe K K').

Le terrain tertiaire des environs d'Alais a une beaucoup plus grande épaisseur qu'on n'avait d'abord pensé. Formé longtemps après le néocomien, ce terrain jaune rapporté à l'oligocène réalise un isoclinal déterminé par une nouvelle et dernière chute de la faille des Cévennes. Il est composé à la base d'une épaisseur considérable de conglomérats grossiers reposant en complète discordance sur le néocomien et surtout sur l'oxfordien. Au pied du rocher Anaïs on peut voir le conglomérat s'appuyer sur les bancs verticaux de l'oxfordien.

Depuis lors, le sol paraît être resté fixe aux environs d'Alais, et la faille des Cévennes immobile.

FAILLE DES CÉVENNES ET ACCIDENTS CONNEXES

Sous la ville d'Alais le sol s'est enfoncé, depuis la formation du lias, de 1.000 à 1.200 mètres (et non de 700 mètres comme on pense) par rapport au terrain houiller de Rochebelle.

Cette énorme dénivellation a été produite en deux ou trois fois par la faille des Cévennes, qui est connue sur 50 kilomètres de longueur (Voir la carte).

Comme les failles anticlinales, elle est caractérisée par le relèvement des couches à l'Ouest et de puissants joints de laminage. Cet effet, exagéré par un renversement de couches à Rochebelle (Coupe *a b*, K K'), est marqué par une croupe de terrain houiller entre deux failles à Saint-Félix (Coupe *a' b'* et Pl. I, Fig. 7), par une ligne rocheuse de calcaire oxfordien entre Saint-Martin et Saint-Julien-de-Valgalgues, où s'élargit l'anticlinal (Croquis n° 30); là, la faille met en présence le crétacé avec le lias, et de là elle se continue jusqu'à Saint-

Ambroix, en diminuant d'amplitude à partir des Mages. — Sur l'Auzonnet elle forme plusieurs gradins figurés sur le croquis n° 32 qui représente mieux les effets généraux de l'accident que la coupe G G[1]. Sur tout son parcours, elle est marquée par des alignements N.-N.-E dominants dans la région.

A la pointe de Saint-Félix, j'ai acquis la preuve qu'une branche s'en détache pour aller rejoindre la faille de Drulhes (Voir la carte).

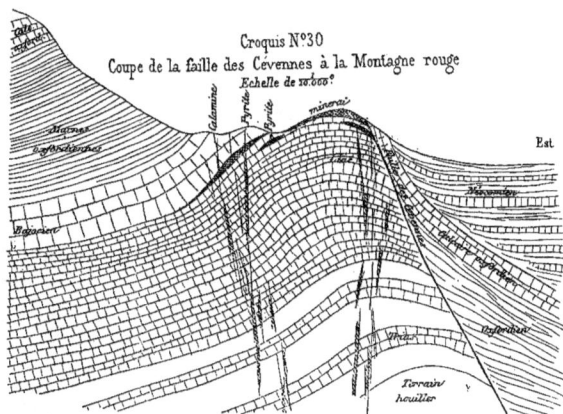

Croquis N° 30
Coupe de la faille des Cévennes à la Montagne rouge

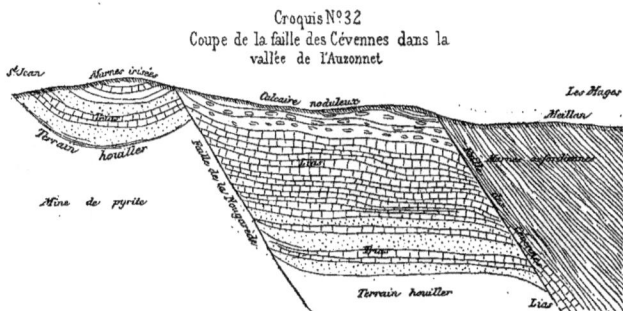

Croquis N° 32
Coupe de la faille des Cévennes dans la vallée de l'Auzonnet

Au Sud de la plaine tertiaire d'Alais se dressent les montagnes pittoresques de Saint-Germain et de l'Ermitage. Ces deux montagnes sont couronnées par

17

le calcaire oxfordien, vis-à-vis duquel l'affaissement du sol à Alais est de 500 à 600 mètres seulement.

On suppose que la faille des Cévennes, connue à Alais sous le nom de faille de l'oxfordien, se continue en ligne droite vers le Provençal, où l'on en perd la trace. *A priori*, on pourrait s'étonner qu'un accident aussi considérable perde ainsi son importance et même ses caractères. Mais j'ai lieu de croire qu'il dévie de Rochebelle vers Brésis, pour de là reprendre sa direction ; le conglomérat tertiaire le masque sur ce coude, mais à Brésis, il reparaît avec les effets d'entraînement et de refoulement qui l'accompagnent d'ordinaire (Croquis n° 31).

Croquis N° 31
Coupe de la faille des Cévennes à Brésis

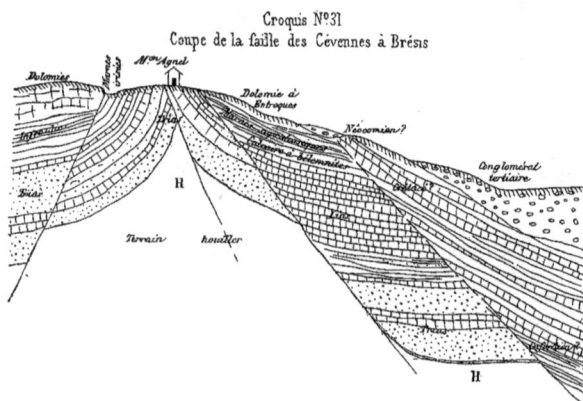

Là, en effet, le trias moyen affleure sous la forme d'un anticlinal aigu, et l'on voit à l'Est, en descendant vers le faubourg du Soleil, apparaître coup sur coup, dans un très petit espace qui suppose plusieurs grands rejets, des calcaires à Gryphées, des marnes supra-liasiques, des dolomies à *entroques*, et peut-être même un peu plus loin du calcaire crétacé. J'estime que la déviation a été produite par le massif de résistance du mont Cabane, et que c'est sous le gigantesque effort de refoulement qui s'est exercé dans l'intervalle que se sont produites les grandes et profondes dénivellations figurées sur les coupes D D⁵ et F F¹. Le fait est que, sur le flanc Nord de l'Ermitage, les calcaires sont écrasés suivant de nombreux joints de compression parallèles au coude et au prolongement méridional de la faille des Cévennes, et au col de l'Ermitage l'oxfordien a été repoussé sur le trias.

On voit sur la carte et sur lesdites coupes une profonde vallée remplie d'oxfordien, limitée à l'Ouest par la faille de ce nom et à l'Est par une faille inverse
qui se voit de loin passant à La Chapelle-Saint-Germain entre les dolomies et
ce calcaire ; j'ai suivi cette faille jusqu'au ruisseau d'Alzon, où elle présente la
forme indiquée sur le croquis n° 33 ; le plissement des calcaires liasiques que
l'on remarque plus à l'Est sur le même ruisseau est un diminutif de ceux qui, à
Anduze, suivent le prolongement au Sud de la faille des Cévennes.

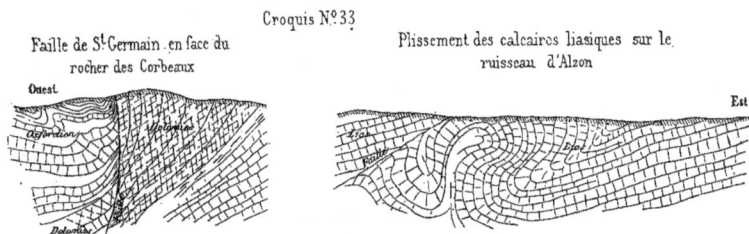

Croquis N.º 33

Faille de St-Germain en face du
rocher des Corbeaux

Plissement des calcaires liasiques sur le
ruisseau d'Alzon

La selle de Brésis, analogue à la croupe de Rochebelle, en ramenant le terrain houiller près de la surface, le rend accessible à l'exploitation sur une grande
étendue au sud d'Alais.

L'effort de refoulement qui s'est exercé sur la pointe de Saint-Félix a causé
à l'Ouest des plissements très abrupts figurés sur le croquis Fig. 7, Pl. I, et
sur lesquels nous aurons à revenir plus loin.

Par ce qui précède on voit la faille des Cévennes joue un très grand
rôle dans la structure géologique de la partie du terrain houiller qui est cachée
sous les calcaires, et en limite, par la chute énorme qu'elle détermine, la partie
exploitable ; avec la faille de Robiac, elles précipitent à l'Est l'une après l'autre
la base du terrain houiller à 1.000 et 2.000 mètres de profondeur.

Nous verrons dans un moment comment la chute occasionnée par la première est représentée vers Saint-Paul-le-Jeune.

Y A-T-IL SUPPRESSION D'ÉTAGES DE CALCAIRE ?

Ici se pose une question de grande importance pour les recherches de
houille sous les calcaires : y a-t-il suppression d'étages ? Si oui, on atteindra
le terrain houiller plus facilement que ne le laissaient prévoir les considérations
précédentes ; si non, il est inutile de songer à exploiter la houille à l'Est de la
faille des Cévennes.

Lorsqu'on parcourt la montagne de Saint-Germain, on est surpris de ne pas apercevoir les calcaires du lias et de trouver les marnes supra-liasiques presque en contact avec les dolomies ; au Pont-Gisquet on croit voir le trias immédiatement sous l'oxfordien. Et comme en cet endroit le trias fortement infléchi se dérobe sous l'oxfordien en bancs horizontaux, M. Czyskowski, à la suite d'E. Dumas et autres géologues, en tire les conclusions suivantes traduites graphiquement sur la coupe, Pl. I, Fig. 3, que je reproduis telle qu'il me l'a remise : le plissement du Pont-Gisquet est antérieur à l'oxfordien, la mer a érodé le lias avant le dépôt de l'oxfordien. M. Czyskowki pense en outre que l'anticlinal de Brésis a précédé le néocomien ; et, croyant à des mouvements du lit de la mer pendant la formation, il estime qu'ils ont eu beaucoup d'effet sur la composition et l'épaisseur des étages du calcaire.

On comprend jusqu'à un certain point que le soulèvement du fond de la mer suivant certaines lignes y puisse empêcher le dépôt d'un ou même de plusieurs étages, ce qui, à la rigueur, pourrait expliquer l'absence du lias sur la selle de Brésis, si toutefois il était prouvé que celle-ci lui fût antérieure. Mais les érosions produites le long de la faille des Cévennes ou ancien rivage jurassique par les vagues à peu de profondeur sont plus difficiles à admettre, à cause de l'absence de dépôts composés de détritus produits aux dépens des calcaires plus anciens. Le rapprochement, à Brésis, des marnes supra-liasiques et dolomies rhétiennes s'explique plus simplement, à mon sens, par la faille des Cévennes ; et le recouvrement du trias par l'oxfordien au Pont-Gisquet peut résulter d'une faille. Point n'est donc utile de recourir à un événement extraordinaire. Lorsque, autour de la région qui nous occupe, on voit à l'Est, au Sud et à l'Ouest, c'est-à-dire presque tout autour du mont Saint-Germain, un lias complet, il répugne de croire qu'il ne s'est pas formé à Brésis. C'est ici le cas de rappeler que ce n'est pas dans une région dérangée, plissée et failleuse, qu'il est logique de puiser des arguments tendant à démontrer que les choses ne s'y sont pas passées comme ailleurs.

Aussi, dans mes coupes F F², D D³, etc., ai-je représenté tous les étages de calcaire avec leur puissance normale.

Ce n'est pas à dire qu'ils se sont formés partout parallèlement les uns aux autres. Nous avons signalé et nous signalerons deux exemples de diminution ou de suppression d'étage de calcaires. On comprend que l'oxfordien et surtout le néocomien, ayant été précédés de mouvements orogéniques, ne se soient pas déposés régulièrement l'un sur l'autre et sur le lias. Quelques discordances de stratification en font foi. Le parallélisme des calcaires est limité au trias et au lias ; il n'y a pas de doute que l'ensemble de ces terrains, le jurassique, le crétacé et le tertiaire, ne forment des masses superposées variables en épaisseur et divergentes, mais suivant des combinaisons peu connues.

RECHERCHES DU PROLONGEMENT DU TERRAIN HOUILLER SOUS LES CALCAIRES A L'EST

C'est toujours sur l'hypothèse de l'absence du lias à Chaudebois qu'on y a fait un sondage, lequel, ayant réussi à trouver la houille à peu de profondeur, semble confirmer cette hypothèse. Mais le succès a été obtenu grâce à la faille de Saint-Germain, le sondage, d'après la coupe qui m'a été communiquée, ayant passé de l'oxfordien au milieu du trias, par suite évidemment d'une faille importante (Coupe D D²).

On dit que le sondage du Moulinet (Coupe K K¹) a passé du néocomien dans le lias, d'autres disent même dans le trias. Mais c'est, à mon avis, faire un grand abus des suppressions d'étages que de biffer, c'est le cas de dire, d'un trait de plume, l'oxfordien entre l'Hermitage et Saint-Félix deux endroits où il affleure régulièrement, et en face de Cendras où un témoin en est resté accroché à la faille des Cévennes. Au cas pourtant où l'on aurait atteint le lias au fond du sondage, il serait beaucoup plus naturel de penser qu'il a été donné par une faille moins inclinée que la faille de l'oxfordien et s'embranchant sur elle.

Le sondage des Mages (Coupe G G¹) a bien traversé le lias en grande partie supprimé par une faille ou un entraînement équivalent, du moins cela me paraît très probable, car, sans un accident, le sondage commencé dans l'oolithe inférieur n'aurait atteint le terrain houiller qu'à 700 ou 800 mètres. Un fait analogue a dû se produire au sondage de Montalet (Coupe B¹ B²). Et ainsi, à la faveur d'une faille importante, on entrevoit la possibilité d'aboutir au terrain houiller sous les étages supérieurs.

Entre Gagnières et Le Mazel, l'étage houiller stérile plongeant à l'Est, on a eu l'idée de s'éloigner le plus possible de son affleurement pour avoir plus de chances de trouver le faisceau charbonneux supérieur au-dessous des calcaires. C'est ainsi qu'a été placé le sondage des Avelas (Coupe V³ V⁴), et dans le choix de l'emplacement, on a escompté la diminution plus apparente que réelle du lias. Dans la même région, on a commencé le puits de Sauvas (Voir la carte) dans les marnes oxfordiennes, les croyant superposées directement au trias, conformément à la coupe de Meyrannes à Saint-Sébastien, figurée dans deux publications d'E. Dumas (1). Ces recherches ont été abandonnées.

---

(1) *Bulletin Soc. géolog.*, 2ᵉ série, t. III, 1846, PL. VII, FIG. 4, p. 571. — *Statistique géolog. min.*, etc., 2ᵉ partie, 1876, p. 156.

C'est que là passe un accident qui a l'importance de la faille de l'oxfordien : dans le prolongement Nord de la faille du Moulinas (de 200 à 250 mètres) (Coupe M⁴N), celle-ci est augmentée à Pierresmortes du soulèvement de 400 mètres du Martinet, qui vient la rejoindre. La faille qui s'ensuit et dont la grande importance se devine sur la coupe d'E. Dumas me paraît, bien que divisée en plusieurs branches à Saint-Paul, devoir y limiter la partie utilisable du terrain houiller. Se prolongeant au Sud de Gagnières par la faille du Travers, elle montre sur le croquis n° 2, page 14, une analogie de parallélisme évidente avec la faille des Cévennes, qu'elle remplace vers Banne, laissant entre Pierremortes et Saint-Ambroix une grande étendue de terrain houiller accessible (Coupe B B²).

A partir de Banne, la faille de La Bannelle, 0,30° N., qui déplace horizontalement les terrains de plusieurs kilomètres et qui figure sur la nouvelle carte géologique de France au $\frac{1}{100.000}$ parmi les plus grands accidents, semblait par cela même devoir empêcher tout projet de rechercher la houille plus au Nord.

Cependant, les marnes oxfordiennes paraissent reposer sur le trias, à Pigère où l'on voit affleurer à peine 7 à 8 mètres d'infra-lias et 1 mètre de dolomie ; et, aux Vans, le lias, très réduit, n'a pas plus de 30 à 40 mètres, d'après M. G. Fabre. Dans cet état de cause a été entrepris le sondage de Chibasse, en plein calcaire oxfordien (Coupe Z Z²). Ce sondage, qu'ont fait exécuter MM. E. et L. Pavin de Lafarge, aurait traversé 157 mètres de trias, suivant une version, ou 39 mètres, suivant un autre dire. La vérité est qu'on ne connaît pas bien les terrains traversés. Me fiant à un rapport qui m'a été communiqué, j'ai porté un peu de lias sur la coupe. Comme on a trouvé des vestiges de remaniement du trias, peut-être n'y a-t-il pas trop d'invraisemblance à supposer que, soulevé de bonne heure, la pente qu'il formait à La Bannelle a été recouverte presque directement par l'oxfordien.

Le tableau suivant reproduit les principaux incidents des sondages faits pour reconnaître le prolongement du terrain houiller à l'Est des parties connues ou concédées.

Tableau des sondages exécutés pour trouver le prolongement du terrain houiller sous les calcaires à l'Est des territoires concédés.

SONDAGES	CHAUDEBOIS	MOULINET	MAGES	MONTALET	AVELAS	PIGÈRE (Coupe ZZI).	CHIBASSE
DATES ET DURÉES	Commencé le 21 mai 1863, arrêté le 25 novembre 1865.	Du 24 février 1863 au 25 mai 1863.	Du 1er octobre 1866 au 6 mars 1869.	De fin d'été 1857 à fin 1860.	De mars 1875 au 8 octobre 1876. Forfait.	Commencé au fond d'un puits de 112m le 22 mars 1875, arrêté fin novembre 1876.	Commencé le 1er novembre 1874, arrêté le 27 juin 1876, à la suite d'un accident.
Terrains traversés :							
tertiaire		Conglomérat lacustre 213m					
crétacé		Néocomien 189					
jurassique	Marnes oxfordiennes 65m		Oolithe inférieur 295m				Calcaire oxfordien 61m — Marnes oxfordiennes 104m
lias	....	? 49	79	94m	Lias siliceux 300m		32
trias	133	....	93	123	....	303m	49
houiller	25	....	163	182,48	....	Conglomérat 66,50	
Profondeur du terrain houiller.	198		467	271			
Profondeur totale...	220m	451m	630m	399m,28	300m	369m,60	246
Couches de houille traversées.	2 couches 1m,27 de houille.		5 couches 5m de houille.	6 couches 3m,95 de houille.			

Failles et filons dans les calcaires au-dessus du terrain houiller.

Les calcaires sont sillonnés de rejets et de filons figurés sur la carte. Les premiers atteignent incontestablement le terrain houiller ; et nous croyons être en mesure de montrer qu'il en est de même des seconds, lesquels ne sont pas superficiels, suivant une théorie allemande personnifiée par M. Groddeck et adoptée par M. Emmons, mais traversent les calcaires, le terrain houiller et vont prendre racine dans le terrain primitif sous-jacent.

Parmi les failles qui affectent le terrain de recouvrement, nous en décrivons ci-dessous quelques-unes qui ont un remplissage *per ascensum* de filons.

Les filons sont nombreux dans les calcaires et renferment des substances minérales variées. Les plus importants sont ceux de pyrite de fer ; cette substance est exploitée à Pallières, au Provençal, au Soulier, à Saint-Julien, à Panissières, aux Ribots, à Saint-Jean, etc., sur un alignement bien marqué ; la pyrite de fer contient, comme congénères, de la blende et de la galène ; la calamine a été exploitée à Saint-Julien, à l'Espinette, etc., dans les chapeaux de pyrite transformés en minerai de fer ; on peut voir à l'Ouest du puits Sainte-Marie de Rochebelle, dans le trias, un filon de barytine faisant partie d'un chapeau de pyrite. On connaît des filons de blende et de galène à Saint-Félix, aux Ribots, à Laval ; à Clairac il y a 13 petits filons de blende. Près de Mercoirol, on observe des filons de quartz à travers le trias et le terrain houiller. Un grand nombre de filons et filonnets de barytine traversent ce terrain au Mas-Dieu, au Pradel, au Gournier, au Martinet, etc. Les tranchants des grès houillers de Rochebelle, Cendras et Fontanes sont tapissés de cristaux de quartz à bulles, de barytine, de pyrite avec blende et galène. En divers endroits connus, près de Robiac, à Saint-Julien (Voir la carte) la blende ou la calamine se trouvent disséminés dans les crevasses des calcaires dolomitiques. Bref, le terrain houiller et les calcaires qui le recouvrent sont pénétrés de substances filoniennes variées, principalement les dolomies, comme si ces substances résultaient de la secrétion des calcaires magnésiens.

Mais toutes correspondent ou paraissent correspondre à des cassures profondes où ont circulé et se sont précipités des composés métallifères analogues à ceux qui sont émanés des roches basiques. Elles gisent dans les zones brisées et disloquées. L'épanouissement des pyrites dans des calcaires caverneux, rongés et épigénisés, le silex associé, l'aspect des surfaces de contact, tout dénote un puissant métamorphisme hydrothermal qui s'est exercé par substitution de préférence dans les calcaires à la partie supérieure des filons remplissant des cassures nettes à travers les marnes et surtout les grès. Les gîtes métallifères d'imprégnation ou stratiformes sont eux-mêmes en rapport avec des filons générateurs plus ou moins éloignés. Ainsi, à Notre-Dame de Laval, la galène et le cuivre carbonaté et silicaté, éparpillés dans l'arkose triasique pénétrée de silice et de barytine, sont, sans nul doute, en rapport avec les filons qui traversent le terrain houiller au-dessous (Coupe K⁴ K⁵). Même, à Saint-Julien (Croquis n° 30, p. 129), les boules de calcaires et les fossiles inclus dans la pyrite en lentille stratifiées, la présence de blende compacte, la galène et la calamine occupant des crevasses dans le calcaire à entroques supérieur, les actions métamorphiques de contact exercées par la pyrite sur les calcaires, la puissante minéralisation du lias à l'Est de la Montagne rouge, tout se joint pour attester que ce gisement remarquable a une origine filonienne.

Par conséquent, les gîtes métallifères, si nombreux aux environs d'Alais, traversent le terrain houiller et sont en communication avec des filons qui, lorsque cela est visible, l'ont métamorphisé en grande masse, en confirmation de la thèse que nous avons soutenue plus haut, savoir que les dislocations des calcaires, conjointement avec les exhalaisons d'eaux chaudes et le nouveau rayonnement de chaleur qui s'en est suivi, ont desséché les houilles sur des étendues limitées.

Examinons donc quelques-uns de ces filons, les plus importants et caractéristiques, ceux qui peuvent le mieux nous en révéler la nature et en même temps faire connaître, si c'est possible, un nouveau côté des accidents du bassin.

Failles-filons. — A l'ancienne exploitation à ciel ouvert des mines de fer de Saint-Martin, on voit le trias relevé, étiré, transformé par des infiltrations de sources, et, un peu plus au Nord, des filons de quartz au contact du terrain houiller (PL. 1, FIG. 7). Il y a là tous les signes d'un rejet filonien. A la pointe de Saint-Félix on connaît un véritable filon de contact entre le terrain houiller et le lias siliceux altéré par les eaux de sources et traversé par quelques rameaux du filon ; celui-ci correspond à une grande faille, et il est probable que c'est sous l'influence de cette faille qu'ont été relevés les calcaires liasiques du Vallat de Fontanes ; le filon de Saint-Félix contenant des pyrites de fer, de zinc, de plomb plus ou moins entremêlées, est probablement en rapport avec le filon du Soulier (Croquis n° 35 ci-après) à gangue de silex noir caverneux imprégné de sulfures complexes (Pb, Cu, Sb, Ag). Dans la tranchée du chemin de fer on voit entre le terrain houiller et les marnes irisées un autre filon de contact, de silex enfumé, pyriteux, duquel sont apparemment issus les filonnets pyriteux découverts tout à côté dans le terrain houiller.

A côté du puits du Provençal, le trias se présente relevé au contact du

18

terrain houiller, exactement comme à la mine de fer de Saint-Martin ; les schistes houillers sont silicifiés ; on a exploité la pyrite avec le minerai de fer, et tout dénote une faille-filon. Et, en effet, ayant suivi la faille pas à pas dans la direction de l'Ouest, je l'ai vue au Mas-Coudert prendre la forme d'un beau filon de contact entre le micaschiste et le calcaire moyen du trias (Croquis n° 34). Ce filon, de 1 à 2 mètres de quartz zoné, noir, caverneux, pyriteux, est incliné et rejette le trias comme une faille ; il se poursuit dans les micaschistes sous la forme d'un dyke quartzeux. Par cet exemple, on voit la manière dont les filons-failles des calcaires se prolongent dans le terrain houiller jusque dans le micaschiste.

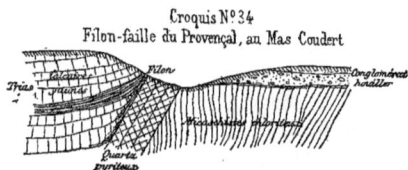

Croquis N° 34
Filon-faille du Provençal, au Mas Coudert

La faille des Ribots revêt le caractère d'un filon analogue à ces derniers. Les filons barytiques du Rouvergue, changeant les micaschistes, jouent aussi le rôle de failles.

Pyrites du Soulier et dislocation de terrain qui accompagnent leur gisement. — Ces pyrites gisent principalement dans les dolomies (Voir la carte) ; celles-ci ont été relevées brusquement de dessous le lias siliceux ; puis, plongeant à l'Ouest, elles ont été de nouveau remontées au jour par la faille de Drulhes ; il s'ensuit plusieurs ondulations très abruptes que j'ai essayé de rendre sur le croquis Fig. 7, Pl. I. Ces ondulations sont accompagnées de grandes fractures révélées par l'exploitation du gîte du Soulier.

Ce gîte, compris entre la faille-filon de Saint-Félix et la faille de Drulhes, se trouve indifféremment dans le trias, l'infra-lias et les dolomies, mais il est principalement développé dans ces dernières, sur lesquelles les sources geysériennes ont eu le plus d'action épigénique. Dans la zone pyriteuse, le terrain est tellement altéré qu'on ne le peut que très difficilement déterminer ; à Montaud, le calcaire liasique a été rendu spongieux et léger par des eaux très chaudes. La pyrite remplit des crevasses nombreuses, discontinues, irrégulièrement ramifiées. Ouvertes dans les dolomies et l'infra-lias, les principales crevasses renferment des fragments de lias siliceux, de calcaire à gryphées, preuves d'effondrement ou d'éboulement de ces roches à la suite de grandes dislocations. Une pyrite grenue plus ou moins zonée contourne les blocs de calcaires tombés dans les crevasses béantes, entoure des fragments anguleux de silex, cimente un mélange confus de remblais et même de pyrite, ce qui laisse à penser que le gite ne s'est pas formé en une seule fois par un flux de pyrite et de silex. Quoi qu'il en soit, l'exploitation du Soulier a mis en évidence, à l'Ouest de Fontanes, des dislocations d'une nature toute particulière. Le croquis n° 35 montre un complet désordre dans la disposition des roches, contournées, bouleversées et déplacées en tous sens.

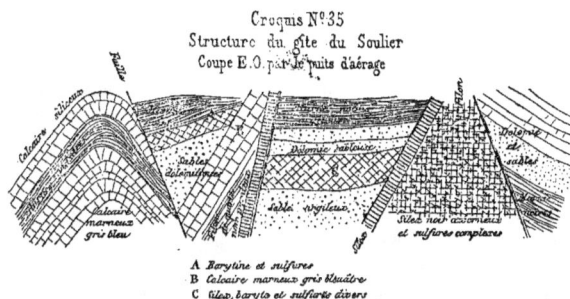

Croquis N° 35
Structure du gîte du Soulier
Coupe E.O. par le puits d'aérage

A Barytine et sulfures
B Calcaire marneux gris bleuâtre
C Silex, baryte et sulfures divers

FILONS TERREUX ET FILONS MÉTALLIFÈRES

Les roches éruptives et leurs apophyses sont toutes plus anciennes que le terrain houiller du Gard.

Il n'y a pas de filons terreux dans les calcaires, on ne les trouve que dans le terrain primitif. Cependant, étant la plupart formés de porphyrites micacés et d'orthophyre (autrefois confondu sous le nom de *Fraidronite*) on peut, je crois, les tenir pour contemporains de la formation houillère. Ce sont probablement ces filons qui ont livré passage aux nombreuses roches d'origine éruptive que nous avons vues interstratifiées dans le terrain houiller. On ne rencontre guère en effet de galets de porphyres qu'à la partie supérieure de ce terrain.

Les filons d'incrustation sont les uns plus anciens et les autres plus modernes.

On considère les filons quartzo-plombeux et les filons d'antimoine comme antérieurs au terrain houiller. Peut-être quelques-uns se sont-ils produits à l'occasion du mouvement orogénique qui a déterminé la formation du bassin du Gard. En tout cas, parmi les filons quartzo-plombeux de Mercoirol-Bas (Voir la carte), j'ai vu tout au moins le filon dit antimonial pénétrer et imprégner la brèche houillère, sans toutefois traverser la couche Sans-Nom.

Les filons barytiques, sans exception, sont plus récents que le terrain houiller, qui n'en renferme absolument aucun débris. Ces filons traversant le trias, le lias et même le bajocien, il est probable que les quartzo et plombobarytiques datent, aux environs d'Alais, comme du reste sur tout le Plateau Central, en général, de l'époque liasique. Quant aux pyrites, disparaissant devant l'oxfordien, elles lui sont antérieures, et peut-être leur venue est-elle une conséquence des mouvements du sol qui ont précédé la formation de cet étage. Ainsi à la pointe de Saint-Félix, on voit nettement les marnes oxfordiennes tourner au N.-O. et passer devant la faille-filon et les chapeaux de pyrite, sans en être le moins du monde influencées. De même à Saint-Julien, le gîte de fer métamorphique, situé à l'Est de la montagne rouge de Fiougous, s'arrête brusquement au calcaire oxfordien, qui est absolument privé d'infiltrations filoniennes.

Grès pétrolifère de Sallefermouse.

Dans une branche des couches du Souterrain (PL. 1, Fig 4), on a traversé un grès dégageant une odeur pénétrante de pétrole. La distillation de 1 kilog. de ce grès, pris au cœur d'un bloc, nous a donné, à une température élevée progressivement jusqu'au rouge sombre, beaucoup de gaz en faible partie condensables à 15 degrés. Le gaz brûle avec une flamme bleue comme le grisou. Les produits condensables sentent le pétrole à ne pas s'y tromper. Celui-ci, du reste, surnage sur des eaux non amoniacales, plutôt acides, ne provenant donc pas de la distillation de la houille. Les carbures minéraux qui imprègnent les grès en question sont excessivement volatiles. Ces grès contiennent quelques millièmes de carbures ; secs, ils absorbent 4 p. % d'eau.

D'un autre côté, on a découvert au voisinage du dressant 4 veines d'eau salée au bout de la galerie de recherche faite au fond du puits du Doulovy.

Ces deux faits réunis sont de nature à faire admettre dans la partie Nord du bassin une grande cassure ayant servi de cheminée à des émanations profondes de carbures d'hydrogène.

On connait à Servas (Croquis n° 2, page 14), non loin de la ville d'Alais, dans le terrain tertiaire, du bitume asphaltique en rapport avec des dislocations Nord-Nord-Est.

On ne voit à priori aucune relation entre ces deux gisements.

Acide carbonique de Rochebelle.

On sait qu'à Rochebelle des tranchants dirigés Nord-Ouest et tapissés de cristaux de quartz à bulles, de carbonate de chaux ferrifère, avec sulfures de

fer, de plomb, de zinc, ont été rencontrés remplis d'acide carbonique à haute
pression, en si grande quantité qu'on a mis 4 mois pour en vider un à raison
d'un débit de 100 litres par seconde. On sait, de plus, qu'à Fontanes le charbon,
imprégné du même gaz, est susceptible de dégagements instantanés tout comme
le grisou dans certaines mines de Belgique, également avec projection de charbon
sous forme de poussière ténue. Ce gaz remplit les pores du charbon comme
le grisou ; il se dégage, du reste, à Rochebelle avec ce dernier, toutes circonstances ayant fait supposer que, comme le grisou, l'acide carbonique a pris naissance dans la houille, ce qui serait inquiétant pour l'exploitation. J'ai de meilleures raisons de croire que le gaz asphyxiant est étranger au terrain houiller et a une origine minérale.

Si, en effet, il procédait de la houillification d'amas de végétaux entassés
en voie de décomposition humide, il serait bien étrange que le fait se fût produit
seulement à Rochebelle. Il est d'ailleurs à remarquer que c'est du côté de Montaud et du Soulier (Voir la carte) que se dégage l'acide carbonique ; il diminue au
Sud et on n'en a presque pas aperçu à l'Est des exploitations. Il se présente en
somme à Rochebelle, tant dans le charbon que dans les roches, exactement
comme à Brassac, près de la faille volcanique de Frugères, et l'analogie permet
d'espérer qu'il ne pénètre le terrain houiller à haute pression que sur une bande
de quelques centaines de mètres de chaque côté de grandes cassures qui, dans
l'espèce, seraient représentées par les crevasses pyriteuses du Soulier, dont il
vient d'être question.

La supposition que l'acide carbonique de Rochebelle résulte de l'action sur
les calcaires de l'acide sulfurique produit par la décomposition superficielle des
pyrites n'est pas soutenable, car, au-dessous du niveau hydrostatique, ni elles
ni les calcaires ne sont altérés.

Du grisou.

A Bessèges, il se produit des dégagements instantanés de grisou dans les
dressants, ce qui a fait supposer que tout ou partie de ce gaz a une origine
volcanique. Mais l'abondance du grisou est liée à la nature hydrogénée ou à la
qualité bitumineuse de la houille, et il est fort à présumer que si à Bessèges
le charbon était oxygéné il ne se produirait pas de dégagement violent de
grisou.

Nous avons vu à Rochebelle que le grisou se trouve mélangé à l'acide
carbonique. A La Grand'Combe, c'est l'acide sulfhydrique qui se dégage avec
le grisou, à proximité du dressant, dans la couche Grand'Baume.

Il y a dans ces deux cas une simple coïncidence.

Le grisou est incontestablement un produit né dans la houille ; il paraît réellement faire partie de certains nœuds de charbon prédisposé, dont il se dégage violemment en quantité énorme. Peut-être dans ce cas existe-t-il dissout dans des carbures d'hydrogène *homologues plus ou moins condensés* (dans le sens chimique de ces mots) formant une fraction notable de la houille ; cela expliquerait la rapidité avec laquelle les charbons très grisouteux perdent à l'air une partie notable de leurs principes bitumineux, et pourquoi la houille à dégagements instantanés renferme moins de matières volatiles que la houille peu grisouteuse du même gisement.

La supposition que le grisou peut être concentré dans les pores de la houille à l'état liquide ou même solide est peu vraisemblable, car en cas de dégagement instantané, le charbon est projeté à l'état d'une espèce de résidu scoriacé, et s'est lui-même résolu, partiellement, comme par dissociation, en grisou.

A la vérité, on ignore l'état physique du grisou dans la houille, mais les manifestations de ce gaz, qui est plus ou moins inflammable et brûle tantôt avec une flamme pâle, tantôt avec une flamme rougeâtre, ne sont pas celles d'un composé simple toujours identique à lui-même.

Cette question touche à celle de la conversion des débris végétaux en houille et ne saurait être tranchée dans l'état actuel des connaissances sur la matière.

Toutefois, la houille étant un produit de transformation de matières organiques enfouies, on peut raisonnablement s'attendre à y trouver des produits hydrocarburés formant des séries complexes.

LIVRE SECOND

PALÉONTOLOGIE STRATIGRAPHIQUE

DU

BASSIN HOUILLER DU GARD

Nous avons dit dans la préface que, par le nombre et par la quantité, les fossiles végétaux occupent une place considérable dans la composition et la masse du terrain houiller, et ajouté que, par leur intermédiaire, nous pouvons espérer pénétrer plus avant dans la connaissance de ce terrain : c'est à rechercher ses conditions de formation et à en classer les couches au moyen des fossiles, qu'est consacré ce livre, comprenant les titres ci-après :

I. — *Tiges enracinées. — Affaissements contemporains des dépôts. — Mobilité des bords du bassin.*

II. — *Condition de formation des couches de houille dans le Gard.*

III. — *Modes de distribution horizontale et verticale des débris végétaux.*

IV. — *Divisions paléontologiques du bassin du Gard : en étages, faisceaux de couches et couches isolées.*

V. — *Classement des couches par étages, assises et zones fossilifères.*

VI. — *Age du bassin et résumé des Livres I et II sur sa formation.*

TITRE I

Tiges enracinées. — Affaissements contemporains des dépôts. Mobilité des bords du bassin géogénique.

Le mode de distribution des fossiles confirmera ce que nous a appris l'arrangement des roches, en ce qui concerne l'existence de plusieurs cours d'eau ayant concouru au remplissage du bassin houiller du Gard.

La considération des tiges enracinées à l'endroit natal va également renforcer les conclusions du chapitre IV, suivant lesquelles ce bassin a éprouvé des mouvements orogéniques pendant la formation houillère.

Dans la partie botanique de ce mémoire (Livre troisième), il est fait mention de nombreuses souches et tiges enracinées appartenant à des plantes ayant poussé sur les aires de dépôt; ici, nous allons en étudier la station et signaler les gisements, au point de vue de la formation du bassin.

Il y a incontestablement des relations étroites entre les conditions d'existence de ces végétaux et les circonstances de dépôts des couches où ils ont laissé leurs racines, et par suite un grand intérêt s'attache à celles-ci, car la connaissance que l'on a aujourd'hui de la flore houillère et de ses mœurs semi-aquatiques fait entrevoir la possibilité de déterminer au moins la profondeur et le régime d'eau relatifs à la formation des roches où se dressent des souches ou troncs d'arbres aériens en place, *in loco natali*.

I. — RADICELLES, SOUCHES EN PLACE, TIGES DEBOUT. — FORÊTS FOSSILES

La question des tiges enracinées à l'endroit natal est de première importance pour l'histoire de la formation du bassin houiller, car l'idée qu'on peut se faire de celle-ci change du tout au tout, suivant qu'on adopte ou repousse cette donnée.

Quelques géologues stratigraphes, après avoir admis jusqu'à ces temps derniers le fait comme suffisamment démontré, paraissent, depuis le Congrès de Commentry, vouloir le révoquer en doute, sans même en excepter les *Stigmaria* : par cela même — et il ne saurait en être autrement — qu'il y a des tiges apportées par les eaux et plus ou moins penchées sur les strates, ils veulent qu'il en soit ainsi de toutes celles qui sont pourvues de racines.

Cependant les paléontologistes dont on ne saurait récuser la compétence en pareille matière reconnaissent, on peut dire tous, que les souches enracinées ont vécu implantées dans le limon houiller. J'ai longuement traité la question dans le sens de l'affirmative dans trois mémoires (1). Devant les forêts fossiles de Saint-Etienne, MM. Brongniart, Schimper, Stur, Renault, le marquis de Saporta, le comte de Solms, sinon MM. Maurice Hovelacque et Stanislas Meunier, se sont rendus à l'évidence. M. Lesquereux a vérifié en Amérique mes observations à ce sujet (2). Comme Göppert, M. Dawson s'est convaincu que les sigillaires ont poussé là où l'on voit que leurs racines ou radicelles ont pénétré les roches lorsqu'elles étaient encore molles (3) ; il ne doute aucunement que les calamites formant des forêts fossiles ne soient à la place où elles se sont développées. Pour M. Stur, leurs rhizomes sont positivement en place (4)...........

Je figure (Pl. III *bis* et Pl. XIII et XIV) l'ensemble et le détail de forêts fossiles remarquables mises récemment à découvert au toit des couches de Champclauson, des Lavoirs et d'Abylon. Celles de Champclauson sont uniques en leur genre : non seulement elles réunissent les types les plus variés, mais aux Rosiers on peut voir, ce que l'on n'avait pas encore rencontré, des sigillaires debout enracinées en bas et portant des feuilles en haut (Pl. XIII) ; à la carrière de l'Eglise, il y en a dont les cicatrices foliaires sont nettes et déterminables : j'ai même trouvé une petite tige de fougère enracinée avec disques d'insertion (Fig. 26, Pl. III *bis*). Sur la même planche est représentée (Fig. 23) une touffe de calamites, pour ainsi dire complètes des racines aux feuilles d'Astérophyllites ; elles offrent ce détail important que de la partie cambrée des tiges tombent verticalement des racines *r*, *r*, *r* qui ont percé après coup très visiblement la vase déjà déposée. Les tiges du groupe (Fig. 25), en s'élevant dans les grès fins, les ont troués ; elles sont normales aux bancs, sauf à la base où, recourbées, elles vont s'attacher à des rhizomes traçants pourvus de longues racines rameuses, qui les ont nourris pendant leur évolution à travers la vase sableuse.

Je ne saurais trop appeler l'attention des observateurs sur les arbres enracinés qui sont communs dans le Gard, mais non disposés à l'aventure ; ils n'abondent que dans certains bancs, où ils forment des colonies ou groupes isolés, souvent très espacés.

---

(1) *Mémoires de l'Académie*, Flore carbonifère, p. 329; *Annales des mines*, Formation de la houille, p. 66; *Mémoires de la Société géologique de France*, Formation du terrain houiller, p. 127.

(2) *Coal Flora carb. for. in Pennsylvania*, vol. III, p. 703.

(3) *Acadian Geology*, p. 179, 194.

(4) *Die Calamarien Carbon Flora schatzlarer schichten*, p. 3, 5.

Les *Stigmaria* exceptés se peuvent rencontrer partout, et, étant à l'endroit natal, ils font partie de la formation même du bassin houiller.

J'ai démontré ailleurs (1) — et je n'ai pas à changer de manière de voir à ce sujet — que ce sont des espèces de rhizomes aquatiques qui, ayant pu croître dans des eaux plus ou moins profondes, n'ont pas grande valeur au point de vue qui nous occupe pour l'instant. Ils ont tracé le sol des couches et envoyé dans tous les sens des racines normales à l'axe (Pl. III, Fig. 18). On ne les voit rayonner d'un centre (Fig. 20 et 21) que par la plus grande exception. Ils sont généralement simples sur quelque longueur qu'on les puisse suivre. Rarement noués, il ne s'est ébauché en eau profonde que des souches incomplètement développées (Fig. 19). C'est seulement sur les hauts fonds et près des bords qu'il en a surgi des tiges aériennes. Dans cet état, leur station sous forme de *Syringodendron* et de *Stigmariopsis* est significative, comme y dénotant une faible tranche d'eau pendant la formation.

Après les *Stigmaria*, les Calamites sont également répandues, mais à l'état de tiges herbacées, fusiformes et sans feuilles, et naissant de rhizomes qui, susceptibles de s'étendre très loin, ont pu subvenir à leur nourriture sous l'eau et dans la vase. Ce sont donc encore des tiges peu concluantes puisque, ainsi réduites, elles pouvaient vivre complètement plongées dans l'eau. Cependant, dans certaines circonstances particulières, des jets puissants et ligneux ont atteint la surface de l'eau et sous l'aspect de *Calamodendron* peuvent fournir d'utiles renseignements (Voir Pl. XIV, Fig. 11 et 12).

Cela expliqué, nous allons énumérer les gisements des tiges enracinées par ordre d'importance croissante au point de vue du but que nous poursuivons.

ÉNUMÉRATION DES TIGES ET SOUCHES ENRACINÉES (Voir la carte)

Stigmaria et soles à radicelles. — Le gisement des premiers se trouve donné au livre troisième, à l'occasion des *Stigmaria* et des *Stigmariopsis* (S'y reporter).

On peut voir sur les Planches III et III *bis* beaucoup de soles de couche percées de radicelles. J'ai lieu de croire que ces restes fossiles appartiennent à des *Stigmaria* rampants, ultérieurement transformés en houille ou détruits. Dans ce cas, les radicelles n'auraient pas grande signification. On en trouve tout près des micaschistes à La Jasse, dans le ravin de Comberedonde, à Malataverne, etc.

Calamites debout, cambrées à la base : nombreuses et petites à Pigère ; à Martrimas ; entre la Boudène et Combelongue, et au-dessus de la couche supérieure du Cros ; entre les couches du Souterrain et dans le système du Bois-Noir (Vallat de Merle) ; à la Clède ; à Lalle, au toit de la couche Tri-de-Chaux (Chemin de Castellas) ; à Trélys, lit du Rieusset, au mur

---

(1) *Formation du terrain houiller*, p. 130.

de la couche Pierrebrune (tiges relevant visiblement de rhizomes); à Molières, une seule petite tige dans tout le deuxième travers-bancs de roulage; au Nord-Ouest de Saint-Jean, au mur de la couche Sainte-Clémentine; Fontanes, mur de la couche Julienne, et *Cal. Suckowii* dans les schistes des 3ᵉ et 4ᵉ couches ; au Mas-Dieu, *Cal. Suckowii;* Sainte-Barbe, toit de la couche Sans-Nom (Vallat sans nom) et au-dessus de la couche Minette (Vallat de La Grand'-Combe); au Pontil, couche Cantelade ; à Fernet-sur-Auzonnet ; Grand'Combe, au Ravin, à 1 mètre au-dessus du banc supérieur de La Pilhouze, et au quartier du Rat; Comberedonde, au mur de la couche Romaine et au toit de la couche de Champclauson, au Nord-Ouest de la descente de Trépeloup ; près du puits de la Serre; Bouziges, toit de la couche Blachères ; entre couches Jenny et Terrenoire ; plan des Pinèdes ; Péreyrol, entre les argiles rouges ; Vallat des Luminières, etc.

Tiges aériennes. — A La Vernarède, auprès du puits Nord, tiges variées au toit de Terrenoire et au mur de Dumazert; dans le ravin des Blachères, troncs à différents niveaux ; à Pourcharesse, *Psaronius* entre Jenny et Terrenoire, et souche de *Cordaites* au mur de Saint-Augustin ; au Mas-Andrieu, *Calamodendrea rhizobola* au toit de la couche Terrenoire ; à la galerie Werbrouck,gros troncs entre les couches Canal et Sainte-Barbe; et dans la région du puits Sud, *Psaronius, Calamodendron* et *Syringodendron* au toit de Canal, et *Calamites* au toit de Rouvière. Au Chauvel, comme à La Vernarède, nombreuses tiges enracinées dans le ravin de l'Oguègne, notamment *Psaronius* et *Calamodendron* au-dessus et au-dessous de la couche Rouvière maigre ; *Calamites* major, *Calamodendron* au toit de la couche Chauvel. Au N.-O. de Portes, nombreux *Calamites* et autres tiges sur la couche des Lavoirs.

Dans le Vallat de l'Auzonnet, tiges dressées au toit de La Forge et entre celle-ci et la couche Crouzette, et *Syringodendron* au toit de cette dernière. A la carrière de La Crouzette (PL. III *bis*), *Psaronius*, *Calamodendron* et *Syringodendron* à plusieurs niveaux. A Champclauson, au toit de la couche, nombreux *Syringodendron* à la galerie de Pétassas, et *Calamites*, *Arthropitus*, *Sigillaria*, *Psaroniocaulon* et *Cordaites* aux Rosiers.

A La Grand'Combe, voir les coupes des couches (PL. III *bis*) ; à La Trouche, *Syringodendron* et *Psaronius* au toit et entre les bancs de La Grand'Baume ; à la tranchée du chemin de fer, *Rhizocordaites* ; à Ricard, à La Verrerie et à Luce, *Cordaites, Calamodendron*, *Psaronius*, penchés au Nord d'une manière significative.

A Saint-Jean, au-dessus de la couche Michel, touffes de *Cal. Suckowii* comme au mur de la 2ᵉ couche au Treuil (Saint-Etienne), et tiges ligneuses (PL. III, FIG. 9); au bas du plan automoteur, plusieurs autres tiges ; et dans les schistes sortis du puits Pommier, indices de *Psaronius*. A Molières, outre de rares *Calamites*, *Stigmariopsis* très rameux, et au toit de la couche Sainte-Clémentine, *Psaronius radices.*

A Bessèges, nombreux *Syringodendron* dans la galerie de Créal, tiges variées au ravin des Forges, *Psaronius* au toit de Sainte-Mathéa, et *Syringodendron* et *Calamites* dans Le Vallat des Emplis ; il paraît que les tiges debout diminuent en profondeur. A Lalle, tiges variées au toit de Saint-Yllide.

A Gagnières, *Calamites* variées à la tranchée du chemin de fer, et, dans un banc de grès supérieur, grandes tiges de *Dadoxylon*, penchées et couchées au Nord, semblant bien avoir eu pied au-dessous.

CONCLUSION TOUCHANT LA CONFIGURATION ORIGINELLE DU LAC HOUILLER ET LES OSCILLATIONS DU SOL PENDANT SON REMPLISSAGE. — MÉCANISME DE LA FORMATION.

Si communes qu'elles soient, les tiges enracinées sont loin de se trouver partout. Je n'en ai point aperçu dans les poudingues de base, il n'y en a pas, que je sache, à Gachas, ni à Montbel ; absolument aucune au Martinet, ni à l'extrémité du Rouvergue, ni dans les poudingues du mont Châtenet ; point également aux environs d'Alais, à Rochebelle, Bois-Commun et Malataverne ; à Olympie, je n'ai rencontré qu'une *Calamites* verticale au toit de la veine de charbon. Un des caractères de l'étage stérile est d'en être essentiellement privé. Les tiges aériennes sont cantonnées entre quelques couches et sur des espaces ou bandes plus ou moins limités en étendue. Leur répartition n'est pas un effet du hasard ; il s'en dégage des conclusions fort intéressantes sur l'histoire de la formation du bassin.

Je rappellerai que les *Psaronius*, *Calamodendron*, *Syringodendron*, *Rhizocordaites*, appartiennent à des tiges dont le pied baignait dans l'eau courante, mais dont la cime était aérienne ; et si les vraies Calamites pouvaient à la rigueur pousser submergées, on n'est cependant pas autorisé à supposer qu'elles aient pu croître en eau aussi profonde que les *Stigmaria*.

Et j'ajouterai que la végétation avait une propension très marquée à envahir les aires de dépôt, lorsque les circonstances de milieu et principalement l'épaisseur de la tranche d'eau ne s'y opposaient pas absolument.

Cela posé, les tiges enracinées, y compris les Calamites, gisant à divers endroits du bassin, dans les différents étages dont il se compose, établissent d'abord que celui-ci s'est déposé en général sous une couche d'eau qui n'a presque jamais, et nulle part, été bien épaisse : il a donc fallu que le bassin se creusât pendant son remplissage (1) ; les dépôts n'ont pris de l'épaisseur que là où le sol s'enfonçait le plus, cessant sur les fonds devenus fixes et à plus forte raison sur les plages qui s'exhaussaient.

Certains systèmes de couches renferment des tiges enracinées à des niveaux plus ou moins rapprochés, tandis que d'autres n'en ont pas ou presque pas.

Or, les couches portant des bases de *Sigillaires*, de *Calamodendron*, de *Cordaites*, de *Psaronius* se sont déposées sous une faible tranche d'eau. Par conséquent, les faisceaux de couches qui en possèdent à différentes hauteurs se sont formés sur un sol exposé à un affaissement continu ou plutôt saccadé. Tel est le cas des couches de Champclauson et de Portes, du moins à l'affleurement Ouest, car, près du Rouvergue, l'absence de tiges aériennes dénote une formation sous une couche d'eau comparativement plus épaisse. Il en est de même des couches de La Grand'Combe, qui se seraient déposées à l'Ouest dans des eaux basses et à l'Est sous des eaux hautes.

---

(1) Gruner a trouvé, dans les forêts fossiles, la confirmation d'une opinion analogue concernant le bassin de la Loire *(loc. cit.*, p. 162, 169).

Comme, avec cela, on ne voit pas de tiges debout dans le massif intermédiaire entre les couches de Champclauson et celles de La Grand'Combe, on est amené à l'idée d'attribuer leur absence à un affaissement brusque et important du sol, qui, après la formation de ces dernières, aurait fait reculer les forêts fossiles jusqu'à ce que, la dépression comblée, elles aient pu revenir occuper l'emplacement et le niveau des couches de Champclauson.

La montagne Sainte-Barbe, privée des arbres fossiles de Champclauson et de La Grand'Combe, s'est trouvée constamment, pendant la formation, sous une assez forte couche d'eau dont l'épaisseur augmentait encore vers le Rouvergue, autour et sur lequel je ne connais pas d'arbres enracinés, soit à Laval, soit à Mercoirol, soit au Pradel, soit à Crouzoule.

Leur absence à Rochebelle et surtout au Bois-Commun, où le dépôt s'est fait sous de grandes eaux, prouve, à mon avis, que les limites méridionales actuelles du bassin du Gardon n'ont aucun rapport avec celles du bassin géogénique, qui devait se continuer bien au-delà vers le Sud.

A Saint-Jean, les couches se sont formées à fleur d'eau, mais pendant peu de temps. La rareté et les caractères semi-aquatiques des souches trouvées à Molières indiquent un dépôt plus profond, toutefois sur une aire qui s'affaissait également.

A Bessèges, dans un espace limité, les couches moyennes ont pris naissance sous une faible nappe d'eau et sur un sol qui s'enfonçait.

Dans la partie Nord du bassin, les quelques Calamites dressées de Sallefermouse et de Pigère ne sont rien moins que le signe d'un dépôt de littoral.

Car, et cela est facile à comprendre et s'explique d'ailleurs très bien, la proximité du bord du bassin de dépôt s'annonce là même où les arbres debout de toute espèce gisent à différentes hauteurs. C'est seulement près de la lisière que la végétation marécageuse s'avançait souvent dans l'intérieur du bassin, aussi loin que le lui permettaient les exigences physiologiques de la vie. A ce compte, les couches de La Grand'Combe, de Champclauson et de Portes présentent à l'Ouest les caractères d'un dépôt de bordure.

En résumé, pendant la formation de l'étage inférieur, toute la partie connue du bassin était sous une certaine nappe d'eau ; ses limites actuelles sont loin de celles du bassin géogénique dans l'intérieur duquel sont situés les districts de Sainte-Barbe, Mercoirol, Sallefermouse, le Bois-Commun. Le Rouvergue ni le mont Cabane n'existaient comme montagnes ; il est même à remarquer qu'à l'origine les dépôts se sont effectués sur leur emplacement à une plus grande profondeur qu'en beaucoup d'autres endroits, notamment à Bessèges (jusqu'où s'avançait la végétation des marécages environnants), à La Crouzille et à Saint-Jean (où le lac s'est momentanément presque trouvé à sec).

Après la formation de l'étage inférieur, le Rouvergue s'est soulevé et il semble que par la même occasion le bassin s'est effondré avant de recevoir l'étage stérile qui, étant dépourvu totalement de racines *in situ*, s'est formé en eau profonde.

Après le dépôt de cet étage, amené par un grand mouvement orogénique, le bord Ouest du bassin s'est avancé jusque près de Gagnières.

Nous avons vu ce qui s'est passé en même temps à La Grand'Combe. Les dépôts y ont continué, et, à l'époque de la couche de Champclauson, le bord Ouest s'était avancé vers Portes, où le bassin de dépôt se trouvait limité à l'Est par le Rouvergue, dont la croupe s'élevait, pendant que par compensation son pied Ouest s'affaissait.

D'après cela — et j'anticipe sur les démonstrations qui vont suivre en m'appuyant sur elles — le bassin géogénique, au début, était régulier et très étendu, et, à la suite de mouvements contemporains de dépôts, ceux-ci se sont accumulés comme à Saint-Etienne, dans des bassins de plus en plus restreints et même isolés jusqu'au moment où, les affaissements cessant, la formation a aussi pris fin.

Si l'on rapproche ces conclusions de celles tirées des roches au chapitre IV, on les voit s'accorder et se confirmer réciproquement.

Quoi qu'il en soit, — et la sagacité des géologues aura à s'exercer encore longtemps là-dessus — des changements de niveau et des déplacements de rives se sont produits pendant la formation houillère, dans une mesure à changer l'étendue et l'épaisseur des étages et à modifier les conditions de formation de la houille, dont l'examen se place ici.

TITRE II

Conditions de formation de la houille. — Etendue et variations des couches.

Cette question se lie à la précédente, les tiges enracinées étant appelées à nous fixer sur le mode d'accumulation de la houille. Que celle-ci se soit accumulée comme la tourbe ou dans les fonds de marais, il ne s'ensuivra pas moins rigoureusement que le bassin s'est creusé au fur et à mesure de son remplissage.

L'origine de la houille présente un autre intérêt concernant l'extension des couches : ou bien elles se sont formées à la manière de la tourbe, et elles n'existent que dans les parties du bassin où la végétation pouvait s'implanter ; ou bien elles se sont déposées au fond des marais, et elles en occupent toute l'étendue, sauf les hauts fonds et les parties où la sédimentation limoneuse n'était pas suspendue ; ou bien encore, suivant une théorie nouvelle, elles se sont formées en eau profonde par voie sédimentaire dans un lac, au bas d'un delta, à sa suite, par la séparation des débris végétaux entraînés avec le limon, et elles n'occupent que l'extrémité amincie ou une faible partie des étages.

Dans le Gard plus qu'à Saint-Etienne, la formation des couches de houille correspond à un état particulier du bassin de dépôt ; l'arrêt de la sédimentation a été une condition essentielle, et un grand calme paraît avoir préludé au dépôt de charbon ; auparavant, les Stigmaria ou rhizomes aquatiques rampant sur le fond prenaient racines dans une argile schisteuse non stratifiée, assez analogue à la vase grise des marais (à Sainte-Barbe, Fontanes, Molières, Lalle (couches nᵒˢ 1 et 3), etc. ; et de cette végétation aquatique, il n'est souvent resté que des radicelles au mur des couches (PL. III et III bis). Lesdits rhizomes n'ont pas sensiblement contribué à la génération de la houille ; rarement, on en voit des vestiges sur le mur des couches. Après la formation de celles-ci, dépôt d'argile schisteuse fossilifère, puis de grès. Sous tous ces rapports, certaines couches de l'étage de Bessèges réalisent les circonstances de gisement offertes par la houille dans le Nord de la France, comme on peut en juger par comparaison avec une couche de · l'Escarpelle, dont je donne la coupe (PL. III, Fig. 17). Dans l'étage médio-cévennique et surtout dans l'étage supérieur, les couches se présentent plutôt comme dans les bassins circonscrits, variables en épaisseur et subdivisées par des nerfs plus ou moins nombreux.

Voyons maintenant par quel procédé la matière charbonneuse s'est accumulée en couches régulières.

Je ne reviendrai pas sur les controverses auxquelles a donné lieu l'origine de la houille, je les ai rapportées ailleurs dans un mémoire (1) où j'ai soutenu sans réserve le procédé de transport. Plus tard (2), je me suis rapproché de Lesquereux, en admettant le dépôt de la houille au fond de grands lacs marécageux, comme cela se passe encore dans quelques étangs forestiers, mais ce qui est aujourd'hui l'exception était la règle à l'époque houillère, dont le climat chaud et dissolvant a fait disparaître les dépôts superficiels de débris organiques analogues à la tourbe de plateau.

---

(1) *Annales des mines* 1882. Formation de la houille, p. 114.

(2) *Mémoire sur la formation du terrain houiller* p. 11.

Cependant une théorie contraire ingénieusement établie par M. Fayol (1) a paru avec un certain éclat. Mais elle n'a pas, que je sache, gagné de partisans dans les pays où l'on exploite le terrain houiller moyen. M. Newberry a insisté récemment sur ce que la nature argileuse du mur des couches et les racines qui le pénètrent imitent le lit des tourbières. M. A. Briart, prenant texte des tiges enracinées (2), cherche à réagir, opposant à la théorie de transport ce fait que les cours d'eau déposent peu de plantes à leur delta, n'y formant que des amas charbonneux irréguliers, mélangés de limon, et de faible étendue. Lesquereux, Dawson, Williamson, à la suite de Göppert, sont encore plus affirmatifs, ne s'arrêtant pas devant la difficulté qu'il y a d'admettre un affaissement subit et régulier du bassin de dépôt après la formation de chaque couche ou lit de charbon ; Lesquereux et Lesley disent avoir reconnu la preuve de ces affaissements dans la répétition de certains phénomènes littoraux. Mais le remplissage complet, uniforme, du bassin de dépôt, nécessaire à l'installation d'une tourbière supra-aquatique sur toute la surface du bassin, semble matériellement impossible. M. l'abbé Boulay (3) me paraît beaucoup plus près de la vérité lorsqu'il estime que dans le Nord de la France le bassin de dépôt n'était pas à l'état de tourbière dans toute l'étendue où se formait la houille, la végétation était reléguée sur les bords, et la partie centrale comprenait des lacs plus ou moins profonds ; mais, ajoute-t-il, les plantes ont été ensevelies presque sur place.

Les partisans de la formation par voie de tourbage sont loin de s'entendre, n'étant pas d'accord sur le rôle des *Stigmaria* dont on ne saurait faire abstraction lorsqu'il s'agit du terrain houiller moyen. M. Williamson, convaincu que ce sont exclusivement des racines de Sigillaires ou de Lepidodendrons (4), est amené par la force des prémisses à concevoir, comme M. Dawson, que l'*Underclay* est le sol de la végétation qui a formé la houille et que celle-ci provient d'un terreau végétal accumulé sur des plaines marécageuses à fleur d'eau. Après Schimper, Lesquereux (5) et B. Renault (6), ce dernier avec des arguments anatomiques de haute valeur, ont admis et démontré que les *Stigmaria* sont des rhizomes aquatiques (7).

---

(1) *Bull. Ind. minérale*, 2ᵉ série, tome XV, 1886.
(2) Discours prononcé à l'Académie royale de Belgique, le 17 décembre 1889.
(3) *Thèse de géologie*, 1876, p. 76.
(4) A monograph of *Stigmaria ficoides*, 1887.
(5) *Coal Flora of Pennsylvania*, vol. 1 et II, p. 509.
(6) Etude sur les *Stigmaria, Annales de la Société géologique*, XII, 1.
(7) De pareilles divergences de vues entre observateurs aussi habiles que consciencieux ne s'expliquent que par l'aspect changeant de ce fossile, de ce protée, qui s'étant adapté aux circonstances de formation les plus variées, offre des aperçus différents.

Je crois, de plus, que ce sont des tiges *sui generis*, à végétation ayant pu rester indépendante de celle des Sigillaires.

Par suite, leur station au mur et dans les couches de houille n'est pas contraire au dépôt du sédiment végétal sous l'eau à une certaine profondeur, c'est ce que je tenais à mettre hors de doute. Cependant, il en a surgi parfois des tiges aériennes, mais cela n'a pu se produire qu'au bord d'une lagune marécageuse, dans l'intérieur de laquelle allaient se stratifier les débris d'une végétation environnante prodigieusement active.

Avec cette idée, on comprend que les couches de houille n'aient pas nécessairement partout des racines à leur mur, que le charbon soit stratifié et qu'il puisse passer au schiste ; on comprend les alternances de filets de charbon et de schiste, et, sans faire intervenir une cause particulière, la présence de veines de houille au milieu des poudingues et jusque dans les calcaires. Cela n'exclut pas la formation sur place, elle la comporte même sur les bords de la lagune, et l'on entrevoit la possibilité pour quelques couches de s'être formées ainsi sur une grande partie de leur étendue. Mais par suite du mode de formation du bassin il n'en est presque rien resté. Il est en effet extrêmement rare de découvrir quelques vestiges d'accumulation sur place. Dans le Gard, c'est à peine si à la carrière de l'Eglise, près du bord du bassin de dépôt, la houille présente le double caractère de formation tourbeuse et sédimentée. Une fois seulement j'ai trouvé au Nord du bassin de Rive-de-Gier (Loire) de la houille présentant la structure enchevêtrée de la tourbe de forêts marécageuses.

On peut donc avancer que la partie des couches de charbon conservée dans les bassins houillers n'a certainement pas été construite sur place ; les partisans du tourbage conviennent eux-mêmes qu'il n'y a entre la houille et la tourbe, au point de vue du mode d'entassement des débris de plante, qu'une lointaine ressemblance. Comme à Saint-Etienne, j'ai parfaitement constaté à Gagnières, Saint-Jean, Champclauson, etc., dans la houille, que les plantes sont mutilées et leurs débris conservés, séparés et distribués exactement comme dans les schistes ; de plus, ils sont parfaitement stratifiés et ne se présentent absolument pas comme les organes de plantes qui auraient été enfouies sur place.

Mais si le gisement des empreintes de la houille implique leur transport par les eaux, leur conservation parfaite et la présence de nombreuses cuticules excluent le charriage par des cours d'eau longs et surtout rapides. Le plus grand calme a dû présider à l'enfouissement des débris végétaux. Les produits de la désagrégation et de l'ulmification dominant dans la houille, il faut croire que le dépôt s'en est fait sur des fonds de marais où venaient échouer les tiges et écorces stratifiées avec les boues végétales délayées qui les ont préservées de toute des-

20

truction. Un milieu chargé de produits ulmiques est nécessaire à la conservation de débris végétaux accumulés non encore recouverts de limon : on sait qu'il ne se forme pas de charbon dans les lacs dont l'eau se renouvelle, à plus forte raison devait-il en être ainsi à l'époque houillère à la suite des dépôts grossiers de delta. Donc, de quelque manière qu'on envisage la question, on est toujours ramené à l'idée d'un marais dont l'empreinte est restée attachée aux couches de houille. Dans ces conditions seulement, les principes ulmiques qui servent de liant aux débris végétaux ont pu se conserver ; dans les lacs à eau courante les feuilles et débris n'auraient formé que des charbons schisteux composés de feuilles, écorces et bois.

Dans tous les cas, la houille, dans le Gard, est un dépôt peu profond ; les roches associées sont des grès à grains, des schistes compacts et noir fossilifères, paraissant également s'être déposés comme par à-coups. Les schistes du toit imprégné de matières végétales, continuant le dépôt de la houille, annoncent la reprise de la sédimentation. Les grès compacts qui la surmontent souvent paraissent avoir été appelés par un affaissement. A Rochebelle la formation lente de la houille a été interrompue par des invasions subites et de faible durée de grattes compactes et épaisses. On voit au Nord de Portes les couches dégénérer sous l'influence d'un apport de roches micacées, et cependant elles se prolongent en conservant à peu près leur intervalle (Croquis n° 21, p. 72), comme s'il y avait eu appel simultané de graviers micacés d'un côté et de sables granitiques de l'autre par un affaissement subit survenant après la formation de chaque lit de houille formée en marais peu profond. Les mêmes circonstances se retrouvant ailleurs constituent un nouvel argument en faveur de l'enfoncement du bassin du Gard pendant son remplissage. Sans cela, les roches micacées grossières formeraient sur son bord Ouest des cônes de déjection, comme les galets de calcaire dans le tertiaire d'Alais, ce qui ne se voit nulle part.

Mais si l'on peut parvenir à remonter aux circonstances générales au milieu desquelles s'est formée la houille, on est loin de savoir à quelle règle obéit la répartition de la matière charbonneuse, soit dans une même couche, soit dans l'épaisseur et l'étendue des étages qui composent ce bassin.

Ce que je puis dire, c'est que les couches sont très étendues. Pour ne parler que de Sans-Nom, elle est connue sur les $\frac{2}{3}$ ou les $\frac{3}{4}$ du bassin. Les couches de Sainte-Barbe se retrouvent les mêmes au Martinet et à Bessèges, et, si elles s'altèrent au Nord de Lalle, nous avons vu que cela coïncide avec un changement de roches et est dû à une perturbation locale. A part ce cas, les couches ne paraissent pas devoir beaucoup changer dans les mêmes roches. Contrai-

rement à ce qui se passe à Commentry, il y a même plus de houille à Rochebelle, entre des grès gratteux, qu'à Saint-Jean, par exemple, entre des grès
fins, et à cela rien de surprenant, la houille, d'après ce qui précède, s'étant
formée dans des conditions de tranquillité bien différente de celles des roches
grossières qui l'encaissent, et d'indépendance vis-à-vis d'elles.

En dehors de l'action perturbatrice d'un cours d'eau accessoire sur la formation de la houille, rien ne peut faire prévoir les changements qu'attendent
les couches dans les régions inexplorées.

Ce que l'on peut dire, c'est que beaucoup de couches de l'étage inférieur de
Bessèges offrant les circonstances de gisement de celles du Nord de la France, en
doivent avoir aussi la continuité.

TITRE III

Distribution des empreintes végétales. — Valeur du caractère paléontologique pour le classement des couches.

La dispersion des fossiles végétaux dans les schistes du terrain houiller,
tout en confirmant leur faible transport par des cours d'eau différents avec le
limon quartzo-micacé et le limon quartzo-feldspathique, va nous offrir le moyen
de classer les couches il semble avec certitude.

On n'en est plus à la suite d'Elie de Beaumont et d'André Dumont, deux
grands maîtres de la stratigraphie, à contester la valeur du caractère paléontologique ; loin de là, on peut même dire que, actuellement, la stratigraphie
n'avance pas d'un pas sans le secours des fossiles marins.

Seulement, il y a une différence fondamentale entre les végétaux terrestres
et les animaux marins, comme éléments de paléontologie stratigraphique : tandis
que les mollusques se trouvent là où ils ont vécu, les plantes fossiles ont été
transportées et sédimentées ; l'importance des premiers dépend de la constance
dans l'espace des conditions biologiques, celle des secondes des circonstances
et des procédés même de la sédimentation.

Or, ce sont choses également inconnues, et, dans l'application, on est réduit
à se limiter aux faits. Je vais, en conséquence, examiner la manière dont les
empreintes végétales sont distribuées dans le bassin houiller dont il s'agit, et
avant d'en faire usage, apprécier leur valeur au point de vue stratigraphique.

DISTRIBUTION STRATIGRAPHIQUE DES DÉBRIS VÉGÉTAUX

Les organes végétaux désunis et morcelés sans violence, et leurs débris décomposés par des causes lentes, ne sont pas, comme cela semble être à première vue, dispersés à l'aventure et confusément mélangés dans les schistes houillers du Gard.

Lorsqu'on est parvenu à reconnaître les parties qui appartiennent aux mêmes végétaux, on les voit souvent rapprochées dans un étroit voisinage, quoique dissociées. Ainsi, avec les feuilles d'*Odontopteris* et d'*Alethopteris* gisent entremêlés leurs stipes *Aulacopteris,* jusqu'à leurs filaments gommeux. Avec les moules de Calamites, se trouvent leurs épiderme, rameaux et feuilles, à La Grand'Combe, à Fontanes, etc. Lorsqu'abondent les Sigillaires, elles sont accompagnées de feuilles, cônes et macrospores leur appartenant. Parmi les Cordaïtes gisent leurs branches et graines, et souvent avec les *Dory-Cordaites* des *Samaropsis...*

La distribution des empreintes présente une autre particularité : c'est la séparation fréquente des plantes sociales ou exclusives et leur gisement dans des couches différentes, les débris des unes étant séparés de ceux des autres et rassemblés en quantité, ce qui a fait supposer, depuis longtemps, par Lindley et Hutton, qu'elles sont à l'endroit ou près de l'endroit natal. Ainsi, à Molières, des bancs sont remplis de *Calamites varians* et d'*Asterophyllites*, d'autres ne renferment que des *Lepidodendron Sternbergii* ; les *Calamites Cistii* gisent aussi en famille. A Saint-Jean, le *Dictyopteris nevropteroides* encombre une seule veine de schiste. A Lalle, les *Odontopteris* et *Alethopteris* occupent un petit nombre de bancs isolés. A La Grand'Combe, les *Alethopteris aquilina* ne se trouvent pour ainsi dire qu'entre les deux couches Abylon et au-dessus du banc supérieur de LaGrand'Baume, et le *Pecopteris gracillima* qu'au toit de cette couche. A Lalle, Bessèges, Martinet, Sainte-Barbe, Fontanes, Molières, beaucoup de schistes ne renferment que des *Pecopteris* variés. A Gagnières, les *Pecopteris abbreviata* vont avec les *Nevropteris flexuosa.* Les *Pecopteris Lamuriana* et *polymorpha* sont généralement disjoints. Les *Dory-Cordaites* sont isolés à Fontanes, Cendras, Bessèges. A Fontanes, les *Poa-Cordaites* n'ont été rencontrés que dans une seule mise de schiste. A Fontanes, Molières, Fontanieux, sont groupés ensemble : *Asterophyllites equisetiformis*, *Volkmannia gracilis*, *Calamites Cannaeformis* et *Suckowii*, *Annularia longi* et *brevifolia*. Le rassemblement des débris de plantes ayant vécu ensemble fait que, avec les *Alethopteris*, gisent, presque partout, dans le Gard comme à Saint-Etienne, des *Pachytesta*, ou grosses graines de plantes alliées aux Cycadées.

Il y a là deux ordres de faits qui ont une signification que je vais d'abord chercher à dégager.

A la manière dont sont conservés les végétaux fossiles et rapprochés leurs organes désunis, il est incontestable qu'ils n'ont pas subi un long transport, ce que tout le monde admet. Se présentant, à peu de chose près, dans les schistes houillers comme les feuilles des arbres dans la vase des lacs, ils se sont déposés en eau tranquille ou peu agitée. Tout indique qu'ils occupaient de grands marécages aux alentours du bassin. Les forêts fossiles continuent, en effet, les forêts carbonifères, car là où dominent, couchées, soit les Calamariées, soit les Sigillaires, il y a presque toujours quelques-unes de leurs tiges ou souches en place (exemples pour les Calamariées : Grand'Combe, Fontanes, Gagnières (tranchée du chemin de fer) ; pour les Sigillaires, carrière de l'Eglise).

Sous ces divers rapports, le gisement des fossiles confirme ce qu'ils nous ont enseigné touchant la formation du bassin houiller et de ses couches de houille.

D'un autre côté, l'association en quantité des débris des mêmes espèces, prouve, qu'entraînées dans le bassin, souvent loin du bord, comme à Molières, les plantes ont longtemps flotté, et, pendant leur imbibition, subi une macération prolongée qui en a isolé les organes sur le point de tomber au fond de l'eau et de se stratifier avec le limon dans les rapports de proximité que l'on sait.

Mais bien que l'isolement des plantes soit très tranché et résume la formule de la distribution stratigraphique des fossiles végétaux, il ne constitue qu'un aspect de la question. Ayant longtemps flotté, les espèces se sont mélangées ; les *Annularia* et les *Pecopteris* se trouvent presque partout ; à Bessèges, les Sigillaires, en petit nombre, sont dispersées au milieu de tous autres débris de plantes ; à Champclauson, les *Pecopteris* sont mélangés aux *Cordaites*, etc.

Et, tout en flottant et se mélangeant, les espèces végétales — comme nous allons le montrer, — se sont répandues sur la lagune houillère, avec une uniformité dépassant, dans certains cas, tout ce que l'on pouvait désirer.

DISTRIBUTION HORIZONTALE DES EMPREINTES DANS LES MÊMES DÉPOTS
ET DANS LES DÉPOTS SYNCHRONIQUES DIFFÉRENTS

Cela est un fait constant, les fossiles végétaux sont répartis avec plus d'uniformité que le limon, même le plus fin. La flore de Gagnières est absolument identique à celle du Mazel, à 8 kilomètres de distance. Tout autour du Rouvergue, les mêmes empreintes font cortège à la couche Sans-Nom. Tous les systèmes de couches appartenant à l'étage de Bessèges, sont caractérisés par les mêmes fossiles et des associations botaniques analogues, et, qui plus est, celles-ci se succèdent dans le même ordre, ce qui est assez remarquable, vu l'étendue occupée par cet étage.

Seuls les torrents qui débouchaient directement dans le bassin ont altéré sérieusement la distribution des fossiles, en apportant d'autres régions et, peut-être, des terres sèches, des espèces particulières, des graines variées, des *Cordaites borassifolius, Dicranophyllum gallicum, Pecopteris Candolleana, gracillima,* et encore ces espèces sont-elles mélangées aux autres, et, dans un bassin ouvert, les différences dues à cette cause ne sont sensibles que près du bord même (exemple : filets des Tavernoles vis-à-vis la couche des Lavoirs).

Ce n'est réellement que quand les fossiles ont été distribués simultanément par deux grands courants d'eaux, d'une part avec des limons feldspathiques, d'autre part avec des limons micacés, que les flores de dépôts contemporains peuvent s'éloigner beaucoup (exemple : Bessèges par rapport à Sallefermouse, Saint-Jean par rapport à Montbel et à La Crouzille). Mais les flores disparates, correspondant aux *provinces paléontologiques* des mollusques, offrent de nombreux mélanges, et il existe d'ordinaire, soit au-dessus, soit au-dessous, des horizons fossilifères continus, qui permettent d'établir l'équivalence.

Et alors les différences de flore elles-mêmes, en revanche, nous révèlent des changements de roches et des circonstances de formations nouvelles, aussi utiles à connaître que l'équivalence des couches qu'elles concernent.

Il est à faire remarquer, au sujet de ces différences, que dans le Gard comme à Saint-Etienne, les terrains micacés, ou plutôt à base de séricite, renferment beaucoup plus de *Cordaites* que les roches argilo-feldspathiques ; avec ces feuilles très nombreuses au Feljas, à La Grand'Combe, Combelongue, etc., on trouve des *Pecopteris Pluckeneti, Callipteridium ovatum, Pecopteris Candolleana, gracillima,* etc.

C'est principalement lorsque les roches micacées alternent en coins avec les autres que se voit le mieux l'influence du terrain sur la distribution hori-zontale des fossiles.

DISTRIBUTION VERTICALE DES ESPÈCES DANS UNE SÉRIE DE COUCHES SUPERPOSÉES

Lorsqu'on compare les fossiles végétaux contenus dans une longue suite de couches superposées, on les voit changer de forme et de nombre d'un dépôt à un autre et même d'une couche à l'autre, d'une manière souvent brusque, mais fortuite ; et, des couches inférieures aux supérieures, on voit la flore se modifier d'une manière lente, définitive, sans retour en arrière.

Les variations brusques des espèces sédimentées se remarquent dans les faisceaux homogènes les moins susceptibles de divisions. Les végétaux enfouis changent à chaque instant sur la verticale. Il n'est même pas rare de trouver entre deux couches voisines des flores aussi éloignées, en apparence, que celles de deux étages distincts, mais le fait s'étant produit en dehors des lois qui ont présidé au développement botanique, n'a que la valeur d'un accident.

Toutes les espèces ne se comportent pas de la même manière, et leur distribution verticale doit nous arrêter un instant.

Quelques-unes sont caractéristiques d'un dépôt comme ne se trouvant pas dans les autres, tels sont les *Alethopteris aquilina* à La Grand'Combe, le *Pecopteris Lamuriana* à Bessèges.

Il y en a qui, après une longue absence, font des réapparitions soudaines qui dérouteraient l'observateur si les changements incessants de la flore et de la végétation n'avaient eu pour effet de faire varier constamment les combinaisons de fossiles. Il y a beaucoup d'espèces intermittentes, c'est-à-dire ne se rencontrant qu'à certains niveaux, comme les *Callipteridium ovatum, Odontopteris Reichiana, Nevropteris flexuosa*, etc. Il y a aussi des groupes de fossiles à gisements saccadés, comme celui des *Pecopteris arborescens, Alethopteris, Odontopteris, Asterophyllites rigidus* et *polyphyllus*, qui, répandus à la partie inférieure de Bessèges, cessent de paraître dans les couches moyennes pour revenir à la partie supérieure de cet étage. Ce n'est pas que l'existence de ces végétaux ait subi d'interruption, ils ont seulement par intervalles échappé à la sédimentation. Mais à des niveaux différents les espèces ou groupes discontinus sont associés à d'autres végétaux. Il est à remarquer à ce sujet que les Calamariées, amies des eaux, subissent moins d'interruptions que les autres groupes de plantes.

Il y a des types ou espèces qui se rencontrent pour ainsi dire dans toutes les assises d'un terrain houiller, et, bien que se présentant en nombre très variable, elles peuvent faire douter du caractère paléontologique pour le classement des couches.

Une distinction est à faire entre les espèces ubiquistes.

Nous en verrons au livre troisième qui, étant fondées sur les organes les moins variables de certains végétaux, ont une importance quasi-générique (1) et sont, par suite, aptes à se trouver dans tous les étages du terrain houiller, telles que les *Stigmaria ficoides, Syringodendron alternans, Calamites cannæformis, Suckowii, approximatus*, etc.

---

(1) Grand'Eury, *Compte-Rendu de l'Académie*, 2 février 1886.

D'autres espèces spéciales au terrain houiller supérieur offrent de l'un à l'autre étage des différences que j'apprécierai plus loin comme paléontologiste, mais qu'ici je dois envisager comme stratigraphe. Parmi ces espèces figurent les *Pecopteris Plucheneti, Pecopteris arborescens, unita, Callipteridium ovatum, Odontopteris Reichiana, Caulopteris macrodiscus, Asterophyllites densifolius, Equisetites infundibuliformis, Pseudosigillaria monostigma, Poa-Cordaites linearis.* Nous verrons que ces types plutôt que ces espèces se sont diversifiés sous des formes affines qui se succèdent dans le temps suivant une filiation qui paraît certaine. Je n'admets pas pour cela, avec M. Stur, que les espèces se sont indéfiniment transformées ; mais, avec de Koninck, je crois que d'un étage à un autre les fossiles sont différents, malgré les apparences contraires.

Cependant il y a des espèces également persistantes qui sont irréductibles, dans l'état actuel de nos connaissances, telles que les *Pecopteris polymorpha, Cordaites borassifolius, Annularia brevi et longifolia,* etc. Parmi elles, les plus durables et à la fois les plus communes sont les espèces qui s'accommodaient le mieux des eaux courantes, comme les *Annularia.*

RÈGLES D'APPLICATION DES PLANTES FOSSILES AU CLASSEMENT DES COUCHES

Malgré la persistance, la récurrence et les enchevêtrements des espèces végétales, leur examen attentif et l'inventaire de la plus grande partie des formes spérifiques permettent toujours de reconnaître des différences de flore et de végétation entre étages, assises, faisceaux de couches et même couches isolées.

Mais il va sans dire que pour être à l'abri d'erreurs, le classement doit porter sur la détermination rigoureuse de l'ensemble des espèces. Et, dans quelques cas, c'est seulement en ayant égard au mode de conservation et à l'assemblage des fossiles, ce dont on ne peut se rendre compte que sur place, qu'on peut obtenir, non sans beaucoup de peine, des résultats satisfaisants.

Les considérations et développements qui précèdent suggèrent d'ailleurs quelques réserves et certaines règles d'application.

Si les changements brusques qui se manifestent fréquemment d'une couche à l'autre suffisent à les reconnaître individuellement, cela ne peut être que d'une manière relative à cause du caractère accidentel de ces changements. Pour suivre la piste des couches sur de grands espaces, il est prudent de tenir compte du plus grand nombre possible de fossiles contenus dans les roches encaissantes, lors même que plusieurs d'entre eux seraient caractéristiques. Il ne faut pas attribuer trop d'importance à un seul de ces fossiles, surtout s'il n'occupe qu'une mince épaisseur de schiste, comme les *Nevropteris fluxuosa* entre Sainte-Barbe et Laval, parce que l'espèce peut disparaître avec le banc de rocher qui la renferme.

Relativement aux faisceaux de couches, les différences botaniques qui les distinguent sont à démêler au milieu de termes très nombreux éparpillés dans toute l'épaisseur d'un système de gisement. Les différences de cet ordre résultent tout autant des caractères négatifs de l'absence de certains genres et espèces que des fossiles qui par le nombre et la forme représentent les traits positifs de la flore des faisceaux à classer. Les espèces intermittentes, en simplifiant les comparaisons, peuvent rendre de grands services. Les plus nombreuses sont les plus faciles à mettre à contribution. A cause des difficultés qu'il y a de découvrir les espèces rares, il n'est avantageux de les mettre en ligne de compte que quand, comme le *Pecopteris discreta*, elles caractérisent un étage. On peut négliger, comme constantes dans les combinaisons, les espèces ubiquistes dont les nuances sont difficiles à apprécier, à moins qu'elles ne jouent par le nombre un rôle important dans la végétation.

En ce qui concerne les étages qui ont un caractère de moins en moins local, il convient d'emprunter leurs attributs principaux à l'évolution de la flore, c'est-à-dire aux changements de composition et de nature par lesquels elle a successivement passé dans la suite du temps. Ainsi considérés, les caractères des étages sont indépendants des circonstances de la sédimentation, beaucoup moins sujets à défaillance que ceux des groupes de couches, et, formés de termes correspondant aux étapes de la transformation du monde végétal, ils offrent le moyen de déterminer d'une manière générale et sûre l'ordre de superposition des systèmes de dépôts du terrain houiller.

C'est pour cela que nous allons d'abord établir le classement général des couches du Gard, et, nous conformant ainsi aux principes de la méthode naturelle, après avoir déterminé à grands traits les rapports stratigraphiques des systèmes de gisement, nous essayerons, avec plus de chance de succès, d'en reconnaître et paralléliser les groupes de couches.

TITRE IV

Divisions paléontologiques du bassin houiller du Gard en étages, sous-étages et zones fossilifères d'Oppel.

La flore fossile s'est modifiée d'une façon continue, sans rénovation soudaine, et aucune démarcation nette ne sépare les étages. Toutefois, les différences s'accentuant de plus en plus et portant sur des changements d'un ordre supérieur, forment à la longue des repères qui ne sauraient tromper lorsqu'on sait dans quel

21

ordre s'est produite l'évolution (1), ordre qui a permis de conclure que les couches de Bessèges sont plus anciennes que celles de La Grand'Combe.

Les plantes terrestres ayant changé beaucoup plus rapidement que les mollusques, resserrent les étages qu'elles définissent entre des limites assez étroites pour permettre des rapprochements utiles.

Recherchons d'abord en combien d'étages paléophytologiques se partage le bassin des Cévennes et groupons-en les fossiles caractéristiques.

Evidemment, il nous faut emprunter ces derniers aux parties du bassin les mieux connues et qui peuvent le plus aisément servir de point de départ au classement des autres systèmes de couches. Et, pour cela, les deux séries de couches de La Grand'Combe et de Bessèges sont tout indiquées. Mais leur niveau relatif n'est pas apparent et comme il est encore discuté, la première chose à faire est de le déterminer avec la rigueur que comportent l'emploi des empreintes végétales.

DÉTERMINATION PRÉALABLE DU NIVEAU RELATIF DES COUCHES DE BESSÈGES PAR RAPPORT A CELLES DE LA GRAND'COMBE

Nous avons vu, livre I, chapitre III, que la série des couches de Bessèges se continue par Le Martinet, Mercoirol, Laval, jusqu'à la montagne Sainte-Barbe, où elles s'arrêtent à l'accident du col Malpertus, en face des couches de La Grand'Combe, et fait observer ci-dessus qu'à Sainte-Barbe on reconnaît facilement la flore de Bessèges.

Or, la flore de Bessèges se compose de fossiles plus anciens que ceux de La Grand'Combe. A Bessèges, les *Sigillaires* costulées sont fréquentes et variées, quelques-unes sont identiques à celles du terrain houiller moyen du Nord de la France ; l'abondance des *Pecopteris* triangulaires et nevropteroïdes est à la base du terrain houiller supérieur, les *Asterophyllites* sont analogues à ceux du terrain houiller de la Saxe, et les *Odontopteris, Sphenopteris*, Calama- riées plus semblables à ceux de Zwickau qu'aux fossiles similaires d'aucun autre bassin houiller supérieur plus récent d'Allemagne. Les espèces communes entre le Gard et l'Amérique du Nord se trouvent au premier endroit dans les couches inférieures et moyennes, et, dans le Nouveau-Monde, à Mazon-Creek, Cannelton, etc., c'est-à-dire à la jonction du terrain houiller moyen avec le terrain houiller

---

(1) Grand'Eury, *Flore carbonifère*, 1877, livre II, p. 465. — Zeiller, *Annales des Mines,* 1887, p. 341.

supérieur. Bref, les empreintes végétales qui règnent à Bessèges assignent aux couches qui les contiennent une place à la base du terrain houiller supérieur.

A La Grand'Combe, il y a bien encore des formes relativement anciennes, telles que *Pecopteris arborescens, Platoni, Sphenophyllum Schlotheimii* et *filiculme, Sigillaria elliptica,* etc. ; mais avec *Odontopteris obtusa,* Walchia *piniformis,* commencent à se montrer les espèces presque toutes modernes de Champclauson, telles que *Sigillaria Lepidodendrifolia, Pecopteris Cyathea, Sphenophyllum oblongifolium,* etc., de sorte que le faisceau de La Grand'Combe est, à tout prendre, plus élevé que celui de Bessèges ou de Sainte-Barbe.

Si en effet on compare au point de vue paléontologique le bassin du Gard au bassin de la Loire, on remarque qu'à Bessèges sont les mêmes fossiles qu'à Rive-de-Gier : *Pecopteris arborescens, Lamuriana, Sigillaria tessellata, Lepidodendron Sternbergii, Sphenopteris chærophylloides,* etc., alors qu'à Champclauson on rencontre les empreintes de Saint-Etienne : *Pecopteris Biotii, Cyathea hemitelioides, Odontopteris Brardii, obtusiloba, Dictyopteris Schützei, Tæniopteris jejunata, Sphenophyllum oblongifolium, Asterophyllites densifolius, Cordaites lingulatus, Poa-Cordaites linearis,* etc., et cela pour ainsi dire sans mélanges d'espèces anciennes, c'est-à-dire un ensemble de caractères positifs et négatifs qui ne laisse subsister aucun doute sur la contemporanéité de l'étage de Champclauson avec les couches inférieures et moyennes de Saint-Etienne (1).

Les fossiles repoussent donc toute assimilation des couches de Sainte-Barbe avec celles de Champclauson, et présentent, entre ces deux systèmes de couches, des différences complètes caractérisant, verrons-nous plus loin, à Champclauson l'étage supérieur du Gard, et à Sainte-Barbe l'étage inférieur. Les deux formations sont stratigraphiquement très éloignées : à Sainte-Barbe, beaucoup de *Pecopteris Lamuriana* absents à Champclauson où abonde le *Pecopteris Cyathea* inconnu à Sainte-Barbe ; à Sainte-Barbe, *Sphenophyllum filiculme, Asterophyllites hippuroides;* à Champclauson, *Sphenophyllum oblongifotium, Asterophyllites densifolius;* à Sainte-Barbe, Sigillaires cannelées; à Champclauson, unies; à Sainte-Barbe, pas d'*Alethopteris;* à Champclauson, au contraire, beaucoup d'*Alethopteris* et d'*Odontopteris;* à Sainte-Barbe, presque pas de *Cordaites;* à Champclauson, beaucoup de *Cordaites,* et si des deux côtés il y a des *Pecopteris* nevropteroïdes, ils sont à la fois plus nombreux et plus variés à Sainte-Barbe

(1) Lorsque nous nous occuperons de l'âge du bassin, nous compléterons l'exposé des preuves en faveur des propositions ci-dessus.

qu'à Champclauson. En somme, les plantes fossiles de Sainte-Barbe sont presque toutes différentes de celles de Champclauson et très peu sont communes avec La Grand'Combe.

M. Zeiller, de son côté, avait été conduit aux mêmes conclusions dans un rapport qu'il fit en 1881 pour la Cie de La Grand'Combe et qu'il m'a obligeamment communiqué. Bien que l'auteur en ait fait plus tard l'objet d'une communication complète à la Société géologique (1), je crois néanmoins instructif de donner un résumé et faire un extrait (2) de son rapport de 1881.

Dans ce rapport, M. Zeiller dresse un tableau de 60 espèces trouvées : 1° dans les trois systèmes de Sainte-Barbe, Grand'Combe et Champclauson ; 2° dans les systèmes groupés deux à deux ; 3° propres à chaque système. Il en fait ressortir cette conséquence, que, si la position des couches de Champclauson n'était pas connue par rapport à celles de La Grand'Combe, on serait porté à placer les premières plus haut que les secondes ; or, ne remarquant que deux espèces communes à Sainte-Barbe et à Champclauson, et voyant à Sainte-Barbe que la plupart des types sont plus anciens même que ceux de La Grand'Combe, il est finalement conduit à placer Sainte-Barbe au niveau le plus inférieur. Toutefois, il ne se prononce qu'avec réserve, se défiant des preuves négatives et regrettant le petit nombre d'espèces rencontrées alors (1881) à la montagne de Sainte-Barbe.

---

(1) *Bull. Société géologique*, décembre 1884, p. 131.

(2) « La considération des espèces est d'accord avec le petit nombre de formes com- « munes à Champclauson et à Sainte-Barbe pour faire présumer que ce dernier système est « plus ancien que le premier ; les *Sphenophyllum cuneifolium* et *Saxifragaefolium*, les « *Pecopteris arborescens, Lamuriana, dentata*, et surtout les sigillaires à écorce cannelée « (*Sigill. Candollei, oculata, elongata*) trouvées à Sainte-Barbe et non trouvées JUSQU'A « PRÉSENT à Champclauson sont des plantes des niveaux inférieurs ; au contraire, les « *Alethopteris aquilina, Callipteridium ovatum, Nevropteris auriculata*, les *Odontopteris*, « *Taeniopteris, jejunata, Dictyopteris Brongnarti* et surtout *Schützei, Pecopteris cyathea*, « *hemitelioides, arguta*, les Sigillaires non cannelées (*Sig. Brardii. Serlii, spinulosa*), le « genre *Poa-cordaites*, trouvés à Champclauson et absents JUSQU'A PRÉSENT à Sainte-Barbe « sont caractéristiques des couches supérieures du terrain houiller.

« Si, de même, on compare les couches de La Grand'Combe avec celles de Sainte- « Barbe, la flore conduirait encore à mettre celles-ci au-dessous de celles-là, à raison de la « présence dans les premières des genres *Callipteridium, Odontopteris, Poa-cordaites, Wal-* « *chia*, des *Alethopteris aquilina, Pecopteris Cyathea*, et des Sigillaires non cannelées (S. « *Serlii, spinulosa*) qui PARAISSENT manquer dans les secondes ; la présence à Sainte- « Barbe du *Sigillaria elongata*, qui représente à mes yeux un type assez ancien et qui « JUSQU'ICI n'a pas été vue à La Grand'Combe, confirmerait ces indications. »

J'étais auparavant parvenu à soupçonner ce rapport avec des données encore plus incomplètes (1).

En résumé, on remarque de chaque côté de cette barrière géologique qu'on appelle dressant du col Malpertus la plus grande uniformité dans la dispersion des fossiles, et entre les deux côtés il n'y a pour ainsi dire rien de commun.

Le sondage de Ricard est venu mettre le sceau à ces démonstrations par la découverte d'un faisceau de couches inférieures à celles de La Grand'Combe. Toutefois les couches découvertes n'étant pas assimilables à celles de Sainte-Barbe, le problème posé reste aux yeux de quelques personnes encore à résoudre. C'est pourquoi je maintiens les discussions qui précèdent.

Maintenant, un mot d'historique sur le sondage de Ricard (2) qui résout à l'honneur de la botanique stratigraphique une des questions de mine les plus controversées. Ce sondage, commencé en juillet 1881, à la suite d'une étude spéciale de M. Zeiller, fut arrêté en avril 1882, à 400 mètres, dans de très vilaines roches. Je fus consulté quelque temps après sur la reprise de ce sondage. Je connaissais alors l'ensemble du bassin houiller, j'avais pu me rendre compte que le faisceau de Sainte-Barbe est l'équivalent de celui de Bessèges, et j'avais lieu d'admettre que les couches de La Grand'Combe appartiennent au même étage que celles de Gagnières. Dès lors, j'estimai que ledit sondage était arrêté en plein terrain stérile, et comme celui-ci a, entre Lalle et Gagnières, une épaisseur de plus de 600 mètres, je tâchai de convaincre la Compagnie qui se décida résolument et reprit le sondage le 1er mars 1884.

DIVISION EN ÉTAGES ET SOUS-ÉTAGES

Connaissant la série entière des couches de chaque bassin (Voir Pl. II) et leur âge relatif, nous sommes en mesure d'aborder le programme suivant :

Rechercher en combien d'étages paléontologiques se partage le terrain houiller du Gard tout entier et établir des coupures dans ces étages.

Nous venons de voir qu'il y a entre les couches de Champclauson et celles de Bessèges autant de différences paléontologiques qu'entre les couches

---

(1) *Flore carbonifère* 1877, p. 542.

(2) *Bulletin Soc. géolog. de France,* novembre 1885, p. 32. — *Bulletin Soc. de l'Ind. minérale,* 2ᵉ série, t. XIV, 1885, p. 541.

moyennes de Saint-Etienne et celles de Rive-de-Gier. Les deux premières séries
de couches du Gard renferment ainsi les éléments de deux étages bien distincts,
séparés dans la Loire par l'étage intermédiaire des poudingues de Saint-Chamond.
Il est même à remarquer que l'étage stérile du Gard est, en général, du même
âge que les poudingues également stériles de Saint-Chamond.

Entre les étages inférieur de Bessèges et supérieur de Champclauson,
existent des formations variées et très importantes qui présentent naturellement
des termes de transition vers l'un ou l'autre, mais outre qu'elles ne sauraient
être rapportées aux susdits étages sans rompre les analogies, elles possèdent
sinon une aussi grande unité botanique, du moins des caractères propres qui
légitiment amplement la création d'un étage intermédiaire que je qualifierai de
medio-cévennique.

En dehors des trois étages paléontologiques, il y a à la base du terrain houiller
deux systèmes de dépôts particuliers, tant par les roches que par les fossiles, de
manière à justifier leur séparation l'un de l'autre et de l'étage de Bessèges.

D'un autre côté, l'étage de Bessèges se subdivise par les fossiles en deux
parties distinctes, ou sous-étages.

L'étage stérile, constaté à La Grand'Combe, forme, en outre, une assise dont
l'individualité stratigraphique est au plus haut point affirmée entre Bessèges et
Gagnières.

Enfin l'étage de Champclauson est couronné par un massif de poudingues
qui par leur composition forment une autre et dernière division du terrain houiller.

Le bassin comprend ainsi neuf étages, sous-étages et assises paléontologiques et stratigraphiques, dans lesquelles toutes les couches du Gard seront
classées au titre V suivant.

Subdivision des sous-étages en zones fossilifères.

Si, descendant dans les détails et s'arrêtant à une région, on cherche à
subdiviser un système de gisement et à reconnaître l'autonomie de ses couches,
on arrive à des résultats d'autant plus intéressants qu'ils peuvent avoir une portée
pratique.

On a vu que la distribution verticale des espèces de plantes offre cette particularité que la flore change parfois complètement d'une couche à l'autre, ou
d'un groupe de couches par rapport à celui qui le précède ou le suit immédiatement.

A Bessèges, par exemple (PL. II), au-dessus du prolongement des couches du
Feljas, on distingue le groupe des couches inférieures Saint-Félix, Sainte-Barbe
jusqu'à Saint-Emile inclusivement, du groupe des couches supérieures commençant

à Sainte-Mathea. Or, dans le prolongement du Feljas se présentent en nombre *Callipteridium*, *Alethopteris*, *Cordaites*, *Pecopteris arborescens*, et dans le groupe inférieur de Bessèges dominent les *Pecopteris Lamuriana*, *pteroides*, *abbreviata*, *Miltoni*, *lobulata*, *distans*, *etc.*, sans pour ainsi dire plus de *Cordaites*, ni d'*Alethopteris*, ni *Callipteridium*, ni *Pec. arborescens* si abondants en dessous, et sans les Sigillaires qui donnent la note au groupe supérieur avec une proportion croissante d'*Asterophyllites*. Dans le groupe inférieur, les *Pecopteris* prédominent de toute manière, formant dans les couches Saint-Félix et Sainte-Barbe une combinaison distincte où le *Pecopteris Lamuriana* a la première place. Ce que l'on constate à Bessèges se retrouve jusqu'à Sainte-Barbe. De part et d'autre, les changements verticaux sont assez bien marqués par l'association des espèces et la proportion des individus pour me permettre de faire plus loin une comparaison détaillée entre les systèmes de gisement de Sallefermouse et de Bessèges.

Parmi les groupes de couches, il existe des zones qui tranchent par des caractères tout particuliers et faciles à distinguer. Tel est l'horizon de *Sans-Nom*, qui, comprenant des roches spéciales, forme une des divisions naturelles du classement général des couches.

Pour ce qui est de leur classement individuel, nous avons vu que certaines d'entre elles ont des fossiles propres, comme le *Nevropteris flexuosa* pour la couche Sans-Nom vis-à-vis de ses voisines. Mais on serait dans l'erreur si l'on se figurait que ce fossile la caractérise uniquement, car il abonde encore plus à Gagnières qu'à Mercoirol. Une couche est beaucoup mieux caractérisée par un ensemble d'espèces sociales que par une seule forme organique, fût-elle exclusive. Nous avons établi, à la fin du titre III, quelques principes à consulter, et dit que, pour le classement des couches, il convient d'avoir égard aux modes de dissociation, de conservation et d'assemblage des espèces végétales, ce dont l'abbé Boulay (1) a aussi reconnu l'utilité dans le Nord de la France.

Par ce moyen, nous avons reconnu La Grand'Baume dans le dressant de Trépeloup à Comberedonde, et la couche des Lavoirs à L'Affenadou (par sa végétation de Sigillaires et de Cordaïtes entre roches pourvues d'autres associations végétales) ; à Fontanes, la 4ᵉ couche est suffisamment caractérisée par sa végétation subaquatique de *Calamites*, *Asterophyllites* et *Annularia*, pour certifier qu'elle affleure à Saint-Félix à côté des calcaires oxfordiens exploités pour castine. Toutefois, les changements qu'éprouve la couche des Lavoirs,

---

(1) *Thèse de géologie*, p. 60.

au N.-O. de Portes, invitent à procéder avec mesure dans une étendue restreinte à un ou deux districts miniers voisins. Cependant les horizons sont fréquents, et je me figure que l'examen attentif et comparé des fossiles, couche par couche, ferait découvrir, entre le plus grand nombre, des différences constantes, au moyen desquelles on pourrait s'orienter dans les recherches de mine.

Mais je ne pouvais, loin d'Alais, avoir même l'intention d'accomplir une pareille tâche, qui aurait exigé des recherches aussi longues que celles faites pour le classement général qui suit :

TITRE V

Classement des couches du Gard dans neuf divisions et subdivisions paléontologiques et stratigraphiques.

Les conclusions du premier livre de ce mémoire reposant principalement sur la détermination des couches, celle-ci doit maintenant nous occuper d'une manière toute spéciale, avec l'aide des fossiles.

Le bassin du Gard, à cause de l'isolement de ses parties, présente sous ce rapport des difficultés qui n'ont pas été vaincues par les moyens qu'offre la géologie. On n'a fait que des hypothèses gratuites sur la place des systèmes de gisement de Saint-Jean et Molières, et de Rochebelle, par rapport à la série des couches exploitées soit du côté de La Grand'Combe, soit du côté de Bessèges. Rien n'a permis de reconnaître la position relative du système de Sainte-Barbe vis-à-vis des couches de La Grand'Combe, non plus que celles de La Vernarède en regard de Champclauson.

Il y a longtemps que E. Dumas a essayé (1) de compléter son étude du terrain houiller au moyen des indications que pouvaient lui fournir les végétaux fossiles, auxquels il avait la plus grande confiance comme éléments de première importance pour le classement des couches. Mais la connaissance alors imparfaite des plantes de l'époque houillère, jointe aux difficultés de la détermination de leurs débris, ne lui permirent pas d'en tirer un parti utile. Je laisserai donc de côté ses essais, qui n'ont pas réussi parce qu'il n'a envisagé que quelques fossiles au lieu de rechercher, apprécier et compter, si je puis dire ainsi, partout la plus grande somme d'empreintes végétales.

---

(1) *Statistique géologique.* — 2ᵉ partie, p. 137.

Connaissant les changements qu'a éprouvés la flore fossile dans l'épaisseur des deux longues séries de couches qui se succèdent sans solution de continuité à La Grand'Combe et à Bessèges, je vais comparer, étage par étage, faisceau de couches par faisceau de couches, les autres parties du bassin avec les termes de ces deux séries comme repères, espérant avoir réuni assez de matériaux pour déterminer les véritables rapports stratigraphiques qui relient entre elles les couches du bassin.

Je renvoie à la carte, où sont teintées les subdivisions paléontologiques.

I. — FORMATION BRÉCHIFORME

Nous avons dit qu'un liséré de terrain bréchiforme et vineux s'étend du Fraissinet à La Jasse. Ce terrain se reconnaît à La Favède et à Olympie ; il n'est bien représenté sur le bord Ouest du Rouvergue que dans un ravin près du Mas-Mestre. De la pointe Sud de cette montagne, la formation s'étend jusque près de Brahic, prenant de l'épaisseur à partir du Feljas, et, plus au Nord, s'étendant en largeur des Chamades jusqu'à La Gagnières.

Surmontée de quelques filets schisto-charbonneux, la formation bréchiforme a sa flore propre, comprenant : *Alethopteris irregularis, distans, crenulata, Pecopteris Candolleana* (particulier), *arborescens, gracillima, oreopteridia, abbreviata;* quelques *Nevropteris. Dictyopteris nevropteroides, Cordaites borassifolius* (nombreux), *Leyleia angusta, Cebenna pterophylloides,* graines variées.

Or, on trouve : au Rieubert les mêmes fougères qu'au Péreyrol ; au Vern l'*Alethopteris irregularis* du Péreyrol, et les *Alethopteris, Pecopteris Candollei* et *Cebenna pterophylloides* du Fraissinet; dans le lambeau houiller de Felgeasse, les *Alethopteris* et autres fossiles du Péreyrol. Le filet charbonneux du Plô possède les grands *Nevropteris* du Rieubert. Dans toutes ces régions les brèches font donc partie d'un seul et même dépôt.

A Martrimas les empreintes sont plus variées qu'ailleurs dans des schistes qui paraissent se rattacher autant aux poudingues supérieurs qu'à la brèche.

II. — POUDINGUES DE BASE ET COUCHES INFÉRIEURES DU FELJAS, DE PIGÈRE ET DE TRAQUETTE

Au-dessous de l'étage de Bessèges existe un premier faisceau de couches qui paraissent faire suite, sur la verticale, aux poudingues inférieurs de la partie Nord du bassin ; et, bien qu'elles soient parallèles, à peu de chose près, à celles

22

de Bessèges, elles en sont réellement indépendantes par les fossiles et les roches quartzo-micacées qui les encaissent partout où on les trouve.

Elles renferment beaucoup de *Cordaites borassifolius* et *grandis*, avec *Cordaites acutus*, et de nombreux *Pecopteris arborescens*, *Candolleana* (v.); des *Alethopteris*, des *Pecopteris gracillima; Pecopteris dentata; Odontopteris Reichiana* (v. β) et *Callipteridium ovatum* (fréquents), *Pecopteris Pluckeneti; Asterophyllites polyphyllus*, *Macrostachya infundibuliformis; Dicranophyllum gallicum*, *Cardiocarpus emarginatum* (assez fréquent), *Pachytesta intermedia; Sigillaria cyclostigma* (rares), etc.... Pas encore de *Pecopteris Lamuriana* et, comme autres caractères négatifs, absence de *Pecopteris polymorpha* et *pteroides*, si communs dans les couches immédiatement supérieures.

Sur la carte, une bandelette jaune est placée sur les couches inférieures.

Les couches du Pradel et de Broussous ont les roches et les fossiles de celles du Feljas, et nul doute que, dans l'origine, elles ne se rejoignent par-dessus Le Rouvergue ; au fond du golfe de Crouzoule, en effet, on reconnaît exactement les dépôts du Mas-de-Curé ; un lambeau isolé de ces couches a, du reste, été conservé au pont du Feljas, pincé entre le micaschiste et un filon de quartz juxtaposé à la barytine.

Leur absence, à l'extrémité Sud du Rouvergue, dénote une formation discontinue.

De l'autre côté du bassin du Gardon, elles s'annoncent à Soustelle, et reparaissent entre Malataverne et Rouquet, et à Traquette. Le puits du Provençal paraît avoir touché les petites couches de Traquette.

Dans le bassin de La Cèze, les couches du Feljas se rapprochent de celles de Bessèges et disparaissent, et, après une assez longue interruption, on les retrouve au Mas-Bleu, remontées au jour par un grand soulèvement transversal.

Le passage des couches inférieures s'accuse à La Clède, à Gachas, en haut du Malpas, dans le Vallat des Nibes, par les fossiles conjointement avec les roches, et c'est à elles que se rattache le banc de houille de 0^m,30 à 0^m,50 qui affleure en accident dans le lit de La Gagnières. Au Nord de cette rivière et à l'Ouest du dressant, on reprend la piste des couches inférieures au Mas-Fabre.

Le faisceau s'enrichit à Combelongue et au Cros et, après une nouvelle interruption causée par des failles, se reforme plus riche et plus condensé que nulle autre part dans les deux cuvettes de Garde-Giral et des Pilhes (les roches et les fossiles, que l'on m'a dit provenir de la 2e cuvette, sont bien ceux des couches inférieures).

Par les fossiles, la petite couche de La Fenière me paraît appartenir à la même formation.

III. — BASE DE L'ÉTAGE DE BESSÈGES. — HORIZON SANS-NOM

L'étage de Bessèges, par les roches et les fossiles réunis, tranche complètement sur les couches inférieures ; il commence avec l'horizon de Sans-Nom, et celui-ci a des caractères propres qui le détachent des couches supérieures et lui impriment une individualité qui m'engage à l'envisager séparément. J'ai, du reste, employé à le distinguer, sur la carte, une couleur bistre.

Cet horizon, outre ses propres fossiles, gît, sans nodule, dans des grès blancs massifs et des schistes gris feldspathiques particuliers ; il est surmonté d'une épaisseur importante de schistes durs, sombres, qui le séparent des couches de Bessèges.

La couche Sans-Nom, simple ou divisée en deux ou trois branches, renferme, dans les roches qui l'avoisinent, des fossiles caractéristiques, mélangés à ceux qui prédominent dans l'étage de Bessèges, toutefois sans Sigillaires. Les fossiles distinctifs, par cela même qu'ils n'existent ni au-dessus ni au-dessous, qui vont ensemble et, étant nombreux, sont faciles à trouver, sont spécialement : *Nevropteris flexuosa* en première ligne, *Sphenophyllum truncatum*, avec *Pecopteris Lamuriana et abbreviata* (espèces, très abondantes près la couche du Pin qui, dans certaines circonstances, paraît n'être qu'un satellite de Sans-Nom), peu de *Cordaites*.

De la montagne Sainte-Barbe, la couche Sans-Nom a été suivie, par la marche de l'exploitation, jusqu'au Pradel et à Laval. Là, ses affleurements s'annoncent, par la seule présence du *Nevropteris flexuosa*, à La Tuilerie (point où la couche s'enfonce sous le trias), aux Mas-Nègre et de L'Antoinette, et sur le ruisseau Malboisson. Ledit fossile a fait découvrir à M. Platon un dressant passant par Laval, parallèle à celui de Sans-Nom et presque aussi important.

Au moyen de la même empreinte, nous avons tous deux parfaitement reconnu la couche Sans-Nom au Mas-Dieu des deux côtés de la route, et nous avons même constaté, au-dessus, dans un ravin, la présence de la couche du Pin que caractérise un mélange particulier de *Pecopteris Lamuriana*, *Pecopteris abbreviata* et autres fougères.

Tout le long du bord tronqué du Rouvergue, du Mas-Antoinette à Mercoirol, on ne quitte pas l'horizon de Sans-Nom ; on le retrouve identique à lui-même à La Bayte jusqu'au milieu du golfe de Crouzoule, et de là on le suit jusqu'au puits de L'Arbousset, presque sans interruption. A côté de ce puits, apparaissent les fossiles de la couche du Pin.

J'ai aussi retrouvé, par les fossiles, l'horizon de Sans-Nom dans le travers-bancs de Gournier et sur L'Auzonnet, à côté de plis abruptes de schistes houillers sous un trias presque horizontal. On connaît dans cette région plusieurs couches (dont l'une de 2 à 3 mètres), et on les considère comme représentant les couches supérieures du Martinet. Mais, par les fossiles, elles appartiennent à l'horizon de Sans-Nom. Les schistes qui règnent sur la rive gauche de L'Auzonnet, au Sud du puits Pisani, sont d'ailleurs identiques à ceux que l'on voit à Mercoirol-Bas au-dessus de la couche Sans-Nom. Cette concordance de caractères me porte à croire qu'un dressant sépare les couches du Gournier de celles de La Bayte. Il serait intéressant et utile de savoir si les couches qui affleurent en haut du plan incliné de Gournier appartiennent au faisceau du Martinet.

A L'Arbousset, le système de Sans-Nom comprend trois couches plissées qui ne paraissent pas aller plus loin au Nord. Toutefois, au col de Trélys, où abondent les schistes, une partie de ceux-ci rappellent ceux supérieurs à Sans-Nom, et nous avons expliqué (pages 54 et 55) pourquoi nous pensons que la couche non classée du Feljas et la couche Saint-Denis représentent la couche Sans-Nom plus au Nord vers Bessèges.

Aux environs d'Alais, le système de Sans-Nom se montre avec les mêmes roches et les mêmes fossiles qu'à Mercoirol. Près le Pont-Gisquet, soit en montant au Col de l'Ermitage, soit entre les Mas Deleuze et Jamin, mêmes *Nevropteris flexuosa*, *Sphenophyllum truncatum*, *Pecopteris Lamuriana*, etc., si bien que la couche Saint-Raby représente certainement la couche Sans-Nom au Bois-Commun ; cette couche ou plutôt cet amas semble faire un crochet vertical entre le Mas-Deleuze et le Pont-Gisquet (Coupe FF[2]), ce qui me fait douter de la position qu'on lui donne au-dessus des autres couches de l'endroit. Nous avons dit, page 103, que ces couches sont nombreuses. Si les *Pecopteris* nevropteroïdes font surtout cortège au n° 4, le puits Saint-Germain aurait exploité cette couche. On suppose que la couche rencontrée par la galerie des pyrites est le n° 5.

Cependant le puits de Fontanes, qui paraît être arrêté dans les poudingues de base, n'a pas recoupé d'une manière évidente avec leurs caractères réunis les couches du Bois-Commun. J'ai exprimé l'avis que la couche de 10 mètres pourrait bien cependant représenter la couche Sans-Nom.

A l'autre extrémité du bassin, à Sallefermouse, l'horizon de Sans-Nom paraît représenté par une ou deux couches du Souterrain avec des fossiles et des roches absolument différents de ceux de Combelongue et du Feljas : roches feldspathiques ; *Nevropteris flexuosa* abondant, *Sphenophyllum Schlotheimii*, *Cordaites* rares..... L'impossibilité où je me suis trouvé de distinguer les fossiles, couche par couche, m'a empêché de figurer l'horizon de Sans-Nom dans la partie Nord du bassin. Entre Sallefermouse et la montagne de Bessèges, je n'ai aperçu nulle part trace de cet horizon.

IV. — COUCHES ET ÉTAGE DE BESSÈGES ET LALLE

Le riche faisceau de Bessèges qui se complète à Lalle s'étend jusqu'au Martinet et par la couche Sans-Nom se relie au système de Sainte-Barbe d'une manière à présent incontestable. Partout les fossiles et les roches sont les mêmes, les grès fins feldspathiques, les schistes noirs compacts, avec très peu de nodules ferrugineux.

Règne des *Pecopteris* nevropteroïdes et trigonopteroïdes, de toute espèce, les plus anciens du groupe : *Pecopteris polymorpha* et *pteroides* (très nombreux) *lobulata*, *distans*, *oreopteridia* ; *Pecop. Lamuriana* (nombreux), *abbreviata*, *Miltoni* ; *Pecop. subvolkmanni* ; *Pecop. aequalis*, *ellipticifolia* ; *Pec. Candollei*, *arborescens* (rare) ; *Pecop. discreta*, *Reichiana*, *dentata*. *Sphenopteris chaerophylloides* et *cristata*, deux espèces alliées apparaissant ensemble à la base du terrain houiller supérieur ; *Dictyopteris nevropteroides*. Peu d'*Odontopteris Reichiana*, sans *Alethopteris*, sans *Nevropteris*. *Schizopteris rhipis*, *Caulopteris* et *Megaphytum* variés. Beaucoup d'*Asterophyllites equisetiformis* et d'*Annularia brevifolia*. *Sphenophyllum saxifragaefolium*, *filiculme* (fréquent), *Schlotheimii*, *majus*. *Calamites Cistii* (nombreux et répandu), *cannaeformis* (nombreux), *insignis*, *approximatus* ; *Calamocladus parallelinervis*. *Lepidodendron Sternbergii*. *Lepidophyllum triangulare*. *Stigmaria minor*. Sigillaires variées et fréquentes plutôt qu'abondantes ; *Sig. cyclostigna*, *polleriana*, *Candollei*, *elliptica*, *corteiformis*, *tessellata* (nombreux), *Defrancei* ; *Syringodendron pachyderma*, *Sigillariostrobus mirandus*. *Pseudo sigillaria monostigma* (fréquent). Peu de Cordaïtes, *Dory-Cordaites* avec *Samaropsis fluitans*, *subacuta*. Pour ainsi dire, pas de graines.

Comme espèces caractéristiques, on peut citer : *Pecopteris Lamuriana*, *discreta*, *ellipticifolia*, *erosa*, *Sphenopteris chaerophylloides*, *quadridactylites*, *Caulopteris peltigera*, *Sphenophyllum filiculme*. *Calamites insignis*, *Stigmaria minor*. *Acanthophyllites Nicolai*. *Sigillaria tessellata*, *elliptica*, *Defrancei*. *Sigillariostrobus mirandus*, etc..... Les *Pecopteris polymorpha*, *pteroides* y sont au maximum de nombre et de taille. Il y a tant et une si grande variété de ces fougères, une telle profusion d'*Asterophyllites equisetiformis* que l'on comprend la création en Allemagne, dans des formations contemporaines, de deux étages dits des fougères et des Asterophyllites ; mais à Bessèges, ces plantes sont trop enchevêtrées et mélangées de fossiles communs pour adopter cette subdivision.

A Sainte-Barbe, comme à Bessèges, les Sigillaires se développent ainsi que les Asterophyllites dans les couches supérieures.

Les couches supérieures de Bessèges (dites trias) me paraissent affleurer en haut de la Côte-de-Long.

Une teinte vermillon jalonne les affleurements de l'étage de Bessèges.

Prolongement et transformation des couches de Bessèges et Lalle dans la partie Nord du bassin.

Au Mas-Bleu, on voit affleurer, au Sud-Ouest, des couches de charbon dressées, plissées avec les fossiles du Feljas ; et plus à l'Est d'autres couches rapprochées qui vont finir en coin au col de la Clède, où passent plusieurs accidents. Je présume, mais sans en être certain, que ces dernières couches, inférieures aux poudingues de La Pioulière, sont supérieures à celles de Lalle.

A Gachas, la présence des Sigillaires dans les déblais de mine et la fréquence des *Odontopteris, Callipteridium* plus à l'Est dans une épaisseur de 200 à 300 mètres de belles roches, mais ne renfermant que des filets de houille, permettent de supposer le passage des couches de Lalle entre les couches jadis exploitées à la base de la série et les poudingues de La Pioulière.

A Sallefermouse, une partie des couches de Bessèges sont représentées, dans leur position naturelle au-dessus de celles de Combelongue, par le faisceau du Souterrain, dont on ne connaît pas la richesse, les couches les plus élevées étant supprimées par le dressant. Dans ces parages, le puits du Doulovy ayant extrait des *Sigillaria tessellata, Asterophyllites rigidus, Odontopteris Reichiana, Callipteridium ovatum, Pecopteris Candolleana, arborescens, Pluckeneti*, etc., des *Cordaites*... aurait-il donc traversé les couches supérieures et moyennes de Lalle réduites à l'état de filets au milieu de roches souvent grossières et micacées ? Je suis très porté à le croire et dans ce cas la faible quantité de *Pecopteris* nevropteroïdes et trigonopteroïdes s'expliquerait à Sallefermouse par la formation de schistes fissiles dans le Vallat de Merle à la place des couches moyennes de Bessèges.

Quoi qu'il en soit, le système du Souterrain se continue jusqu'à Pigère et le grès Nadal qui le paraît surmonter ressemble à celui de Sainte-Barbe et en contient les Sigillaires. La galerie du Doulovy a sorti les fossiles du Souterrain. Le système se termine en sifflet, aux Pilhes, où il est mis presque en contact avec les couches de Pigère par un accident qui a probablement quelque rapport avec celui signalé à Belbézet.

D'après ce qui précède, l'étage de Bessèges subit des modifications profondes dans la partie Nord du bassin que stérilisent la présence d'une assise de schiste fissile à coquilles au milieu, et le développement des poudingues à la partie supérieure. En soi, cela n'a rien de surprenant; l'étage de Bessèges s'étant formé, dans cette partie du bassin, sous la dépendance de deux cours d'eau antagonistes. Toutefois la présence de roches feldspathiques au milieu du système micacé est en faveur de l'extension des couches de Bessèges vers l'Est et le Sud-Est, du côté opposé à celui de l'arrivée des limons et graviers micacés.

En tout cas, la recherche de Gagnières (Coupe C^1 C^3 de la carte) trouve de belles couches de houille appartenant, d'après les fossiles, au système de Lalle, qui est stérile aux affleurements dans le bassin de La Gagnière (1).

Les couches de Molières et de Fontanes paraissent correspondre
aux couches de Bessèges.

Les fossiles de Molières sont en général les mêmes que ceux de Bessèges. Ils proviennent, ceux du puits Varin des couches 5 et 6, et ceux des Brousses des n°s 3, 4 et 5 (PL. II Coupe n° 10).

Or, au puits Varin, il y a beaucoup de *Pecop. Lamuriana* et aux Brousses les Sigillaires sont aussi fréquentes que variées : *Sig. tessellata, polleriana, elliptica, Defrancei*, avec beaucoup de *Pecop. pteroïdes*, beaucoup d'*Asterophyllites equisetiformis* (C. Saint-Louis et Sainte-Clémentine) et de Calamites ; *Calamites Cistii, insignis*. Peu de *Sphenophyllum*, dont le *Sph. filiculme*. *Sigillario strobus mirandus*. Soles de couches entrelacées de *Stigmaria minor*. *Pecopteris ellipticifolia, erosa. Sphenopteris quadridactylites* et *mixta* cf. — *Caulopteris peltigera*; *Schizopteris rhypis*, peu de *Pecop. arborescens*, quelques *Dory Cordaites*.....

Cette analogie de flore se confirme par la position que paraissent occuper les couches de Saint-Jean, à la partie supérieure de l'étage de Bessèges.

A Fontanes on reconnaît également l'ensemble des fossiles de Bessèges et de Molières : les *Pecopteris* nevropteroïdes dominent ; même *Calamites insignis*, beaucoup d'*Ast. equisetiformis* et d'*Annularia brevifolia. Sigillaria tessellata, elliptica, Defrancei; Sigillariostrobus mirandus. Lepidodendron Sterbergii. Pseudosigillaria monostigma. Pecopteris Lamuriana* et *arborescens, discreta. Sphenopteris quadridactylites* (Cendras). *Dictyopteris nevropteroïdes*. Quelques *Dory-Cordaites*, ce qui, en l'absence des espèces récentes, ne laisse pour ainsi dire pas de doute sur l'équivalence des flores de Fontanes, de Bessèges et de Sainte-Barbe. A Fontanes il y a également peu de nodules. Dans l'ensemble, les

---

(1) Recherche et alinéa ajoutés sur la carte et dans le texte pendant l'impression.

fossiles du Martinet, de Sainte-Barbe, de Bessèges, de Molières, de Fontanes, se ressemblent et s'entraînent.

J'ajouterai encore que, à Rouquet et à Malataverne, certains *Pecopteris* trigonopteroïdes et autres fossiles dans des roches analogues à celles de Fontanes, sont caractéristiques des couches de Sainte-Barbe.

V. — COUCHES SUPÉRIEURES DE L'ÉTAGE DE BESSÈGES

Nous avons dit qu'au-dessus des couches exploitées à Lalle, on en connaît quelques autres dans des roches moins feldspathiques et plus grossières, où gisent une partie des fossiles des couches moyennes, avec un certain nombre de plantes nouvelles : *Alethopteris, Odontopteris, Asterophyllites rigidus, Pecopteris unita, arborescens* (redevenu abondant), très peu de Sigillaires, etc. Plus haut, s'intercale une assise de poudingues surmontés, à Montbel, d'un faisceau de quelques petites couches de houille.

Cette série se montre indépendante des couches de Bessèges par des fossiles différents dont quelques-uns ne dépassent pas la série. Celle-ci peut donc servir de point de comparaison à un nouveau classement de couches. C'est elle qu'a très probablement traversée le puits du Doulovy, au milieu de roches mi-fines, mi-grossières, qui occupent la position des poudingues de La Pioulière. Ceux-ci doivent donc être détachés de l'étage stérile dont on en avait fait une partie intégrante et être réunis au sous-étage en question, figuré en rouge carmin sur la carte.

Parmi les éléments de nombre et de forme qui composent la flore des couches supérieures de l'étage de Bessèges, on peut signaler :

Pecopteris Cyatheoïdes nombreux, avons-nous dit, dont *Pecopteris arborescens, Cyathea* (v. minor). *Pecopteris* nevropteroides (nombreux à La Crouzille), dont *Pecop. polymorpha. Pecopteris Candolleana, gracillima, unita.* Le *Pec. Lamuriana* a disparu. *Pecopteris Pluckeneti. Alethopteris Grandini* (cette espèce commence). Assez d'*Odontopteris Reichiana, Callipteridium ovatum* et *pteroides* (Gein.). *Nevropteris cordata* (v.) *Mariopteris cordato-ovata. Asterophyllites rigidus, Macrostachya infundibuliformis.* Beaucoup de *Cordaites* à la partie supérieure : *Cord. borassifolius, tenuistriatus, diploderma. Cordaicarpus minor. Poa-Cordaites* (à Montbel). *Pachytesta striata.* Nombreux *Lepidodendron elongatum* et *Sternbergii. Sigillaria cyclostigma. Dicranophyllum gallicum.....*

*Les couches de Saint-Jean sont probablement parallèles
aux couches supérieures de l'étage de Bessèges.*

A Saint-Jean-de-Valériscle, quantité de *Pecopteris polymorpha, pteroides
arborescens* (rare à Molières). *Pecop. unita, arguta, dentata.* On suppose qu'il
n'y a plus de *Pec. Lamuriana* au-dessus de la couche Saint-Alfred. *Dictyopteris
nevropteroides. Alethopteris Grandini* (v.) nombreux. *Callip. ovatum, Odontopteris Reichiana, Nevropteris cordata. Mariopteris cordato-ovata. Astero
phyllites rigidus, polyphyllus. Macrostachya infundibuliformis. Lepidodendron Sternbergii* (nombreux), *dilatatum.* Quelques *Sigillaria elliptica, polleriana, rugosa.* Les *Cordaites,* avec *Dory-Cordaites,* se développent dans les
couches supérieures.....

Cette flore est en partie la continuation dans le temps de celle de Molières
et le système des couches de Saint-Jean ne saurait appartenir à un autre étage
paléontologique. Il y a des analogies nombreuses entre les fossiles de Saint-
Jean et ceux de Sainte-Barbe. La flore de Saint-Jean a, en somme, beaucoup plus
de rapport avec celles de Bessèges qu'avec celle de La Grand'Combe et surtout
avec celle de Champclauson. Nous verrons plus loin que cette flore est notablement plus ancienne que celle de Portes.

La conclusion qui s'en suit est diamétralement opposée aux idées reçues,
puisque, d'après celles-ci, les couches les plus élevées du Gard seraient à Saint-
Jean.

Or, nous avons vu que les couches de Molières paraissent correspondre à
celles de Bessèges en général : à Couze et à Saint-Jean, se présentent quelques
fossiles des couches supérieures de Lalle, les *Pecopteris* nevrepteroïdes et un
Lepidodendron de La Crouzille, et il paraît possible que les couches de Saint-
Jean forment la partie supérieure de l'étage de Bessèges.

En ce cas, l'étage aurait plus de 1.500 mètres d'épaisseur à Saint-Jean et à
Molières et il serait condensé à Bessèges par le rapprochement des bancs de
houille si nombreux dans cette grande épaisseur de terrain productif. A Lalle,
la partie supérieure en serait stérilisée par des poudingues, et à Sallefermouse
l'étage tout entier ne serait productif qu'à la base.

Or, dans cette hypothèse, le terrain étant quartzo-feldspathique au Sud, et en
majeure partie micacé au Nord, l'étage moins épais au Nord qu'au Sud, et comme
néanmoins les roches micacées sont beaucoup plus grossières au Nord que les
roches feldspathiques du Sud, il est clair que les premières ont été apportées par un torrent débouchant au Nord à l'opposé du courant d'eau géné-

ral sous la dépendance duquel s'est déposée la longue série des couches de Saint-Jean et de Molières, série réduite en épaisseur vers Bessèges où se dirigeait et s'atténuait ledit courant.

On comprend de cette manière pourquoi l'étage de Bessèges est incomplètement représenté dans la partie Nord du bassin, et pourquoi les flores des parties correspondantes ne sont pas composées des mêmes termes.

Cependant, on peut remarquer que les espèces de l'étage de Bessèges sont mélangées au puits du Doulovy à celles apportées avec le limon micacé, ce qui, avec l'extension des roches de Bessèges et de leurs fossiles jusqu'au Souterrain, et l'identité des couches de Combelongue à celle du Feljas, permet de paralléliser jusqu'à un certain point les systèmes si différents, à tous égards, de Saint-Jean et Molières, de Bessèges et Lalle, et de Sallefermouse.

Essai de classement des couches de Rochebelle, de Malbosc, du sondage de Ricard, de Trémont.

1° Les couches de Rochebelle, par leur position au-dessus de celles de Fontanes, semblent, par cela même, devoir appartenir à l'étage de Bessèges et correspondre à sa partie supérieure. Comme preuve à l'appui, je citerai la présence, à Cendras, du *Dictyopteris nevropteroides* et du *Sphenopteris quadridactylites*, et, à Rochebelle, de très nombreux *Cordaites* avec *Dory-Cordaites*, *Pecopteris pteroides* (fréquent), *Asterophyllites equisetiformis*, *Odontopteris Reichiana*, *Pecopteris Lamuriana* (dans un seul banc), *Sigillariostrobus mirandus*, etc.

Ces fossiles sont anciens comme ceux de Saint-Jean et, sans même en appeler au synchronisme probable des couches de Fontanes, de Molières et de Bessèges, nous avons de bonnes raisons pour croire que les couches de Rochebelle se rattachent à la partie supérieure du puissant étage de Bessèges et Lalle. Il est, dans tous les cas, certain qu'elles font partie du bassin de La Cèze et sont plus anciennes que les couches de La Grand'Combe et de Portes.

2° J'ai trop peu de données pour essayer de classer les couches du sondage de Malbosc. Ce que je peux dire, c'est que les schistes en sont satinés, et que dans les carottes que m'a fait envoyer M. de Loriol, de 259 et de 280 mètres de profondeur, j'ai reconnu, dans la première, de nombreux *Dory-Cordaites* et, dans la seconde, des *Pecopteris arborescens*, *Cordaites aequalis*.

3° Le sondage de Ricard paraît avoir traversé les couches les plus élevées de l'étage de Bessèges, rapprochées et soudées près des confins du dépôt, comme cela arrive d'ordinaire. Dans les carottes, on peut voir des *Cordaites*, *Pecopteris arborescens* et *Odontopteris Reichiana*. Je me figure, en conséquence, que les deux grandes couches recoupées au fond du sondage de Ricard sont supérieures au faisceau de Sainte-Barbe.

4° Les couches de Trémont et de la Romaine (concessions de Comberedonde), par leurs *Alethopteris Grandini*, *Pecopteris* et *Cordaites*, paraissent aussi pouvoir représenter la partie supérieure de l'étage de Bessèges, entre des poudingues qui expliquent le peu d'importance de ces couches.

ÉTAGE MÉDIO-CÉVENNIQUE

Immédiatement après la formation des couches de Montbel, de La Crouzille et du sondage de Ricard, le régime sédimentaire a, pour ainsi dire, changé tout à coup, évidemment à la suite d'un mouvement orogénique, car les dépôts sont devenus indépendants dans les deux sous-bassins : dans le bassin Nord, après avoir été grossiers, ils sont devenus foncièrement très fins, et, dans le bassin Sud, au contraire, ils ont pris le caractère de conglomérats. Et comme, soit à Gagnières, soit à La Grand'Combe, la flore des couches de houille prend, en partie, racine dans l'étage stérile, celui-ci, qui a inauguré le nouvel ordre de choses, semble devoir se rattacher à l'étage médio-cévennique.

VI. — ÉTAGE STÉRILE

Nous connaissons l'étage stérile dans la partie Nord du bassin ; il est bordé sur la carte par un liséré noir en pointillés. Cette puissante formation, qui renferme d'innombrables petites coquilles d'Entomostracés, est connue de Pigère jusque près de Molières.

Le sondage de Ricard a révélé à La Grand'Combe un étage stérile aussi puissant, mais tout différemment composé, sans coquilles, avec écailles de poissons à la partie supérieure, si bien qu'il paraît dû à l'apport d'un cours d'eau différent. Il se compose, entre 400 et 700 mètres de profondeur, de conglomérats verdâtres que l'on a plusieurs fois pris pour la brèche de base, et entre 200 et 400 mètres, de schistes satinés que l'on aurait pu confondre avec des chloritoschistes, si n'avait été leur installation entre des grattes et poudingues.

Des deux côtés, l'étage renferme peu de fossiles végétaux.

Dans le bassin de La Cèze, ce sont généralement des parcelles et détritus organiques, comme dans le terrain permien de Saône-et-Loire ; les *Calamites* et *Cordaites* y sont mis en lanières, les pinnules de *Pecopteris* sont elles-mêmes détachées, et tout indique un long transport des débris végétaux. J'ai à grand'-peine trouvé, dans la partie supérieure, quelques empreintes ordinaires de *Nevropteris flexuosa, Pecopteris arborescens, abbreviata, erosa, Reichiana, Dictyopteris nevropteroides, Sphenophyllum Schlotheimii, Nageli, Annularia longifolia, Calamocladus fluctuans, Calamites tenuistriatus, Stigmaria intermedia, Dory-Cordaites, Samaropsis, Taxoxylon,* etc. Plusieurs de ces plantes persistent dans le faisceau de Gagnières.

A La Grand'Combe, l'étage stérile affleure à Comberedonde, entre le dressant et les couches de Trémont. Au Fraissinet, la discordance signalée n'en laisse sortir au jour qu'une petite partie. Bien que formé de roches très grossières, il n'est pas, à beaucoup près, aussi absolument stérile que dans le bassin Nord. Ainsi, le sondage de Ricard a traversé quatre filets ou passées charbonneuses à 206^m,50, 291^m,45, 465^m,17 et 536^m,73. A Comberedonde, il renferme au moins une veine ou petite couche de houille.

VII. — ÉTAGE CHARBONNEUX DE LA GRAND'COMBE ET DE GAGNIÈRES

Après la formation de l'étage stérile, les dépôts ont continué d'une manière indépendante à La Grand'Combe et à Gagnières. Formés d'un côté de détritus micacés, et de l'autre de détritus granitiques, provenant de régions différentes, ils ne contiennent pas naturellement la même flore. Peut-être même que les couches de houille de Gagnières sont plus anciennes que celles de La Grand'-Combe, et ce qui tendrait à le prouver, c'est qu'elles ont plus d'espèces communes avec l'étage inférieur de Bessèges, et que dans les couches supérieures de Gagnières les fossiles deviennent en plus grand nombre les mêmes qu'à La Grand'Combe.

Cependant, de part et d'autre, les Sigillaires sont variées et forment de nouvelles combinaisons, dans lesquelles entrent des types récents, sans *Sigill. tessellata,* et les *Stigmaria ficoides* sont plus abondants qu'à un autre niveau : *Sig. rugosa, polleriana, Lepidodendron Beaumontianum;* beaucoup de *Calamites cannaeformis,* avec *Ast. equisetiformis.* Nombreux *Sphenophyllum,* dont *Sph. Schlotheimii, oblongifolium.* Nombreux *Annularia sphenophylloides. Pecopteris arborescens, unita, polymorpha, Pluckeneti* (nombreux), *dentata,* sans *Pec. Lamuriana. Sphenopteris chaerophylloides, Dory-Cordaites, Cardiocarpus Gutbieri,* etc.

En raison de leur éloignement et dissemblance, nous allons examiner séparément les deux systèmes de couches, parallèles plutôt qu'équivalentes, de La Grand'Combe et de Gagnières.

La même bande verte est posée sur leurs affleurements.

I. — Groupe des couches de La Grand'Combe. — Extension.

Les empreintes les plus caractéristiques, par la forme et le nombre, sont : *Pecopteris Plückeneti, dentata, Platoni, Cyathea, gracillima, arborescens ;* nombreux *Pecopteris unita,* avec *Pec. arguta.* Beaucoup d'*Alethopteris aquilina,* avec *Al. Grandini. Odontopteris Reichiana, obtusa. Annularia radiata. Sphenophyllum Schlotheimii. Calamites cruciatus, major.* Nombreux *Calamites cannaeformis* et *Ast. equisetiformis, Stigmaria ficoides* et *minor, Sigillaria Grasiana, pulchella.* Beaucoup de *Cordaites borassifolius, lingulatus, principalis, diplogramma. Poa-Cordaites linearis.* Nombreux *Dory-Cordaites* et *Samaropsis fluitans, Pachytesta gigantea, Walchia piniformis,* etc.

Espèces communes avec l'étage inférieur : *Pecopteris arborescens, gracillima, Sigillaria Candolleana, Sphenophyllum Schlotheimii, Stigmaria minor, Asterophyllites equisitiformis, Cordaites borassifolius,* etc.

Espèces de l'étage supérieur et y prenant de l'extension : *Cordaites lingulatus, Callipteridium densifolium, Pecopteris Cyathea, arguta, Sigillaria Lepidodendrifolia, Sphenophllum oblongifolium, Calamites cruciatus,* etc.

Nous avons décrit le bassin de La Grand'Combe (p. 25). Avec l'aide des fossiles, nous allons suivre son affleurement près du Rouvergue. A Notre Dame-de-Palmesalade, on rencontre tous les fossiles des couches Abylon et Pilhouze. De Palmesalade, le système de La Grand'Combe est reporté à La Destourbes, accompagné des mêmes fossiles. A Trépeloup, on reconnaît individuellement La Grand'Baume le long du dressant. Enfin, à Lagrange-sous-Veyras, le système affleure à l'Est du dressant, sous la forme de petites couches avec de nombreux *Alethopteris aquilina* et *Grandini, Stigmaria, Pecopteris arborescens, Cordaites borassifolius, principalis, Dicranophyllum gallicum,* etc., en un mot avec les fossiles caractéristiques de La Grand'Combe.

Du côté opposé, à La Levade, les couches s'altèrent et, avons-nous dit, tendent à disparaître au Nord. En tout cas, on les trouve réduites à quelques filets en accident au pied du plan des Pinèdes ; puis, après avoir franchi le mont Pinèdes, on les voit se diriger vers le puits Siméon, qui les aurait traversés, pour ainsi dire, à l'état de schiste. On les retrouve, toujours par les fossiles de La Grand'Combe mêlés, de ce côté, à d'autres espèces dénotant l'intervention d'un cours d'eau supplémentaire, on les retrouve, dis-je, au milieu de schistes à peine charbonneux aux Tavernoles, et, de là, vers La Jasse, elles rejoignent bientôt la brèche et s'évanouissent.

A l'Ouest, les couches de La Grand'Combe s'approchent donc de la brèche principalement vers Portes. Et comme à Olympie les fossiles sont, en assez grand nombre, analogues à ceux de La Grand'Combe, on peut supposer que ce rapprochement a régné le long du bord Ouest du bassin. Mais, vers l'Est, les couches s'éloignent assez rapidement de la brèche, le sondage de Branoux a pénétré dans l'étage stérile et, si n'était l'enfoncement des couches au Sud-Ouest, sous le Gardon, on pourrait douter de leur prolongement dans cette direction, prolongement cependant très probable, surtout si le dressant descend la vallée à partir de La Grand'Combe. On voit l'étage stérile diminuer à l'Est, au Nord et à l'Ouest, comme s'il remplissait une cuvette. A supposer qu'il en soit de même au Sud-Est, cela serait favorable à l'extension des couches de La Grand'Combe dans la direction de Malataverne.

Il ne me paraît pas probable qu'elles existent entre Le Rouvergue et Alais, le soulèvement du Rouvergue ayant dû séparer les deux bassins de dépôt de La Grand'Combe et de Gagnières. Mais, par cela même, l'étage stérile pourrait s'amincir au Nord comme au Sud de cette croupe montagneuse et rien ne s'opposerait à ce que l'étage médio-cévennique charbonneux existât entre Alais et Saint-Jean, sous les calcaires, dans les grandes ondulations synclinales du terrain houiller.

II. — *Série des couches de Gagnières et du Mazel.*

Nous avons dit que, par les fossiles, les couches du Mazel sont tout à fait celles exploitées à Gagnières, sans le groupe supérieur des Bouziges. Remontées à Souhot par la faille du Travers, lesdites couches s'étendent au pied de cette faille en plongeant vers Robiac, suivant une direction qui résulte d'une épure (Voir la carte). La galerie de Brissac semble les atteindre non loin de Molières, sous la Fanode à la cote — 117. Toutefois les fossiles de Molières, étant très différents de ceux qui se maintiennent remarquablement constants de Mazel à Robiac sur 10 kilomètres de distance en ligne droite, et qui se retrouvent au bout de cette galerie, repoussent l'idée mise en avant que ces couches correspondent à celles de Gagnières. Il est probable que celles-ci tournent à l'Est entre Robiac et Molières.

Les couches de Gagnières sont caractérisées par beaucoup de *Nevropteris flexuosa* et de *Pecopteris abbreviata*, sans aucun *Pecop. Lamuriana*. Nombreux *Pecop. polymorpha*, *Ptychopteris disticha*. Nombreux *Annularia brevifolia*, *dendron Sternbergii, Lepidofloyos laricinus* et *Lepidophyllum majus.* Auprès d'une couche, beaucoup de Sigillaires : *Sigill. polleriana, rugosa, Sillimanni, formosa, scutellata* (les trois dernières ne se trouvent qu'à Gagnières) ; *Sigillaria cyclostima, Pseudosigillaria monostigma.* Peu de *Cordaites.*

Il y a là, il faut en convenir, beaucoup de fossiles différents de ceux de La Grand'Combe. La flore de circonstance des couches de Gagnières est, en partie, la continuation de celle de. Bessèges, par *Nevropteris flexuosa, Pecopteris abbreviata, erosa, Sigillaria polleriana,* etc. Il est aussi à remarquer que les roches sont analogues.

Mais de là à la répétition générale de la flore de Bessèges à Gagnières et au dessus, il y a très loin, et, en dépit des apparences contraires, il me paraît extrêmement peu probable que les couches de Molières soient superposées à celles de Gagnières et appartiennent au même étage. •

Il est vrai que si les couches de Molières sont contemporaines de celles de Bessèges, un accident de l'importance de celui de La Grand'Combe, et en tenant lieu sur La Cèze, doit exister dans l'intervalle. Mais, dans l'autre cas, il faut faire passer presque tout le bassin Nord entre Saint-Florent et Le Martinet, à la faveur d'une faille de 1.200 à 1.500 mètres non moins invraisemblable, et admettre une dénivellation de 3.000 mètres entre la position qu'a occupée la couche Sans-Nom au-dessus du mont Rouvergue et son niveau à Saint-Jean, ce qui serait hors de proportion avec ce que l'on sait.

VIII. — ÉTAGE SUPÉRIEUR DE CHAMPCLAUSON ET DE PORTES

Nous avons déjà vu qu'en dépit de la dissemblance existante, tant au point de vue de la qualité de la houille qu'à celui de la composition du terrain, les deux systèmes de dépôts du Chauvel et de La Vernarède se laissent paralléliser jusqu'à un certain point. Les fossiles communs à ces deux districts démontrent péremptoirement qu'ils se sont formés en même temps sous les mêmes eaux, les empreintes étant non seulement identiques, mais, associées de la même manière, et leurs combinaisons se succèdent dans le même ordre.

De part et d'autre, les *Sigillaires, Cordaites, Pecopteris Cyathea, unita, Alethopteris Grandini,* sont très nombreux dans les couches inférieures, avec *Odontopteris Reichiana, Poacordaites linearis* et *Carpolithes disciformis; Cordaites lingulatus; Sphenophyllum oblongifolium, Asterophyllites densifolius* (nombreux); *Calamodendron cruciatum; Pecopteris hemitelioides, Biotti, Busqueti; Sphenopteris irregularis; Nevropteris cordata, Loshii; Odondopteris Brardii; Callipteridium densifolium; Syringodendron bioculatum; Gnetopsis cristata,* etc.

Vis-à-vis des couches de Bessèges, les fossiles de Portes sont presque tous différents et modernes. Il n'y a plus de *Pecopteris* trigonopteroïdes, ni, à part quelques *Pec. polymorpha*, de *Pecopteris* nevropteroïdes ; plus de *Dictyopteris nevropteroides*, d'*Asterophyllites equisetiformis*, de *Calamites tenuistriatus ;* presque plus de *Stigmaria*, et, en fait de Sigillaires, il ne persiste que des Leiodermariées : *Sig. spinulosa, Grasiana, Lepidodendrifolia, Brardii.* Les *Pecopteris Platoni, arborescens, Candolleana, gracillima* ont disparu, ainsi que les *Alethopteris aquilina* de La Grand'Combe. Par contre, on trouve : *Sphenophyllum oblongifolium* et *longifolium ; Asterophyllites densifolius, Pecopteris Cyathea, hemitelioides, Odontopteris obtusiloba, Taeniopteris jejunata, Dictyopteris Schützei, Pecopteris Schlotheimi ;* beaucoup de *Psaronius*, moins d'*Annularia brevifolia ; Dolerophyllum pseudopeltatum, Botryopteris frondosa, Callipteridium gigas ;* tous fossiles propres au terrain houiller supérieur et apparaissant de préférence dans ses étages les plus élevés. En somme, tandis que les fossiles de Bessèges ont leurs analogues à Rive-de-Gier (Loire), ceux de Portes sont les mêmes que dans les couches moyennes de Saint-Etienne.

En sorte que, par la composition et par la nature de sa flore fossile, l'étage de Champclauson, représenté sur la carte par une bande bleue, est réellement le plus récent du Gard, et au lieu donc que les couches les plus élevées se trouvent dans le bassin de La Cèze, comme on l'avait toujours cru, elles sont, au contraire, cantonnées à l'extrémité N.-O. du bassin du Gardon.

La détermination ci-après de l'âge du bassin ne laissera subsister aucun doute à cet égard, et si par impossible l'étage de Bessèges était répété, cela ne changerait pas la position relative des étages.

IX. — SOMMET GÉOLOGIQUE DE LA FORMATION

A La Vernarède, les *Cordaites* diminuent dans les couches supérieures, les Sigillaires disparaissent, la flore tend à devenir semblable à celle des couches supérieures du système stéphanois. Plus haut, au mont Châtenet, la série charbonneuse est couronnée par une puissante assise de poudingues constituant la plus moderne division du bassin houiller du Gard.

Bien que je n'aie pas découvert de fossiles dans ces poudingues, je les considère, par leur position, comme représentant dans le Gard la partie supérieure du terrain houiller du centre de la France.

TITRE VI

Age du bassin houiller du Gard et résumé des livres I et II sur sa formation.

Arrivé au terme du livre II et avant de commencer la description des fossiles, nous allons essayer de déterminer l'âge du bassin, de préciser les dates du commencement et de la fin de sa formation, et de résumer à grands traits l'histoire du bassin houiller du Gard, ne nous dissimulant pas que ce résumé n'a qu'une valeur relative et nous attendant d'avance à ce qu'il subira des réformes au fur et à mesure de nouvelles recherches, malgré l'accord qui a semblé se faire, dans le cours de ce mémoire, sur les points les plus importants rappelés ci-dessous.

AGE DU BASSIN HOUILLER

Le terrain primitif était à découvert et subissait des érosions séculaires, lorsque, tout à coup, les sédiments se sont accumulés dans une dépression qui est évidemment l'œuvre d'un mouvement orogénique particulièrement considérable pour avoir changé complètement un ordre de choses très ancien dans la région qui nous occupe.

J'ai lieu de croire que le début de la formation du bassin, lié à ce mouvement, est sensiblement plus récent que la fin des dépôts houillers connus dans le Nord de la France.

Il y a bien, de part et d'autre, un certain nombre d'espèces communes, telles que *Pecopteris abbreviata, erosa, dentata, Sphenopteris chaerophylloides, Nevropteris flexuosa, Annularia radiata, Lepidodendron Sternbergii, Lepidofloyos laricinus, Sigillaria tessellata, rugosa, elliptica, scutellata, camptotaenia, Stigmaria minor. Calamites Suchowii, Cistii, Asterophyllites equisetiformis.* Et dans les couches les plus élevées du Pas-de-Calais que M. l'abbé Boulay (1) rapproche de celles de Rive-de-Gier (Loire), commencent ou abondent les espèces suivantes du Gard : *Annularia brevi et longifolia, Pecopteris abbreviata, Sphenopteris chaerophylloides, Sphenophyllum majus, Sigillaria tessellata, monostigma, Dory-Cordaites, Cordaites borassifolius.*

---

(1) *Recherches de paléontologie végétale sur la concession de Bully-Grenay, 1879.*

24

Mais les premières espèces énumérées ne sont, en partie, qu'un résidu de la flore du terrain houiller moyen; les *Pecopteris dentata, pennaeformis, Annularia radiata, Stigmaria minor. Lepidofloyos laricinus*, des plus répandus dans ce terrain, sont clairsemés dans le Gard. Ses types principaux si différents de ceux du terrain houiller supérieur ne sont pas connus aux environs d'Alais, où manquent ou sont très rares les *Sphenopteris, Mariopteris, Diplothmema, Lonchopteris, Lepidodendron, Ulodendron, Bothrodendron*, etc... Il n'y a, pour ainsi dire, pas de rapport entre les fougères et les Calamariées du Gard et celles si variées du terrain houiller moyen de Schatzlar et de la Westphalie. Les *Sphenophyllum* et *Asterophyllites* sont aussi différents. Avec les quelques Sigillaires du terrain houiller moyen qui persistent dans les Cévennes, se trouvent, déjà dans l'étage de Bessèges et Lalle, des types essentiellement récents, c'est-à-dire sans côtes, tels que *Sigill. Defrancei, delineata, Grasiana*, et une forme avant-coureur de *Sig. spinulosa*. Même dans les couches supérieures du Pas-de-Calais, où naissent les espèces ci-dessus énumérées en dernier lieu, il n'y a, m'a confirmé M. Zeiller, ni *Pecopteris nevropteroïdes*, ni *Odontopteris*, ni *Callipteridium*, ni *Pecopteris arguta, Plucheneti, Dictyopteris nevropteroides, Dicranophyllum gallicum* et, d'après l'abbé Boulay, ni *Caulopteris*, ni *Calamites* à forte écorce : toutes plantes propres au terrain houiller supérieur, se montrant dès la base du bassin d'Alais et y prenant bientôt un grand développement. D'un autre côté, le bassin d'Alais possède tous les groupes, toutes les espèces caractéristiques du terrain houiller supérieur, telles que : *Pecopteris* nevropteroïdes, cyatheoïdes, *Cordaites, Poa-Cordaites, Dicranophyllum, Callipteridium, Odontopteris, Psaronius, Calamodendron, Walchia*, savoir : *Pecopteris polymorpha, Candolleana, Cyathea, arguta, unita, Plucheneti, Caulopteris macrodiscus, Odontopteris Reichiana, Brardii, obtusa, Callipteridium ovatum, Alethopteris grandini, Dictyopteris Brongniarti* et *Schützei, Sphenophyllum filiculme* (répandu dans les *Upper-Coal* de la Virginie), *oblongifolium* et *longifolium* (des couches supérieures de la Saxe). *Annularia brevi* et *longifolia. Asterophyllites rigidus, densifolius. Macrostachya infundibuliformis, Calamites major, cruciatus, Sigillaria Brardii, Grasiana, spinulosa, Lepidodendrifolia, Cordaites principalis, angulosostriatus, lingulatus, Poa-Cordaites linearis. Dicranophyllum gallicum. Gnetopsis cristata. Carpolithes disciformis*, bref, une proportion importante de Gymnospermes. En Amérique, comme en Europe, on voit aussi se développer, à la base des *Upper Coal Measures*, les véritables *Odontopteris, Callipteridium, Pecopteris, Cordaites, Pseudosigillaria*, et il est assez curieux d'y voir apparaître en même temps, à Cannelton, les *Dory-Cordaites* et les *Dicranophyllum*, inconnus dans les couches plus anciennes du Nouveau-Monde.

De l'ensemble et de l'accord de ces caractères positifs et négatifs, on peut absolument conclure, je crois, que le bassin du Gard est récent, sensiblement plus que celui du Nord de la France.

Maintenant, par des comparaisons choisies, cherchons à préciser les dates du commencement et de la fin de la formation houillère dans les Cévennes.

Et d'abord il est facile d'établir un parallèle général entre les étages du Gard et de la Loire. L'étage inférieur de Bessèges a les fossiles et est contemporain de celui de Rive-de-Gier; les phyllades correspondent aux poudingues de Saint-Chamond ; les couches de La Grand'Combe et celles de Portes voient la flore se développer dans le même sens que des couches inférieures aux couches moyennes du système stéphanois. Seulement, tandis que dans le Forez la formation houillère productive se continue jusque vers la fin de l'époque houillère, elle cesse quelque temps avant dans les Cévennes.

En bas, le terrain houiller du Gard, d'après ce que nous avons déjà dit, offre avec les couches supérieures du Pas-de-Calais la différence entre le commencement d'une nouvelle ère et une étape franchie. Dans les *Upper Coal Measures* de Cannelton, Mazon-Creek notamment, qui renferment plus de plantes du terrain houiller moyen que les couches des environs d'Alais, on trouve les fossiles communs suivants : *Pecopteris abbreviata, pteroides, polymorpha, oreopteridia, arborescens, unita, Pluckeneti, Sphenopteris cristata* et *chærophylloides, Dictyopteris nevropteroides, Nevropteris fluxuosa, Annularia brevi* et *longifolia, Asterophyllites equisetiformis, Macrostachya infundibuliformis, Sphenophyllum filiculme, Lepidodendron Sternbergii, Sigillaria monostigma, tessellata, elliptica, Cordaites borassifolius, Dicranophyllum,* etc. De même en Saxe, dans le bassin de Zwickau, qui est à cheval sur le terrain houiller moyen et supérieur, on trouve dans les couches les plus élevées, comme dans le Gard, en nombre : *Pecopteris arborescens* (espèce inconnue en Westphalie, en Silésie), *Candolleana, polymorpha, unita, Pluckeneti. Caulopteris peltigera, macrodiscus, Odontopteris Reichiana ;* avec *Pecop. dentata, erosa, Sphenopteris cristata, Dictyopteris nevropteroides, Asterophyllites equisetiformis* et *rigidus, Sphenophyllum saxifragæfolium* et *longifolium, Lepidodendron Sternbergii, rimosum, Sigillaria alternans, cyclostigma, cortei, tessellata,* et comme plantes plus anciennes, principalement des *Sphenopteris* variés. Enfin, tout en présentant une grande somme de fossiles communs avec les dépôts anglais « Radstock series » que, d'accord avec M. Zeiller, M. Kidston (1)

---

(1) *On the flora of the Radstock séries, of the Somerset and Bristol Coal Field,* p. 408.

place entre le terrain houiller moyen et le terrain houiller supérieur, les couches inférieures du Gard, par l'ensemble de leurs fossiles, paraissent un peu plus récentes et ne représentent certainement pas la base du terrain houiller supérieur. Mais il ne s'en faut pas de beaucoup, car à Radstock, comme dans l'étage inférieur des Cévennes, les *Pec. arborescens, oreopteridia, abbreviata* et *unita* sont déjà abondants, et l'on trouve de fréquents *Nevropteris flexuosa* et *Sigillaria tessellata*; avec *Pecop. Candolleana, polymorpha, Pluckeneti, Alethopteris Grandini, Nevr. rotundifolia, ovata, Caulopteris peltigera, macrodiscus, Calamites suckowii, Cistii, ramosus, cannaeformis, varians, Macrostachya infundibuliformis, Annularia brevi* et *longifolia, Poa-Cordaites microstachys, cardiocarpus minor, Pachytesta multistriata.*

En haut du terrain du Gard, il n'y a plus de *Pecopteris* trigonopteroïdes; des *Pecopteris* névropteroïdes, il ne reste que quelques *Pecop. polymorpha*; les *Pec. arborescens* et *dentata* sont remplacés par les *Pecopteris Schlotheimii* et *Biotii*; le *Pecop. cyathea* devient la fougère commune; nombreux *Pecopteris unita* avec *arguta, Pec. hemitelioides, euneura, Pecopteris subnervosa, Sterzeli, integra*; quantité de *Caulopteris macrodisus* et de *Psaronius*. Nombreux *Alethopteris Grandini* et *Odontopteris Reichiana*; *Odont. Brardii, obtusiloba, Dictyopteris Brongniarti* et *Schützei, Nevropteris cordata, auriculata, Callipteridium gigas, Tæniopteris jejunata, Pseudosphenopteris leptopteroides, Botryopteris frondosa, Dolerophyllum pseudopeltatum.* Nombreux *Calamodendron cruciatum*, avec les v. *encarpatum* et *elongatum*; *Asterophyllites densifolius* et *Macrostachya infundibuliformis*; quelques rares *Sphenophyllum oblongifolium, longifolium, angustifolium*; absence des *Lepidodendron* et pour ainsi dire aussi des *Stigmaria.* Remplacement des *Sigillaires* costulées par *Sig. Lepidodendrifolia, spinulosa, quadrangulata, Mauricii, Brardii. Sigillariatrobus fastigiatus, Syringodendron Brongniarti, bioculatum*; disparition des *Pseudosigillaria*, des *Calamites Cistii.* Beaucoup de *Cordaites. Cord. angulosostriatus, lingulatus, diplogramma, principalis, papyraceus*, etc. *Poa-Cordaites linearis* et *Carpolithes disciformis* répandus. *Cardiocarpus Gutbieri, reniformis, fragosus, Carpolithes lenticularis, granulatus; Codonospernum anomalum.*

Or, tous ces fossiles se trouvent dans les couches moyennes de Saint-Etienne et sont remarquablement les mêmes. Des deux côtés les *Cordaites* abondent dans les couches inférieures. Mais à Portes, je n'ai point reconnu les espèces qui se développent dans les couches supérieures de Saint-Etienne. D'ailleurs, dans le Gard, peu d'espèces s'élèvent jusqu'au *Rothliegende*: *Dictyopteris Schützei, Odontopteris obtusiloba, Callipteridium gigas, Calamites major...* Les espèces qui atteignent à peine le permien sont encore très communes. Ex. *Macrostachya infundibuliformis, Annularia longifolia, Calamites cruciatus*, etc. Les empreintes de Portes n'annoncent aucunement la proximité du permien ; les *Calamodendron* sont rares, et, tout considéré, je crois qu'il manque au moins l'étage des Calamodendrées du Centre de la France.

Toutefois les poudingues du mont Châtenet pourraient correspondre à cet étage, et peut-être qu'à Largentière il y a du permo-carbonifère.

Serrant de plus en plus les comparaisons, nous voyons, au point de vue de l'âge relatif des étages inférieur et supérieur du Gard : à Bessèges, beaucoup d'*Asterophyllites equisetiformis* (répandus en Saxe et dans les *Upper Coal* d'Amérique) ; de nombreux *Nevropteris flexuosa* (spécialement répandus en haut du terrain houiller moyen à Zwickau, à la base de ces *Upper Coal*, dans les Alpes) ; beaucoup de *Pecopteris arborescens* et *polymorpha* (deux espèces communes à Zwickau ; des *Pecopteris erosa* (plante directrice des couches inférieures de Zwickau) ; de fréquents *Pecop. abbreviata, Sigill. tesselata* et *camptotaenia* (3 espèces communes dans la zone supérieure du bassin houiller du Nord) ; beaucoup d'*Annularia brevi* et *longifolia* (répandus en Saxe) ; des *Sigillaria Candollei* (rappelant le *Sig. cortei* des couches inférieures de Zwickau) ; des *Dictyopteris nevropteroides* (des couches moyennes de la Saxe) ; quelques *Lepidodendron Sternbergii* identiques au *Lepid. dichotomum* de Zwickau.

Ces citations, jointes à celles qui précèdent (p. 173 et 187), par les rapports d'âge qu'elles établissent entre l'étage de Bessèges et les couches qui sont à la base du terrain houiller supérieur ou même qui terminent le terrain houiller moyen, rendent facile la conclusion que cet étage est le plus ancien du Gard.

Admettant avec M. Zeiller que les couches supérieures du système de Saarbruck représentent la base du terrain houiller supérieur, et croyant que les couches de Ottweiller sont situées au milieu et au sommet de ce terrain, je ferai encore remarquer : 1° que dans les couches supérieures de Sarrebruck et les couches inférieures du Gard, il y a beaucoup de *Pecopteris arborescens, Annularia brevifolia*, et se présentent : *Pecopt. pteroides, unita, discreta*, quelques *Macrostachya infundibuliformis, Cordaites borassifolius, Poa-Cordaites microstachys* ; 2° que dans les couches moyennes, et principalement supérieures du Gard, il y a, comme à Ottweiller, de nombreux *Macrostachya infundibuliformis* ; plus ou moins d'*Annularia longifolia* et de *Stigmaria ficoides* ; rares *Pecopteris dentata, Walchia piniformis, Lepidofloyos laricinus, Sigillaria alternans* ; ici et là *Lepid. Sternbergii, Nevropteris auriculata, Pecop. Pluckeneti, arguta, Biotii, Sphenophyllum oblongifolium, Carpolithes disciformis*, etc.

Ce nouveau parallélisme ne laisse donc aucun doute que l'étage de Chamclauson est bien l'étage supérieur du Gard.

Enfin, des développements qui précèdent, il suit que partout la flore fossile a changé d'ensemble uniformément, de manière à sanctionner les conclusions principales de ce livre.

Ces conclusions demandent à être justifiées par l'appréciation des circonstances de gisement et l'exacte détermination des espèces du Gard ; les citations ci-dessus sont comme des allégations dont il reste à donner la preuve : c'est ce que nous allons faire au livre III, consacré à l'étude des fossiles, au double point de vue stratigraphique et botanique.

PHASES DE LA FORMATION

Si de tout ce qui précède nous cherchons à récapituler le mécanisme de la formation, nous nous croyons admis à supposer, jusqu'à plus amples investigations, qu'au moment où s'est ébauché le bassin du Gard par un mouvement orogénique Nord-Sud qui a en même temps ouvert la voie à des affluents, le granite du mont Lozère et de l'Aigoual était recouvert par le micaschiste qui régnait partout à l'Ouest, et la granulite et les roches connexes formaient de grands épanchements à l'Est et au Sud-Est.

1re phase. — Au début, le bassin de dépôt largement ouvert s'étend au-delà du mont Cabane au Sud, et de Pigère au Nord. Son bord Ouest est escarpé et les éboulis en forment la brèche.

A cette formation de bordure fait suite un puissant dépôt de poudingues micacés dont les éléments ont été apportés du Nord-Ouest, et ces poudingues sont eux-mêmes surmontés de quelques couches de houille associées à des roches de même nature. Le dépôt de ces couches est discontinu, s'étant produit sur un sol inégal, comme en témoigne l'absence au Sud du Rouvergue des couches du Feljas si développées au Pradel et à Trélys. Néanmoins, cette assise se présente en des points très éloignés autour du bassin (Voir la carte).

2e phase. — Après la formation des couches du Feljas, qui ne sont régulières que dans la partie Nord du bassin, où elles recouvrent des poudingues micacés, un grand changement se produit, qui détermine l'apport par un courant d'eau débouchant du Sud-Est, d'un limon feldspathique qui s'est répandu, en stratification peu concordante sur les couches inférieures, dans toute l'étendue du bassin. Ce régime sédimentaire a duré une très longue période de temps ; c'est à lui qu'est dû le puissant étage de Bessèges, s'étendant d'Alais à La Grand'-Combe et à Lalle, par-dessus les monts Cabane et Rouvergue, lesquels, à l'origine, n'existaient pas. Cependant, au Nord du bassin, le cours d'eau, qui a formé les poudingues inférieurs, continue à apporter du limon micacé, re poussant ou contrariant le courant général, ce qui explique la transformation de l'étage de Bessèges au Nord, à partir de La Clède jusqu'à Pigère. Après le dépôt des couches supérieures de Lalle, ce cours d'eau, pris de recrudescence, transporte les graviers et cailloux des poudingues de La Poulière, jusqu'au Sud de Bessèges.

3e phase. — Après le dépôt de ces poudingues et la formation de quelques filets de houille au-dessus, se produit un changement complet de forme du bassin et radical du régime sédimentaire ; coïncidant, je crois, avec les éruptions de porphyre et les grandes dislocations qui, dans le Centre de la France, ont troublé profondément les dépôts en activité et marqué le début de quelques bassins houillers, notamment de celui de Sumène. Dans tous les cas, l'affluent Nord qui, jusqu'alors, avait apporté du gravier et du limon micacé, est supprimé ou dévié ; il s'établit un cours d'eau venant du Sud vers la Grand'-Combe ; le contour du bassin du Gardon s'ébauche, le Rouvergue commence à se soulever et, par contre, les deux parties du bassin de dépôt qu'il va désormais séparer s'enfoncent rapidement et considérablement. L'un de ces bassins, celui de La Cèze, reçoit un puissant dépôt de phyllades ; le bassin du Gardon reçoit, au contraire, un dépôt de poudingues très grossiers de même épaisseur, 600 à 700 mètres. Pendant la formation en eau profonde de ce puissant étage stérile, l'apport du limon feldspathique est suspendu, ce qui suppose un grand changement dans le relief du sol de la contrée environnante.

Il est à croire que sur les deux flancs du Rouvergue, l'étage stérile s'amincit, comme, du reste, contre la brèche des Luminières soulevée auparavant, et je ne crois pas que les deux dépôts stériles se soient donné originairement la main, par-dessus le plateau houiller de Laval, car si, à Sainte-Barbe, le système charbonneux restant eût été recouvert de plusieurs étages et soulevé et dénudé longtemps après sa formation, nul doute que les érosions n'y eussent laissé que des charbons très maigres ou anthraciteux en face des charbons gras de La Grand'Combe.

Le Rouvergue s'étant soulevé lentement, il est probable que les dressants, qui lui sont liés et qui sont aussi le résultat d'un refoulement latéral de très longue durée, s'étant peu à peu développés, ont contribué à limiter de plus en plus les dépôts, au moins dans le bassin du Gardon.

4e phase. — Après la phase de l'étage stérile, qui a vu se combler les deux grandes dépressions produites par la révolution géologique antérieure, de dépôts sans doute amincis et discordants sur les plus anciens de chaque côté du Rouvergue, s'ouvre tranquillement une nouvelle ère de formation charbonneuse à La Grand'Combe et à Gagnières, dans deux bassins devenus indépendants.

Cependant, par un phénomène pour le moment inexplicable, le régime sous lequel s'était formé l'étage de Bessèges et qui était resté suspendu tout le temps de dépôt de l'étage stérile, reprend son œuvre dans toute la partie Nord du bassin, y formant des couches très régulières entre des roches feldspathiques.

Sur le Gardon, un cours d'eau descendant du Sud ou du Sud-Est, après avoir comblé le lac de roches stériles micacées, et, parvenu à l'état d'équilibre, a assisté à la formation des couches de La Grand'Combe.

On ignore ce qui s'est passé depuis dans le bassin de La Cèze.

5° *phase.* — Dans le bassin du Gardon, un autre changement ramène les roches granitogènes et, après le dépôt des corniches de Champclauson, commence une nouvelle formation charbonneuse qui s'appuie directement, à Cornas, sur les micaschistes soulevés par le Rouvergue. Comme les couches de Sainte-Barbe sont en retrait à l'Est sous celles de La Grand'Combe, et celles-ci sous les couches de Portes, le dernier mouvement d'encaissement s'est produit au Nord-Ouest du bassin du Gardon, en avançant dans cette direction. C'est ce mouvement, combiné à l'élévation du bord Ouest du bassin de La Cèze, qui, les érosions aidant, a tant éloigné les bandes de brèches Nord et Sud (Voir la Carte) primitivement à la suite l'une de l'autre.

6° *phase.* — Enfin, un dernier mouvement géogénique creuse un lac au Nord de Portes, et, après son remplissage par des roches de torrent, tout mouvement d'affaissement cessant, il ne se peut plus former de dépôt.

Telles sont, à grands traits, les phases de la formation houillère, sans les détails expliqués dans le cours de ce Mémoire, notamment au titre I du livre II. Nous avons vu que, pendant cette formation, le bassin a changé de niveau et de forme, par des mouvements lents et, à deux ou trois reprises, par de véritables révolutions qui ont changé les cours d'eau et la nature des sédiments.

7° *phase.* — Une partie importante du terrain houiller est détruite par érosions. Il est probable que celles-ci n'ont été très considérables que sur les parties soulevées après coup, comme les monts Rouvergue et Cabane. La zone, située à l'Ouest du dressant de Bessèges, a aussi subi des ablations très importantes, du moins au Martinet, où la faille de plissement de Robiac affleure comme une faille, sans le pli supérieur enlevé, et à Sallefermouse, où le dressant se présente de la même manière, jusqu'à 400 mètres de profondeur où ne commence pas encore nettement le pli inférieur. Mais les soulèvements et dressants, ayant commencé avant les dépôts supérieurs, en ont limité l'extension sur les dépôts antérieurs, et les érosions du terrain houiller par la mer permienne n'ont peut-être pas été aussi grandes que nous l'avons laissé entendre plus haut.

8e phase. — Pendant le dépôt du trias, la mer ne recouvrait sans doute pas tout le terrain houiller ; il est à présumer que le soulèvement du Rouvergue l'arrêtait au pied des hauteurs de Champclauson et au Martinet. Pendant le dépôt du trias et du lias, le fond de la mer se déprimait, et la plage s'exhaussait. Aussi, les étages de calcaire paraissent-ils s'être formés en retrait, les supérieurs sur les inférieurs, vers l'Est. A la fin de la formation du lias, dislocations nombreuses, émanations filonniennes. Le soulèvement des Cévennes, suivant la direction N.-N.-E., détermine une nouvelle cassure ou faille de refoulement, dite faille des Cévennes, et il semble que, dès ce moment, les efforts de compression latérale venant de l'affaissement des masses à l'Est se soient exercés contre cette faille. Celle-ci joue de nouveau après la période jurassique, et c'est à un autre mouvement le long de la même faille que l'étage supérieur du terrain tertiaire de la région doit de s'être déposé, à Alais, presque en contact avec le terrain houiller.

Après le dernier mouvement, qui a dû soulever les calcaires à l'Ouest, ceux-ci éprouvent d'énormes dénudations qui, heureusement, n'ont laissé subsister, de ce côté, que les assises inférieures de calcaires sur le terrain houiller.

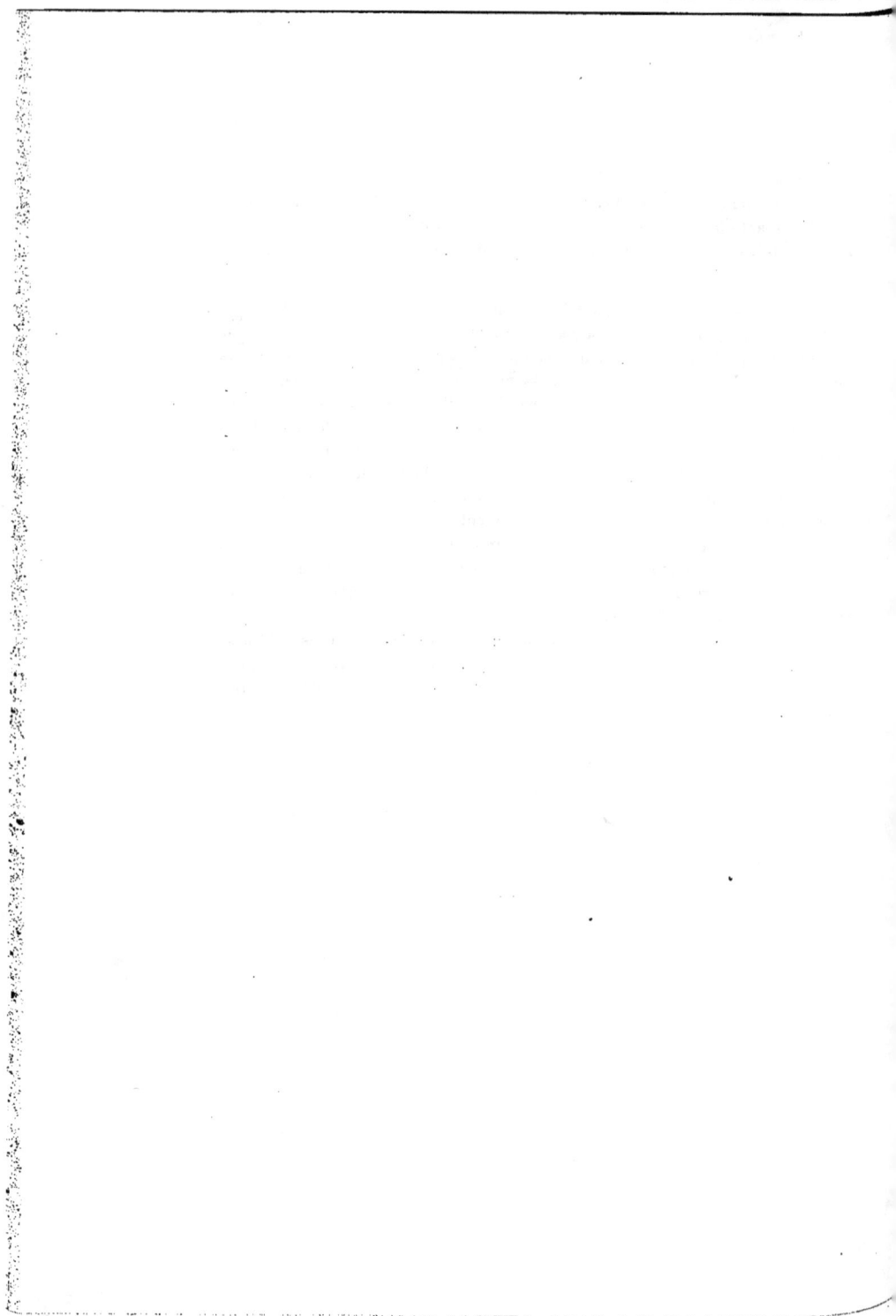

LIVRE TROISIÈME

FLORE CARBONIFÈRE

DU

BASSIN DES CÉVENNES

NOMENCLATURE

A la suite de Brongniart, tout le monde admet que la végétation carbonifère appartient, sans exception, aux Cryptogames vasculaires et aux Gymnospermes. Mais on est loin d'être d'accord sur la place à assigner, dans l'un ou l'autre embranchement, aux Calamodendrons, aux Sigillaires et aux Diploxylées dont l'organisation est étrangère au monde vivant.

Autrefois, on ne connaissait pas de cryptogames à structure rayonnante, et l'analogie forçait d'admettre que tous les végétaux ainsi organisés se rangent parmi les Gymnospermes. Aujourd'hui qu'on a trouvé un reste de bois centrifuge dans les *Ophioglossum*, et que M. Williamson a découvert du bois exogène dans le *Lepidodendron selaginoides*, la question a changé de face.

Après Goldenberg, Hooker et Schimper, MM. Binney, Carruthers, Williamson, Zeiller, de Solms, Stur, etc., placent les Sigillaires à côté des Lepidodendron, dont, à vrai dire, elles ont bien un peu l'aspect extérieur, et font rentrer les Calamodendrons dans les Calamariées.

M. Williamson, après vingt années d'études anatomiques sur les végétaux fossiles calcifiés du Lancashire et de Burntisland, estime que la structure des tiges de Diploxylon est l'apanage des Cryptogames primitives. De là à supposer que ces tiges à bois peu développé et qui s'accroissaient principalement par l'écorce, relient les Cryptogames aux Gymnospermes, il n'y a qu'un pas, d'autant plus facile à franchir que les études anatomiques ont mis récemment en lumière d'étroits rapports entre ces végétaux vivants, si bien que les Gymnospermes sont à présent considérées comme plus rapprochées des Cryptogames que des Angiospermes. (Van Tieghem, *Traité de botanique*, p. 1312).

Naguère, M. de Saporta, voyait dans les Calamodendrons et les Sigillaires des Progymnospermes. M. Williamson suppose que ses *Lyginodendron* et *Heterangium* sont deux points de départ des Fougères et des Cycadées. Pour M. Lester F. Ward, les Lycopodiacées, Calamariées et Filicacées hétérosporées et à bois exogène, forment le tronc éteint dont seraient dérivées les Cryptogames vasculaires aujourd'hui déchues de leur perfection primitive, et les Gymnospermes représentées à l'origine par les Cycadées, Salisburyées et autres formes voisines. MM. B. Renault et E. Bertrand, dans leur étude des Poroxylées, finissent eux-mêmes par exprimer l'avis que les Diploxylées et Cycadoxylées (comprenant les *Lyginodendron, Heterangium)* du terrain houiller sont des termes de transition entre les Cryptogames et les Gymnospermes.

En tout cas, l'opinion que les Sigillaires et les Calamodendrons sont des Gymnospermes voit de jour en jour le nombre de ses adeptes diminuer. A la suite de mes études dans le Gard, j'ai été amené à les tenir (1) pour des Cryptogames hautement organisées; l'absence sur les débris de ces végétaux de toute attache de graines, et, parmi ces débris, de graines ; au contraire, la présence constante d'épis sporifères et de macrospores, le mode de développement de ces plantes, tout prouve leur cryptogamie. Ce n'est pas chez les Gymnospermes que l'on trouve, comme dans les Sigillaires et les Calamodendrons, des tiges, rhizomes et racines divisés par dichotomie, et des tissus vasculaires composés de fibres scalariformes ; chez les Cryptogames seulement se rencontrent, avec ces particularités, des branches sonterraines ramifiées dans un plan horizontal *(Psilotum triquetrum)* comme certains rhizomes dont sont issus les bulbes par lesquels a préludé la végétation des Sigillaires. Les Stigmaria sont des rhizomes aquatiques très répandus. J'ai trouvé d'autres tiges souterraines munies de feuilles au lieu de racines, et l'on peut dire que le caractère des Cryptogames vivantes de se propager par voie de rhizomes est partagé au plus haut degré par les Cryptogames carbonifères, qui poussaient en grande partie dans l'eau et la vase.

---

(1) *Comptes-rendus de l'Académie :* 1º Développement souterrain, semences et affinités des Sigillaires, 29 avril 1889 ; 2º Calamariées, Arthropitus et Calamodendron, 27 mai 1889.

Cependant, avec M. de Solms, préoccupés de trouver des organes végétatifs auxquels se rapportent les graines si nombreuses et variées du terrain houiller supérieur, nous pensons que certains types cycadoxylés ont porté des graines avec des feuilles ptérophylloïdes, comme les *Stangeria* que l'on a d'abord confondus avec les *Lomaria*. Cette préoccupation m'a fait numéroter les planches de fossiles suivant un ordre où les graines seraient examinées dès le début, avec les feuilles qui flottent entre celles des Cycadées et des fougères, puis les Cordaïtées, dans le but de voir si les graines peuvent être rapportées à ces fossiles, à l'exclusion des Sigillaires et des Calamodendron.

Cet ordre d'exposition, comportant l'étude des fougères à la fin, ne sera pas suivi dans le texte : les groupes ayant rang de classe ou de familles gagneront, je crois, à être décrits comme suit :

Cryptogames vasculaires	Classe des Calamariées.
	Famille des Sphénophyllées.
	Famille des Lépidodendrées.
	Stigmariées.
	Famille des Sigillariées.
	Classe des Filicinées.
Gymnospermes	Noeggerathiacées.
	Famille des Cordaïtées.
	Conifères dialycarpées.

Les coupes génériques seront discutées à propos de chacun de ces grands groupes, et leurs organes rapprochés, autant que le permettent les faits observés dans le Gard.

L'attribution de graines m'a conduit à d'importantes observations d'où il résulte que, dans les paléophytes, les organes de fructification diffèrent moins que ceux de végétation, à l'inverse de ce que nous voyons dans les Néophytes, les Angiospermes. Ainsi, les Cordaïtées, par exemple, dont le feuillage est si uniforme, se sont reproduites par des graines de formes très variées appartenant à des genres plus ou moins éloignés : *Cardiocarpus, Rhabdocarpus, Samaropsis*, etc. Ce caractère, qui n'est pas étranger aux Gymnospermes vivantes, rend moins difficile à concilier la grande variété des graines avec le petit nombre d'organes végétatifs desquels on les puisse rapprocher.

Nous verrons que dans les Calamariées et autres plantes du monde primitif, les organes de reproduction sont également plus variés que ceux de végétation.

Les grandes lignes et points de vue du livre 3° exposées, je dois m'expliquer sur la manière dont j'envisage les déterminations spécifiques qui forment la base du livre second.

L'état fossile ne se prête pas, loin de là, à des appréciations rigoureuses et les espèces ont des valeurs différentes, suivant les organes auxquels elles se rapportent et leur mode de conservation.

La détermination spécifique étant déjà difficile sur les plantes vivantes, on comprend que sur des fragments de fossiles ou des empreintes, elle n'offre quelque précision que vis-à-vis des formes nettes et tranchées. Souvent on est réduit à deviner les ressemblances par l'habitude que l'on a des variations dont sont susceptibles les organes à classer. Dans certains cas, les rapprochements sont vagues et les déterminations douteuses, ce qui sera indiqué par le signe c f. consacré. C'est surtout quand les espèces sont voisines que l'on est exposé à commettre des méprises sur les formes intermédiaires qui les rapprochent sans les identifier.

On sait que les espèces de végétaux fossiles sont fondées sur des fragments désunis et souvent mal conservés, et que, à cause de cela, on est condamné à classer les organes séparés des mêmes plantes dans des genres et espèces différents.

Or, dans le monde vivant, certains organes restent constants à côté d'autres dont les modifications forment les espèces, On comprend, dès lors, que, parmi les espèces fossiles, il s'en trouve qui, ayant pour objet les parties les plus fixes des végétaux carbonifères, aient, comme je l'ai déjà expliqué (1), une valeur en quelque façon générique ; exemple : *Calamites Cistii*, *Stigmariopsis inaequalis*, *Caulopteris macrodiscus*, etc. Naturellement, ces espèces ont une longue durée et, par suite, peu de valeur stratigraphique, parce qu'elles peuvent se trouver dans tous les étages. Nous nous proposons de les affecter du signe *g n*.

Une autre difficulté tient aux changements que les espèces ont éprouvés. Lorsque ce sont de simples mutations, on en fera suivre le nom du signe *v*, de variété.

Mais il se présente des espèces fossiles affines qu'il serait bien difficile de considérer comme des unités indépendantes. Elles gravitent autour de certains types et sont à ces types comme les espèces jordaniennes sont aux espèces linnéennes. Comme elles se succèdent dans le temps, elles sont utiles à connaitre pour le classement des couches. Nous chercherons à les distinguer et nous affecterons des signes *ac* et *dv* les formes ancestrales et dérivées des espèces types. Nous verrons que ce dernier signe convient à la plupart des espèces du Gard qui

---

(1) *Comptes-rendus de l'Académie*, 22 février 1886.

sont communes au terrain houiller moyen. Le *Nevropteris gigantea* de la Grand'Combe est assez éloigné de la forme normale pour le considérer comme une espèce affine dérivée, de même le *Sphenopteris cristata* de Commentry par rapport à cette espèce telle qu'elle se présente à Bessèges. En sens inverse, les *Alethopteris Grandini, Calamites cruciatus* paraissent débuter dans les couches supérieures du Pas-de-Calais par des espèces affines ancestrales. D'un autre côté, l'*Aleth. Grandini* d'Ygornay, avec ses pinnules séparées, n'est pas une simple variété du type, mais plutôt une espèce succédanée. On peut dire que, à part quelques Sigillaires, il n'y a pas, d'une formation à l'autre, d'espèces jordaniennes identiques de tous points (1). La distinction de ces espèces est donc de première importance et la confusion faite par quelques auteurs des *Pecopteris Biotii, Schlotheimi, Odontopteris minor*, etc., respectivement avec les *Pecop. dentata, arborescens, Od. Reichiana*, etc., me paraît beaucoup plus regrettable que le morcellement des espèces, celles ci-dessus étant deux à deux aussi différentes que le *Sphenophyllium oblongifolium* vis-à-vis du *Sph. filiculme*, le *Dictyopteris Brongniart* vis-à-vis du *Dic. sub. Brongniarti*, etc.

L'analyse et l'appréciation des espèces m'obligeront à quelques développements ; mais, en dehors des préoccupations stratigraphiques de cette étude, je simplifierai le plus possible les descriptions en laissant de côté la synonymie et évitant les nombreux renvois bibliographiques.

Les empreintes du Gard sont conservées à l'Ecole nationale supérieure des Mines, à Paris.

---

(1) Mais de ce que certaines espèces fossiles affines se présentent dans le temps comme les espèces vivantes affines dans l'espace, il ne s'ensuit pas davantage que les types différents qui les résument sortent de souches communes : rares sous des formes voisines et à gisement discontinu aux deux extrémités de leur existence, les types spécifiques sont indépendants des espèces antérieures comme les uns des autres, et les changements de flore se font par extinction et apparition d'espèces, c'est-à-dire par substitution et non par transformation.

SOUS-EMBRANCHEMENT DES CRYPTOGAMES VASCULAIRES

CLASSE DES CALAMARIÉES, Endl.

On rapproche les Calamariées des *Equisetum* auxquels elles ressemblent à la vérité beaucoup sous certains rapports. Il me semble que, au contraire, on devrait plutôt rattacher les seconds aux premières, celles-ci, incomparablement plus variées, présentant en général des caractères bien différents, outre que quelques-unes réunissent des épis hétérosporés à un bois dicotyledone, qui les élève bien au-dessus des Prêles et force d'élargir considérablement le cadre de la famille et de l'élever au rang d'une classe.

Nous verrons, en effet, que le bois d'*Arthropitus* se lie incontestablement à une catégorie de Calamites, et que certains épis fructifères, comme les *Calamostachys Casheana* et *Binneyana*, ont du bois d'*Arthropitus*.

La réunion des Calamites herbacées et ligneuses est admise par les paléontologistes anglais et allemands, et notamment par MM. Williamson, Stur, Weis, Schenck, de Solms, Zeiller, etc. Cependant MM. Dawson, Renault, de Saporta, Kidston, etc., ne croient pas que les vraies Calamites soient des moules médullaires de Calamodendron. Il y a du vrai dans chacune de ces opinions auxquelles on ne peut reprocher que le tort d'être l'une et l'autre trop absolues.

Je crois, comme M. Stur, que les Calamites ont acquis d'autant plus de bois qu'elles sont plus récentes, le point culminant du groupe se trouvant au sommet du terrain houiller. C'est sur ce fait que j'ai fondé, il y a plus de dix ans, l'étage des Calamodendrées du centre de la France.

Le rapprochement d'organes qu'il m'a été possible de faire me conduisent à grouper les genres fossiles de Calamariées de la manière suivante :

1° *Annularia, Bruckmannia;*

2° *Calamites, Calamophyllites* et *Arthropitus (Calomopitus), Asterophyllites, Volkmannia, Huttonia, Macrostachya;*

3° *Stylocalamites, Calamodendron, Calamocladus* et *Calamostachys.*

ANNULARIA, Br.

Les *Annularia,* considérés récemment encore comme des rameaux nageants d'*Asterophyllites,* en sont indépendants et forment un groupe à part auquel M. Renault a attribué le rang d'une sous-famille.

L'organisation des tiges ne diffère pas sensiblement de celle des *Equisetum*, mais les épis renfermaient des microspores et des macrospores.

Dans le Gard, ces plantes semi-aquatiques sont largement réprésentées par les deux premières espèces ci-après :

Annularia longifolia, Brongt.

Cette espèce est trop connue pour que je m'arrête à la décrire.

Distribution. — Beaucoup à La Grand'Combe, Champclauson, et Portes (toit C. Jenny), à Molières, à Saint-Jean, aux Figeirettes. — On trouve l'espèce au Vern, au Péreyrol, au Rieubert, à Lalle, à Bessèges (C. trias), à Gagnières (C. nº 2), à Fontanes, au Mas-Dieu, à Broussous, à Sainte-Barbe (C. Ayrolle), couche Rouvière maigre, couche des Blachères, etc.

Annularia sphenophylloides, Zenker.

Cette espèce, également vulgaire, est très répandue et diffuse.

Distribution. — En grand nombre à Gagnières (schistes supérieures), à Bessèges (C. 13 et 14), à Molières et Saint-Jean, à Fontanes, à Rochebelle, au Bois-Commun (C. nº 6). Comparativement rare à Champclauson et à Portes. — Plus ou moins à Sallefermouse, à Malataverne, à Olympie, à Sainte-Barbe (C. Velours), au puits des Oules, au Mas-de-Curé, galerie de la Romaine, recherche de Gagnières, menu à Bordezac, etc.

V. — A Gagnières, où ces Annularia sont plus grands que d'ordinaire, on trouve des feuilles isolées, longues de $0^m,015$ à $0^m,020$, présentant la forme générale de celles de cette espèce, et, à la surface, les dessins qu'on y remarque généralement.

Annularia elegans, n. sp.

En dehors de toutes les variations dont paraît susceptible l'*A. sphenophylloides*, M. Mestre a trouvé à Portes le type d'*Annularia* représenté Pl. XVII, Fig. 6, que caractérisent des feuilles très inégales, obtuses, mais non tronquées ; le diamètre des verticilles varie beaucoup sur le même échantillon, les feuilles sont planes, bien différentes de celles de l'espèce précédente, et plutôt analogues à celles des *Asterophyllites*.

Annularia radiata, Br.

Avec ses petites feuilles atténuées aiguës, cette espèce est très rare, à La Grand'Combe, au puits des Oules, au Vern, à Gagnières (c. nº 7).

Annularia minuta, Br.

J'ai rencontré cette petite espèce à l'état sporadique :

A Crouzoule, au Mas-de-Curé, à Bessèges (C. Saint-Auguste, Coll. E. Dumas), à Saint-Jean, à Rochebelle (C. nº 3), à Broussous (C. Sans-Nom), au Ravin, à Champclauson et à Portes (entre C. Jenny et Terrenoire).

Elle rappelle l'*Ann. microphylla* Sauv. du terrain houiller moyen, mais aussi l'*Annularia radiiformis*, Weis, d'Ottweiller.

26

BRUCKMANNIA, Stern.

Avec l'*Annularia longifolia* on trouve souvent le *Bruckmannia tuberculata*, et avec l'*Ann. brevifolia* beaucoup plus rarement des épis à lui rapporter. Je n'en indiquerai pas les gisements : qu'il me suffise de signaler deux espèces de *Bruckmannia* qui paraissent également appartenir à l'*Annularia longifolia*, lequel avec un feuillage fixe aurait légèrement varié, de bas en haut des couches du Gard, par des épis différant tout au moins par la grosseur.

Bruckmannia tuberculata, Stern.

L'épi de ce nom est trop connu pour qu'il soit utile de le décrire ici. On sait qu'il appartient à l'*Annularia longifolia*, avec lequel on le trouve associé, notamment aux mines de Champclauson.

Bruckmannia fertilis, n. sp.

Je représente Pl. XVII, Fig. 7, un épi analogue des couches trias de Bessèges, mais avec des groupes de capsules beaucoup plus nombreux, insérées autour d'un axe plus épais, également au milieu de l'intervalle qui sépare les verticilles de bractées ; mais cet intervalle est proportionnellement plus court, les bractées sont moins étalées à la base, les capsules piriformes coriaces plus vivement réticulées. A Molières, un épi analogue présente une base amincie de plus de $0^m,015$ de longueur sans bractées.

CALAMITES, Suckow, et ASTEROPHYLLITES, Brong.

DIVISION EN DEUX GROUPES PRINCIPAUX

De mes nouvelles études, il résulte que les *Calamites* et *Asterophyllites* du terrain houiller supérieur se rangent dans deux groupes distincts, par la structure, le feuillage et les épis de fructification. L'un des groupes comprend le *Calamites cannaeformis* et le bois d'*Arthropitus*, l'autre le *Calamites Suckowii* et le bois de *Calamodendron ;* au premier appartiennent les Asterophyllites, au second se rapportent, comme nous verrons, de tous autres rameaux et épis.

Le rattachement du bois de Calamodendron aux Calamites est toujours contesté. M. Kidston trouvant des feuilles encore attachées aux Calamites à mince enveloppe, estime que ces fossiles sont restés à l'état d'herbes. Cela est vrai, en général, dans le terrain houiller moyen. Mais, dans le Gard comme à Saint-Etienne, une partie importante des Calamites paraissent avoir produit des tiges ligneuses dans des circonstances favorables au complet développement de ces plantes dans l'air.

Cependant les *Cal. Suckowii, cannæformis, approximata, Schützei* du terrain houiller moyen s'élèvent dans le terrain houiller supérieur. Mais ces espèces ont une importance générique, car, outre les Calamites spéciales à chaque terrain, le feuillage et les épis sont différents de part et d'autre : les Asterophyllites sont beaucoup plus denses et coriaces dans le terrain houiller supérieur que dans le terrain houiller moyen où les épis forment des panicules, ce qui ne se trouve pas dans les couches récentes où seulement apparaissent les bois du genre *Calamodendron*.

Il n'y a donc pas de parité entre les Calamariées des deux principaux étages du terrain houiller et je ne prétends aucunement que les coupes génériques du Gard soient applicables, par exemple, aux Calamites du Nord de la France.

1ᵉʳ GROUPE DE CALAMARIÉES

Volkmannia, Huttonia, Macrostachya, Asterophyllites, calamites, Calamophyllites, Arthropitus.

A la carrière de Ricard, j'ai trouvé réunis et rapprochés tous les organes du *Cal. cannæformis;* les feuilles F et les épis *g* jonchent le sol où ont poussé les tiges (Pl. III bis, Fig. 23). La même Calamite, dans les Fig. 11 et 12, Pl. XIV, est associé à des tiges ligneuses d'Arthropitus. Ces trois figures représentent tout le système végétatif de ces végétaux dont nous allons décrire les parties avant de restaurer le port général des tiges dont l'ensemble est peu connu.

Les caractères botaniques du groupe le plus homogène sont les suivants :

Epis composés d'une alternance de verticilles fertiles et stériles : *Calamostachys*. Rameaux et feuilles connus sous le nom d'*Asterophyllites*. J'ai trouvé (Pl. XVII, Fig. 4) que, dans le jeune âge, les feuilles sont soudées en une gaîne entourant la branche ; feuilles libres parcourues par une nervure moyenne bordée de tissu cellulaire en palissade (Pl. XIV, Fig. 5 A). Rameaux opposés situés dans un même plan. Branches érigées, plus ou moins longues sans rameaux, insérées en verticilles sur certains entre-nœuds plus courts que les autres. Tiges à écorce lisse, et moule vasculaire cannelé et articulé : *Cal. cannæformis*. Les tiges nées de rhizomes, en prenant du développement, s'entouraient de bois d'*Arthropitus* ; les sillons du moule correspondent aux coins ligneux ; sillons profonds, côtes arrondies.

VOLKMANNIA, Stern.

Les épis fructifères que l'on peut rapporter aux Asterophyllites ordinaires, sont, tout au moins quelques-uns, hétérosporés. Tantôt les sporangiophores sortent de l'axe au-dessus des bractées (*Palæostachys*, Weiss), tantôt, comme dans le *Volk. Grand'Euryana*, Ren. que je crois avoir trouvé aux Figeirettes, ils partent du milieu des intervalles compris entre les verticilles stériles (*Calamostachys*, Schimper). Ces fossiles sont variés : dans des épis semblables, M. Renault a trouvé une organisation très différente.

Volkmannia gracilis, Stern.

Je suis en mesure de rapporter cet épi bien connu à l'*Ast. equisetiformis*, et, par suite, je puis, comme du *Bruck. tuberculata*, me dispenser d'en énumérer tous les gisements qui feraient double emploi avec ceux des feuilles.

J'ai trouvé cet épi, notamment à Ricard, au Pontil, à Fontanes, à Saint-Jean, à Molières, à Trélys (couches supérieures), etc.

Il gît en grand nombre avec l'*Ast. equisetiformis* et dénote une espèce très prolifique.

Les *Volk. gracilis* du Gard, de forme assez constante, sont bien différents des épis du terrain houiller moyen que MM. Crépin et Zeiller rapportent à l'*Ast. equisetiformis*. Faut-il donc en conclure que celui-ci diffère au moins par la fructification d'un terrain à l'autre ?

Huttonia major cf., Germ.

De la couche Saint-Auguste de Bessèges, je représente (PL. XVII, FIG. 8) un gros épi de *Huttonia* qui a vaguement la forme du *Volk. major* de Germar (*Pet. Strat. lithanthracum Wettini et Lobejuni*, p. 92, PL. XXXII, FIG. 5 et 7); je dis vaguement parce que, l'espèce de Germar étant fondée sur des épis imparfaitement conservés, il n'est pas possible de leur identifier les fossiles analogues qui ne sont pas conservés de la même manière. Le plateau annulaire horizontal, formé par la soudure des bractées, semble bien partagé par des cloisons rayonnantes en compartiments qui portent l'empreinte de sporanges. Dans l'épi en question, comme dans l'espèce suivante, les sporanges auraient été portés par les bractées, ce qui éloignerait beaucoup ces fossiles des véritables *Volkmannia*. Et cependant le *Macrostachya infundibuliformis* se rapporte à des Asterophyllites il est vrai assez différents de *Ast. equisetiformis*.

Par là, on voit déjà se prononcer un fait qui se manifestera de plus en plus par la suite, savoir que, dans les Calamariées, l'organe qui s'est le plus différencié est précisément celui destiné à la reproduction.

Macrostachya infundibuliformis, Bron.

Cet épi, très apparent, à faciès tout particulier, est à noter aussi utilement ici que les autres parties de la plante dont il provient. La structure en a été déterminée par mon ami, M. B. Renault; l'organisation est celle des *Arthropitus*. Les sporanges, portant sur le plateau annulaire des bractées, renferment des macrospores. J'ai trouvé, aussi sûrement qu'à Commentry, cet épi en rapport avec le *Calam. Geinitzii*, et il me paraît non moins sûrement se rapporter à l'*Asterophyllites densifolius*.

Distribution. — Nombreux à Portes et à La Crouzette, assez à Saint-Jean. — Péreyrol, Pinèdes, Galerie de la Romaine, Chauvel (C. Rouvière), Mas-de-Curé, Olympie, Bois-Commun (C. nᵒ 4), Rochebelle (C. nᵒ 1), Cendras (C. nᵒ 1), Molières, Bessèges (petite C. Saint-Auguste), Lalle (C. Tri de Chaux), Montbel, Viges, La Clède, Gachas, Recherche Durand, Feljas.

Macrostachya communis, Lesq.

D'après cette énumération, l'espèce se trouverait dans tous les étages du Gard. Mais elle n'est pas exempte de modifications. A Molières elle offre des passages aux *Huttonia*. A Saint-Jean et à Bessèges elle ressemble à cette espèce de Cannelton (*Flore de Pennsylvanie*, PL. III, FIG. 17, p. 61 et PL. XC, FIG. 3), droite, renflée au milieu, à languettes d'ailleurs moins analogues aux dents d'*Equisetum*. Toujours est-il que les épis des couches inférieures ne sont pas aussi recourbés à la base que ceux de l'étage supérieur.

ASTEROPHYLLITES, Brongniart.

Les branches à rameaux opposés distiques et à feuilles aciculaires simples verticillées, sont aussi nombreuses que variées dans le Gard. Elles abondent principalement entre les couches de Saint-Jean et celles de Molières; il y en a aussi beaucoup à Fontanes, à La Grand'Combe, à Portes. Elles présentent quelques diversités de forme et de texture. J'en distingue deux catégories, l'une relative aux Asterophyllites ordinaires et l'autre comprenant des Asterophyllites à feuilles coriaces et ligneuses; à la première catégorie appartiennent l'*Ast. equisetiformis* et le *Volk. gracilis*, et la seconde le *Macrostachya infundibuliformis* et l'*Ast. densifolius*.

1ʳᵉ CATÉGORIE D'ASTEROPHYLLITES

A part la dernière espèce, les Asterophyllites suivants se présentent comme des espèces affines et par suite dans quelques cas difficiles à démêler.

Asterophyllites equisetiformis, Schlot.

Cotte espèce classique joue un rôle important dans la flore carbonifère du Gard, sous la forme de rameaux unis ou faiblement striés, peu charbonneux, articulés à distance constante, non renflés aux nœuds ; à feuilles généralement étalées, planes à la base et dont les bords sont recourbés vers l'axe, au milieu et surtout à la partie supérieure, à côte moyenne plane, bordée de tissu cellulaire en palissade ; côte d'ailleurs striée finement. Nous avons vu que les feuilles, indépendantes jusqu'à la base, étaient soudées en une gaîne pendant le jeune âge, et n'ont pas, depuis leur séparation, poussé en longueur. Sur un échantillon trouvé dans l'argilophyre, l'axe paraît présenter une structure ligneuse radiée.

Distribution. — Beaucoup à Couze, à Saint-Jean, (au toit des C. Saint-Louis, Sainte-Clémentine et C. Gravoulet), à Molières, Grand'Combe (à la Verrerie), à Gagnières (C. des Bouziges), à Fontanes et Saint-Félix. — Nombreux au puits des Oules, à Palmesalade, au Pontil, à Sainte-Barbe (C. Airolle), Trélys (C. supérieures), à Bessèges (C. Sainte-Barbe, Saint-Auguste), à Lalle, Montbel. On trouve la même espèce au Chauvel (c. Rouvière).

V. Hippuroides. — Avec des feuilles aciculaires carénées et à rebord excurvé, minces quoique raides, contiguës à la base d'attache, étalées ou dressées suivant l'ordre de formation des branches rameuses ou la position ou le milieu où elles se sont développées ; cette espèce de Brongniart ne s'éloigne pas plus de la précédente que les *Ast. equisetiformis* du Nord de la France de ceux du Gard, et, dans la plupart des cas, les différences sont si difficiles à apprécier, que je ne sépare pas spécifiquement de l'espèce précédente les Asterophyllites dont suivent les gisements.

Lalle (puits Terret), Mas-Bleu, Gachas, Molières (p. Varin), Sainte-Barbe (c. Cantelade), Crouzoule, Pradel, aux Masses, Bois-Commun (c. n° 6), Cendras (c. n° 1).

Asterophyllites rigidus, Br.

Cette espèce a été signalée dans le Gard par son auteur, *Prodrome*, p. 159. Elle se présente semblable à l'*Ast.* PL. XVIII, FIG. 5, p. 9 (*Die Verst. der Steinkohlenformation in Sachsen*). Elle se distingue de la précédente par des rameaux plus fermes, légèrement renflés aux articulations, par des feuilles plus fortes, dressées. Toutefois, il y a des cas embarrassants comme si les Asterophyllites en question pouvaient représenter quelques parties de l'espèce précédente. On les trouve à Lalle avec des feuilles planes à la base, carénées, sans pour ainsi dire plus de cellules en palissade sur les bords.

On a figuré sous ce nom des Asterophyllites qui n'ont aucun rapport avec l'espèce en question.

Distribution. — Martrimas, puits de Chavagnac et du Doulovy, Lalle, Bessèges, (c. Sainte-Barbe et Saint-Félix), Martinet, Sainte-Barbe (c. Velours), Cendras.

V. Avec des feuilles coriaces dressées et quasiment appliquées contre la branche, je crois devoir séparer, comme variété, quelques Asterophyllites du Devès, de Ricard, du Martinet de Gagnières, etc.

Asterophyllites subulatus, n. sp. dv.

J'ai trouvé, notamment à Portes, dans les couches supérieures, des Asterophyllites qui ont bien le faciès de ceux décrits comme *Ast. equisetiformis* par M. Weiss dans sa flore de Saar-Rheingebiete, PL. XII, FIG. 2. Mais je ne connais pas ce faciès parmi les variations dont cette espèce est susceptible dans le Gard, et je le tiens pour différent, avec ses feuilles subulées, très coriaces et carénées, présentant un ensemble de caractères à la vérité légers, mais néanmoins assez sérieux pour caractériser une espèce affine, voisine, si l'on veut, de la précédente, qui prend plutôt, dans les couches supérieures, l'apparence de l'*Annularia Calamitoides* de Schimper.

Asterophyllites longifolius, Stern.

A cette espèce bien différente de toutes les autres, par ses longues feuilles jusqu'au bout des rameaux, se rapporte quelques *Asterophyllites* de la Côte de Long (à Lalle). A Gagnières, cette espèce, non encore bien fixée, est représentée par une forme assez différente de celle de Lalle. M. Zeller l'a signalée à la couche Pilhouze.

2° CATÉGORIE D'ASTEROPHYLLITES

J'estime qu'en raison surtout de leurs gros épis fructifères, insérés directement sur les tiges, les Asterophyllites suivantes à feuilles serrées, épaisses et nerveuses, forment un autre groupe homogène que distingue un aspect très marqué de plantes ligneuses et auquel se rapportent les *Macr. infundibuliformis*, *communis* et les *Huttonia*.

Asterophyllites densifolius, Gr.

(*Flore carbonifère*, p. 300, PL. XXXII), à feuilles serrées, se recouvrant d'un verticille à l'autre et dissimulant les articulations, d'ailleurs très coriaces, parcourues dans la région moyenne de 4 à 6 stries égales et parallèles de nature fibreuse, et bordées latéralement de tissu cellulaire allongé et orienté nettement dans le sens transversal (PL. XIV, FIG. 5 A); rameaux à surface cellulaire, non renflés aux jointures. La FIG. 4 représente une petite branche rameuse et la FIG. 5 une branche recourbée à la base. Cette branche charbonneuse est unie à la surface, et en dedans se dessine un axe calamitoïde; dans une autre branche j'ai reconnu du tissu vasculaire d'*Arthropitus*; d'ailleurs, j'ai vu des rameaux semblables sortant d'une Calamite à structure ligneuse. Les articles sont régulièrement rapprochés. Aux plus grosses branches, on a trouvé parfois encore attachées des feuilles très coriaces de 0,05 à 0,10 de long et de 0,004 à 0,005 de large.

Cette espèce n'a pas été signalée ailleurs que sur le Plateau central de la France.

Distribution. — Nombreux à la Crouzette et à Portes. — Chauvel (entre C. Rouvière et C. Salze), couches Canal et Blachères, puits Siméon, puits des Oules.

Asterophyllites polyphyllus, n. sp.

On rencontre dans les couches inférieures du Gard des Asterophyllites analogues, mais qu'un examen attentif me fait séparer, en raison de leurs feuilles encore plus nombreuses, moins épaisses quoique aussi raides, plus droites, carénées, plus minces quoique toujours pourvues de plusieurs nervures moyennes, cependant moins marquées ; de plus, à la partie inférieure des rameaux, les feuilles plus longues divergent légèrement.

Distribution. — Nombreux à Bessèges (C. Sainte-Barbe et Saint-Auguste), encore à Bessèges (C. 13 et 14), Lalle (C. supérieures), aux Figeirettes, aux Viges, à la Clède et à Gachas, à Pigère, à Combelongue, assez à Saint-Jean, à Cendras (C. n° 1), recherche de Gagnières.

CALAMOPHYLLITES, Gr.

Ce genre a été créé pour les écorces détachées de Calamites, ornées à quelques rares articulations de grosses cicatrices discoïdes de branches tombées, et à toutes les articulations de petites cicatrices foliaires. Dans leur intérieur (FIG. 3, PL. XIV), j'ai plusieurs fois trouvé un moule de *Calamites varians*. Ces écorces appartiennent aux Arthropitus ; on en rencontre de grandes plaques gercées en long.

Calamophyllites Geinitzii, Gr. (PL. XIV, FIG. 1).

Surface de tiges caractérisée par deux sortes de cicatrices discoïdes, les unes grosses auxquelles étaient fixées les branches, et les autres petites souvent étagées auxquelles il est à peu près certain qu'étaient attachés les *Macrostachya infundibuliformis*. Aux articulations, cicatrices de feuilles formant une chaîne continue. Entre les grosses cicatrices, les articles sont extrêmement courts, de 0,005 à 0,01. Le moule calamitoïde n'est d'ailleurs pas contracté aux articulations comme dans les espèces suivantes, et l'on peut encore distinguer sur ses côtes un tissu cellulaire allongé tout particulier.

Cette espèce est rarement bien conservée dans les Cévennes.

Molières, Bessèges, La Clède.

Calamophyllites inconstans, Weiss.

J'ai trouvé à La Grand'Combe une écorce aussi semblable que possible à celle décrite et figurée sous ce nom par M. le docteur Weiss.

Calamophyllites communis, Gr. gn. (PL. XIV, FIG. 2 et 3).

Cette espèce d'écorce, analogue par certains points au *Cal. Göpperti,* se rencontre, à Molières, non moins semblable au *Cal. verticillatus* d'Angleterre ; elle a pour objet une partie d'organe qui variait peu. Les articles ne sont jamais bien longs.

CALAMITES CANNÆFORMIS

Dans l'intérieur des écorces précitées, on trouve, non rarement, l'empreinte d'une calamite du type *Cannæformis,* à côtes bombées, sillons profonds et articulations contractées. Par suite, les calamites suivantes dépouillées de leur écorce peuvent être considérées comme parties intégrantes des plantes Asterophylloïdes.

Calamites approximatus, Br.

Cette espèce de Calamites à entre-nœuds constamment très courts, de 0,02 à 0,04, et à articulations très contractées, souvent recouverte d'une couche de houille épaisse de nature ligneuse, n'est pas rare aux environs d'Alais.

Couches des lavoirs, Sainte-Barbe (C. Cantelade), Molières, Bessèges (C. Sainte-Barbe), puits du Doulovy, Sallefermouse (C. supérieures), Saint-Jean (C. Pommier), Ravin.

Calamites varians, Stern. gn.

Cette espèce à entre-nœuds périodiquement raccourcis et tiges périodiquement contractées, d'une manière analogue au *Cal. Schützei,* me paraît se rapporter aux *Calamophyllites communis* (FIG. 3 et 7, PL. XIV). En un point de la tige FIG. 7, attache d'un rhizome.

Nombreux à Fontanes et à Molières, Bessèges, Gagnières, Grand'Combe, Saint-Jean.

Calamites cannæformis, Schlot.

J'ai constamment trouvé cette espèce classique en connexion avec les *Asterophyllites equisetiformis.* La FIG. 23, PL. III *bis* réunit toutes les parties de la plante, des racines aux feuilles et épis. On voit les tiges naître de rhizomes ou les unes des autres, cambrées à la base effilée ; *m, n* sont deux toutes petites tiges ascendantes. Des rhizomes, sortent des racines horizontales rameuses *s, s, s,* et des coudes des tiges, tombent des racines verticales *r, r, r.* Les tiges hors sol D portant des branches d'Asterophyllites sont identiques aux tiges *A, B.* Dans leur développement souterrain les articles sont dès la base progressivement croissant jusqu'à une longueur qu'ils ne dépassent point.

27

Les côtes sont empreintes de cellules et les sillons profonds de tissu ligneux d'Arthropitus, à fibres vasculaires ponctuées et non rayées d'après M. B. Renault. Dans la Fig. 12, Pl. XIV, quelques tiges unies à la surface sont entourées d'une forte couche de bois houillifié, dans l'intérieur de laquelle ressort distinctement un moule de *Calamites cannæformis.*

Distribution. — Beaucoup au mur de la C. Sainte-Clémentine, Saint-Jean, Fontanes, nombreux à Molières, à Ricard ; plus ou moins au mur de la C. Cautelade, au Pontil, Gagnières, Lalle (C. Sainte-Mathea), Rochebelle, Malataverne, Mas-Dieu, puits Sirodot.

Cal. pachyderma, Br.

Les tiges B. (Fig. 11, Pl. XIV) auxquelles a été imposé ce nom, gisant en rapport avec des *Cal. cannaeformis* A qui en dérivent, leur sont, en apparence, spécifiquement identiques. Mais nous verrons (page 214) que par les autres parties de la plante, elles en diffèrent peut-être même génériquement. Ces hautes tiges sont entourées de 0,01 à 0,03 de houille révélant par places un tissu d'*Arthropitus.* A la partie supérieure, les tiges sont pourvues d'une écorce de *Calamophyllites ;* à la base, elles sont fortement enracinées.

Calamites insignis, Sauv, cf.

Cette espèce de Sauveur (*Vég. du ter. houiller de la Belgique,* Pl. XIII), paraît représentée dans le Gard par des moules épais, articulés à assez grande distance, avec côtes bombées saillantes analogues à celles du *Cal. Schatzlarensis,* Stur ; articulations faiblement indiquées, tubercules allongés en haut des côtes ; passages vasculaires chaque deux côtes sur l'articulation; attaches de rameaux marquées par la confluence des côtes autour de points ombiliqués.

Ce moule d'*Arthropitus* s'est trouvé à Trélys, à Fontanes, à Molières, etc.

Calamites major (Fig. 13 et 14, Pl. XIV).

Les Calamites les plus remarquables qu'on ait trouvées sont certainement celles de la carrière Luce, fortes de 0,15 à 0,30 et même 0,40 de diamètre, terminées à la base comme par un culot et souvent renflées à une certaine hauteur, et il paraît bien que quelques-unes dépendent des autres ; en tout cas, l'une d'elles est recourbée à la base ; mais celle Fig. 8, Pl. I, A, amincie en haut, est terminée en bas par un pivot arrondi d'où partent quelques radicelles étalées. Toutefois leur groupement ne laisse pas de doute que les tiges principales qui se dressent au-dessus de la couche Abylon ne soient issues les unes des autres, ou de rhizomes traçants. Les entre-nœuds variant de 0,06 à 0,12 sont très courts pour d'autres grosses tiges de Calamites. Les côtes (Fig. 14, Pl. XIV) sont très ob.

tuses aux articulations comme celles du *Cal. major*, PL. XIV, FIG. 1 de la flore de *Saar Rheingebiete*, et aucunement effilées et croisées comme dans le *Cal. gigas*.

Les côtes plates ont une largeur de 0,008. Une tige de 0,40 trouvée au toit de la couche Chauvel a des côtes de $0^m,01$. Elles sont séparées par des lames rayonnantes accusant une structure ligneuse d'Arthropitus. En dedans, espèce d'endoderme; en dehors, vestiges d'écorce. Les tiges ont donc poussé creuses à plein diamètre de $0^m,20$ à $0^m,40$ avec une paroi de $0^m,01$ environ, à travers le limon, sans donner ni feuilles ni racines, du moins sur la hauteur observée dans la remarquable forêt fossile FIG. 13, PL. XIV. La réduction en épaisseur du terrain les a écrasées et plissées en zigzag dans le sens de la longueur.

Calamites ramosus, Artis.

Je n'ai trouvé qu'à Gagnières et à Cendras (C. n° 1), cette espèce si bien caractérisée par ses grosses insertions raméales irrégulièrement distribuées. Dans le terrain houiller moyen où l'espèce est répandue, on lui rapporte, pour feuillage, l'*Annularia radiata*. Dans le Gard, si l'on pouvait s'en rapporter aux organes qui lui sont associés, les rameaux, feuilles et épis seraient assez différents.

Calamopitus Parrani

J'ai rencontré à Gagnières divers échantillons dont l'un représenté FIG. 6, PL. XIV réunit plusieurs couches ou empreintes d'ordinaire séparées : 1° Une écorce mince gercée en long de *Calamophyllites engens;* 2° Un moule interne de *Calamites varians* à côtes bombées et articulations assez contractées ; 3° un décalque vasculaire du bois transformé en charbon, non renflé ni contracté en face des articulations du moule, présentant tous les signes extérieurs d'un bois d'Arthropitus, à surface à peu près unie, marquée seulement aux articulations de sortes de petits tubercules cellulaires plus ou moins allongés, situés, il semble, en haut de la tige, à l'extrémité supérieure des rayons médullaires primaires continus, et, en bas, à la partie inférieure de ces rayons (FIG. 6 A et 6 B); dans la partie supérieure de la tige, on aperçoit, sur la jointure même, une trace vasculaire chaque deux rayons primaires. La FIG. 8 représente une autre partie des mêmes tiges, à la surface extérieure du bois de laquelle sont fortement gravées les insertions coniques de deux branches rhizomes. L'écorce est à distance du cylindre vasculaire, sans lui être réunie par aucun tissu conservé. De cette écorce dépourvue de cicatrices foliaires sur la partie de tige représentée, descendent des racines charbonneuses adventives striées. On peut remarquer à la base de la tige que les articles ne sont pas périodiquement raccourcis comme dans la partie supérieure.

La couche de houille qui entoure le moule interne se montre, par côté, formée de lamelles de tissu vasculaire homogène, scalariforme, séparées par des rayons médullaires à cellules plus hautes que larges, tout comme dans les *Arthropitus*.

A Saint-Jean, Molières, Gachas, on trouve des empreintes charbonneuses calamitoïdes presque unies, sans sillons ni articulations marqués, mais présentant à la surface la texture d'un bois d'Arthropitus analogue au précédent.

Arthropitus, Göppert,

D'après ce qui précède, toute une catégorie de Calamites et d'Asterophyllites montrent avoir eu un bois d'Arthropitus, de manière à ne plus pouvoir en douter, et ce bois paraît avoir été susceptible de prendre une grande épaisseur comme l'indique la Fig. 1, Pl. XVII, d'un Arthropitus complètement converti en un cylindre de houille de 0,02 à 0,10.

Je ne rappelle pas en quoi consiste le bois d'Arthropitus ; qu'il me suffise de dire que l'*Art. dadoxylina* a un bois double : bois centripète rappelant celui des Sigillaires, et bois centrifuge très développé.

Le bois d'Arthropitus renferme à l'intérieur un moule de *Calamites Schützei* ou *varians*, à sillons profonds et ligneux. Les entre-nœuds sont courts. Les articulations qui ont produit des rameaux sont rares et accompagnées chacune d'un mérithalle très court. Toutefois, l'espèce suivante fait exception à la règle.

Arthropitus pseudo-cruciatus, n. sp.

Je représente Fig. 9, Pl. XIV, une empreinte très charbonneuse présentant à toutes les articulations des cicatrices raméales disposées en quinconce comme dans le *Cal. cruciatus*, mais, outre que la surface de la couche de charbon offre les signes d'organisation des *Arthropitus*, cette couche de $0^m,003$ à $0^m,005$ d'épaisseur entoure un moule semblable à ceux décrits plus haut.

Certaines empreintes du terrain houiller moyen que l'on a figurées comme *Cal. cruciatus* me paraissent, pour la même raison, devoir appartenir aux Arthropitus.

SUR LA NATURE, LA VÉGÉTATION ET LE PORT DES ASTEROPHYLLITES, CALAMITES ET ARTHROPITUS.

Devant toutes les parties du premier groupe de Calamariées, que l'on trouve très souvent rassemblées, sans aucune graine, sans attache d'organes femelles d'aucune espèce, le botaniste ne saurait réprimer son étonnement de voir réunis dans les mêmes plantes deux caractères de premier ordre qui paraissent s'exclure aujourd'hui : un bois de dicotylédone parfois très développé avec une fructification cryptogamique. Et cependant les dépendances sont bien établies, les preuves surabondent, le fait est constant ; et l'on peut dire que les Calamariées sont en organisation beaucoup plus élevées que les cryptogames actuelles.

De ces végétaux, on peut résumer comme suit les caractères de végétation :

Les entre-nœuds des tiges articulées ne dépassent pas 0,15 à 0,20 ; ils sont très courts, surtout ceux dont le développement a été arrêté par la production des branches. Sur les rameaux, les articulations sont également et régulièrement rapprochées. C'est là un caractère très constant : l'élongation des articles étant bientôt terminée, l'accroissement se faisait par les sommets.

J'ai plusieurs fois eu la bonne fortune d'observer, dans les forêts fossiles, des *Calamites cannæformis* peu charbonneux à côté d'autres très charbonneux (PL. XIV, FIG. 12) et paraissant tous appartenir au même individu. Sur la FIG. 11 on voit la même espèce restée herbacée naître indifféremment d'elle-même, du *Calamites Pachyderma* ou de rhizomes communs horizontaux à racines charbonneuses ramifiées d'une manière diffuse. Les tiges sont cambrées et effilées à la base ; les plus, charbonneuses entourées de $0^m,01$ à $0,04$ de houille s'élèvent fortes et rigides à travers les couches jusqu'au joint de stratification qui les coupe ; les moins charbonneuses se terminent amincies en haut comme des tiges en quelque façon avortées. Les plus fortes, qui étaient vivaces, lorsqu'on les peut poursuivre assez haut, portent des insertions de rameaux et même de feuilles, montrant ainsi que le développement du bois est le produit élaboré par ces organes dans l'air ; les plus faibles n'ont ni feuilles ni rameaux. Il est aussi à remarquer que les tiges ligneuses (FIG. 11) ont poussé de nombreuses racines, par lesquelles elles ont pu vivre séparément. Les racines se sont développées à la base, à moins que les tiges n'aient trouvé avantage à s'enraciner plus haut (FIG. 12), au sortir de la vase.

La FIG. 23, PL. III bis, montre que lorsque les *Calamites cannæformis* se développaient près de l'air libre, les tiges, à l'état herbacé, pouvaient néanmoins porter des Asterophyllites.

Fistuleuse, à paroi peu épaisse, cette Calamite se ramifiait dans la vase et parfois sous l'eau en émettant un grand nombre de jets répétés qui la plupart périssaient enterrées ou submergées sans porter des feuilles.

Le port de ces végétaux n'est pas bien déterminé, en ce sens que le mode de multiplication des tiges varie suivant le milieu où elles se sont développées. Dans la vase elles ne poussaient pas de feuilles et la plupart avortaient. Le système aérien est beaucoup mieux défini.

Ses débris jonchent le sol de la partie supérieure des forêts fossiles de Calamites. Il est à remarquer qu'avec les *Calamites pachyderma*, qui paraissent cependant dans un étroit rapport de croissance souterraine commune avec le *Cal. cannæformis* sur la FIG. 11, PL. XIV, on trouve des *Asterophyllites densifolius* et *Macrostachya infundibuliformis*, tandis qu'avec le *Calamites cannæformis*, PL. III bis, FIG. 23, gisent pêle-mêle des branches et rameaux d'*Asterophyllites equisetiformis* et *Volkmannia gracilis*. De ce désaccord, je crois pouvoir conclure que le *Cal. cannæformis* est une forme de moule commune à des tiges d'Asterophyllites de genres différents.

On ne peut douter sans parti pris de la croissance sur place des Calamites dans les forêts fossiles, où elles dérivent les unes des autres, comme l'indiquent les FIG. 11 et 12, PL. III bis. (Voir à ce sujet la PL. XXVIII qui accompagne mon traité sur la formation du terrain houiller (*Mémoires de la Société géologique de France*, 3ᵉ série, T. IV.) Ces plantes sont pourvues de toutes leurs racines et fibrilles.

A la partie inférieure on reconnaît que les tiges et racines ont traversé la vase, et, à la partie supérieure, des changements de roches qui se produisent autour des tiges et surtout entre les racines, il ressort que, dans le bassin géogénique, les tiges de calamites, surgissant du limon où elles s'étaient implantées, ont influé sur l'arrangement des dépôts supérieurs tout comme des végétaux d'eau courante.

Ce fait mis hors de toute constatation, voyons comment les Calamites et les Arthropitus se comportent au point de vue stratigraphique.

Déjà nombreux dans le terrain houiller moyen, il semble que les Arthropitus, comme épaisseur de bois, n'ont leur plus grand développement que dans le terrain houiller supérieur où les Asterophyllites deviennent denses et coriaces. Toutefois le moule le plus ordinaire, le *Cal. cannæformis*, est partout le même Le *Calamites varians* ou moule de la partie aérienne des tiges paraît déjà moins uniforme, et si l'*Ast. equisetiformis* est assez fixe, il n'en est pas de même des épis assez variés qui lui sont connexes.

Le cylindre fibro-vasculaire des Calamites a dû peu changer dans le milieu aquatique et souterrain, et le même moule peut parfaitement résumer plusieurs espèces et genres fondés sur les organes aériens, ce qui expliquerait la longue durée des *Calamites cannæformis, Cistii, Suckowii.*

Dans la partie aérienne de ces tiges, il s'introduit forcément des modifications en rapport avec les organes, branches et feuilles qu'elle a portés. On comprend que des différences importantes puissent éloigner la partie souterraine de la partie aérienne des mêmes tiges de Calamites. Et, par le fait, le *Calamites varians* me paraît avoir surmonté le *Calamites cannæformis,* et des rapports de gisement très sérieux me font soupçonner que le *Calamites foliosus* est l'extrémité aérienne du *Calamites Suckowii* de Saint-Etienne.

2e GROUPE DE CALAMARIÉES

STYLOCALAMITES, CALAMODENDRON, CALAMOCLADUS ET CALAMOSTACHYS

Une des questions de botanique fossile les plus débattues concerne les rapports réels qui peuvent exister entre le bois de Calamodendron et les empreintes calamitoides, et le point de savoir s'il y a des Calamites et Asterophyllites de formes particulières correspondant aux bois de Calamodendron.

On est bien obligé de rapporter les Calamites à forte écorce charbonneuse aux Calamodendrées, dont elles partagent la structure.

Mais il y a des Calamites à mince enveloppe qui paraissent être restées à l'état de plantes herbacées, et ce sont celles-là que quelques auteurs éloignent des Calamodendrées et rapprochent des Equisetum.

Lorsque l'on considère que les Calamites ont des côtes plates, des sillons peu profonds à double sulcature et des racines à axe strié et épiderme grillagée, on ne peut s'empêcher de reconnaître que, comme forme superficielle, il n'y a pas de séparation tranchée entre les Calamites et les Calamodendrons, et a *priori* il ne paraît pas tout d'abord impossible que ceux-ci ne soient les tiges vivaces de ceux-là et que les premières ne soient aux seconds comme les *Calamites cannæformis* sont aux *Arthropitus.*

Cependant on n'est pas encore parvenu à trouver la moindre trace de bois de Calamodendron sur le moule des Calamites à côtes fibreuses et sillons vasculaires. Lorsqu'on les trouve complètes, elles sont représentées par trois couches (PL. XVII, FIG. 3 A) : un épiderme sans insertion au droit des tubercules, un cylindre fibro-vasculaire calamitoïde et un endoderme. Tous les tissus de la tige creuse et cloisonnée ont été logés entre les deux couches cellulaires, dans une zone très étroite qui n'a pas pris d'épaisseur, d'où il semble que les tiges sont restées herbacées. Il serait en effet difficile de concevoir, si elles avaient pris la structure ligneuse très serrée des Calamodendron, qu'elles n'en eussent pas conservé le plus petit vestige.

A l'appui de cette thèse, on peut invoquer le fait que le bois Calamodendron est inconnu dans le terrain houiller d'Angleterre, où abondent les *Calamites Suchowii et Cistii*.

Cependant M. Zeiller dit avoir trouvé sur la *Calamite Cistii* quelques traces d'un système fibreux déjà un peu développé. Dans le Gard (PL. XVII, Fig. 3), j'ai découvert une Calamite vivace, analogue dans sa partie inférieure aux *Calamites Suchowii* et passant en haut à une tige de Calamodendron, avec racines adventives. Aux Razes (Loire), on a récemment mis à jour une forêt fossile formée de *Calamites Suchowii* à tiges généralement très développées, et les plus hautes et les plus charbonneuses de ces tiges paraissent avoir pris une consistance ligneuse.

Je n'en conclus pas que cette espèce, qui est restée herbacée dans le terrain houiller moyen, est devenue susceptible de s'entourer de bois dans le terrain supérieure, mais que cette propriété a appartenu à une espèce voisine, M. l'abbé Boulay ayant reconnu à Saint-Etienne que les *Calamites Suchowii* ne ressemblent pas de tous points à ceux du Nord de la France.

Il me semble donc que, dans le Gard, je peux rapprocher dans un même groupe les Calamodendrons, dont le bois est resté presque toujours mince, des Calamites que M. Weiss a distingués sous le nom générique de *Stylocalamites*, et dont le caractère distinctif serait que l'apparition et la disposition des rameaux ne sont soumises à aucune règle.

Cela posé, je vais décrire les Calamites et Calamodendrons, puis leurs branches et épis, sous les noms de *Calamocladus* et de *Calamostachys*, créés par Schimper pour des organes déjà nommés, noms par conséquent disponibles, et que je crois pouvoir détourner de leur première attribution et appliquer à de nouveaux objets.

Calamites Suckowii, Brong. gn.

Cette espèce, à côtes plates, sillons doubles, étroits, peu profonds, tubercules ronds ou ovales, présente, dans le Gard, notamment à Saint-Jean (tranchée du chemin de fer), (PL. III *bis*, FIG. 24), le mode de végétation souterraine que je lui ai reconnu à Saint-Etienne (*Flore carbonifère*, p. 14, PL. I). Cette espèce, très nette, comporte cependant quelques variations qui me convainquent de l'affecter du signe gn.

Distribution. — Nombreuse à Bessèges (C. Saint-Yllide), puits de l'Arbousset, Molières, Saint-Jean, Gagnières (schistes supérieurs), Fontanes, Ravin.

On la trouve à Pigère, au Frigolet, à Pierres-mortes, aux Viges, au puits Varin, à Traquette, Trescol, Mas-de-Curé, Crouzette, toit de la C. Chauvel, La Vernarède.

Calamites Cistii. Br, gn.

Cette espèce, d'aussi longue durée que la précédente, avec de fines côtes peu bombées à deux pans, séparées par des sillons doubles, avec des tubercules allongés aux extrémités des côtes, et la présence de cicatricules vasculaires chaque deux ou trois côtes, cette espèce (PL. XV, FIG. 1) se présente dans le Gard comme dans le Nord de la France (*Flore du bassin de Valenciennes*, p. 343, PL. LVI, FIG. 1 et 2) ou dans le terrain houiller moyen de Schatzlar (Stur, *Die Calamarien*, PL. XIV, FIG. 4). Quelques formes intermédiaires rapprochent la *Calamites Cistii* du *Calamites Suckowii*. On trouve à Lalle des tiges assez charbonneuses de Calamite Cistii pour admettre que cette espèce a développé un peu de bois. Lorsque l'écorce est présente (FIG. 3, 4, 5 et 6, PL. XV), on voit en face des articulations des cicatrices foliaires contiguës, ou même des feuilles encore attachées presque soudées à la base, striées finement en longueur. Les feuilles sont tantôt longues et retombantes, tantôt courtes.

Comme dans le terrain houiller moyen on n'a jamais observé des feuilles pareilles, je présume que le *Calamites Cistii* y correspond à des espèces différentes touchant le feuillage et la fructification. Cette Calamite, qui pullule par places, avec des tiges dressées (PL. III *bis*, FIG. 25), offre elle-même diverses modifications, et je lui crois l'importance d'un genre. A Commentry et à Saint-Etienne, les côtes sont plus larges que dans le Gard, où la plupart des Calamites Cistii ont des côtes très fines. La FIG. 2, PL. XV est d'un échantillon des couches supérieures, pourvu d'un verticille de cicatrices raméales.

Distribution. — Beaucoup à Molières (Brousses), à Saint-Jean (C. Sainte-Clémentine), à Lalle, à Bessèges, à Gagnières (C. n° 7), à Fontanes.

Plus ou moins nombreux au Bois-Commun, Malataverne, aux Viges, au Mas-de-Curé, Puits Saint-Germain, Rochebelle (toit de la 2e couche); tunnel de Saint-Paul.

Calamites bisulcatus.

J'ai trouvé au Mazel, au Doulovy, à Saint-Félix,à Couze, à Crouzoule et au Mas-Hilaire, des Calamites à sillons doubles très accusés beaucoup moins larges que les côtes, comme on en obtiendrait en décalquant le *Calamodendron bistriatum* de Cotta.

28

Calamodendron fallax, n. sp.

Au Feljas et à la Clède, j'ai rencontré des Calamites que l'on serait de prime abord tenté de rattacher aux *Calamites cruciatus ;* mais outre que les cicatrices sont au moins aussi hautes que larges, elles trompent sur la destination, n'ayant pas servi à l'attache de rameaux, car à bien examiner on les voit (PL. XIV, FIG. 10) remplies de tissu cellulaire dans lequel vont divaguer et s'enrouler de diverses manières les fibres de l'enveloppe charbonneuse ; les cicatrices ne sont donc que des marques d'organes expectants, si communs dans les plantes houillères. Notre espèce ressemble à peu près au *Calamites cruciatus* des couches supérieures du Nord de la France (Zeiller, *Flore fossile*, PL. LV. FIG, 4, p. 353).

Calamodendron cruciatum, Stern.

Cette espèce classique, à laquelle j'ai trouvé attaché du bois de Calamodendron, peut être considérée comme représentant elle-même le bois peu épais de longues tiges à articles passant de quelques centimètres à près de 1 mètre

Distribution.— Assez à Champclauson et à Portes (C. Blachères, C. Canal, puits Sud). Gagnières (C. nº 5), C. Pilhouze et Abylon, Crouzille, Molières (C. Saint-Louis), Saint-Jean, Fontanes, Sainte-Barbe (C. Cantelade).

V. encarpatum, à Portes (Collection E. Dumas).

V. elongatum, à Portes.

V. dubium, A Trélys (C. supérieures), à Bessèges (C. 13 et 14), à Gachas, empreintes assez semblables, mais à couche charbonneuse plus mince combinée à quelques autres petites différences qui les rapprochent de l'espèce précédente.

Calamodendron congenium, Gr.

J'ai trouvé quelques traces de ce bois à Gagnières et à Portes. A Gagnières la proportion des vaisseaux aux fibres est particulièrement faible.

Calamodendrea rhizobola, Gr.

A La Crouzette, au toit de la couche Fontaine, se dresse un Calamodendron enraciné (PL. XVII, FIG. 2), dont le noyau est entouré de lames de houille radiales comprises entre deux couches charbonneuses. Ces lames représentent évidemment le tissu prosenchymateux d'un Calamodendron dont le tissu vasculaire moins résistant a été remplacé par du schiste ; l'épaisseur comparée des lames de schiste par rapport à celles de houille fait supposer que l'on a affaire à une espèce nouvelle. Je me figure que les Calamites organisées de Petzholdt appartiennent à ce mode de conservation des Calamodendrées.

CALAMOCLADUS, Schimper, *emend.*

On discute toujours sur la dépendance des Asterophyllites et des Calamites. Avec M. Dawson, je crois que les Asterophyllites ne sont pas les rameaux des Calamites, du moins de celles du second groupe. Mais au lieu de soutenir comme autrefois que ces Calamites sont aphylles, je tiens aujourd'hui pour certain que, si leur base et partie moyenne sont nues, le sommet, tout au moins, était garni de feuilles caduques striées en long sur toute la largeur. Et ce qui les distingue encore et qui participe des tiges, les ramifications sont isolées (Fig. 8, Pl. XV), les entre-nœuds allongés de manière que les feuilles pressées aux extrémités des branches et rameaux y forment des bouquets. Les Fig. 7, 8, 9, 10, 11, 12 et 14, Pl. XV, font ressortir les différences qui distinguent les véritables Calamocladus des Asterophyllites. Ces fossiles ont paru si éloignés des Asterophyllites que MM. Fontaine et White en ont décrit un qu'ils comparent au *Schizoneura* du trias, sous le nom de *Nematophyllum angustum (Permian or upper carboniferous Flora* Pl. II, p. 35). Les *Calamocladus Communis* et *tenuifolius* d'Etting. (*Steinkohlenflora von Radnitz*, Pl. II, VI et VII) ressemblent encore moins aux Asterophyllites. Dans le Gard avec les *Calamites Cistii* (Mas-de-Curé, Lalle, Molières, Fontanes) on trouve de longues branches à articles allongés souvent sans feuilles, qui leur appartient manifestement, et des feuilles linéaires généralement fort longues qui s'en sont détachées. Il n'y a donc pas de doute que les stylocalamites n'aient eu des branches bien différentes des Asterophyllites, ce qui, avec les petits chatons qui leur sont connexes, éloigne sensiblement le deuxième groupe du premier groupe de Calamites.

La distinction, objet de ce chapitre, n'a pas encore été faite, on peut même dire que les rameaux et épis de Calamodendrons sont à peine connus, de sorte que toutes les espèces suivantes sont nouvelles.

Calamocladus descipiens, n. sp.

Je représente Pl. XIV, Fig. 15 une branche rameuse de Calamites, moins éloignée des Asterophyllites que les espèces décrites ci-après, quoiqu'elle soit ramifiée irrégulièrement et garnie de feuilles striées sur toute la largeur. Cette branche de La Grand'Combe s'est rencontrée avec les rameaux fructifères Fig. 14, Pl. XV, qui ne sont pas sans rappeler certains *Volkmannia* en panicule du terrain houiller moyen.

Calamocladus parallelinervis, n. sp.

PL. XV, FIG. 7, 8, 9 et 10, rameaux à articulations espacées de 0,05 à 0,20, seulement rapprochées à l'extrémité où les feuilles forment touffe ; ramules rares et isolés ; à feuilles planes, sans côte moyenne, striées finement et parallèlement sur toute la largeur, non rigides, retombantes, se touchant entre elles à la base sans y être soudées, ressemblant à de petites lanières égales sur lesquelles ressortent 5 à 6 nervures assez nettes, et non bordées de cellules en palissade comme les feuilles d'Asterophyllites.

Cependant sur la FIG. 7 on voit un groupe de feuilles soudées à la base, comme parfois autour des tiges qu'elles entourent d'une colerette (FIG. 3 et 10). Les feuilles terminales de deux rameaux de Lalle (FIG. 10) sont carénées, rigides. Au Mas-de-Curé, on en trouve qui, au contraire, sont très minces et flexibles, striées sur une face a, a, par 7 à 8 nervures très nettes et parallèles, et, sur l'autre face a', a', par des linéaments fibreux au nombre de 20 et plus (Croquis A). Les

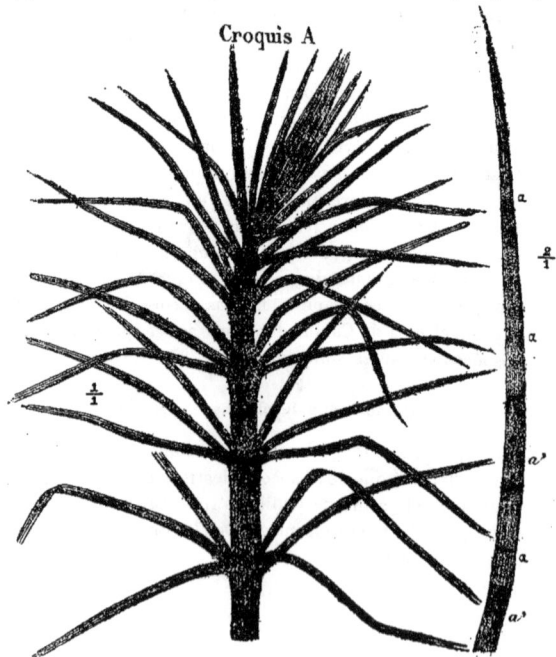

Croquis A

rameaux effeuillés et les feuilles détachées accompagnent le *Cal. Cistii* à Fontanes, à Gagnières (C. n° 7), à Lalle, à Molières... Peut-être parviendrait-on à établir plus tard des distinctions entre ces débris.

V. Fluctuans. — Les extrémités de rameaux du Frigolet (Fig. 11) et une belle empreinte trouvée dans le travers-bancs Nord, à 600 mètres de profondeur, du puits de Gagnières, se séparent des branches et rameaux précédents : 1° par des feuilles très minces, étalées sur lesquelles on voit courir 4 à 5 petites nervures parallèles ; 2° par un raccourcissement très rapide des articles au sommet où les feuilles forment un bourgeon terminal beaucoup plus allongé que celui du croquis A. ci-dessus.

Calamites et Calamocladus frondosus, n. sp.

J'ai trouvé à Gagnières (tranchée du chemin de fer) toutes les parties d'un nouveau type remarquable de Calamites et Calamocladus (voir la PL. XVI).

Tiges et branches principales rameuses et noueuses, souvent terminées comme par un moignon charbonneux à articulations très rapprochées d'où partent plusieurs petits rameaux (Fig. 11, 12, 16, 18); les tiges émettent d'ailleurs des branches en verticilles (Fig. 17). Le système Fig. 16 termine la tige Fig. 17. Rien n'est plus irrégulier que les ramifications terminales. Sur la Fig. 16, le développement de la branche R paraît s'être tout à coup arrêté. Une particularité des tiges est de porter souvent des rameaux à peine développés (Fig. 11 et 20) et, des branches, d'avoir des bourgeons écailleux B. B... (Fig. 8, 11, 13, 14); et l'espèce de baie K (Fig. 13), très charbonneuse sans trace d'écailles, semblerait montrer que la plante portait des graines isolées. Mais quelque attention que j'aie prêtée à ces sortes de bourgeons, je n'ai jamais pu bien constater qu'ils représentent des involucres ni des graines. Les rameaux et les ramules feuillés de cette Calamite au port si singulier, dans laquelle j'avais d'abord cru reconnaître un faciès phanérogamique, étaient bien faits pour entretenir cette illusion.

Les feuilles, d'abord soudées et formant gaîne, sont minces, sans nervures apparentes (Fig. 2, 3, 4, 5 et 6); elles sont très rapprochées à l'extrémité des rameaux où elles forment fronde (Fig. 1, A. A. A.). La gaîne s'ouvre par le décollage des feuilles (Fig. 3, 4 et 5) qui, privées de rigidité, se recourbent et pendent. A l'extrémité des rameaux où les feuilles cachent les articulations, il semble que les gaînes se sont successivement ouvertes par la poussée du bourgeon. La Fig. 7 représente des feuilles étalées, élargies, à peine marquées de deux menus sillons au milieu. Les Fig. 8 et 9 paraissent indiquer des épis de fructification ; je n'en ai point en tout cas trouvé d'autres indices avec ces fossiles qui remplissent un banc de schiste où les tiges sont vraisemblablement enracinées.

Les branches et les tiges sont généralement sans feuilles, par suite évidemment de leur chute, et si l'on ne remarque pas souvent de cicatrices foliaires aux articulations, c'est évidemment parce que l'épiderme en a aussi été détaché par la macération. Quelques branches portent en effet des cicatrices foliaires contiguës aux jointures (FIG. 19). Toutefois on peut remarquer sur la FIG. 1 que certains rameaux ne sont feuillés qu'aux extrémités, et, par suite, il n'est pas impossible que certaines branches n'aient donné des feuilles complètement développées qu'au terme de leur croissance.

Le moule des tiges présente la double sulcature du *Cal. Cistii* (FIG. 20) ; Comme sur celui-ci (FIG. 21), les jointures sont pourvues de passages vasculaires chaque deux côtes. Sur les FIG. 3, 4 et 5, on voit nettement chaque feuille correspondre à deux sillons du moule. Avec les tiges rappelant le *Cal. Cistii* se rencontrent, comme en représentant la base, des Calamites à côtes élargies plates rappelant le Cal. *Suckowii* (Supra, p. 215).

Calamocladus penicellifollius, n. sp.

PL. XV, FIG. 12. Extrémité de branches rameuses de Cendras, qui paraît appartenir à des Calamites à côtes beaucoup plus larges que celles du *Cal. Cistii*. Les branches et rameaux se différencient des autres par des feuilles formant pinceaux, membraneuses à nervation indiscernable, sans consistance aucune. Avec ces débris on trouve aussi une fructification particulière.

Calamocladus Renaulti.

PL. XVII, FIG. 5, est représenté un rameau des phyllades de Gagnières, très semblable à celui d'Escheveiler auquel M. Renault a vu attachés des espèces d'involucres analogues à ceux silicifiés de Grand'Croix où il a trouvé contenus des ovules de *Stephanospermum*. Quoi qu'il en soit, les feuilles dressées contre la branche sont soudées sur une grande partie de leur longueur et, leur extrémité libre n'est pas sans rappeler les dents d'*Equisetum*.

CALAMOSTACHYS, Schimper, *emend.*

Avec les Calamites et Calamocladus se trouvent : intimement entremêlés, de petits chatons détachés ou encore fixés en verticilles à de petits ramules ou rameaux qui, par la sulcature de l'axe, sa ramification irrégulière, l'élongation des articles et les feuilles, appartiennent incontestablement aux Calamocladus (PL. XV, FIG. 14).

Or, quelques-uns sont dépourvus de bractées et formés exclusivement de sporangiophores, tout comme les épis d'*Equisetum* (Fig. 16) ; il y en a cependant à fines paléoles (Fig. 15). Ils sont souvent très charbonneux et ne paraissent pas avoir été éphémères comme les châtons mâles. Ce sont des épis sporifères, car à eux seuls ils représentent tout l'appareil reproducteur des fossiles dont il s'agit. Des épis analogues ont été figurés et décrits : (*Flore carbonifère* (Pl. V, Fig. 1, 2, et 3) ; *Flore de Saar-Rheingebiete* (Pl. XVIII, Fig. 34 et 35 ; *die Calamarien der Carbon-Flora*, Pl. XV, Fig. 3 ex parte) ; Flore de Pensylvanie, Pl. VIII, Fig. 3 et 4) ; *Aphyllostachys jugleriana*, Göp. (Traité de Pal. végétale, Pl. XXIII, Fig. 11).

Calamostachys vulgaris, n. sp. (Pl. XV, Fig. 13).

Epis très communs dans le Gard, atténués aux deux bouts et légèrement pédicellés, représentés souvent dans le milieu par plus de $0^m,001$ de houille, formés d'écailles ligneuses peltiformes ou têtes de clou soudées (Fig. 13 A et 13 B) en verticilles contigus. Leurs empreintes, en quelque façon quadrillée par des sillons transversaux et longitudinaux, révèlent 4 capsules par sporangiophore. On ne voit pas trace de bractées.

Ces épis gisent en communauté étroite avec les *Calamocladus parallelinervis*, à Fontanes, Molières, etc. Les chatons sortent à l'aisselle des feuilles.

Calamostachys capillamentis, n. sp. (Pl. XV, Fig. 15).

Avec des débris fossiles analogues, on trouve des chatons pouvant être confondus avec les précédents, mais hérissés de petites paléoles, ce qui tendrait à prouver que l'épi est moins constant que le feuillage et par suite n'a pas une aussi grande valeur taxonomique que ce dernier. Les épis à paléoles sont en tout cas moins charbonneux que les autres et moins droits ; ils forment certainement une espèce différente.

Calamostachys tenuissima, n. sp. (Pl. XV. Fig. 16).

Avec d'autres rameaux, gisent des épis presque sessiles, très peu charbonneux et parfois à peine perceptibles sur les plaques de schistes. Sans bractées ni paléoles, on les voit (Fig. 16 A et 16 B) composés exclusivement de capsules plus nombreuses que d'ordinaire, pendant librement sous des têtes de clous. Les sacs sporifères sont réticulés.

Calamostachys squamosa, n. sp.

Il est curieux de trouver à Fontanes, en dépendance avec des branches assez analogues au *Calamocladus parallelinervis*, des épis bien différents

(Fig. 17) de ceux qui en représentent d'ordinaire les organes de reproduction : sessiles, charnus, larges, écailleux principalement vers le sommet. Ces épis rappelant ceux Fig. 5, Pl. XCIII de la *Flore de Pensylvanie*, offrent un nouvel exemple de fructifications variées appartenant à des rameaux analogues. L'échantillon figuré termine une branche à feuilles assez longues, émettant d'autres épis plus bas. La surface de ces épis est légèrement quadrillée par des capsules à la fois disposées en verticilles et en rangées longitudinales.

Calamostachys Marii n., sp.

Avec les *Cal. pennicellifolius* et Calamites connexes, on trouve, à Cendras, de véritables chatons pédicellés (Fig. 18), arqués, à la surface desquels ressortent quelques capsules et de petites bractées aiguës épineuses. Cette forme, jointe aux précédentes, montre combien varient les épis de fructification de végétaux moins différencés par le feuillage et surtout par les tiges.

VÉGÉTATION ET PORT DES CALAMITES ET CALAMODENDRONS.

Abstraction faite de leur nature ligueuse ou herbacée, les Calamites du second groupe se distinguent de celles du premier : 1° par l'élongation longtemps prolongée des tiges après l'émission des feuilles qui se pressaient aux extrémités, de sorte que les branches s'accroissaient au-dessous du bourgeon terminal et non seulement par celui-ci comme dans les *Arthropitus* ; 2° par une ramification très irrégulière et répétée plusieurs fois de suite dans tous les sens, et non dans un même plan comme les Asterophyllites ; 3° par des feuilles planes, polynerviées, peu consistantes, longues ou souvent soudées à la base ; 4° par des chatons sporifères fort petits, en général formés de sporangiophores sans bractées. Par l'effet combiné de toutes ces différences, les Calamites offrent un port très différent de celui des Asterophyllites. Cependant, les tiges se multipliaient aussi par voie de rhizomes et leur partie souterraine ou aquatique restait aphylle, ressemblant à celle des Calamites du type *cannæformis* ; mais, à l'air, elles se différencient plus par les feuilles que par le moule et plus encore, ce semble, par les chatons que par les feuilles, à l'encontre de la règle qui régit la matière dans les végétaux supérieurs où, tout au contraire, l'organe reproducteur sert de base au groupement des espèces.

AUTOPHYLLITES FURCATUS, Gr.

J'ai trouvé dans l'argilophyre du Gard quelques vestiges d'une plante articulée aberrante de Saint-Etienne, dont j'ai signalé les feuilles et les épis fructifères au *Congrès de l'Association Française pour l'Avancement des Sciences*, de Paris, 1879, p. 578, et que M. le Marquis de Saporte a figuré dans son *Evolution du Règne végétal*, les Phanérogames, 1885, t. I, p. 45.

Ayant eu depuis l'occasion de retrouver cette plante plus au complet, je suis en mesure d'en décrire toutes les parties isolées, PL. XVII, et réunies, croquis B, page 227.

Les feuilles soudées en une collerette étalée (FIG. 13, 14, 15, 16, 17 et 18) sont bifurquées une seule fois, plus près de l'extrémité libre que de la base (FIG. 11, 18); elles sont très coriaces, carénées et, ce semble, striées en long (FIG. 17 A) ; avec une largeur de $0^m,003$ à $0^m,007$, leur longueur varie, suivant la force des axes, jusqu'à $0^m,10$ et $0^m,15$.

Les tiges sont petites, je n'en ai pas vu de plus de $0^m,04$; elles ne dépassent généralement pas $0^m,01$ et les plus petites n'ont que $0^m,005$; les ramifications sont très rares et isolées.

Elles renferment un moule calamitoïde (FIG. 12, 19) dans un fourreau uni que continue en divergeant à angle droit l'anneau résultant de la soudure normale et constante des feuilles. Le moule est très charbonneux, entouré parfois de plus de $0^m,002$ de houille. Les côtes du moule sont minces et bombées, et les articulations peu contractées. Dans quelques cas, les côtes paraissent en prolongement, mais en général elles sont alternes aux articulations, et lors même qu'elles ne le seraient pas toutes, le moule ne serait pas pour cela à séparer des Calamites, dont les côtes n'alternent pas méthodiquement, sans exception, d'après M. Crépin.

De l'aisselle des feuilles naissent des chatons sans bractées (FIG. 9, 11, 16) à axe très charbonneux paraissant moins bien articulés que ne l'indiquent les FIG. 10 et 11, et duquel sortent à angle droit un très grand nombre de sporangiophores portant sous un disque ombiliqué des capsules ovales beaucoup plus coriaces que ne le sont les anthères, le plus souvent ouvertes et crispées (Voir la photogravure PL. V, FIG. 13).

Par l'organographie des chatons jointe à la bifurcation des feuilles, notre fossile rappelle les *Bornia*, mais il s'en éloigne par la forme du moule, par le système vasculaire, par l'axe des épis, par la soudure, la forme et la con-

29

sistance des feuilles, c'est-à-dire par un ensemble de caractères d'une valeur plus que générique.

J'ai eu la bonne fortune de trouver une touffe de petites tiges simples (Croquis B, page 227) diminuant de grosseur et de force en bas ; elles paraissent sortir de rhizomes, et ce qui fait du fossile en question une des plantes remarquables de l'époque houillère, c'est que les feuilles sont simples et tiennent lieu de racines à la base des tiges où elles forment des étoilements d, et surtout cette circonstance que les appendices des rhizomes ressemblent à de petites feuilles plus qu'à des racines, comme si nous avions affaire à une plante articulée à feuilles souterraines. Les coupes xy, uv, st, représentent trois verticilles de feuilles pris à la base et au niveau d'une articulation supérieure. On ne voit naître des chatons qu'à une certaine hauteur. Je n'ai pas vu d'autres organes attachés, et, en dépit de la nature ligneuse de l'*Autophyllites furcatus*, je suis encore amené à le ranger parmi les Cryptogames, à côté des Calamariées.

Croquis B

$\frac{1}{1}$

Coupe uv

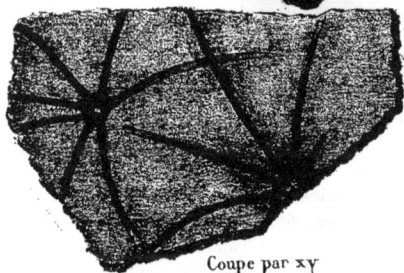

Coupe par xy

Coupe horizontale st

FAMILLE DES SPHÉNOPHYLLÉES

Presque limités au terrain houille proprement dit, les *Sphenophyllum* sont répandus, variés et changeants d'un étage à l'autre, sous la forme de plantes herbacées articulées que distingue au premier abord un limbe cunéiforme, membraneux, parcouru par des nervures dichotomes égales.

Grâce aux recherches de mon ami M. B. Renault, on connaît la structure assez complexe de la tige. Les côtes ou sillons n'alternent pas aux articulations et, dans l'intérieur, ne saurait exister un axe calamitoïde. D'un autre côté, les sporanges sont portés par les feuilles. Tout dénote ainsi des végétaux différents des Calamariées.

M. Stur, disant ne pas apercevoir le moyen de distinguer certains *Sphenophyllum*, tels que le *Sph. tricomatosum*, des *Bornia*, tient les premiers pour des rameaux de *Calamites* hétéromorphes. Le fait est que, dans le terrain houiller moyen, quelques *Sphen. phyllum* ont des feuilles réduites aux nervures divisées par bifurcations successives comme celles des *Bornia* ; et le *Sphen. capillaceum*, Weiss, d'Anzin, que je représente Pl. XVII, Fig. 22, a, au premier aspect, un feuillage d'*Asterophyllites*. Mais les ressemblances ne sont qu'apparentes : les feuilles du *Sphenophyllum* figuré pour la circonstance sont bifurquées et la nervure moyenne est bordée d'ailes membraneuses ; la tige présente la sulcature caractéristique du genre, et, dans aucun cas, je ne lui ai vu affecter, même de très loin, la plus petite analogie avec les moules Calamitoïdes des *Bornia* et *Asterophyllites*.

Il y a tendance à rapprocher les *Sphenophyllum* des Lycopodinées, malgré la disposition verticillée et la nervation des feuilles, et les rameaux isolés qui ne proviennent rien moins que de la bifurcation de la tige. A tout prendre, je crois qu'ils forment une famille de plantes frutescentes entièrement disparue, sans attaches bien marquées avec les autres végétaux de l'époque houillère.

Les *Sphenophyllum* du Gard sont en général différents de ceux du terrain houiller moyen.

Leur spécification, fondée sur la nervation, les découpures et la forme des feuilles, est très difficile à cause des variations dont elles sont susceptibles suivant le milieu et la position dans lesquels elles se développaient. Les nervures basilaires ayant des rapports avec la sulcature des tiges, il convient de tenir compte de celle-ci, comme de la consistance du limbe et du plus ou moins de saillie des nervures.

Sphenophyllum oblongifolium, Germ.

Cette espèce, caractéristique des couches houillères supérieures, est parfaitement représentée dans le Gard.

Distribution. — A La Crouzette (fréquent),Vallat de l'Auzonnet(C. de la Forge), Chauvel (C. Salze), Cessous.

V. — A Gagnières, à La Grand'Combe, à Saint-Jean, et même à Cendras et à Sainte-Barbe (C. Cantelade), j'ai observé des empreintes analogues, mais peut-être sont-elles, aux deux derniers endroits, des modifications de l'espèce suivante :

Sphenophyllum filiculme, Lesq.

Il existe dans les couches inférieures du Gard un *Sphenophyllum* rappelant les *Sphen. Saxifragaefolium* et *oblongifolium*, mais beaucoup plus rapproché de celui-ci et que je crois pouvoir identifier au *Sph. filiculme* des Etats-Unis ; il se rapporte à la figure qu'en ont donnée MM. Fontaine et White (PL. I, FIG. 8, *Permian or Upper carb. flora of West Virginia*, p. 37), sauf que dans le Gard les petites feuilles tronquées rabattues près de l'axe sont proportionnellement un peu plus longues, et répond entièrement à la définition qu'en a donnée son auteur (*Carb. flora of Pennsylvania* p. 58). J'en reproduis une photogravure (PL. V, FIG. 5).

L'espèce se présente avec le port du *Sph. obongifolium*, et, comme lui, possède, à chaque articulation, six feuilles étalées, les deux inférieures courtes et tronquées. Les feuilles latérales sont dentées, parfois fissurées au milieu ; les nervures, plus fortes et plus rapprochées que dans le *Sphen. oblongifolium*, semblent se réunir à la base, sauf dans les petites feuilles où elles restent doubles.

Distribution. — Fontanes, Cendras, Bois-Commun, Sainte-Barbe, Couze, Martinet Bessèges (C. S-Charles), Broussous d'Auzonnet, Dressant de Sans-Nom, Ricard, Sallefermouse, Martrimas, Crouzille, Montbel, Gagnières (C. n° 5 et recherche à 700 m. de prof.).

Sphenophyllum saxifragæfolium, stern.

Avec des feuilles analogues à celles du *Sphenophyllum filiculme*, quoique plus échancrées, avec des dents inégales, cette espèce a été reconnue à Sainte-Barbe par M. Zeiller, et bien que peu convaincu de l'identité spécifique, je la signalerai :

A Olympie, Bois-Commun, Fontanes, Pontil, Molières, Bordezac, Puits de Chavagnac, Arbousset.

Sphenophyllum angustifolium, Germ.

J'ai reconnu cette espèce, des couches supérieures de Saint-Etienne, dans la collection de M. Sarran, aux mines de Portes.

Sphenophyllum dentatum.

Avec des feuilles assez grandes, cunéiformes, presque égales, dents aiguës égales, limbe mince parcouru de nervures très accentuées, tiges presque lisses, se trouve au Mas-de-Curé, à Comberedonde (couche de la Romaine), à Cendras, à Bessèges (C. n° 12), un *Sphenophyllum* assez différent des autres et que je ne saurais leur rapporter, même comme variété.

Sphenophyllum Schlotheimii, Brong.

Cette espèce, que l'on trouve dans le Gard avec la forme Fig. 24, Pl. 2 des *Petrefactenkunde*, et dont M. Zeiller a figuré un échantillon de La Grand'-Combe (*Bulletin de la Société géologique*, 3° série, t. XIII, Pl. VIII, Fig. 4), se reconnaît facilement, sans ambiguïté, à ses feuilles obovales, entières ou très faiblement dentées, à nervures denses convergentes à la base.

Distribution. — A Ricard et à Gagnières (nombreux), Frigolet, Mazel, Pigère, Souterrain, aux Viges, Molières, à Mercoirol (Commun), Pradel, Broussous, Mas-Dieu, Pont-Gisquet, Crouzille, Puits du Doulovy, Puits Jullien (40 m.), Figeirettes, Lalle, Bessèges, Martinet (C. Sainte-Elise), Saint-Jean (C. Sainte-Clémentine), Montagne Sainte-Barbe (c. Ayrolle et Velours), Fontanes, Galerie de Brissac.

V. truncatum. — Souvent avec cette espèce on trouve une variété à feuilles plus grandes, tronquées en arc de cercle et finement dentées, à nervures minces confluentes à la base, toutefois même consistance de limbe.

Gagnières, Gachas, Bessèges (C. Saint-André), Crouzoule, Mercoirol-Bas, Mas-Dieu, Couche Sans-Nom, Grand'Combe (Ravin), Bois-Commun, Puits Saint-Germain.

Sphenophyllum Nageli, n. sp.

Cependant je ne saurais confondre avec aucune des formes possibles du *Sph. Schlotheimii* le Sphenophyllum (Pl. XVII, Fig. 20) trouvé seulement dans le bassin Nord, à Gagnières, Souhot, Mazel, dans les schistes stériles et au Souterrain ; aussi dans la bacnure de Brissac sous La Fanode, il se distingue par des verticilles de six feuilles rigides, dressées, oblongues, spathuli-formes, à bord arrondi toujours entier, limbe coriace ; nervures peu apparentes réduites à deux à la base ; tige pointillée par des écailles cétacées, faibles sillons correspondant à la séparation des feuilles.

Sphenophyllum majus, Broun.

Je crois que M. Geinitz a eu parfaitement tort de joindre cette espèce à la suivante, et M. d'Ettingshausen au *Sph. Schlotheimii ;* elle se distingue de toutes deux par de larges feuilles diversement tailladées et dentées, et des nervures moins serrées. Un échantillon de Molières se rapporte au *Sphen. Crepini*, Stur.

A Martrimas (modification de Radnitz), Bessèges (C. Trias, — une feuille presque entière à deux nervures basilaires), Saint-Jean (tuf de la C. Pommier n° 2), Molières, Mas-de-Curé.

Sphenophyllum longifolium, Germ.

Cette belle espèce, à grandes feuilles linéaires, bifides, parcourues de nervures denses sortant en deux faisceaux des rameaux, se rencontre, avec tous ses caractères propres et distinctifs, à La Crouzette, à la couche Salze, et avec des formes un peu différentes à Ricard et au Ravin. M. Zeiller en a figuré (*loc. cit.*, PL. VIII, FIG. 1, 2, 3) trois beaux échantillons provenant de La Crouzette et du puits du Pétassas, sous le nom de *Sph. Thirioni;* mais il m'écrivait le 30 septembre 1886 que ces échantillons s'accordent avec la figure type de *Sph. longifolium* parue dans l'*Isis* et qu'il avait fait erreur en en faisant l'objet d'une nouvelle espèce.

Sphenophyllum papilionaceum, n. sp.

Je représente (PL. XVII, FIG. 21) un Sphenophyllum de Ricard rappelant à divers égards le *Sph. latifolium* de MM. Fontaine et White, le *Sph. latifolium* de Commentry et le *Sph. Thonii* de M. Mahr, mais différent par ses feuilles inégales, empiétant les unes sur les autres, disposées et étalées comme les ailes d'un papillon, tronquées obliquement, à bord ondulé, jamais tailladé, à nervures d'ailleurs moins denses se réunissant au nombre de deux ou trois à la base. Toutefois, revenant à l'idée que les espèces affines ont une souche commune, je ne vois rien d'impossible à ce que l'espèce de La Grand'Combe ne soit le type ancestral de l'espèce d'Illmenau, et de celles de Commentry et du terrain permo-carbonifère d'Amérique.

FAMILLE DES LÉPIDODENDRÉES

Aujourd'hui, il y a tendance à rapprocher les Sigillaires des Lépidodendrons, dans la classe des Lycopodinées. On ne saurait nier que ces fossiles n'aient des points de ressemblance, mais ils sont suffisamment éloignés, je crois, par l'ensemble des caractères, pour former deux familles distinctes, ayant d'ailleurs apparu et s'étant développées indépendamment l'une de l'autre. Je vais, en conséquence, les décrire séparément, et les stigmariées entre elles deux.

Les Lépidodendrées, bien que présentant quelques espèces dans le Gard, y sont en décroissance très marquée.

LEPIDODENDRON, Stern.

Je n'ai pas besoin de rappeler que le genre *Lepidodendron* a pour objet des arbres ramifiés par dichotomies successives, garnis de feuilles linéaires diminuant en longueur avec l'ordre de production des branches, ou ornés de coussinets foliaires persistants, plus ou moins allongés sur les tiges ; ces végétaux, que l'on a comparés aux conifères, portaient des cônes ligneux à macrospores et à microspores. Ils passent pour n'avoir pas ou avoir peu augmenté en diamètre. Cependant, j'en décrirai un de Saint-Jean dont le diamètre a bien doublé par l'élargissement d'une écorce très accrescente, sur laquelle les cicatrices ont été considérablement écartées par des productions subéreuses, d'une manière beaucoup plus prononcée que dans le *Lep. rimosum*.

Lepidodendron Sternbergii, Br.

Cette espèce, assez répandue dans le Gard, ressemble, de port, aux *Lepid. elegans* et *gracile* de Brongniart, et par les coussinets et les cicatrices foliaires tout à fait aux formes de *Lep. dichotomum* qu'a dessinées M. Geinitz (*Flore de Saxe*, Pl. III).

M. Geinitz fait entrer cette espèce dans le *Lep. dichotomum*, et Schimper, lui rapportant à tort des empreintes à cicatrices foliaires situées en haut des coussinets, leur a identifié le *Lep. obovatum*. A bien l'examiner, le *Lepid. Sternbergii* du Plateau central me paraît indépendant, même de la première de ces espèces du terrain houiller moyen, par des cônes très différents, des

tiges petites et branches grêles très rameuses,des insertions latérales ombiliquées, en un mot par un facies tout particulier.

Distribution. — Nombreux à La Crouzille, à Saint–Jean (C. Pommier et C. du Puits),
remplit de ses débris une veine de schistes à Molières, Montagne Sainte-Barbe, Gournier
d'Auzonnet, Puits de Fontanes (122 m.), Saint-Félix (affleurement de la C. n° 1), Lalle (C.
Sainte-Barbe), Bessèges, Gagnières, Veyrariers.

Lepidodendron Wortheni, Lesq.

Cette espèce d'Amérique est représentée à Gagnières d'une manière certaine par un fragment parfaitement déterminable.

Lepidodendron herbaceum.

Au même district sont répandus dans un banc de schiste un grand nombre
de rameaux, tels que celui Fig. 13, Pl. XII. sans variation de grosseur, à feuilles
infléchies à la base, attachées directement sans coussinets à un axe très mince.
Ces rameaux non comparables à aucune branche de Lepidodendron figurée,
paraissent appartenir à une espèce frutescente peu ramifiée et peut-être même
à un *Lycopodites*, car sur la partie incurvée des feuilles, on aperçoit, il est vrai
d'une manière un peu vague, quelques ampoules ressemblant à des sacs sporifères.

Lepidodendron elongatum.

A Saint-Jean, à l'Est de la Clède et surtout à La Crouzille (dans le charbon,
les schistes et le banc de silex inférieur), abondent des écorces de *Lepidodendron* à fuseaux rappelant ceux du *Lep. fusiforme* de Corda, mais plus allongés
et réguliers sans cicatrices foliaires discernables permettant de faire des rapprochements avec les espèces connues. Je me figure que la forte élongation de
la tige a effacé toute trace de cicatrices foliaires à la surface de l'écorce.

Lepidodendron dilatatum, n. sp.

Le *Lep. rimosum* paraît exister à Lalle, et, sur une empreinte de Gagnières,
on croirait voir réuni à cette espèce le *Lep. Sternbergii*. Mais sur de fortes
tiges (fréquentes à Saint-Jean et à La Crouzille), les cicatrices, bien différentes (Fig. 3, Pl. IX), dénotent une espèce nouvelle très remarquable par le
grand accroissement de son écorce en diamètre. Cet accroissement est indiqué
par la formation irrégulière de bandes subéreuses entre les cicatrices qu'elles
ont écartées, au point que la circonférence de la tige a triplé ; il est des cas où
les trois quarts de la surface sont occupés par ces bandes d'accroissement.

Le même Lepidodendron paraît se trouver à Sainte-Barbe et à Bessèges
(C. Trias), aux Veyrariers.

30

Lepidodendron Beaumontianum, Br.

Il a été rencontré à Champclauson et à Gagnières des empreintes appartenant vraisemblablement à cette espèce polymorphe qui comporte des modifications difficiles à identifier lorsqu'on les trouve séparément. A Molières est une forme un peu différente.

V. Quadrangulatum. — Ce n'est pas sans hésitation que je lui rapporte, même à titre de variété, le *Lepidodendron* de La Grand'Combe FIG. 12, PL. XII, dont les coussinets forment des spirales régulières en montant à droite et sont en recoupe d'une série à l'autre en montant à gauche.

LEPIDOFLOYOS, Stern.

Dans ce genre de tiges, les feuilles ascendantes continuent les coussinets écailleux qui en sont la partie basilaire élargie persistante. Je représente PL. VI, FIG. 17, un échantillon très instructif montrant, à n'en pouvoir douter, que les insertions ombiliquées de la surface sont les attaches de cônes de reproduction dont les pédoncules encore attachés sont garnis d'écailles obovées comme on n'en connaît pas aux branches.

Lepidofloyos laricinus, Stern.

Cette espèce, si bien caractérisée, se trouve toujours sous forme de tiges sans branches ni rameaux.

Gagnières (C. n° 2), Mazel, Souhot, Puits Jullien, banc de silex de La Crouzille, Souterrain, Lalle ?

Lepidofloyos macrolepidotus, Gold.

Cette autre espèce à grands coussinets écailleux a été rencontrée à Bessèges (C. Saint-François) et je crois l'avoir aperçue aussi à Molières. A Gagnières, elle paraît représentée par un échantillon réunissant aux caractères sus-corticaux de l'espèce en question, ceux sous-corticaux d'un *Aspidiaria* analogue à l'*As. Suckowiana*, ce qui prouve, une fois de plus, que ce genre, représentant un aspect particulier des Lepidodendron et Lepidofloyos, est à supprimer dans la nomenclature paléophytologique.

LEPIDOSTROBUS ET LEPIDOPHYLLUM, Br.

Les cônes et écailles de Lepidodendron ne pouvant être rapportés aux tiges sont à noter à part.

En outre d'un cône et de bractées trouvés à Gagnières et à Fontanes, rappelant le *Lepidostrobus variabilis*, et de deux écailles de La Grand'Combe et du Mazel comparables sans être identiques au *Lepidophyllum lanceolatum*, il existe dans le Gard quelques espèces de ces organes isolés.

Lepidostrobus brevisquammatus, n. sp.

J'ai découvert à Gagnières un cône, à Molières des fragments de cône associés intimement au *Lepid. Sternbergii* dont ils semblent réellement dépendre, à Saint-Jean et à Fontanes des débris également formés de bractées rappelant le *Lepidophyllum ovatifolium*, Lesq., mais plus aiguës, plus analogues à celles du *Lepidostrobus lepidophyllaceus*, Gut., toutefois moins longues, réellement brèves et à sporangiophores proportionnellement moins courts ; enfin réunissant un ensemble de caractères qui, s'ils se rapportent, comme je le crois au *Lepid. Sternbergii*, confirment l'avis ci-dessus exprimé que cette espèce est indépendante du *Lep. dichotomum*.

Lepidophyllum triangulare, Zeiller, cf.

On trouve à Cendras, à Fontanes, à Saint-Jean, à Lalle des écailles hastées, peut-être moins géométriquement triangulaires que le Lepidophyllum décrit sous ce nom par M. Zeiller, mais qui lui sont plus comparables qu'à aucune autre forme figurée ; toutefois, la base de la bractée est assez différente.

Lepidophyllum majus, Br.

Les grandes écailles connues sous ce nom et rapprochées avec raison, je crois, par Goldenberg, du *Lepidofloyos laricinus*, ne sont pas rares à Gagnières (C. n° 5 et 2) ; à Sallefermouse il y en a de forme et d'aspect analogues, mais sensiblement plus petites.

HALONIA, Lindley et Hutton.

STIGMARHIZOMES DE LEPIDODENDRON

Richard Brown, Schimper, Geinitz ont dit avoir vu attachés ou ont cru pouvoir rapporter à quelques Lepidodendrons des racines stigmarioïdes ou même des *Stigmaria minor*. L'attribution des véritables Stigmaria aux Lepidodendrons manque de netteté et n'est pas acceptée sans réserve. Je serais plutôt de l'avis de MM. Dawes, Binney, Lesquereux, Renault qui considèrent les Halonia comme des rhizomes de Lepidodendron, les rhombes dessinés à leur surface m'ayant paru ressembler à des écailles plutôt qu'à des cicatrices.

Sans vouloir en tirer une conclusion, je représente sur la PL. XIII, FIG. 1 B une petite tige de Champclauson, debout, cambrée à la base en prolongement d'un rhizome, ornée en haut (Fıɢ. 6) de cicatrices qui font penser à celles des Lepidofloyos.

Halonia tuberculata, Brong.

Cette espèce est représentée à Lalle par une empreinte assez caractéristique.

Stigmaria anglica, Stern.

On a aussi décrit, comme une racine de Lepidodendron, cette espèce de Camerton qui a été trouvée à Trélys (Fıɢ. 14, Pʟ. XII). (Je dois prévenir que cette figure rend mal la disposition des mamelons ; ceux-ci sont contigus et alternes comme sur les échantillons anglais.) Les cicatrices visibles au milieu des mamelons sont celles de racines plutôt que de feuilles.

STIGMARIÉES

Malgré les nombreuses recherches dont ils ont été l'objet, les *Stigmaria*, si répandus dans le terrain houiller, ne sont pas encore complètement connus, tout au moins comme attribution, puisque les uns y voient des rhizomes indépendants et les autres des racines de Sigillaires. M. B. Renault a démontré qu'il y en a des uns et des autres et que tous ayant l'organisation des Sigillaires appartiennent à la même famille : ceux à diamètre invariable et cicatrices disposées en quinconce régulier sont des rhizomes ; les autres, courts à diamètre très variable, des racines de Sigillaires à la base desquelles on les trouve souvent encore attachés ; c'est à ces derniers (Pʟ. XIII, Fıɢ. 12), assez différents des premiers, que j'ai appliqué le nom de *Stigmariopsis*, dont fait partie la souche Fıɢ. 20, Pʟ. III.

Les véritables *Stigmaria* sont des rhizomes qui, ayant été incapables de se soutenir, ont flotté dans l'eau ou rampé sur la vase qu'ils ont aussi pénétrée. Ces plantes aquatiques et traçantes n'aboutissent généralement à aucune tige. Elles sont bifurquées et munies d'appendices simples rarement bifurqués eux-mêmes, rayonnant tout autour de la tige, ce qui prouve à l'évidence qu'elles gisent à l'endroit natal (Pʟ. III, Fıɢ, 18). Une fois seulement je les ai surpris divergeant d'un centre sans tige (Fıɢ. 21). Egalement, je ne leur ai vues associés des bulbes (Fıɢ. 19) ou ébauches de tiges de Sigillaires, que, par la plus grande exception, à La Trouche et dans le lit de Gagnières, et encore bien que ces *Stigmaria* se rattachent par divers intermédiaires aux *Sigillaria*, on peut tenir pour certain que dans l'intérieur du bassin géogénique, les rhizomes se développaient sans tige au fond de l'eau ou dans la vase. Ce sont là les véritables *Stigmaria* que je vais d'abord envisager et décrire avant d'examiner les rapports qu'ils présentent avec les Sigillaires au bord du bassin de dépôt dans les forêts fossiles.

Mais puisque, en fait, les Stigmaria sont des rhizomes aquatiques de Sigillaires, ils doivent présenter des différences en rapport avec les formes variées que revêtent les tiges aériennes. Ces différences n'ont pas encore été distinguées, les rhizomes de Sigillaires étant décrits indistinctement sous le nom de *Stigmaria ficoides*. A la vérité, elles sont, sur les tiges qui ont poussé plongées dans l'eau, la plupart du temps indiscernables. Cependant j'en ai reconnu d'assez constantes pour caractériser plusieurs espèces.

Des terrains houillers ancien et moyen, Göppert a distingué : *Stig. undulata, elliptica, stellata, reticulata, sigillarioides*, etc.

Stigmaria ficoides, Brong.

Espèce vulgaire dans laquelle on réunit tous les Stigmaria. Mais ceux du terrain houiller moyen étant constamment plus petits que ceux du terrain houiller supérieur, il faut admettre qu'ils ne représentent pas deux degrés de développement de la même plante. Les deux formes se trouvent dans le Gard comme en Saxe. Le vrai type de *Stigmaria ficoides* me paraît bien représenté, FIG. 1, 2, PL. XI, *Flore de Flocha*, et PL. XXV, *Flore de Westphalie*.

Nombreux dans le nerf de la couche Abylon à la Trouche, dans le gore argileux de la Grange-sous-Veyras, à Gagnières (mur de la 2ᵉ), au Mazel, à Fontanes (entre les 2ᵉ et 3ᵉ couches).

A Molières, Saint-Jean, Martinet, Bessèges, aux puits de Chavagnac et du Doulovy, Garde-Giral, sur la Gagnières (aux Houlettes et au Pont-Neuf), Feljas, Destourbes, descente de Trépeloup, mur de la couche Chauvel, La Vernarède (C. Saint-Augustin, Canal et des Blachères), couche des Lavoirs, etc.

Stigmaria minor, Geinitz.

Du *Stigmaria ficoides*, à plus petites tiges et cicatrices dans le terrain houiller moyen que dans le terrain houiller supérieur, M. Geinitz a séparé sous ce nom (PL. IV, FIG. 6 de la *Flore de Saxe*) une forme commune dans le Gard (PL. III, FIG. 18 et PL. V, FIG. 9) à surface unie et cicatrices particulièrement petites ; minces tiges de $0^m,10$ à $0^m,02$; quelques-unes effilées comme cela ne se voit pas dans le *Stig. ficoides ;* toutefois les cicatrices ont un égal diamètre sur les tiges de toutes grosseurs. Pareilles formes ont été rapportées au *Stig. anabathra*, par Goldenberg.

Cette espèce, évidemment différente de la première, se rencontre à La Crouzille, au Mazel, au Frigolet, à Gagnières, à Bessèges (c. Trias), à Molières (puits Varin et C. Saint-Jean), à Fontanes (nerf de la 4ᵉ), à Cendras (mur de la C. n° 2).

Stigmaria major.

Par contre, dans les couches supérieures, les *Stigmaria*, devenus rares, prennent, dans le Gard comme à Saint-Etienne et à Commentry, des dimensions absolument inusitées dans le terrain houiller moyen, certains d'entre eux ayant un diamètre de 0,15 à 0,20 et étant pourvus de cicatrices proportionnellement plus grandes. (Complet est le contraste offert par les FIG. 1 à 4, PL. LXII de la *Flore fossile de Commentry*, en regard des FIG. 1 à 6, PL. XCI de la *Flore du bassin houiller de Valenciennes.)*

Nul doute pour moi qu'à son déclin le *Stigmaria ficoides* n'ait augmenté de grosseur et pris un facies nouveau constituant tout au moins une espèce affine dérivée. M. l'abbé Boulay a remarqué à Saint-Etienne le même fait, en ce qui concerne le *Cal. Suckowii*, les tiges de cette espèce étant notablement plus grosses que dans le Nord de la France. En tout cas, je n'ai vu s'élever les Stigmaria, jusque dans terrain permien de Bert, que sous la forme majeure.

Stigmaria sigillarioides. Göpp. cf.

A Traquette, dans les schistes de la grande couche, j'ai trouvé des Stigmaria à cicatrices alignées entre des stries ondulées, d'une manière analogue aux sillons qui limitent toutefois plus nettement les séries longitudinales de cicatrices de ladite variété de Göppert; en outre, dans le Gard, les sillons sont plus ondulés; la surface est légèrement rugueuse.

Stigmaria intermedia.

Au Mazel et à la tête du tunnel de Saint-Paul, tiges de Stigmaria non enracinées, de diamètre constant, avec cicatrices uniformément espacées comme dans les véritables Stigmaria, mais séparées par une surface relevée de fortes rides anastomosées. Je crois en avoir vu d'analogues et d'assez longues partant, en rayonnant, d'une base de *Syringodendron*. Ils nous offriraient alors un intermédiaire entre les *Stigmaria* et les *Stigmariopsis*, comme on doit en attendre de leurs affinités mutuelles.

FAMILLE DES SIGILLARIÉES

Goldenberg et Schimper avaient pressenti l'alliance des Sigillaires avec les Isoëtes. MM. Binney et Williamson les ont rapprochées des Lepidodendron d'après la structure des tiges. Et M. Zeiller ayant trouvé leurs cônes garnis de macrospores, la plupart des paléobotanistes les rangent parmi les Cryptogames, avec une tendance marquée à les rapprocher des Lepidodendrons dans la classe des Lycopodinées. J'ai aussi constaté la présence de macrospores dans les épis que je suis amené à rapporter aux Sigillaires, et ayant reconnu que le développement souterrain de ces végétaux est étranger aux Gymnospermes, je me vois également entraîné à les ranger parmi les cryptogames. Mais en raison des différences importantes de structure qu'elles présentent par rapport aux Lepidodendrons, je ne puis les considérer comme leurs proches parentes. Et je crois que les Sigillaires forment avec les *Camptotaenia*, les *Stigmaria*, une famille éteinte, auxquels l'influence du milieu a imprimé une ressemblance plus apparente que réelle avec les Lepidodendrées.

Les Sigillaires disparues de la scène du monde depuis la fin des temps paléozoïques se ressemblent par les feuilles encore plus que par les racines ; elles ne se différencient entre elles que par les ornementations de la tige, et les cônes qui offrent des écarts de forme encore plus grands. Par suite, la valeur des espèces, faible pour les empreintes de tiges, est d'importance générique pour les souches, et encore plus grande pour les feuilles, qui, à l'état fossile ordinaire, ne diffèrent pas sensiblement de celles des Lepidodendrons dont cependant le port n'est pas le même.

Une chance heureuse m'a fait découvrir, dans les forêts fossiles, les divers stades de développement souterrain des Sigillaires, et c'est à les décrire que va commencer la description des organes de ces végétaux dont la place dans la méthode naturelle n'attend plus, pour être fixée sans conteste, que la connaissance anatomique des cônes de fructification.

Les tiges de Sigillaires sont conservées à l'état d'un épiderme recouvert de cicatrices foliaires ou d'une écorce charbonneuse ornée de ces cicatrices. L'écorce est formée d'une couche de suber très résistante. Lorsque l'épiderme ne lui était pas soudé ou que la macération, sinon la croissance, l'en a détaché, les Sigill. sont représentées par des fossiles connus sous le nom de *Syringodendron cyclostigma*, *organum*, etc., communs dans les anthracites de la Pensylvanie comme dans le centre de la France. J'en ai trouvé quelques-uns munis de cicatrices foliaires et il sera établi que ces faux Syringodendrons appartiennent à des Sigillaires spéciales, dont l'épiderme séparé de l'écorce s'en est pour ainsi dire constamment séparé et a été anéanti.

Les constatations faites à ce sujet ont révélé un type de Sigillaires intermédiaires entre les Leiodermaricés et les Rhytidolepis.

Connaissant ces plantes de la base au sommet, dans toutes leurs parties, et leur mode de conservation, je vais, faute d'en pouvoir rapprocher et grouper les organes, espèce par espèce, les décrire séparément et déterminer dans l'ordre suivant :

Souches et racines : *Stigmariopsis*.

Troncs ou bases des tiges : *Syringodendron*.

Tiges représentées par une écorce subéreuse sans épiderme ni cicatrices foliaires : *Pseudo-Syringodendron*.

Tiges ornées de cicatrices foliaires ordinaires : *Meso-Sigillariæ, Sigillariæ Leiodermariæ, Sigillariæ-Rhytidolepis*.

Tiges ne se liant pas aux précédentes : *Sigillariæ-Camptotæniæ*.

Feuilles : *Sigillariophyllum*.

Rameaux non transformés : *Sigillariocladus*.

Cônes de fructification : *Sigillariostrobus*.

Semences : *Triletes*.

FORÊTS FOSSILES DE SIGILLAIRES

C'est aux forêts fossiles du Gard que je dois de connaître tout le système végétatif des Sigillaires.

Les Fig. 4 et 8, Pl. III *bis*, représentent deux forêts de Sigillaires. Celle (Fig. 8) qui surmonte la couche des Lavoirs comprend principalement des tiges de 0,10 à 0,15 de diamètre, renflées à la base comme un oignon ou une bouteille (Pl. XIII, Fig. 7 A, C). Elles ne revèlent, sur toute leur hauteur, que le caractère syringodendroïde de tiges privées d'appendices et ridées par des linéaments subéreux anastomosés, avec quelques marques d'organes avortés ; toutefois, l'une d'elle présente à la partie supérieure des insertions peu équivoques qui la rattachent au *Sig. Grasiana*. D'ailleurs, dans la même forêt fossile, plusieurs tiges moyennes B portent des cicatrices foliaires analogues à celles du *Sig. Lepidodendrifolia*. Toutes sont terminées à la base par des racines étalées (*Stimariopsis*). A la carrière des Rosiers, au toit de la couche de Champclauson (Fig. 4, Pl. III et Pl. XIII, Fig. 1), une tige de Sigillaire C s'est même rencontrée, ce qui ne s'était pas encore vu, debout avec des feuilles encore attachées, courtes et peu raides, comme des organes s'étant développés dans l'eau ; cette tige (Pl. XIII, Fig. 7 B, 3 et 4), qui, en haut, a les cicatrices du *Sig. Mauricii*, passe en bas à la forme syringodendroïde.

DÉVELOPPEMENT SOUTERRAIN DES SIGILLAIRES

Comme suite aux *Stigmaria*, examinons d'abord le système souterrain qui les relie aux *Sigillaria*.

Göppert dit avoir trouvé tous les intermédiaires les rattachant les uns aux autres (*Foss. Flora der Permichen formation*, p. 194). Les troncs de Sigillaires avec racines stigmarioïdes ne sont pas rares. Mais, et cela est à remarquer, ces racines ne ressemblent pas complètement aux véritables *Stigmaria*, ce qui n'a rien d'étrange, lesdites racines étant des organes de Sigillaria, tandis que les Stigmaria sont des rhizomes indépendants.

Même en se nouant pour former des bulbes, les *Stigmaria* se sont modifiés dans leur forme extérieure, ayant affecté l'aspect du singulier rhizome représenté par Göppert (loc. cit., PL. XXXV). C'est de pareils rhizomes peu précis et privés d'appendices que j'ai vu naître, non seulement des *Knollen* (PL. III, FIG. 19), mais de véritables et gros bulbes caulescents (PL. XIII, FIG. 10) qui ont livré le secret du premier stade de développement des Sigillaires.

La tige des Sigillaires se présente d'abord sous la forme de bulbes A, B, à 4 renflements E ; ils ont de 0,15 à 0,40 de diamètre, s'élèvent perpendiculairement à travers les bancs de grès fin sur 0,50 à 1 mètre de hauteur et se terminent en forme de cône C. La surface en est finement ridée et ornée de petites saillies disposées en quinconce, sans appendices aucuns. Dans le milieu du bulbe B on voit un axe vasculaire traverser la base dudit bulbe à son point d'insertion sur les rhizomes.

Les renflements de la base s'allongent ensuite et la souche offre en dessous la disposition en croix (PL. XIII, FIG. 11, A et C) constatée par plusieurs observateurs, notamment par Göppert et M. Williamson (A *monograph of Stigmaria*, PL. II et III). Les quatre racines primaires ont plus ou moins la forme de Stigmaria, mais on n'y voit attachées aucunes radicelles, et la plante continue à vivre aux dépens des rhizomes qui ont presque disparu ; mais lors même qu'il n'en resterait traces, le groupement des bulbes indique assez qu'ils sont issus de rhizomes. La tige ne porte pas encore de feuilles ; à la partie supérieure s'ébauchent les premières cicatrices B (FIG. 11). C'est là le deuxième stade de développement des Sigillaires.

Les racines primaires se bifurquent, le collet croit en épaisseur et la tige prend la forme des Syringodendrons coniques figurés par Goldenberg (*Flore de Sarrebruck*, PL. B, FIG. 13 et PL. IV, FIG. 1). Les racines commencent à être pourvues de radicelles. La tige (FIG. 9, PL. XIII) est restée dans cet état transitoire. Les tiges groupées (FIG. 8) sont plus développées, la base effilée de l'une d'elles sort de dessous la souche du milieu.

Le dernier stade, représenté PL. XIII, FIG. 12, est atteint par la plupart des tiges de Sigillaires à base tronconique et racines expalmées ; celles-ci sont plusieurs fois divisées, ayant à leur point de départ jusqu'à 0,20 de diamètre, généralement assez courtes et terminées par un pinceau de radicelles obliques simples, traversant avec le schiste, les empreintes qu'il renferme, ce qui prouve indubitablement qu'elles sont en place. Dans cet état de plein développement, il se détache au-dessous de chaque grosse racine étalée, non loin du centre de la souche, des cônes pivotants analogues aux *tap-roots* signalés par R. Brown.

Or, en détruisant le tronc de Sigillaire Pl. XIII, Fig. 12, nous avons trouvé, M. de Solms et moi, au fond, plusieurs axes vasculaires a, a, a, a, occupant le milieu des grosses racines, et représentés par une couche charbonneuse de 2 à 4 $^m/_m$ d'épaisseur (Fig. 14), cannelée régulièrement en dedans et présentant à la surface de petites saillies en rangées longitudinales exactement comme les axes vasculaires des Sigillaires dont ils ont d'ailleurs la structure. D'après tout ce que nous avons avons pu observer, l'insertion des axes se faisait par une base effilée, et il est plus que probable que les principaux tiraient leur origine d'un axe vasculaire unique comme celui qui occupe le centre de la tige C l'Fig. 8, B Fig. 10.

Ces constatations amènent à supposer, sinon à admettre, que les Sigillaires n'avaient pas de racines réelles, comme on pouvait d'ailleurs l'induire de l'arrangement phyllotaxique des appendices de leurs souches, et de la constitution foliaire du faisceau de ces appendices. Le fait est que les Stigmarhizes de M. Renault *(Comptes rendus* du 7 novembre 1887), que j'ai vus en place avec leurs radicelles à la tranchée de Dracy-Saint-Loup, ont la structure de la tige des Sigillaires.

M. Williamson soutient que les Stigmaria sont des racines ; mais ses arguments semblent devoir s'appliquer aux Stigmarhizes ou *Stigmariopsis* plutôt qu'aux *Stigmaria* proprement dits.

Cette question de botanique pure reste en suspens.

En tout cas, les tissus lacuneux rencontrés dans la souche des Sigillaires permettent de conclure qu'elle a vécu complètement plongée dans l'eau ou dans la vase.

STIGMARIOPSIS, Gr.

D'accord avec Goldenberg, j'ai séparé, des véritables Stigmaria, les racines trouvées au pied des Sigillaires, à section rapidement décroissante, courtes et néanmoins ramifiées plusieurs fois, et à surface finement réticulée.

Elles se ressemblent trop entre elles pour pouvoir jamais être rapprochées des espèces fondées sur les tiges. Il n'y en a dans le Gard que trois formes admettant quelques différences, mais qu'il n'est pas facile et toujours possible de distinguer. Ces formes correspondent évidemment chacune à plusieurs espèces de tiges, et, à les distinguer comme espèces, celles-ci sont en quelque façon d'ordre générique.

Stigmariopsis inaequalis, Geinitz nec Göppert.

Cette forme se rencontre au pied des gros troncs de Sigillaires, et, ce qu'il y a d'assez étonnant, de ceux cannelés de La Grand'Combe comme de ceux unis de Champclauson, en sorte que l'espèce en question pourrait correspondre à deux groupes de Sigillaires ; quelques branches rappellent le *Stig. abbreviata*, Gold. Elles sont toutes enracinées au lieu de leur croissance.

Distribution. — Nombreux à La Crouzille, à La Trouche.

Dans le faisceau de Garde-Giral, puits du Doulovy, aux Viges, Bessèges (Val des Emplis), Trélys, Molières (C. supérieures), Saint-Jean (C. Pommier), Rochebelle, Mas-Dieu, Ravin, Couches des Lavoirs et de La Crouzette, Affenadou, Notre-Dame-de-Palmesalade, Portes (C. Terrenoire).

Stigmariopsis rimosa, Gold.

Cette espèce, à petites cicatrices rondes, espacées sur une surface plane marquée de nombreuses rides flexueuses, d'une manière analogue au *Stigm. flexuosa*, Ren.; cette espèce gît :

A Gagnères, à La Grand'Combe, à la carrière de l'Eglise, à Champclauson, à l'Affenadou, à Fontanes ?

Stigmariopsis Eveni, Lesq.

Cette espèce d'Amérique, à surface presque unie et à cicatrices rapprochées très petites, paraît bien exister à la couche des Lavoirs (PL. XIII, FIG. 7 et 13), avec des radicelles assez grosses.

SYRINGODENDRON, Sternberg.

On n'est pas d'accord sur la signification à donner à ce genre qui n'aurait aucune raison d'être si on le réservait pour les moules de Sigillaires. M. Renault estime que les fossiles auxquels on applique ce nom représentent la partie inférieure des tiges de Sigillaires, sur laquelle les glandes de tissus gommeux, qui accompagnent le faisceau vasculaire des feuilles, se sont considérablement agrandies. Pour moi, les véritables Syringodendrons sont la partie des troncs de Sigillaires qui s'est développée sans feuilles ni racines, dans l'eau ou la vase.

Les troncs de Sigillaires, à quelque distance au-dessus du collet (PL. XIII, FIG. 8), portent des glandes géminées comme la couche subéreuse de ces tiges, mais indépendamment que la surface en est ridée, ils n'ont émis ni feuilles ni racines ; on n'aperçoit aucune trace de ces organes dans la roche qu'ils ont trouée et repoussée ; on ne remarque d'ailleurs pas de passage vasculaire entre leurs glandes comme entre celles des moules de Sigillaires, et l'enveloppe

corticale (Fig. 1, D), formée de lames de tissu subéreux rayonnantes et amasto-
mosées, comprend, en dehors, une espèce d'épiderme qui m'a paru privé de
cicatrices en face des glandes (comme l'épiderme des Calamites enracinées en
face des tubercules cellulaires situés aux extrémités de leurs côtes).

La base des tiges de Sigillaires est le plus souvent très conique. A
Champclauson, l'une d'elles, au-dessus de la naissance des racines primaires,
passe de $1^m,10$ à $0^m,65$ de diamètre sur $0^m,65$ de hauteur.

La partie syringodendroïde des troncs de Sigillaires est tantôt peu développée (Pl. XIII, Fig. 7), tantôt elle a plusieurs mètres de hauteur (Fig. 8 et 9);
cela a évidemment dépendu du milieu et du niveau où les feuilles pouvaient se
développer. Le passage est progressif, et les organes foliaires étaient d'abord
fort courts (Fig. 1 C), peut-être écailleux. Vers la base, la surface des troncs
est chagrinée d'une manière analogue aux racines primaires : il n'y a pas,
comme dans les arbres ordinaires, de séparation tranchée, dans l'aspect extérieur
ni dans la structure interne, entre les racines et la tige.

Syringodendron bioculatum, n. sp.

A Champclauson (C. Fontaine), à Portes (C. Jenny et Terrenoire), on
rencontre un Syringodendron tout particulier des couches moyennes de Saint-
Etienne, et qui a aussi été trouvé à Commentry, il est vrai avec des glandes de
forme un peu moins rondes. Dans le Gard (Pl. XIII, Fig. 8 et Pl. X, Fig. 3),
les glandes géminées sont tout à fait rondes, ressemblant à de gros boutons de
$0^m,01$ jusqu'à $0^m,02$ de diamètre, les séries en sont parfois fort espacées;
elles sont recouvertes, sans solution de continuité, par l'écorce charbonneuse.
Ce Syringodendron appartient à des Sigillaires non cannelées.

Syringodendron defluens, n, sp.

Il a été découvert à Lalle (C. Saint-Yllyde)˙ une espèce de Syringodendron
(Pl. X, Fig. 2), que distingue la divergence des stries régulières qui sillonnent
sa surface. En le comparant au moule de la Sigillaire (Fig. 4), on voit que c'est
vers le haut que, dans le fossile dont il s'agit, les stries divergent des glandes vers les sillons légers de la tige. A part cela, les glandes ne sont pas
sans avoir le contour de celles de l'espèce suivante, quoique moins atténuées
aux deux extrémités.

Syringodendron alternans, Stern.

Cette espèce classique de tronc de Sigillaires est des plus faciles à reconnaître, à ses glandes géminées en forme d'amandes souvent accolées et
même parfois en partie fondues l'une dans l'autre, aux légers sillons de sa

surface cannelée ; on trouve de ces troncs, sans changement, sur 4 à 5 mètres de hauteur. Le type comporte des variantes qui doivent correspondre à autant d'espèces de tiges.

Distribution. — Gagnières, La Clède, Montbel, Lalle. Molières, Saint-Jean, Olympie, Couche des Lavoirs, Portes (C. Terrenoire).

Syringodendron gracile, Renault.

Aux Figeirettes, à Champclauson et à l'Affenadou, on trouve des Syringodendrons analogues à ceux décrits sous ce nom *(Flore de Commentry,* Pl. LXIII, Fig. 4), à surface plane finement striée, ornée de paires de glandes elliptiques de dimensions comparativement faibles, un peu plus rapprochées que dans l'espèce de Commentry, mais cette différence n'est pas constante. Une variété de La Crouzette qui diminue l'intervalle séparant l'espèce en question de la suivante, m'a bien paru devoir appartenir au *Sigil. spinulosa.*

Syringodendron provinciale.

A Bessèges et à Fontanes et aussi, ce m'a semblé, à l'Affenadou, on trouve une autre sorte de Syringodendron que caractérisent, à l'intérieur de l'écorce subéreuse, des linéaments réticulés bien différents de ceux de l'extérieur, et surtout des glandes géminées subrectangulaires à l'intérieur, auxquelles correspondent, à l'extérieur, de beaucoup plus petites glandes convergentes. Par ses glandes subrectangulaires, sous-corticales, ce Syringodendron me paraît se rattacher au *Sigill. Grasiana,* Fig. 13, Pl. X.

PSEUDO-SYRINGODENDRON

Dans le Gard, comme à Saint-Etienne, il y a peut-être autant de tiges connues sous les noms de *Syring. cyclostigma, pachyderma, organum, Brongniarti,* que de Sigillaires proprement dites.

Ces Syringodendrons ne sont pas des moules, mais bien des écorces de Sigillaires privées de leur épiderme et marquées de petites cicatrices dans lesquelles M. Geinitz a vu des attaches d'épines plutôt que de feuilles. Nous verrons qu'ils appartiennent en général à des Sigillaires dont l'épiderme, non adhérant à la couche subéreuse sous-jacente, s'est facilement et presque constamment détaché par la macération pendant le flottage. La photogravure Pl. V, Fig. 7 montre que ce phénomène s'accomplissait rapidement, de telle façon que certains Sigillaires, comme le *S. Lepidodendrifolia,* sont représentées en majeure partie par leur seule couche subéreuse.

Les espèces suivantes sont de faux Syringodendrons que, faute de pouvoir rapporter à leurs espèces respectives de Sigillaires, on sera condamné à désigner, pendant longtemps encore, dans l'inventaire d'une flore, sous ce nom générique. Toutefois, quelques-unes dénotent des Sigillaires spéciales caractérisées, comparativement, par un épiderme plat séparé d'une écorce subéreuse cannelée, à laquelle il n'est uni que par les fausses cicatrices saillantes de cette écorce.

Syringodendron pachyderma, Br. gn.

Ce type, plutôt que cette espèce d'Eschweiler, par la saillie dorsale de ses côtes combinée avec la forte épaisseur de l'enveloppe de houille, paraît représenté dans le Gard avec des côtes sensiblement plus larges. Les sillons sont profonds ; les stries superficielles sont plus accentuées à l'extérieur qu'à l'intérieur, et surtout entre les cicatrices superposées. Je ne sais réellement à quelles Sigillaires on doit rapporter ces fossiles, s'ils ne représentent pas, dans l'étage de Bessèges, la partie inférieure de certains *Sig. rugosa* et *polleriana*, et dans l'étage de Champclauson quelques *Sigill. Lepidodendrifolia*.

Distribution. — Crouzille, Puits du Doulovy, Gagnières, Molières, Saint-Jean (C. Michel), Fontanes, Rochebelle, Grand'Combe, Carrière de l'Eglise.

Syringodendron cyclostigma, Brong. gn.

Avec des côtes peu bombées, cette espèce polymorphe correspond certainement aussi à plusieurs espèces de Sigillaires à cicatrices sans doute ovales ou elliptiques. Du côté interne, l'écorce subéreuse est plus nettement cannelée que du côté externe ; les cicatrices, rondes des deux côtés, sont, à l'extérieur, circonscrites par un anneau ouvert, en bas ou en haut, résultant de la convergence des glandes de la cicatrice foliaire, comme le montre la Fig. 1, Pl. X, dans laquelle les cicatrices extérieures du Syringodendron ressemblent à des espèces de boutonnières par lesquelles on aperçoit ces glandes. Dans ce spécimen de Champclauson, de fortes stries saillantes vont d'une cicatrice à l'autre ; la superficie est à côtes moins marquées et stries plus ondulées que la surface sous-corticale ; dans un échantillon de Gagnières, la houille révèle une structure de *Dictyoxylon*. Le fragment de tige figuré est, par la plus grande exception, accompagné d'un épiderme uni marqué de cicatrices ovales de Sigillaires, que distinguent, en plus de la forme, de fortes glandes arquées situées à la partie supérieure de ces cicatrices ; l'épiderme ne tient à l'écorce que par ces glandes. Je suis loin de croire que cette dépendance s'applique à tous les *Syr. cyclostigma* indistinctement ; ceux des couches inférieures du Gard appartiennent à d'autres espèces ; mais. dans l'état habituel de conservation, il serait difficile de les distinguer de ceux des couches supérieures. Les gisements dont l'énumération suit sont donc ceux d'une espèce multiple :

Distribution. — Assez à Gagnières, à Olympie.

Crouzille, Puits de Doulovy (à 150 et à 340 mètres), Gachas, Bessèges (C. Trias, Saint-Charles, Sainte-Barbe, Saint-Auguste, n° 11 et 12), Trélys (C. Sainte-Barbe), Feljas (C. n° 1), Martinet, Les Brousses et Molières (C. Saint-Ferdinand et n° 11), Saint-Jean, Fontanes, Croix-des-Vents, Sainte-Barbe (C. Portail et Sans-Nom), Trouche, Palmesalade.

V. *Organum.* Et une preuve que le *Syring. cyclostigma* correspond à plusieurs espèces de Sigillaires, c'est celui trouvé en rapport avec le *Sigillaria Mauricii* (Pl. V, Fig. 11), lequel, généralement privé d'épiderme, rappelle le *Syring. organum*, sauf que les côtes, sont moins marquées et les cicatrices glandulaires plus rapprochées. On trouve de grandes plaques isolées de ce Syringodendron.

Syringodendron Brongniarti, Geinitz.

A Champclauson et à Portes, Pl. XII, Fig. 7, se trouve un Syringodendron costulé très analogue à cette espèce de Niederwürschnitz (*Flore de Saxe*, Pl. VII, Fig. 3). Une chance heureuse me l'a fait découvrir avec quelques vestiges d'un épiderme uni à cicatrices rappelant, mieux que cela n'est figuré, celles du *Sig. Lepidodendrifolia.*

Syringodendron francicum.

La Fig. 7, Pl.V, réunit quatre empreintes trouvées en général séparément : 1° des feuilles attachées *a ;* 2° des cicatrices foliaires *b* rappelant celles du *Sig. Lepidodendrifolia ;* 3° une surface extérieure *c* de *Syr.* intermédiaire entre les *Syr. Brongnarti* et *pachyderma ;* 4° une surface interne que distinguent des cicatrices glandulaires très différentes, soudées au milieu, formant un X ou une H à branches inégales ; à l'intérieur, stries régulières ; à l'extérieur, stries seulement entre les cicatrices saillantes sur côtes dorsales ; le charbon se décompose en lames subéreuses rayonnantes rabattues les unes sur les autres par la pression. Ici l'épiderme paraît encore avoir été à peu près plat et situé à distance de la couche subéreuse cannelée.

MESOSIGILLARIA

Il semble donc, d'après ce qui précède, qu'il existe, dans les couches supérieures du Gard et de Saint-Etienne, un type de Sigillaires participant des *Leiodermariæ* par un épiderme plat et des *Rhytidolepis* par une écorce subéreuse cannelée. Ce type intermédiaire comprend le *Sig. cuspidata* que j'ai autrefois cru pouvoir identifier au *Sig. Lepidodendrifolia.* Je vais décrire les deux représentants principaux :

Sigillaria Lepidodendrifolia, Brong.

Cette espèce de Saint-Etienne ne présente aucune unité, et peut-être y a-t-il, dans les différentes formes qu'on serait tenté de lui rapporter, autant d'espèces affines. Nous avons vu associés deux faux Syringodendrons à des cicatrices analogues, mais non en tout semblables à celles de l'échantillon type, qui sont arrondies en bas et ont deux angles latéraux marqués. Sur la Fig. 7, Pl. V, elles sont espacées à l'extrémité de tiges pourvues de feuilles ; dans d'autres cas, elles se touchent ; avec cela, la surface est unie ou costulée, les cicatrices sont plus larges ou moins larges que les côtes. Tout indique plusieurs espèces, mais qu'il est impossible de distinguer, dans la plupart des cas, à cause de la mauvaise conservation de ces fossiles.

J'ai trouvé cette espèce avec les mêmes caractères qu'à Saint-Etienne, au toit de la couche Antoine (Trouche), à la carrière de l'Eglise (où elle paraît abondamment représentée par des tiges Syringodendroïdes). A Champclauson (à faibles côtes élargies au niveau des cicatrices). Au Ravin, le renflement des côtes plates correspond à la décurrence latérale des cicatrices.

v. *vicina*. La forme Fig. 7, Pl. V me paraît cependant devoir être séparée des autres, tant par les différences déjà signalées touchant la surface interne de la couche subéreuse, que par les stries flexueuses en zigzags du Syringodendron correspondant, dont les glandes se séparent au-dessous de l'écorce, tout en restant conjointes au-dessus.

Sigillaria Mauricii, n. sp.

A côté de l'espèce précédente, on trouve, aussi à Champclauson, un type de Sigillaires particulier que distinguent du précédent des cicatrices à deux angles inférieurs divergents, des côtes moins marquées sous un épiderme moins uni, des cicatrices susceptibles de moins s'espacer, et une écorce subéreuse syringodendroïde bien différente ; d'ailleurs l'épiderme paraît moins indépendant de la couche subéreuse plus compacte. Les Fig. 10 et 11, Pl. V, en représentent deux fragments. La Fig. 8, Pl. XI est celle d'un échantillon du Vigan (Coll. E. Dumas), qui me paraît provenir d'une modification de l'espèce dont il s'agit.

C'est cette espèce que j'ai trouvée en place aux Rosiers et à la carrière de l'Eglise (Fig. 3, 4 et 5, Pl. XIII). Les Fig. 3, 4 et 4′ montrent deux aspects du sommet végétatif de la Sigillaire trouvée aux Rosiers ; la Fig. 5, tirée de la partie supérieure de la tige Fig. 7 B de la carrière de l'Eglise, est d'une région plus basse. Les côtes se dessinent déjà à la partie supérieure et l'on voit qu'elles sont indépendantes de la surface épidermique, légèrement mamelonnée ou unie. En bas, la tige prend la forme syringodendroïde, avec un réseau subéreux allongé que l'écrasement a rendu sigmoïde. A la base s'étalent quelques racines de *stigmaria rimosa*.

On connaît donc cette espèce, des racines jusqu'aux feuilles. La partie syringodendroïde paraît bien avoir poussé dans la vase sableuse.

DÉTERMINATION SPÉCIFIQUE ET GÉNÉRIQUE DES SIGILLAIRES

Les tiges de Sigillaires se sont différenciées spécifiquement par la forme et l'arrangement des cicatrices foliaires, ces caractères paraissant ne pas avoir varié avec l'élongation et l'élargissement des tiges.

Cependant la détermination des modifications extrêmes est des plus difficiles, lorsqu'elles sont convergentes entre espèces voisines qu'elles rapprochent, sans pour cela établir entre elles un lien généalogique. Dans certains cas, il faut recourir aux traits du développement pour identifier les portions détachées d'un même arbre et qui diffèrent parfois même plus de prime abord que des espèces distinctes. C'est ainsi que j'ai pu rapporter au *Sig. Defrancei* des formes qui, examinées séparément, eussent sans doute fait l'objet d'espèces nouvelles. Par contre, j'ai cru devoir séparer, comme formes dérivées, certains fossiles ne rentrant pas dans les modifications connues ou probables du *Sigill. elliptica*.

Les Sigillaires se rangent dans deux groupes d'autant plus naturels que l'un d'eux, celui des tiges cannelées, est propre au terrain houiller moyen, et l'autre, celui des tiges plates, au terrain houiller supérieur. Le premier est dit des *Rhytidolepis*, dont les *Favulariæ*, cela est aujourd'hui connu, représentent le premier état de développement ; et le deuxième est dit des *Leiodermariae*, dont les *Clathrariæ* représentent aussi le premier état de développement, comme l'attestent le *Sigillaria Grasiana* de La Grand'Combe, PL. X, FIG. 12, de concert avec l'espèce figurée dans le *Bulletin de la Société géologique*, 3ᵉ série, t. XVII, PL. XIV, p. 603, que MM. Weiss et Zeiller considèrent comme identique au *Sigill. Brardii*, mais que je tiens pour plus analogue au *Sig. spinulosa*, avec ses cicatrices proportionnellement plus hautes que celles du *Sig. Brardii* et autres différences significatives.

Les Sigillaires à décrire ont l'épiderme soudé au suber, à l'exception du *Sig. Brardii* qui reste à peu près seul pour représenter l'ancien groupe des *Clathrariæ*.

Les deux groupes de Sigillaires sont largement représentés dans le Gard, notamment à La Crouzille, dans la houille de la couche nº 2 de Gagnières, à Saint-Jean (couche Michel), à Olympie, à La Grand'Combe, et à Champclauson (couche des Lavoirs) où il y a rénovation complète des espèces.

Je vais les décrire, en commençant par les *Leiodermariae*, qui font suite aux *Meso-Sigillariae* :

32

SIGILLARIAE-LEIODERMARIAE

Ces Sigillaires, rares dans les couches inférieures du Gard, sont pour ainsi dire les seules que l'on rencontre dans les couches supérieures, ayant eu en cela la même fortune que dans la Loire.

Sigillaria Brardii, Brong.

Les Fig. 1, 2, 3 et 4, Pl. XI représentent les tiges, feuilles, rameaux et strobiles de cette espèce classique, trouvés tant à Saint-Etienne que dans le Gard. La tige, que nous avons ici surtout en vue, offre, sur l'échantillon de La Grand'Combe, Fig. 1, cette particularité que, au-dessus des insertions raméales, les cicatrices foliaires sont restées très courtes par le défaut d'élongation de la tige empêchée de croître sans doute par le développement des rameaux ou cônes. A Champclauson j'ai trouvé, Fig. 4, le *Catenaria decora* en connexion avec le *Sigill. Brardii*, celui-ci étant représenté par une couche superficielle non soudée à la couche subéreuse. La tige Fig. 2 porte un rameau et des feuilles. Nous reviendrons plus loin sur les organes appendiculaires encore attachés, ainsi que les cônes, à l'extrémité de la tige Fig. 3.

Distribution. — Bessèges (dressant de Saint-André), Molières (Couche Sainte-Clémentine), Fontanes (Couche n° 4), Grand'Combe (au Ravin et à Ricard), Carrières de La Crouzette et de l'Eglise, Affenadou, Portes (Couche Canal, Jenny et Saint-Augustin), Figeirettes.

Sigillaria Defrancei, Brong.

Cette espèce d'Alais que l'on considère à tort comme se rattachant au *Sig. Brardii* dont elle ne partage pas les gisements, est intéressante par les modifications que je lui ai reconnues. La figure donnée par Brongniart *(Histoire des végétaux fossiles*, Pl. CLIX, Fig. 1) représente la forme normale, à cicatrices obliques, occupant la plus grande partie du coussinet et dont les angles latéraux sont prolongés par une carène transversale, les tiges sont larges et l'écorce épaisse. Sous l'écorce, trois glandes correspondent à chaque cicatrice.

V. *delineata*. Il m'a bien semblé, par l'examen de divers intermédiaires, que les cicatrices, en prenant de l'accroissement en hauteur, admettent au-dessous deux lignes divergentes, ce qui m'a conduit à rapporter à l'espèce en question l'échantillon Fig. 6, Pl. XI, toutefois avec un léger doute qui me décide à le considérer comme une variété.

Distribution. — Saint-Jean (Couches Michel et Montfrin), Molières, Brousses (Couches supérieures), Bessèges (Couche Saint-Emile), Rochebelle (toit de la 2°)?, Fontanes (niveau de 125 mètres), Lalle (Couche Tri de Chaux), couche Sans-Nom à Broussous.

La variété existe à Bessèges, Molières, Saint-Jean.

En somme, l'espèce est limitée à l'étage inférieur.

Sigillaria spinulosa, Germar.

Cette espèce, dont on connaît la structure anatomique, gît :

A Portes (collection Sarran), couche des Lavoirs et couche Fontaine à Champclauson, couche Pilhouze, à Fontanes, à Rochebelle (avec de petites cicatrices), à Bessèges (écorce épaisse et rugueuse), à Molières (avec insertion d'épines à côté de cicatrices plus petites que d'ordinaire).

v. *Leopoldina*. — A la suite de l'espèce précédente, je range une variété de Molières, qui se distingue par de grandes cicatrices rhomboïdales obliques à angles latéraux prononcés, que séparent de larges bandes d'accroissement, d'une manière analogue au *Sig. Leveretti*, Lesq. (*Flore de Pensylvanie*, p. 800, PL. CVIII, FIG. 4). Peut-être que cette Sigillaire, qui se rencontre en grandes plaques, représente la base des tiges de *Sig. spinulosa*.

Sigillaria Grasiana, Brong.

Espèce des Alpes, à cicatrices de forme analogue à celles du *Sigil. spinulosa*, mais constamment beaucoup plus petites et peu espacées sur une mince écorce plane et unie. Dans la partie moyenne des tiges, il s'ajoute une couche subéreuse réticulée à glandes sous-corticales subrectangulaires (FIG. 13, PL. X). Un échantillon de La Grand'Combe, FIG. 12, offre des zones réticulées, séparées par des zones où les cicatrices se présentent comme d'ordinaire. De la carrière des Rosiers, le tronc debout (PL. XIII, FIG. 1 A et FIG. 2) appartient incontestablement à cette espèce, dont j'ai vu, à Fontanes, les tiges se bifurquer deux fois de suite.

Distribution. — Nombreux à l'Affenadou, varié et fréquent à La Grand'Combe, à La Crouzette, à Fontanes.

Rochebelle (couche n° 1), Molières (couches Saint-Ferdinand et Saint-Louis), Bessèges (couche Saint-André, collection E. Dumas), Feljas.

Sigillaria minutissima, n. sp.

A Fontanes, on a trouvé une Sigillaire à cicatrices si petites et peu marquées sur une écorce mince faiblement striée, qu'il faut faire attention pour les discerner; sur la FIG. 7, PL. XI, elles ont été forcées. Elles sont disposées par étages. Leur forme n'est pas sans ressembler à celle de l'espèce précédente, mais, outre leur petitesse constante sur des tiges épaisses, elles sont toujours assez espacées. Elles me paraissent caractériser une nouvelle espèce.

Sigillaria quadrangulata, Schlot.

A la carrière de l'Eglise (couche des Lavoirs), M. Platon a recueilli une série de magnifiques Sigillaires que, avec M. Zeiller, nous croyons identiques au

Palmacites quadrangulatus de Schlotheim. M. Zeiller en a figuré deux échantillons (Fig. 3 et 4, Pl. IX, *Bulletin de la Société géologique*, 3ᵉ série, t. XIII). J'en représente un autre Pl. XII, Fig. 1, à cicatrices plus grandes et parfaitement caractérisées, faisant pendant au *Lepidodendron* Fig. 12. Les coussinets carrés sont bombés. Les cicatrices foliaires, rapprochées du bord supérieur plus que ne l'indique le dessin, sont arrondies en bas, leurs côtés supérieurs sont parallèles aux sillons. L'accroissement a altéré le quadrillage, si bien que celui-ci est à peine marqué sur un échantillon où cependant les cicatrices ont conservé leur forme et position par rapport au contour des mamelons encore quoique faiblement définis. Dans le premier état de développement, les coussinets sont un peu écrasés et l'espèce rappelle le *Sig. delineata*, du moins par ses traits généraux, car les cicatrices plus petites ne sont pas au centre des coussinets et ne présentent pas d'angles latéraux.

La couche Chauvel paraît posséder le *Sigill. quadrangulata.*

SIGILLARIAE RHYTIDOLEPIS

Les Sigillaires proprement dites sont fréquentes dans le Gard. Quelques-unes sont identiques à celles du terrain houiller moyen, d'autres en sont dérivées. Il y a 2 ou 3 espèces nouvelles.

Sigillaria tessellata, Brong.

Dans l'étage inférieur du Gard, abonde une Sigillaire qui, par quelques-unes de ses parties, est identique aux variétés γ et δ (Fig. 2 et 4, Pl. CLXII, *Histoire des végétaux fossiles)* du *Sig. tessellata.* Les cicatrices sont moins larges que les côtes, contiguës ou presque contiguës, et toujours séparées par un bourrelet transversal souvent oblique (Pl. X, Fig. 11). Les cicatrices sont hexagones à la partie supérieure des tiges, et elliptiques dans les parties inférieures allongées ; dans le premier cas, mince écorce à surface lisse, sauf quelques stries longitudinales discontinues dans les sillons ; dans le second cas, écorce plus épaisse et surface ridée en long, même sur les cicatrices ; la cicatrice sous-corticale est ronde et unique, avec une échancrure en haut. A l'occasion d'un nœud, les cicatrices, courtes et rapprochées d'un côté, sont tout à coup allongées de l'autre. Les nœuds de cicatrices raméales sont à distance de 0,10 à 0,20. A Bessèges et au puits du Doulovy, on a trouvé des empreintes très semblables à celle Fig. 1, Pl. LXXXVII de la *Flore du bassin de Valenciennes.*

Le rapport de la largeur des cicatrices à celle des côtes se maintient, les cicatrices ne s'éloignent presque pas dans le sens longitudinal, de manière que l'espèce en question représente mieux que toute autre l'ancien groupe des *Favulariæ*.

Distribution. — Répandue à Bessèges (notamment au 4e niveau, Couche Sainte-Barbe, Saint-Auguste, n° 11, val des Emplis). — Lalle, Brousses et Molières, Couches supérieures du Martinet, Saint-Jean (Couche Saint-Louis), Sainte-Barbe (Couche Minette), Couche Abylon d'après M. Zeiller, Viges, Puits de Chavagnac et du Doulovy, La Crouzille, Fontanes, puits Jullien ?

Le type à cicatrices occupant presque toute la largeur des côtes, comme l'a figuré Lindley, se présente à Sainte-Barbe (Couche Cantelade). A La Clède et à Bessèges, on trouve des portions de tiges qui, à divers égards, rappellent le *Sig. Lalayana*, Schimper.

Sigillaria propinqua.

Il se trouve à La Grand'Combe (au Ravin et principalement à La Trouche), à la carrière de l'Eglise, aussi à Olympie, des Sigillaires flottant en quelque sorte entre l'espèce précédente et l'espèce suivante et que je ne vois aucun moyen d'indentifier à l'une ou à l'autre. Les cicatrices sont contiguës et séparées par un sillon transversal comme dans l'espèce précédente, mais, aussi, comme dans le *Sig. elliptica (Histoire des végétaux fossiles*, PL. CLII, FIG. 3), elles rappellent celles du *Sig. pulchella*, Sauv. *(Végétaux fossiles de la Belgique*, PL. CLII, FIG. 3), mais elles occupent le milieu de côtes bombées beaucoup plus larges.

Sigillaria elliptica, Brong.

Cette espèce a des cicatrices elliptiques ordinairement assez rapprochées et moins larges que les côtes ; elles sont tantôt presque contiguës et rondes, tantôt espacées de 0,01 à 0,03 et alors un peu allongées ; à part ça, elles restent remarquablement les mêmes. L'écorce est mince, unie ou légèrement rugueuse entre les cicatrices superposées. Le *Sig. rhytidolepis* de Corda fait partie de cette espèce.

Distribution. — Beaucoup à Saint-Jean (Couche Michel). — Brousses, Martinet, Trélys, Bessèges, La Clède, Gachas, Rieubert, Fontanes (C. 4), Rochebelle (C. 3), Bois-Commun, Sainte-Barbe.

La modification à cicatrices contiguës, séparées par des sillons transversaux recourbés en bas de chaque côté, se rencontre à La Crouzille, au puits du Doulovy, à Saint-Jean (C. Michel et Montfrin), à Sainte-Barbe, à Fontanes, à La Trouche.

A Saint-Jean et à Sainte-Barbe, il y a des spécimens à côtes plus plates, rappelant le *Sig. Schlotheimiana*.

Sigillaria Candollei, Brong.

Cette espèce d'Alais se reconnaît à des cicatrices oblongues notablement moins larges que les côtes plus plates et généralement striées par côté, avec des insertions cétacées dans l'intervalle des cicatrices ; la cicatrice sous-corticale est elliptique.

Mais ce sont là des caractères partagés en partie par certains *Sig. cortei*, figurés par M. Geinitz, jusqu'à un certain point par le *Sig. ovata*, et surtout par l'espèce précédente à laquelle la relierait un exemplaire de Bessèges.

Toutefois, l'échantillon (Fig. 7, Pl. X) est de nature à confirmer l'indépendance du *Sig. Candollei.*

Distribution. — Bessèges (C. Trias), Lalle (fréquent), Gachas, Gagnères, Saint-Jean, Fontanes (C. n° 4), Sainte-Barbe (C. Sans-Nom, Cantelade), Couches Abylon et Grand'-Baume.

Forme intermédiaire à Molières, à la C. du Pin de transition au *Sig. elliptica*, et à La Grand'Combe de transition au *Sig. propinqua.*

Sigillaria cortei, Brong. *dv.*

Ce n'est qu'avec doute que je rapporte à cette espèce, même comme formes dérivées, quelques Sigillaires de Lalle, de Bessèges, de Gachas, caractérisées par des cicatrices encore elliptiques, mais constamment espacées de 0,03 à 0,05 sur des côtes qui ne sont guère plus larges qu'elles. La Fig. 6, Pl. X, d'un échantillon de Mazel, garni de feuilles, dénote une élongation des tiges excessivement rapide.

Les extrémités de tige trouvées à Gagnières et au Mazel sont semblables au *Sig. cortei v. Sillimanni* de Niedercainsdorf (Geinitz, *Flore de la Saxe*, Pl. IX, Fig. 7).

La partie moyenne des tiges est analogue au *Sig. rotunda* de M. Archepof *(Niederrheinisch-Westphalische Steinkohlengebirge,* Pl. XXXVII, Fig. 1), mais plus conforme au *Sig. cortei*, toutefois avec une plus mince écorce, des côtes plus étroites et des cicatrices plus distantes qui laissent subsister des doutes sur cette attribution.

Sigillaria formosa, n, sp.

A Gagnières et au Mazel, se rencontrent des Sigillaires d'une rare beauté, dont je représente deux stades de développement (Pl. X, Fig. 9 et 10), si différenciés par l'élongation que je n'aurais pas eu l'idée de les réunir sous un même nom spécifique si je n'avais découvert tous les degrés intermédiaires. La Fig. 9 rappelle le *Sig. Sillimanni* par la décurrence latérale des cicatrices en rapport avec les sillons ; la Fig. 10, par la convergence en haut des côtés latéraux supérieurs des cicatrices , participe, sous ce rapport, du *Sig. elegans*. Dans un état fossile particulier, certains termes de transition se laissent comparer, en gros, au *Sig. attenuata.* Lesq., d'autres au *Sig. Lorwayana*, Dawson.

Mais cette Sigillaire du Gard est réellement indépendante de celles auxquelles on la peut comparer. Au sommet des tiges, les cicatrices sont tellement pressées, qu'elles débordent par côté les unes sur les autres ; dans l'état indiqué par la Fig. 10, on trouve de grandes et larges empreintes à Gagnières ; dans un état de développement plus avancé en âge que celui révélé par la Fig. 9, on trouve au Mazel des tiges avec des cicatrices encore plus grosses et plus espacées.

Sigillaria Sillimanni, Brong.

Cette espèce est positivement représentée à Gagnières par la forme normale type. Elle paraît bien aussi exister à Lalle, mais avec des côtes un peu larges.

La Fig. 6, Pl. XII représente un échantillon de Gagnières.

Sigillaria scutellata, Brong.

A Gagnières et au Mazel, se présente fréquemment une Sigillaire qui se rapporte parfaitement aux figures et définitions données de cette espèce, à cicatrices arrondies en bas, avec angles et lignes de décurrence par côté, rugosités au-dessous, et houpe de stries au-dessus qui rend les représentants de l'espèce dans le Gard (Pl. XII, Fig. 4 et 5) un peu différents de ceux du Nord de la France. Les décurrences latérales des cicatrices, au lieu de diverger et d'aller se fondre avec les sillons comme dans l'espèce précédente, se rapprochent plutôt de l'axe des côtes qui sont d'ailleurs plates et plus larges que les cicatrices, ce qui contribue à éloigner l'espèce en question du *Sigill. Sillimanni*. Mais on ne saurait disconvenir que la Fig. 3 ne la rapproche de l'espèce suivante, dont elle n'a cependant pas les deux bandes latérales qui distinguent les côtes.

Sigillaria rugosa, Brong.

Cette espèce présente dans le Gard quelques variantes où toutefois ne sont pas masqués ses traits caractéristiques, au nombre desquels figure, en première ligne, la double bande latérale des côtes. Tantôt celles-ci prennent une largeur qui rapprochent cette espèce du *Sig. polleriana*, tantôt elles sont étroites et certains spécimens ressemblent à ceux (Fig. 4 et 5, Pl. LXXX) de la *Flore fossile du bassin houiller de Valenciennes*. La Fig. 2 de notre Pl. XII réprésente l'état moyen.

Distribution. — Nombreux à Gagnières (charbon schisteux de la couche n° 2). — Au Mazel, Saint-Jean, Rochebelle (Couche n° 3), à Bessèges et aux Brousses (forme particulière), à Olympie, Couche Grand'Baume (collection E. Dumas), Galerie de Brissac.

Sigillaria nemosensis, n. sp.

La FIG. 4 et 5, PL. X représentent évidemment une espèce particulière de Sigillaires (de Bessèges), démontrant que la largeur des côtes n'est pas un effet de l'accroissement ultérieur, puisqu'elles sont presque aussi larges et se présentent de la même manière à l'extrémité des tiges, FIG. 4, où les cicatrices se touchent presque, que dans la partie moyenne, FIG. 5. Les cicatrices sont orbiculaires, et ce qui distingue la tige au premier chef, ce sont les stries divergentes de la surface interne de l'écorce.

Sigillaria intermedia, Brong.

A Bessèges, on a recueilli une Sigillaire semblable à celle représentée par M. Geinitz sous ce nom (PL. VII, FIG. 2 de la *Flore de Saxe*). Je crois avoir vu, à Trélys, à Gachas, la partie inférieure d'une tige de la même espèce, qui tend à se rapprocher de la suivante. Peut-être que le *Sig. elongata* v. *minor*, signalé par M. Zeiller à la Montagne Sainte-Barbe (C. Cantelade), se rattache également au *Sig. intermedia*, ainsi que le *Sig. Lacoei*, Lesq. considéré avec le *Sig. cortei*, comme synonymes du *Sig. elongata*.

Sigillaria polleriana, Brong.

Cette espèce se présente dans le Gard avec d'aussi larges côtes que dans l'échantillon figuré par Brongniart, seulement les cicatrices sont plus éloignées. Toutefois, des deux côtés, même ensemble de caractères non susceptibles de varier par l'allongement. Dans certains échantillons, les côtes ont jusqu'à 0,045 de large ; dans l'un deux, donné au Muséum par M. Chalmeton, les côtes ont 0,05 à 0,06. Par contre, il y en a avec des côtes de 0,02 tout au plus. Dans tous les cas, l'ampleur des tiges, la largeur des côtes et l'espacement des cicatrices dénotent de très grandes Sigillaires qui ont crû en diamètre en même temps qu'en hauteur si, comme le pense M. Zeiller, la partie latérale des côtes s'est développée après coup. Elles sont représentées par des enveloppes de houille de 2 à 5$^{m/m}$ d'épaisseur, striées régulièrement sur les deux faces. Dans un échantillon, l'épiderme semble indépendant de l'écorce subéreuse, et celle-ci susceptible de former, avec ses glandes géminées sous-corticales, un *Syringodendron* du type *pachyderma* ; un échantillon de Molières semble bien réaliser cette probabilité.

Distribution. — A Gagnières (plusieurs spécimens), puits des Bartres, puits du Doulovy (380 mètres), Bessèges et Molières (non rare), couches du Martinet, Saint-Jean (C. Pommier, Michel), Rochebelle (C. n° 3), Olympie, Grand'Combe.

SIGILLARIOPHYLLUM

Les feuilles de Sigillaires, linéaires, étroites, carénées, rigides, creusées de deux sillons latéraux où sont logées les stomates, se trouvent ordinairement mélangées aux tiges dont elles se sont détachées par la macération le plus souvent au moment de gagner le fond de l'eau, notamment à Rochebelle, à Saint-Jean (C. Michel), Champclauson. Aussi les trouvent-on souvent attachées. Leur longueur varie suivant les tiges : courtes au sommet du *Sig. Brardii* (PL. XI, FIG. 3), elles ont un mètre de longueur aux extrémités du *Sig. Lepidodendrifolia*, et j'ai vu attachées les pareilles, sur 3 mètres de longueur, au bout d'une tige qu'elles couronnaient d'un bouquet végétatif considérable. Elles se ressemblent beaucoup, ayant une largeur peu variable, d'une espèce à l'autre, et sont d'ailleurs si peu différenciées, qu'il faut désespérer de les jamais pouvoir distinguer spécifiquement. Dans les circonstances ordinaires de gisement, on ne peut même pas les séparer de celles des Lepidodendrons, bien que la structure en soit très différente. En sorte que l'ancien *Cyperites bicarinata* de Lindley réunit les feuilles des deux familles, et à le considérer comme espèce, celle-ci a l'importance d'une classe de plantes qui se ressemblaient toutes par les feuilles.

SIGILLARIOCLADUS

On n'a pas encore signalé de rameaux de Sigillaires garnis de feuilles seulement. L'extrémité de tige (FIG. 2 et 3, PL. XI) en porte quelques-uns en partie effeuillés, avec des cicatrices identiques (FIG. 3 B) à celles du *Sigillodendron frondosum* de Göppert (1), qui, à mon avis, est un simple rameau de *Sig. Brardii*, se transformant en cône à une certaine distance de la base d'attache, comme, du reste, celui sortant à droite de la FIG. 3, dès l'endroit où ses feuilles commencent à se recourber fortement et à former sporangiophores.

Les rameaux de Sigillaires étant très rares, il est à présumer qu'ils se modifiaient d'ordinaire en cônes de fructification ; et que la tige n'en émettait qu'en vue de la reproduction.

SIGILLARIOSTROBUS

En fait, la tige de *Sigillaria Brardii* (PL. XI, FIG. 3) porte des cônes de

---

(1) *Jahrbuch de K. preuss. geol. Landesanstalt*, 1888, p. 159, PL. II, FIG. 1.

fructification résultant de la métamorphose de quelques rameaux, à partir d'une sorte de nœud. La FIG. 3 C d'un cône mêlé à un fragment de rameau, est extraite du même bouquet. Les cônes de Sigillaires à base arrondie semblent avoir été pédonculés et s'être désarticulés. Le pédoncule était tantôt un rameau garni de feuilles comme dans le *Sig. Brardii*, tantôt nu, comme celui de Bully-Grenay FIG. 5, PL. XI, que j'ai cru devoir reproduire par deux motifs : 1° parce que le cône qui se développe tout à coup à l'extrémité du pédoncule où il paraît articulé, s'est trouvé, je crois, à Broussous ; 2° parce qu'il offre l'exemple très rare d'un cône de Sigillaire porté par une hampe aphylle, ponctuée seulement par des papilles très denses comme les côtes de certaines Sigillaires ; je ne décrirai pas davantage cet épi dont le pédicelle ressemble de loin à une feuille, d'où le nom de *Sigillariostrobus pedicellifolius* que je lui ai donné. Le plus souvent le cône résulte de la métamorphose progressive du rameau, à base recourbée comme celle d'un organe latéral, mais de telle manière que les cicatrices des feuilles se laissent reconnaître difficilement comme analogues à celles des Sigillaires. Tel est le cas du *Sigillariostrobus rugosus*, Gr. Cependant, M. Zeiller, plus heureux, a découvert des cônes spiciformes de Sigillaires à la base atténuée sur lesquels j'ai pu distinguer, comme lui, des cicatrices de Sigillaire indubitables.

On voit déjà que les épis de Sigillaires présentent, sous le rapport de la forme, du pédoncule et de l'attache, des différences assez grandes, plus que ne le laissait supposer l'uniformité de port des tiges.

C'est un fait curieux de voir les cônes de Sigillaire du Gard, comme du houiller supérieur, ressembler plus à des cônes de Lepidodendron que ceux du terrain houiller moyen, lesquels, d'après ce que nous en ont fait connaître Goldenberg et M. Zeiller, ont plutôt l'aspect d'épis que de strobiles. Dans ceux que nous avons à décrire, la partie foliaire des bractées est longue et sa désarticulation a laissé des disques.

Sigillariostrobus fastigiatus, Göp.

A La Crouzette et à La Grand'Combe, on trouve des cônes se rapportant à cette espèce, à laquelle, je crois, appartiennent les cônes du *Sigill. Brardii* FIG. 3 et 3 C, PL. XI.

Entre les bractées de ces cônes, j'ai vu plusieurs fois de petites macrospores tétraédriques.

Pour moi, en tout cas, il n'y a pas de doute que le célèbre *Sig. elegans* silicifié d'Autun, qui est le *S. Brardii*, à structure de dicotylédone gymnosperme, ne se soit reproduit par des spores.

Sigillariostrobus rugosus, Gr.

A La Grand'Combe (carrière du Ravin), M. Platon a trouvé un grand épi de Sigillaire se rapportant au *Sig. rugosus* de Saint-Etienne, lequel, par son gisement connexe autant que par ce que l'on peut apercevoir des cicatrices foliaires et des rugosités de la base atténuée, me paraît appartenir au *Sig. Lepidodendrifolia*.

Entre les écailles de cette espèce de cône, j'ai aussi observé nettement de grosses macrospores lenticulaires.

Sigillariostrobus mirandus, Gr.

A Lalle, Molières, Les Brousses, Fontanes (C. n° 4) et Rochebelle (C. n° 2), j'ai reconnu cette espèce de Rive-de-Gier : épis longs de plus de 0,20, étroits de 0,015 à 0,02, à écailles particulièrement coriaces attachées en petit nombre par une base arquée à bords relevés, épis offrant des aspects très différents, suivant le mode de conservation ; tantôt on n'aperçoit de chaque côté de l'axe très charnu que des écailles cunéiformes, tantôt on les voit éperonnées en bas et prolongées en haut par une partie foliaire (voir PL. XII, FIG. 8) ; en se détachant, cette partie a laissé des écussons rhombes ou des lozanges caves formant la surface de véritables strobiles (FIG. 8 et 9). Avec les débris de ces cônes, on trouve épars des espèces de plateaux demi-circulaires (FIG. 10) paraissant en provenir ; ces plateaux portent l'empreinte d'un nombre variable de macrospores rondes. Au reste, il n'est pas rare de découvrir les pareilles entre les écailles du cône dont il s'agit.

A Rochebelle, ces épis strobiliformes de 0,30 de long sont sessiles et non pédonculés.

TRILETES, Reinsch.

Quelles sont les semences de Sigillaires ? Cette question est maintenant résolue par la constatation faite un grand nombre de fois de macrospores dans les cônes de Sigillaires. Elle était d'ailleurs à prévoir, car dans le Gard, avec tous leurs organes végétatifs rapprochés dans le même gisement, on ne trouve point de graines, au contraire on rencontre associés constamment des macrospores auxquelles, après MM. Reinsch et Kidston, j'applique le nom significatif de *Triletes*. Il faut se résoudre à l'admettre, on ne voit parmi les Sigillaires entassées presque à l'exclusion d'autres plantes au bas de la couche des Lavoirs, de la couche Michel, de la couche n° 3 de Gagnières, comme semences à leur rapporter, absolument que des macrospores, ou des corpuscules analogues, signalés comme *Flegmingites*, Carruthers, mais ce ne sont pas des sporanges.

Les macrospores ne sont naturellement pas toutes de même grandeur ou de même forme ; elles sont angulaires, ou rondes ressemblant à de petits disques frippés (PL. XII, FIG. 11) ; quelques-unes sont entourées d'une auréole qui dénote une enveloppe charnue ; il y en a qui sont ornementées de petites aspérités (Fontanes) ; j'en ai remarqué une pourvue d'une expansion équatoriale à stries rayonnantes. A Gagnières, on en trouve ressemblant à s'y méprendre à celles désignées par Göppert comme *Carpolithes coniformis* (*Abhandlung du Stein-kohlen*, p. 74, PL. VII, FIG. A et B).

Ces petites semences abondent à Fontanes, dans la houille de Sigillaires de Gagnières ; elles sont communes à la Carrière de l'Eglise, au Mazel, Grand'Combe, Rochebelle ; beaucoup dans le mur entrelacé de Stigmaria de la couche n° 2 de Cendras, Molières, galerie de Brissac.

SIGILLARIAE-CAMPTOPTAENIAE

Pour ne pas rompre les descriptions qui relient dans un tout complet les organes et parties intégrantes des Sigillaires, j'ai évité d'intercaler d'autres tiges qui n'ont avec ces fossiles qu'une ressemblance douteuse ; je veux dire des tiges qui se groupent de près ou de loin autour du *Sigillaria monostigma*, Lesq. et que j'ai cru devoir séparer autrefois sous le nom de Pseudo-Sigillaires.

Je n'ai constaté sur les cicatrices qu'un seul gros passage vasculaire, et le moule des tiges décortiquées ne présente pas les rangées de glandes simples ou géminées caractéristiques des Sigillaires. La formation subéreuse dessine des losanges dont les cicatrices occupent le sommet, et le moule des tiges est knorriiforme. Malgré l'attention que j'y ai prêtée, je n'ai pu découvrir une seule ramification des tiges, ni d'insertions raméales à l'occasion du singulier ralentissement de végétation qu'ont subi quelques tiges. De plus, ces fossiles, communs dans le Gard, se trouvent sans feuilles ni autres organes latéraux ; je n'en connais ni la base ni le sommet.

Cependant, il m'a été possible de déterminer les traits suivants de la constitution de ces tiges.

D'abord j'ai découvert dans un gore blanc, PL. IX, FIG. 5, des cicatrices analogues à celles du *Sig. monostigma*, avec des feuilles attachées semblables aux Sigillariophyllum.

Les empreintes des mêmes tiges se présentent sous des aspects différents, parce que l'écorce est formée de plusieurs couches souvent séparées. Je crois avoir constaté trois couches : 1° une couche épidermique unie avec cicatrices rhomboïdales presque à fleur de la surface, percées d'un seul et unique trou à la partie supérieure ; seule de l'écorce, cette couche externe est conservée à la Carrière de l'Eglise ; 2° une couche subéreuse (Fig. 4) formée de fibres allongées séparées par des cellules carrées, dessinant des losanges réguliers entre cicatrices saillantes ailées percées d'un trou central ; c'est par la cicatrice seulement que l'épiderme touche la couche subéreuse ; 3° une couche interne dont les éléments anatomiques sont orientés dans le sens transversal, avec des saillies simulant des tubercules foliiformes de *Knorria*, mais arrondis ou même renflés au bout et percés d'un ombilic. Il est probable que cette dernière forme est particulière aux tiges âgées et résulte, d'après l'échantillon Fig. 9, Pl. IX, de l'accroissement du liège que l'on voit latéralement former une couche de près de 0,01. Dans l'intérieur de quelques tiges, a persisté un axe vasculaire autrement strié que celui des Sigillaires.

Quelques tiges (Pl. IX, Fig. 7) présentent deux sortes de cicatrices foliaires, les unes normales 7 A et les autres transversales 7 B ; celles-ci, d'après un échantillon de Gagnières (Fig. 8), ont porté des feuilles écailleuses, sans côtes moyennes, bien que leurs cicatrices soient renflées au milieu (Fig. 7 B).

Mieux que ne l'indique la remarquable tige Pl. XXII, Fig. 1, les cicatrices transversales sont très rapprochées par rapport aux autres ; elles succèdent pour ainsi dire tout à coup aux cicatrices ordinaires inférieures, et passent par transition aux cicatrices ordinaires supérieures. De plus, la tige est légèrement contractée sur les zones de ralentissement de la végétation.

Les Sigillaria-Camptoptaenia sont nombreux ou fréquents au Martinet, à Bessèges, à Molières, à Saint-Jean, à Créal, à Fontanes, à Sainte-Barbe, à la couche des Lavoirs, à Gagnières.

Leur détermination spécifique est très difficile et l'on peut se demander si le groupe est divisible en espèces.

A ce sujet on peut remarquer que, dans le Gard, il revêt des dimensions beaucoup plus grandes qu'à la partie supérieure du terrain houiller moyen ; je ne suis jamais parvenu à découvrir sur les cicatrices trois points, comme M. Zeiller sur le *Sig. monostigma* du Pas-de-Calais, qui alors ne serait autre qu'un état de conservation particulier du *Sig. rimosa*, Gold. A Alais, il n'en est pas ainsi, et j'ai tout lieu de croire que le *Sig. monostigma* existe sans le *Sig. rimosa*.

Le groupe, qui paraît avoir son maximum de développement à la base du terrain houiller supérieur, comprend, dans les Cévennes, au moins trois espèces.

Sigillaria-Camp. monostigma, Lesq.

Cette espèce d'Amérique se trouve dans le Gard sous des formes identiques à celles par lesquelles Lesquereux nous l'a fait connaître. Wood l'avait décrite comme *Asolinus camptoptaenius*, et Brongniart en étiquetta certains échantillons d'Alais comme *Sig. tricuspis*.

Les Fig. 4 et 7, Pl. IX se rapportent, je crois, à cette espèce.

Distribution. — Montagne Sainte-Barbe (C. Velours, Minette et Cantelade), Grand'Combe (C. Pilhouze, des Lavoirs), Traquette, Fontanes (C. nos 3 et 4), Saint-Félix, Saint-Jean (commun), Col de Couze, Molières (puits Varin, c. Saint-Louis), Martinet (C. Sainte-Barbe), Créal (C. Saint-Emile), Bessèges (C. Saint-Yllide, Sainte-Mathéa, Saint-Emile, Saint-Félix, Sainte-Barbe, Trias), La Clède, Gagnières (C. nº 5).

A Portes (C. Canal), forme allongée.

Sigillaria-Camp. gracilenta.

Je ne crois plus que le raccourcissement périodique de végétation qui signale quelques tiges constitue un caractère spécifique (*dimorpha*), bien qu'il n'ait pas été constaté ailleurs que dans le Gard, et qu'ici on ne le rencontre pas dans les couches supérieures.

Mais j'estime qu'il faudrait être prévenu pour ne pas admettre dans les Fig. 6, Pl. IX, et Fig, 1, Pl. XXII les traits d'une espèce particulière, dans la petitesse relative des cicatrices combinée avec un dessin subéreux peu croisé sur la Fig. 1, Pl. XXII d'un échantillon de Trélys. L'épiderme paraît ici avoir été soudé à la couche subéreuse. Les angles latéraux des cicatrices sont peu développés. La Fig. 6 reproduit un échantillon de La Grand'Combe dont l'accroissement en diamètre a déchiré la couche subéreuse.

Sigillaria-Camp. Lepidendroides, n. sp.

Le spécimen de Saint-Jean, représenté Fig. 10, Pl. IX, ressemble à un Lepidodendron à la partie supérieure, mais il offre, à la base, des cicatrices écailleuses très rapprochées, comme les deux espèces précédentes, ce qui, avec un dessin subéreux analogue, mal indiqué sur la figure, m'a décidé à les leur rapprocher, quoique dans l'ensemble la tige de Saint-Jean soit bien différente.

Cette tige confine à des empreintes qui se rapportent aux *Dicranophyllum*.

ACANTHOPHYLLITES NICOLAI. n. sp.

J'ai découvert, à Molières et à Fontanes, la même plante fossile (Croquis C) (page 263), à ramification sympodique plus ou moins dissimulée par le rapprochement diffus des branches, mais accusée par un axe vasculaire a, a, a divisé par dichotomie. Les branches sont garnies d'épines rameuses c attachées un peu

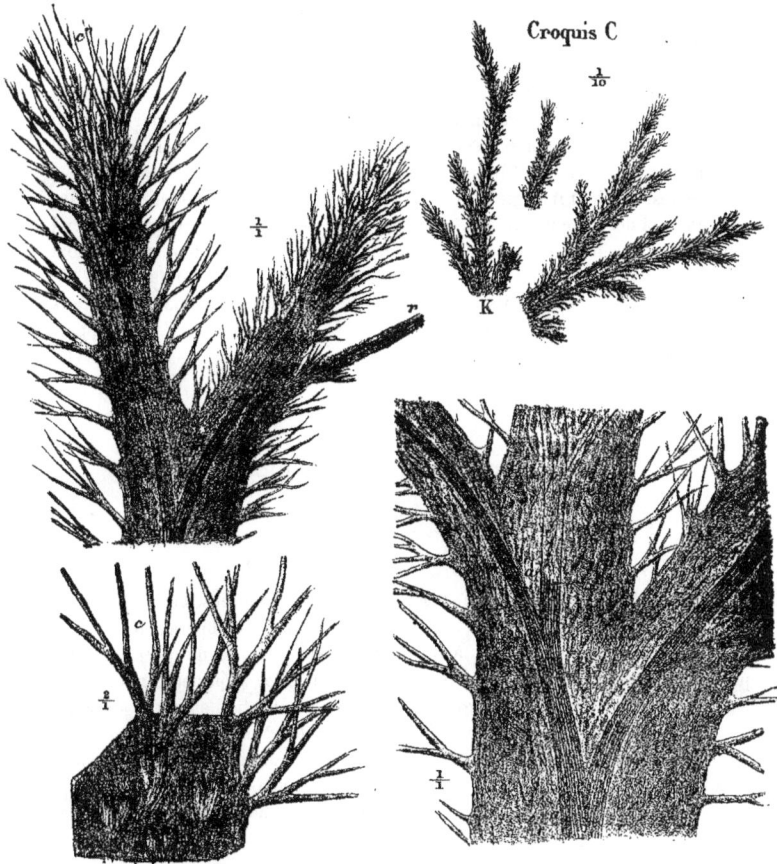

Croquis C

obliquement sur de faibles saillies de la surface à des cicatrices germinées c′. Les épines sont très pressées aux extrémités des branches qu'elles recouvrent (c″). A la surface de l'axe ligneux central on aperçoit la sortie des cordons vasculaires qui se rendaient aux appendices.

Les branches rameuses dont il s'agit m'ont paru diverger d'un centre (K).

Les appendices épineux ne sont pas ramenés et aplatis dans leur plan, et ces fossiles ont toute l'apparence de racines en place. On aurait donc encore là des tiges souterraines à épines ou feuilles épineuses tenant lieu de racines.

Et ce qu'il y a de remarquable, c'est que de certains rameaux paraissent sortir de longs rubans, dont on n'a pu donner que l'amorce *r*, parcourus par un petit axe vasculaire semblable à celui des branches. La surface de ces rubans est unie, ils ont sans doute joué le rôle de racines.

Les fossiles dont il s'agit sont fort délicats et assez mal conservés. Mais les caractères ci-dessus énumérés m'ont bien paru réels et constants sur un grand nombre d'échantillons examinés à plusieurs reprises avec d'autant plus de soin que les *Acanthophyllites* s'éloignent de tous les végétaux connus.

De quel arbre peuvent-ils bien être les racines ? J'avais d'abord pensé aux Camptotaeniae, mais les appendices épineux ramifiés repoussent tout rapport avec ces tiges aux feuilles aciculaires simples.

CLASSE DES FILICINÉES

Les fougères sont prodigieusement répandues, nombreuses et variées dans tout le bassin houiller du Gard (1), et leur appréciation, comparaison et détermination a été assez laborieuse, à raison du grand nombre d'espèces voisines qui représentent les genres récents du terrain houiller supérieur, notamment les Pecopteris. Presque tous les groupes, par la fructification ou par la structure anatomique du support, appartiennent à la famille des Marattiacées et quelques-uns aux Ophioglossées, sans les types aux sporanges annelés ou coiffés, isolés, terminaux ou groupés en sores du terrain houiller moyen.

Leur fructification n'est aucunement liée à la forme et à la nervation des

---

(1) On pourrait s'attendre à en trouver les rhizomes et les souches dans les forêts fossiles, mais celles-ci ne contiennent, en fait de tiges de fougères, que des *Psaronius*, et il est probable que, à l'époque houillère comme aujourd'hui, les fougères, recherchant les lieux sombres et humides, ne s'accommodaient pas des eaux courantes et préféraient les bords au fond des marécages.

frondes, et, bien que les Pécoptéridées soient abondamment fertiles, le moment n'est pas encore venu de les grouper d'après les règles de la méthode naturelle, d'autant plus que nos gisements silicifiés ont révélé des types étrangers au monde actuel des fougères. Les Névroptéridées, qui sont presque toujours stériles, ne sauraient d'ailleurs être groupées d'après ces règles.

La plupart des espèces se rangent parmi les Pécoptéridées et les Névroptéridées.

Plus que les autres fossiles, les feuilles de fougères ont échappé à l'altération des formes, et elles promettent des indications stratigraphiques d'autant meilleures que leurs traits sont très précis et qu'elles ont changé plusieurs fois de bas en haut du bassin des Cévennes.

A part les feuilles, les autres organes de fougères sont mal conservés. Les tiges sont très peu variées par rapport aux frondes, et elles se ressemblent toutes à la base, du moins dans l'état fossile ordinaire, car celles que l'on a trouvées silicifiées dénotent plusieurs genres et un certain nombre d'espèces. Mais, en général, les caractères différentiels de celles-ci échappent à toute appréciation, et les espèces fondées sur les empreintes de tiges correspondent à plusieurs espèces de feuilles, à l'inverse des Sigillaires.

Nous verrons que les fructifications sont, tout au moins dans quelques cas, plus variées que les frondes, et, sous ce rapport, les fougères paraissent se comporter comme les autres plantes carbonifères.

Malgré la précision du contour et la netteté de la nervation des feuilles, celles-ci, à cause des variations qu'elles éprouvent d'une partie à l'autre, sont assez difficiles à classer à l'état de fragments, ce qui arrive surtout lorsqu'elles sont ramifiées irrégulièrement et que leur forme est triangulaire. Seules les frondes subrectangulaires présentent des caractères assez constants, sauf cependant vers le sommet où, par exemple, les divers *Pecopteris* névroptéroïdes ressemblent assez, en général, au *Pecopteris oreopteridia*.

Seront décrites, en premier lieu, les fougères rares, qui sont comme le résidu de la flore du terrain houiller moyen, espèces non fructifères de genres en voie de disparition.

Les genres et groupes principaux seront examinés dans l'ordre suivant :

TRIBU DES SPHÉNOPTÉRIDÉES

Sphenopteris.
 — **Dicksonioïdes.**
 — **Névroptéroïdes.**
Pseudopecopteris.
Prepecopteris.

34

Pecopteris trigonoptéroïdes.
— Cyathéoïdes, Br.
— Névroptéroïdes, Br.
Goniopteris.
Pecopteris ataxioïdes.
Megaphytum.
Caulopteris.
Psaroniocaulon.
Psaronius.

Aulacopteris.
Myelopteris.
Parapecopteris.
Alethopteris.
Callipteridium.
Nevropteris.
Dictyopteris.
Odontopteris.
Taeniopteris.
Schizopteris.
Botryopteris.

TRIBU DES SPHÉNOPTÉRIDÉES

Cette tribu artificielle de fougères fossiles est incomplètement et imparfaitement représentée, dans les Cévennes, par de rares débris peu variés dans les couches moyennes et surtout inférieures.

Je signalerai, au sujet de leur détermination, une cause d'erreur dont on n'a pas, que je sache, encore tenu compte. C'est ce fait que, sur l'empreinte en creux, les dentelures sont exagérées, et, sur l'empreinte en relief, tout au moins émoussées sinon arrondies.

SPHENOPTERIS, Brong.

On connaît dans le terrain houiller moyen beaucoup de fougères avec fructifications d'*Hymenophyllum*, combinée à un limbe membraneux et déchiqueté également caractéristique de ce genre de fougères vivantes.

Sphenopteris quadridactylites, Gutbier, **dv.**

A Molières, à Cendras, à Sainte-Barbe (C. Portail), au Mas-de-Curé, cette espèce est représentée par une délicate fougère très analogue à celle connue sous ce nom, seulement avec des pennes alternes et non apposées et quelques légères différences, qui me paraissent être de l'ordre des variations ou tout au plus de celles qui séparent les espèces affines consécutives.

Sphenopteris Brongniarti, Stur.

Cette espèce d'un faciès particulier, avec ses pennes et pinnules oblongues, atténuées, contiguës, et ses pinnules profondément divisées à lobes crénelés, se trouve au Martinet, à Rochebelle, à Sainte-Barbe, rappelant les *Sph. formosa*, *Douvillei*, et aussi conforme que possible au *Sph. Brongniarti* de Dudweiler *(Flore de Schatzlar*, PL. LVII, FIG. 3).

Sphenopteris artemisiaefolioides, Crépin.

Cette espèce a été trouvée à La Grand'Combe (Ravin) ; elle a seulement, d'après M. Zeiller que j'ai consulté, les pinnules un peu moins espacées que dans les échantillons du Nord de la France, et la charpente un peu plus robuste; on en a trouvé une grande feuille avec rachis bifurqué.

SPHENOPTERIS DICKSONIOIDES, Schimper.

Ce groupe de Schimper comprend deux espèces communes dans le bassin d'Alais, mais de fructification différente ; la première apparaît au sommet du terrain houiller moyen et la seconde est propre au terrain houiller supérieur.

Sphenopteris chaerophylloides, Brong.

Cette espèce d'Alais, à limbe membraneux, nervures nettes, découpures profondes, partitions faiblement dentées, est susceptible de formes assez différentes dues au développement inégal des différentes parties de la fronde.

Distribution. — Bessèges (ravin des forges), Martinet (mur de Saint-Auguste), Sainte-Barbe (C. Portail), Broussous et Mas-de-Curé, Malataverne (Rouquet), Traquette, Cendras, Fontanes, Grand'Combe et Gagnières.

Sphenopteris cristata, Brong.

Cette espèce est des plus polymorphes. Aux sommets des frondes, les pinnules, presque contiguës et réunies par une expansion du rachis, sont infléchies et asymétriques par rapport à la nervure moyenne. Les pinnules de grande diminution (voir PL. III, *Flore de Commentry*), ne se trouvant pas dans les couches moyennes et inférieures avec les formes ordinaires, me paraissent constituer une variété, sinon une espèce affine.

Les sores sont situés au bout des nervures et répartis très irrégulièrement, tantôt rapprochés, tantôt isolés ; on les voit déprimés sur le dos des feuilles. Je n'ai pu discerner leur constitution qui pourrait bien être celle des *Discopteris* de M. Stur.

Distribution. — Pigère, Rieubert, Bessèges, Molières, Martinet, Sainte-Barbe (Couche Cantelade), Fontanes (non rare), Cendras, Portes ?

Sphenopteris submixta.

A Saint-Jean, à l'Affenadou, à Molières, à Rochebelle, à Sainte-Barbe, on rencontre une fougère à fructification dicksonioïde qui se place parmi les *Sph. mixta*, Lesq., *Brittsii*, Lesq., *Decheni*, Weiss, et qui a le facies du *Discopteris Karwiensis* ou du *Senftenbergia stipulosa* de M. Stur. M. Zeiller, à l'appréciation de qui je l'ai soumise, croit qu'elle constitue une espèce nouvelle avec la pinnule inférieure bipartite. Le défaut de précision des figures données par Lesquereux m'empêche de l'identifier à son *Sph. mixta*, dont elle se rapproche certainement. Dans le doute je la désigne sous le qualificatif de *submixta*, pour ne pas créer un autre nom. J'ajouterai qu'à l'Affenadou, et surtout à Fontanes, certaines pennes inférieures ne sont pas sans rappeler le *Sph. Goldenbergi*, Andrae.

SPHENOPTERIS-NEVROPTEROIDES, Zeiller.

Ce groupe si commun dans le terrain houiller moyen est à peine représenté aux environs d'Alais.

Sphenopteris irregulais, Stern.

A La Crouzette et à Portes (C. Sainte-Barbe), aussi au puits des Nonnes, fougère ayant des rapports avec le *Sph. obtusiloba*, Br., mais plus semblable au *Sph. irregularis*.

Mariopteris cordato-ovata, Weiss.

De même, le genre *Mariopteris*, à part un bout de penne de Martrimas comme en offre le *Mar. muricata*, PL. XXIII de la *Flore du bassin de Valenciennes*, est réduit à l'espèce susdite, telle qu'elle se présente en Amérique (*Flore de Pensylvanie*, PL. XXXVII, FIG. 4 et 5), mais avec des variations parallèles à celles du *Mar. muricata* de Schatzlar, dont elle a l'air de famille (*Flore de Schatzlar*, PL. XXI, XXII, XXIII) ; nervation analogue, pinnules lobées, névroptéroïdes à la base, bordant le rachis au sommet, beaucoup de rameaux nus, et si certaines parties se retrouvent dans le *Diplothmema Ribeyroni* (*Flore du bassin d'Autun*, PL. IX, FIG. 1), les grandes pinnules isolées et rétrécies à la

base imitent beaucoup mieux ce qui se passe dans l'espèce de Schatzlar (loc. cit.,
PL. XXI, FIG. 2), de manière à ne pas douter que l'espèce en question ne soit un
Mariopteris.

Distribution. — Saint-Jean, Le Gournier, Montbel, Recherche de Gagnières.

PSEUDOPECOPTERIS, Lesquereux.

Lesquereux a désigné sous ce nom générique des fougères qui ne rentrent
pas dans les *Sphenopteris* ni dans les *Pecopteris*, tout en participant des deux
types, tel est le cas du *Pecopteris Pluckeneti.*

Pecopteris Pluckeneti, Schloth.

Fougère très commune dans le Gard, où elle tient dans la flore une place
aussi importante que toutes les autres espèces de Sphénoptérides réunies.

Je ne décrirai pas cette espèce vulgaire, qui pourrait bien résumer plusieurs
espèces affines.

Distribution. — L'espèce type gît nombreuse à Gagnières et à La Grand'Combe, assez
nombreuse à Bessèges, Sainte-Barbe, Martrimas, Garde-Giral, Sallefermouse, Crouzille,
puits du Doulovy et de Chavagnac, Gachas, Rochoule, Feljas (C. n° 1), Saint-Jean (C. Michel
et Pommier), Montbel, recherches de Gagnières, Fontanes, Bois-Commun, Malataverne,
Mercoirol, Pradel, Ravin, Comberedonde, galerie de Brissac.

V. Tricarpa à petites pinnules trilobées ou quinquélobées, à lobes contractés
simulant des baies.

Saint-Jean, Sainte-Barbe, Ricard, Gagnières (C. n° 1).

V. Nummularia. — A Bessèges, à Montbel, à Lalle (C. Tri-de-Chaux), à
Crouzoule, on rencontre une fougère analogue au *P. Pluckeneti*, mais dont les
pinnules sont un peu rétrécies à la base, rappelant ainsi le *Sph. nummularia.*

Pecopteris Sterzeli, Zeiller.

Tandis que la *v. tricarpa* de *Pecopteris Pluckeneti* ne se trouve, dans le
Gard comme à Saint-Etienne, que dans les couches inférieures, une autre forme
alliée à cette espèce, à grandes pinnules planes, minces, pointillée d'*Exci-
pulites punctatus*, ne se présente que dans les couches supérieures où elle
ressemble d'une manière frappante au *Pecop. Sterzeli* de Commentry (*Flore
fossile*, PL. VI, FIG. 8), une espèce affine dérivée de la précédente ou indépendante que son auteur a lui-même reconnue dans un spécimen de Champclauson
(loc. cit., p. 191).

Crouzette, Grand'Combe, Gagnières.

Pecopteris Busqueti, Zeiller.

J'avais désigné sous le nom de *Pec. subnervosa* une fougère de Saint-Etienne que j'ai positivement retrouvée dans le Gard, à l'affleurement de la couche Salze, et à Portes (C. Jenny); elle ressemble au *Pecop. Busqueti*, Zeiller (Pl. IV, Fig. 6 et 8, *Flore de Commentry*), et comme je n'en ai pas publié de figure, le nom que je lui avais donné est à remplacer par ce dernier, en vertu de la convention intervenue entre les paléontologistes. Je n'ai pas trouvé la bifurcation ouverte Fig. 7, loc. cit., et j'ai lieu de croire que, dans l'espèce, elle est accidentelle.

Pecopteris erosa, Gutbier.

Cette curieuse espèce se présente dans le Gard exactement comme elle a été décrite et figurée par les Allemands et les Américains. On suppose que sa fructification est celle des *Corynepteris*; dans ce cas, le *Pecop. erosa* aurait sa place marquée près des *Botryopteris*. Je n'en ai trouvé aucun fragment fructifère.

Distribution. — Gagnières (C. n° 2), Saint-Jean (C. Pommier), Molières (non rare), Martinet, Mercoirol, Fontanes (nerf de la C. n° 4), Sainte-Barbe.

PREPECOPTERIS, Grand'Eury.

Ces fougères, à sporanges libres, n'ont pas la raideur ni la symétrie des Pécoptéris ordinaires, dont elles s'éloignent par un rachis grêle, un limbe mince et des nervures saillantes, espacées, sans forte nervure moyenne. Elles sont assez communes et variées dans le Gard. Modes de fructification : *Dactylotheca*, Zeil., *Senftenbergia*, Cord., *Crossotheca*, Zeil.

Pecopteris dentata, Brong.

Cette espèce du terrain houiller moyen se reconnaît assez facilement dans le Gard :

Distribution. — Au puits du Doulovy, Gachas, Les Viges, Figeirettes, Montbel, Bessèges, Lalle, Gagnières (C. n° 1), Feljas (C. n° 1), Saint-Jean (C. Pommier et Michel), Pradel, Broussous, Sainte-Barbe (C. Velours), Mas-de-Curé, Palmesalade, Grand'Combe (Ricard), Olympie, Bois-Commun, Crouzoule, Recherche de Gagnières.

Pecopteris Biotii, Brong.

Cette espèce, voisine de la précédente, s'en sépare par des pennes et pinnules plus menues et plus denses, par des pinnules plus allongées, infléchies et ondulées. M. Geinitz ne l'a pu confondre avec le *Pecop. dentata* qu'en considérant celui-ci comme un type linnéen ; elle en est évidemment distincte, comme espèce affine, et, à ce titre, doit être maintenue séparée.

Distribution. — Portes (C. Saint-Augustin et Sainte-Barbe), Mas-Andrieu (C. Terrenoire), Crouzette (C. Fontaine), Carrière de l'Eglise, Grand'Combe (Ravin), Gagnières ?

Pecopteris aequalis, Geinitz nec Brong.

Fougère dont le port est assez bien celui représenté Pl. CXVIII, Fig. 1 et 2 de l'*Histoire des végétaux fossiles*, à lobes égaux entiers, mais les nervures sont flexueuses, espacées, bifurquées, à angle très court, comme les a dessinées M. Geinitz, Pl. XXIX, Fig. 9, *Flore de la Saxe* ; limbe très mince, rachis grêle. Elle présente ces caractères réunis :

Au Mont des Pinèdes, à Fontanes, à Molières, au Bois-Commun.

Crossotheca aequabilis.

Le genre *Crossotheca* créé par M. Zeiller pour des fructifications de Sphénoptéris pécoptéroïde et que M. Kidston a reconnu dans un véritable Sphenopteris, est aussi attaché, quoique d'une manière un peu différente, à une sorte de *Pecopteris aequalis*, d'après plusieurs échantillons réunissant les pennes fertiles (Fig. 22) aux pennes stériles (Fig. 21, Pl. VI. Elles sont pendantes de chaque côté des pinnules complètement transformées, simulant des épaulettes (Fig. 22 B) ; elles paraissent soudées latéralement.

Pecopteris pennaeformis, Brong.

Il semble que, par son port, ses petites pinnules connées à la base, cette espèce ne puisse être confondue avec aucune autre ; mais les extrémités des *Pecop. abbreviata, Lamuriana* lui ressemblent tellement, au premier abord, qu'une méprise est facile à commettre, si bien qu'il me reste quelque doute sur l'identité spécifique des fougères dont le gisement suit :

Commun à Sainte-Barbe, à Couze, Martinet de Gagnières, Saint-Jean, Fontanes (C. nᵒ 1), Trouche.

TRIBU DES PÉCOPTÉRIDÉES

Les Pécoptéridées sont extrêmement abondantes dans les Cévennes et paraissent, comme dans la Loire, appartenir à peu près toutes aux Marattiacées. Leur fructification dénote plusieurs genres naturels : *Asterotheca, Scolecopteris, Ptychocarpus, Danaeites*, etc.

PECOPTERIS TRIGONOPTEROIDES

Les Pécoptéris à fronde triangulaire sont largement représentées dans les couches inférieures. Par suite de cette forme générale, les parties diffèrent sensiblement d'une région à l'autre des mêmes frondes. Les pinnules sont coriaces, atténuées, distantes quoique parfois réunies à la base, souvent crenelées.

Pecopteris Lamuriana, Heer.

Cette espèce est bien caractérisée : 1° par ses pinnules distantes, atténuées, lobulées sur les deux tiers inférieurs de la longueur ; 2° par un limbe coriace, poilu et à bord recourbé légèrement au-dessous. Vers les extrémités, les pinnules sont entières et soudées à la base. Je n'en connais pas l'état fructifère.

Distribution. — Nombreux et répandu à Sainte-Barbe, Fontanes, au puits Varin, Mas-Dieu, Arbousset, Molières, Bessèges (C. Saint-Félix, Saint-Emile, Saint-Augustin), Bois-Commun.

Martinet (C. Saint-Elise), Lalle, Rochebelle (C. n° 2), Saint-Jean (C. Pommier et Remise), Malataverne (Rouquet).

V. partita. — A Cendras et à Saint-Jean, on trouve des Pécoptéris analogues, mais à pinnules plus longues et plus grêles, atténuées, lobées presque jusqu'au bout et qui rappellent certaines modifications du *Pecop. ophiodermatica*, de Karwin (PL. XLIX, FIG. 1 et 2, *Flore de Schatzlar*). Mais, dans le Gard, les lobes sont plus ronds, et cette forme de pinnules pinnatifides est de celles dont paraît susceptible l'espèce en question.

Pecopteris abbreviata, Brong.

Fougères également très coriaces, à pinnules allongées plus larges, plus rapprochées, obtuses, crénelées jusqu'au bout, ce qui distingue avant tout cette espèce de la précédente. La FIG. 4, PL. XX en représente la forme ordinaire. Aux extrémités, les pinnules sont entières, distantes, soudées à la base et légèrement ascendantes. Les pennes sont atténuées aiguës, le rachis pointillé.

Ces fougères, dans le Gard, ne ressemblent pas de tous points à celles de la même espèce dans le Pas-de-Calais ; mais les différences entre les unes et les autres ne dépassent point les variations que peuvent subir les fougères polymorphes avec le temps, ou sous les moindres influences locales. Les formes du Gard se laissent, en tout cas, identifier aux figures de Brongniart, et la détermination ne laisse aucun doute. La fructification est celle des *Asterotheca*.

Cependant, au Martinet, il y a des fougères analogues, à pennes obtuses. Ce fait est une nouvelle preuve que la considération de l'ensemble de la fronde est parfois nécessaire pour le classement de certaines espèces de fougères.

Distribution. — En quantité à Gagnières, au Mazel, à Souhot ; nombreux à la galerie du Doulovy, galerie de Brissac ; fréquent à Sainte-Barbe (C. Cantelade), Pontil (C. du Pin). Martrimas, tête du tunnel de Saint-Paul-le-Jeune, Arbousset, Bessèges, Molières (P. Varin), Saint-Jean, Mas-Dieu, Laval, Ricard (Coll. de l'Ecole des Mines de Paris), Affenadou Fontanes, Rochebelle (C. n° 4).

Pecopteris Miltoni, Artis.

Par un limbe mince et plane, par des pinnules variables, ondulées comme celle du *Pec. abbreviata*, auquel plusieurs auteurs la réunissent, mais espacées à lobes plus rapidement décroissants ; par le rétrécissement à la base des pinnules qui se subdivisent, cette espèce est, au Gournier-d'Auzonnet, conforme à la Fig. 1, Pl. 27, de Germar, laquelle, d'après M. Kidston, représente exactement l'espèce d'Angleterre.

Distribution. — Commune à Bessèges (C. Sainte-Barbe), Martinet, Montagne Sainte-Barbe (C. Minette), Molières, Lalle, Sallefermouse.

Pecopteris Platoni, Gr.

Par un plus grand éloignement des pinnules plus étroites et atténuées, attachées par une base élargie un peu décurrente, et surtout par une terminaison tronquée des pennes (Pl. XX, Fig. 2), par la subdivision des pinnules en lobes assez larges, aigus, décurrents, cette espèce de Pécoptéris triangulaire se distingue de toutes les autres, en outre, par un facies tout particulier ; la côte moyenne des pinnules est saillante, les nervures bifurquées assez rares sont peu marquées sur un limbe qui ne paraît cependant pas avoir été bien coriace. La Fig. 3 représente l'état fructifère ; les synangium, faisant corps avec la feuille, ont la forme générale d'une pyramide quadrangulaire surbaissée, chacun d'eux résultant de la soudure intime des capsules, au nombre de 4 ou 5 (Fig. 3 A). Souvent on ne distingue pas les lignes de suture des capsules. M. Zeiller a figuré (Pl. IX, Fig. 1 et 1 A, *Bull. Société géologique*, 3° série, t. XIII) des pinnules composées à deux rangées de synangium de chaque côté de la nervure moyenne.

Distribution. — Fréquent à La Grand'Combe. Cette espèce paraît aussi exister à Fontanes, à Olympie, à Gagnières.

Pecopteris truncata, Germar.

A Cendras, à Gagnières et peut-être aussi à La Grand'Combe, existent des Pécoptéris à terminaison très obtuses, à pinnules distantes, courtes et arrondies, comparables par l'ensemble des formes au *Pecop. truncata* de Germar et par la terminaison tronquée au *Pecop. rugosa* de Lesquereux. Les pinnules sont plus amples à Gagnières qu'à Cendras. Les Fig. 1 et 1 A, Pl. XX en représentent la fructification qui est conforme à celle de l'espèce de Germar, au point de ne

35

pouvoir douter de l'identité spécifique; les capsules remplaçant le limbe sont solidement soudées entre elles ; elles sont au nombre de 5, 6 ou 7.

PECOPTERIS CYATHEOIDES, Brong.

Ces fougères, à contour subrectangulaire et à capsules soudées en synangium, sont à la fois variées, répandues et abondantes.

Pecopteris arborescens, Brong.

La fougère la plus caractéristique du groupe est le *Pecop. arborescens*, dont le type a été si bien illustré par Brongniart et Germar. En élargissant le cadre de cette espèce, et y comprenant le *Pec. Schlotheimii*, M. Geinitz en a fait un type dépourvu d'unité. Il n'est même pas certain que l'ancien *P. arborescens*, irréductible à l'état fossile, constitue une seule espèce, celui-ci portant à Lalle des capsules pendantes rabattues suivant la longueur des pinnules, comme dans le *P. fertilis*, Gr., et une fougère de forme analogue de La Crouzille des capsules formant pinceaux rabattus invariablement la pointe sur la côte moyenne, ce qui suppose tout au moins des sores convergents sous cette côte. Quant au *Pec. Schlotheimii*, il est caractérisé par des synangium écrasés sur la feuille, comme je les ai figurés *(Flore carbonifère*, Pl. VIII, Fig. 6). Les trois aspects fructifères sont exagérés sur le croquis D, pour faire ressortir les différences que présentent, sous le rapport de la fructification, des fougères qu'il est parfois assez difficile de distinguer d'après la forme et les découpures des frondes. Cet exemple montre combien on est exposé à faire erreur lorsqu'on veut trop réduire le nombre des espèces. Il nous invite, en tout cas, à séparer le *Pecop. Schlotheimii* du *Pecop. arborescens*. Celui-ci, d'aspect robuste, à pennes rapprochées et pinnules tronquées, courtes et égales, abonde dans les couches inférieures et moyennes, et l'autre le remplace, en grande partie, dans les couches supérieures. Leur fructification les éloigne même plus que deux espèces affines succédanées.

Croquis D

Distribution. — Nombreux à La Crouzille, au Souterrain, puits du Doulovy, sur La Gagnières, Gachas, La Clède, Mas-Bleu, Lalle, Bessèges (C. Sainte-Barbe, Saint-Auguste, etc.), Saint-Jean (C. Pommier, etc.), Feljas (C. nᵒˢ 1 et 2), Sainte-Barbe (C. Cantelade, Velours, etc.), Broussous, Puits des Oules, Portes (C. Jenny), puits du Doulovy.

Plus ou moins à Martrimas, Garde-Giral, Pigère, Rieubert, puits de Chavagnac, Gagnières, mur de la couche supérieure des Viges, Fontanes (C. de 6 mètres), Bois-Commun Traquette, Grand'Combe, Frayssinet, Devès, Palmesalade, Pradel, Comberedonde, Olympie. Peu à Molières.

Recherche Durand, aux Chamades, Sondage de Ricard (713 mètres), Trépeloup, galerie de la Romaine, Péreyrol, mont des Pinèdes, schistes) stériles à Lalle et sur le Doulovy).

Pecopteris Schlotheimii, Göppert.

Dans les couches supérieures, le *Pecop. arborescens* est remplacé par des fougères moins rigides, moins denses et moins coriaces, ayant l'aspect lâche du *Pec. aspidioides*, à pinnules moins égales, moins tronquées, limbe plus mince, nervules un peu ascendantes, différences qui n'ont pas échappé à la perspicacité de plusieurs paléontologistes, bref, par un ensemble de caractères qui, même sans la considération des sores, suffit et au-delà pour légitimer l'espèce de Göppert (*Fossile flora der Permischen formation*, PL. XV, FIG. 1 et PL. XVI, FIG. 1), à laquelle ressemble beaucoup comme facies général le *P. tenuinervis* de Fontaine et White.

Distribution. — Nombreux à Portes et à Champclauson, notamment à La Crouzette et à la couche des Lavoirs (C. Rouvière maigre), à La Grand'Combe (C. Grand'Baume).

Pecopteris Cyathea, Brong.

Cette espèce de Saint-Etienne est des plus faciles à reconnaître.

Distribution. — En quantité au toit de la C. de Champclauson, au Chauvel, à Portes (C. Rouvière et C. Blachères).

Nombreux au Mas-Andrieu, C. Saint-Augustin, C. de la Forge (Vallat de l'Auzonnet), C. Salze, C. Sainte-Barbe et C. Terrenoire, Carrière de l'Eglise, Mont des Pinèdes, Carrière Ricard, Puits des Oules.

Affenadou, Trémont.

Pecopteris pumila, ac.

Fougères à plus petites pinnules, plus minces, plus délicates, que je ne suis pas parvenu à trouver à l'état fructifère, tandis que l'espèce précédente est en général recouverte de synangium d'*Asterotheca*, et qui me paraît constituer tout au moins une espèce affine ancestrale du *P. Cyathea.*

Martrimas, Puits du Doulovy, Pioulière, Montbel, Lalle (C. Tri-de-Chaux), Bessèges (C. Saint-Auguste), Sainte-Barbe (C. Cantelade), Olympie, Recherche de Gagnières.

Pecopteris gracillima, n. sp.

Fougères menues participant des *Pecop. arborescens* et *Cyathea*, mais différentes de l'un et de l'autre par de petites pinnules courtes, grêles, distantes, par des pennes également distantes attachées à des rachis proportionnellement forts ; du reste, les fructifications ne sont pas les mêmes. Je ne puis savoir, M. Heer n'en ayant donné aucune figure, si son *Pec. pulchra* (Petit-Cœur), à pinnules plus courtes, plus étroites et plus distancées que celles du *P. arborescens*, est analogue ou identique à notre espèce représentée FIG. 2, PL. VI.

Distribution. — Nombreux à la carrière de Ricard, à Trépeloup (dressant), Trouche, au bas du plan des Pinèdes, Palmesalade, Cendras, Saint-Jean, Feljas, Figeirettes, Gachas (conglomérat supérieur), couches supérieures de Lalle, Recherche de Durand, Recherche de Gagnières, Crouzoule.

Pecopteris hemitelioides, Brong.

Cette espèce est facile à distinguer à ses longues pinnules et à ses nervules simples.

Distribution. — Portes (C. Saint-Augustin), Mas-Andrieu, Chauvel (C. Rouvière, C. Salze), à l'Ouest de Portes, à La Crouzette (C. Fontaine), C. de la Forge, Ravin et Mas-de-Comberedonde.

V. — Une forme trompeuse à nervules plus obliques se présente dans le conglomérat supérieur de Lalle.

Pecopteris Candolleana, Brong.

Cette espèce du Gard, à feuilles distantes, abonde sous deux formes qui pourraient bien appartenir à deux espèces affines, celle à pinnules ascendantes et névroptéroïdes de Brongniart et celle à pinnules moins larges, perpendiculaires au rachis, de Germas et Geinitz ; ces dernières règnent dans les couches inférieures. D'après un échantillon fructifère du Cros, les capsules sont très inégales ; celles extérieures apparaissent presque seules, étalées sur les ailes de la pinnule.

Distribution. — Commun aux Brousses, Cendras.
Bessèges, au Cros, au Souterrain, puits du Doulovy, Montbel, Lalle, Fontanieux, Saint-Jean, Gagnières, Bois-Commun, puits des Bartres, Malataverne, Olympie, Luminières, Pradel, galeries de la Destourbes et de la Romaine, Grange de Comberedonde, Trémont, puits Siméon, Grand'Combe.
Type de Brongniart : Molières, Martinet, Fontanes, Pontil, Recherches de Gagnières.
Type de Geinitz : à Traquette (nombreux), à La Croix-des-Vents, Fernet, Bordezac, Garde-Giral, Feljas, Vallat des Plôts, Tavernoles, Recherche de Durand.
Avec pinnules plus grandes, plus espacées, se lobulant à la base, au Bois-Commun, au Martinet, à Bessèges.

PECOPTERIS NEVROPTEROIDES, Brong.

Ce groupe des plus nombreux, à sporanges effilés pendant sous les feuilles, se lie au précédent par l'espèce suivante.

Pecopteris Röhlii, Stur, cf.

Aux environs d'Alais, on rencontre des Pécoptéris à pinnules également espacées, mais plus courtes et plus larges que dans l'espèce précédente, réellement névroptéroïdes, parfois connées à la base comme les pinnules non crénelées du *Pecopteris abbreviata*, mais rappelant les *Pecop. Volkmanni*, Sauv., *Lippeana* ou plutôt *Röhlii* de Stur, *Defrancei* ou plutôt *Buchlandi* de Brongniart. Par le port, quelques-uns sont assez analogues au *Pecop. Röhlii* de Carlin (PL. LXII, FIG. 3, *Flore de Schatzlar*), pour me décider à en énumérer les gisements sous ce qualificatif, mais non sans conserver quelque doute sur l'identité spécifique de toutes les formes qui m'ont paru se lier de loin ou de près à cette espèce.

Distribution. — Fontanes,, Rochebelle, Sainte-Barbe, Saint-Jean, Couze, Martinet, Bessèges, Lalle, puits des Bartres, lieux où cette fougère n'est pas rare.

Du côté de Portes, je ne connais qu'un seul échantillon de la couche Rouvière grasse qui appartienne à ce type.

Pecopteris oreopteridia, Brong.

Cette espèce du Gard et de la Dordogne est assez facile à distinguer, mais en petits fragments on est exposé à lui confondre certaines portions incomplètement développées des autres espèces de Pécoptéris névroptéroïdes.

Distribution. — Traquette, Bois-Commun, Cendras, Fontanes, Sainte-Barbe, Saint-Jean (nombreux), Molières, Couze, Crouzoule, Devès, Champclauson, Bessèges (C. n° 12), Gachas, Recherche de Gagnières, Lalle, Montbel, Sallefermouse, Crouzille.

Pecopteris polymorpha, Brong.

Cette espèce d'Alais gît presque partout.

Distribution. — Nombreux au Martinet, à Bessèges, Molières (C. Sainte-Clémentine, Saint-Louis), à Saint-Jean (C. Michel et Montfrin), à Sainte-Barbe (C. Velours et Cantelade), aux Figeirettes, à Fontanes, à Rochebelle, à la tranchée de Gagnières, à La Grand'Combe, (Trouche).

Presque rare : à Champclauson, Portes (C. Jenny), Devès.

Pradel, Recherche Durand, Recherche de Gagnières, Lalle.

Avec pinnules particulièrement grandes à Bessèges (C. Saint-Félix), Molières, Fontanes ; avec pinnules relativement petites, à La Grand'Combe ; état fructifère avec capsules de 8 m/m de long, à Fontanieux.

Pecopteris pteroides, Brong.

Cette espèce qui parfois n'est pas sans ressembler à la précédente s'en distingue cependant facilement à première vue par un limbe plan et des pinnules plus larges à nervures ascendantes plus divisées.

Distribution.— En quantité à Saint-Jean, à L'Arbousset, au Bois-Commun, à Bessèges, Molières, Rochebelle.

Nombreux à Lalle, Montbel, Sainte-Barbe, Fontanes, Puits Saint-Germain, Malataverne, Gagnières.

Encore à Rochebelle (C. n° 3), Cendras (C. 1 et 3), Molières (C. Saint-Louis), Crouzoule (C. Sans-Nom), Galerie du Doulovy, Portes (C. Salze), Champclauson (C. des Lavoirs), Ricard.

V. Crenulata, avec grandes pinnules distantes plus ou moins lobées.

A Lalle et Bessèges (non rare), puits de L'Arbousset, puits Varin, Fontanieux, Fontanes, Bois-Commun, Malataverne, Sainte-Barbe (C. Sans-Nom).

GONIOPTERIS, Presl.

Les *Pecopteris unita* et *arguta*, rapprochés, de l'avis de M. Stur, par le *Pec. emarginata*, forment un groupe naturel (*Diplazites* de Göppert) par la soudure des pinnules et leurs nervures simples qui se rejoignent à la jonction des pinnules.

Pecopteris unita, Brong.

Cette espèce est une des plus répandues ou persistantes, mais peut-être est-ce une espèce multiple plutôt qu'une espèce irréductible, car si elle ne change pas sensiblement de forme, sa fructification ne se présente pas partout de la même manière, soit parce qu'elle est diversement conservée, soit parce qu'elle est réellement différente. Il est d'abord à présumer que le *Pec. emarginata* avec la côte moyenne des pinnules perpendiculaire au rachis est à séparer du *Pecop. unita* où cette côte est toujours décurrente et dont, au dire de M. Stur, la fructification n'est pas la même. Les sporanges cylindriques sont soudés sur toute leur longueur au nombre de 6 à 8, et comme en général les synangium sont couchés sur le limbe et striés, Weiss en a fait l'objet de son genre *Ptychocarpus*. J'en ai autrefois dessiné (PL. VIII, FIG. 12, *Flore carbonifère*) l'état ordinaire le mieux conservé. Je donne aujourd'hui FIG. 1, PL. V la photogravure d'un échantillon fructifère mieux conservé que tous ceux reproduits jusqu'à présent ; et dont il diffère par des synangium contigus apiculés au lieu d'être déprimés (PL. VI, FIG. 24), et pénétrant dans le tissu de la feuille par des alvéoles hexagones (FIG. 1, PL. V). Il y a là les signes d'une espèce distincte, et peut-être que comme le *Pec. arborescens* de même le *Pec. unita* a plus varié par la fructification que par le limbe. C'est en tout cas une espèce linnéenne et son extension et sa longue durée dans les deux mondes n'ont rien qui doive étonner.

Distribution. — Beaucoup à La Crouzette, à Cessous, C. Rouvière maigre ;
Nombreux à Cendras (La Royale), à Fontanes, Sainte-Barbe (dressant Sans-Nom), Arbousset, Fontanieux, Molières, Saint-Jean, à Lalle (c. n° 12), aux Houlettes, Couche des Lavoirs, Gagnières (Bouziges et C. n° 5), aux Figeirettes ;
En outre, au Martinet (C. Saint-Félix), Bessèges (C. n° 13 et 14), Rochebelle, Bois-Commun (C. n° 6), Mas-Dieu, Mas-de-Curé, Olympie, Couche Salze, Portes (C. Blachères), Mas-Andrieu, Montbel, Recherche de Gagnières, Gachas, puits de Chavagnac, Sallefermouse, Martrimas, au Gournier (avec des pinnules plus grandes et plus libres).

Pecopteris arguta. Brong.

Cette espèce est également multiple si on lui réunit le *Felicites fœminæformis* et le *Pecop. elegans* ; ce dernier en est tenu séparé par Schimper et Zeiller.

Distribution. — Nombreux à la Caserne Antoine, à la Carrière de l'Eglise.

Portes (C. Blachères, puits Siméon), Chauvel (C. Rouvière et schistes supérieurs) ; entre le Mont des Pinèdes et La Crouzette, Devès, Trescol (toit C. Pilhouze), Malataverne, Rochebelle, Saint-Jean (C. Pommier).

V. fœminæformis, avec pinnules plus larges, espacées et dentelées, à Martrimas, Gachas, Bordezac.

DIVERS

Nous n'avons pas encore épuisé la liste des Pécoptéris, il en reste quelquesuns à signaler et je suis convaincu que des recherches attentives en feront découvrir d'autres.

Hawlea stellata.

Je représente, PL. VI, fig, 23, un Pécoptéris à pinnules oblongues, délicates, presque contiguës, recouvertes de sores à capsules rayonnantes non soudées, paraissant être au nombre de 12, mais les capsules étalées (fig. 23ᵃ) sont ouvertes en longueur comme celles des *Hawlea,* d'après M. Stur, et leur nombre réel est de cinq à six.

Pecopteris attenuata.

A Fontanes existe un Pécoptéris à pennes lentememt atténuées et l'on peut dire effilées, limbe et pinnules minces et planes, pinnules oblongues très obtuses, parcourues de nervures subperpendiculaires peu visibles et indices de fructification dans le mode des *Hawlea.*

Pecopteris Reichiana, Göppert.

On a trouvé, à Molières, Gournier, Martinet, Bessèges, recherches de Gagnières et à différents niveaux dans les schistes stériles, une fougère qui, d'ensemble, paraît se rapporter au *Pecop. Cistii,* avec ses rachis grêles, ses pennes courtes et obtuses, ses pinnules égales adnées à la base et parcourues de nervures espacées dichotomes peu nettes ; mais leur disposition n'est pas celle de cette espèce que MM. Lesquereux et Kidston n'ont pu retrouver en Amérique et en Angleterre. Peut-être est-elle de celles qui, étant mal figurées, font désirer vivement à M. Crépin que désormais les fossiles soient reproduits par la photogravure.

Après être resté quelque temps dans cette indécision, j'ai reconnu la fougère en question dans le *Pecop. Reichiana (die Gattungen der fossilen Pflanzen,* PL. XVI, fig. 1, p. 80), une espèce de Zwickaw à pennes courtes, pinnules se touchant et même un peu connées à la base, que, du reste, Göppert, son auteur, a rapproché du *Pecop. Cistii.*

Pecopteris ellipticifolia, n. sp.

Cette espèce présente un double intérêt ; elle est caractéristique de l'étage de Bessèges et ses pinnules fertiles sont plus grandes et espacées, ce semble, que les pinnules stériles, petites, ovales, planes, d'un aspect tout particulier, non contiguës, plutôt rétrécies que dilatées à la base jusqu'au sommet des pennes ; nervures bifurquées peu ascendantes. Les sporanges, groupés en *Asterotheca*, ne sont presque pas soudés.

Distribution. — Cendras, Fontanes, Col de Couze, Saint-Jean, Molières, Lalle, Martinet, et, aussi, je crois, à Bessèges (C. Saint-Auguste), Sainte-Barbe, Bois-Commun, Montbel.

Pecopteris discreta, Weiss.

Après avoir comparé une autre fougère de l'étage de Bessèges au *Pecop. integra*, Germ., je la crois maintenant identique au *Pecop. discreta*, Weiss (*Zeitsch. de Deut, geol. Gesellschaft*, 4 liv. de 1870, p. 872, Pl. 20, fig. 1 et 2) de la partie supérieure de la formation houillère moyenne de Sarrebruck, dont elle a le faciès et à laquelle elle ressemble par ses pinnules décurrentes, par une nervure moyenne peu marquée, des nervules ascendantes partant de la nervure moyenne et du rachis, et cela quoique dans le Gard les pinnules soient plus petites que sur la Sarre. La nervation ne justifie pas le rattachement de cette espèce au genre *Callipteris*, elle est plus analogue à celle de certains *Odontopteris*. M. Zeiller, à qui je l'ai soumise, trouve que comme ensemble et comme détail de la nervation, elle diffère peu du *Pecop. integra*, beaucoup moins en tout cas que du *Pecop. obliqua* auquel, à part la pinnule terminale, elle ressemble aussi, mais qui est un *Nevropteris*.

Distribution. — Fontanes, Molières (puits Varin), Lalle (assez fréquent), Rochebelle (C. n° 3), Brousses (Coll. E. Dumas), Recherche de Gagnières.

RACHIS ET TIGES

Les rachis trouvés avec les *Pecopteris* ne dépassent pas les dimensions des cicatrices de *Caulopteris* ; j'en ai cependant vu un à Saint-Jean qui avait 0^m,15 de large.

Les tiges gisant avec les Pécoptéris sont beaucoup moins variées qu'eux, ai-je déjà dit page 265.

MEGAPHYTUM, Artis.

Ce genre du terrain houiller moyen a quatre à cinq représentants dans l'étage inférieur des Cévennes.

Megaphytum M'Layi, Lesq.

D'après d'anciennes notes de voyage, cette espèce existerait à Molières.

Megaphytum insigne, Lesq.

La FIG. 1, PL. XVIII, représente un Megaphytum de Saint-Jean, à grandes cicatrices conformes à celles trouvées isolées du *Caulopteris insignis* (PL. 49, *Geological Survey of Illinois*), sauf en ce qui concerne les traces vasculaires latérales ; toutefois la différence qui en résulte paraît tenir à ce que notre échantillon est mieux conservé que celui d'Amérique ; les terminaisons enroulées de ces traces sont renflées. Dans l'échantillon, on voit des radicelles glisser sous l'épiderme et des draperies vasculaires charbonneuses se diriger de l'intérieur aux cicatrices des feuilles.

Megaphytum didymogramma, n. sp.

A Gagnières, M. Astier a découvert au toit de la couche n° 5 un Mégaphytum remarquable (PL. XVIII, FIG. 2) par le dessin que forme la grande cicatrice vasculaire, dédoublée par la descente jusqu'à la base de la dépression supérieure en forme de nez, par suite d'un phénomène analogue à celui qui se produit dans les courbes d'intersection de surfaces, lorsqu'elles se dédoublent, si bien que le cas d'une courbe à nœud me paraît dans l'ordre des choses possibles. Chaque compartiment de la double courbe d'intersection renferme une ou deux cicatricules. La surface entière de la tige est marquée de lenticelles ; des radicules descendent sous l'épiderme de l'échantillon représenté et l'on voit dans l'intérieur de la tige des faisceaux vasculaires se diriger et aboutir aux lignes dont nous venons de parler. Empreinte analogue quoique incomplète à la bacnure de Brissac (C. de 0^m,75).

Megaphytum anomalum.

La PL. XVIII, FIG. 3, représente une tige de Molières à larges cicatrices très raccourcies dans le sens de la hauteur, d'un contour peu précis, mais présentant, à l'intérieur de la courbe fermée, une trace vasculaire ouverte en haut et à bords enroulés et épaissis aux extrémités, qui ferait douter que nous eussions affaire à un Megaphytum, si, sur l'empreinte d'une face de la tige, les cicatrices formaient plus d'une série.

Megaphytum provinciale.

Au Mazel et à Gagnières, on trouve de petites tiges de fougères striées à la surface par des radicules et portant deux rangées de cicatrices à contour vague ; l'écorce est privée de son épiderme, comme dans les *Ptychopteris*.

36

CAULOPTERIS, Lindley et Hutton.

On sait aujourd'hui que les Cauloptéris à cicatrices pétiolaires si nettement délimitées ont pour objet l'écorce extérieure des tiges de fougères du monde primitif. Or, par suite d'une organisation comportant la descente des radicelle-entre l'écorce externe et le cylindre vasculaire, cette écorce repoussée s'est généralement détachée même déjà du vivant de la plante. Il en est résulté qu'étant délicate, l'écorce superficielle a été mise en lambeaux ou a été détruite. Cela explique la rareté des empreintes de *Caulopteris* vis-à-vis de l'abondance des *Ptychopteris* qui représentent l'empreinte charbonneuse de la surface extérieure du système vasculaire des tiges.

En outre du *Caul. endorhiza* Gr. et de ceux de Commentry offrant cette organisation, je signalerai une écorce des Brousses formée, comme le *Caul. minor* Pl. XVIII, Fig. 4, de deux couches : l'une épidermique ornée de cicatrices nettes analogues, quoique plus petites, à celles du *Caul. peltigera*, et l'autre striée par des radicelles et à la surface de laquelle on aperçoit le contour vague de cicatrices confluentes rappelant celles du *Ptych. macrodiscus*, comme d'ailleurs aussi les cicatrices sous-corticales du *C. minor*, en sorte que le *Ptychopteris macrodiscus* apparaît déjà comme un état fossile commun à plusieurs espèces de *Caulopteris*.

Ceux-ci sont assez variés et communs dans le Gard, mais généralement très frustes. Il y en a certainement plusieurs espèces à Saint-Jean ; il s'en trouve à La Grand'Combe à petites cicatrices et il m'a bien semblé avoir remarqué le *C. neomorpha* à Fontanes. A Bessèges on en a exhumé de très considérables qui dénotent des tiges de plus de $0^m,50$ de diamètre.

Quelques-uns seulement se sont montrés susceptibles d'une détermination spécifique exacte.

L'une des espèces les plus caractéristiques du genre, et la plus grande, est la suivante.

Caulopteris peltigera, Brong.

Cette espèce du Gard n'est pas si bien définie qu'on ne lui ait, je crois, rapporté des tiges assez différentes, et ce n'est même pas sans quelque doute que je lui rattache l'échantillon Fig. 1, Pl. IX de la collection de E. Dumas, qui représente un état de conservation beaucoup plus parfaite que les spécimens illustrés par Brongniart.

Rencontrée à Bessèges (C. Saint-Yllide, Sainte-Mathéa) pour la première fois, cette espèce a été trouvée à Molières (C. Sainte-Clémentine), aux Brousses, au Martinet (C. Saint-Auguste), à Saint-Jean (C. Pommier), à Fontanes (4ᵉ couche), aux puits du Doulovy et de Chavagnac, à Ricard (Ecole des Mines de Paris).

Caulopteris minor, Schimper.

Pl. XVIII, Fig. 4, est figuré un Cauloptéris démontrant que l'ellipse interne des cicatrices est une trace vasculaire et que le V central est situé à la partie supérieure des cicatrices et renversé. Des radicelles nombreuses descendent entre les cicatrices pétiolaires en dedans de l'écorce superficielle.

Caulopteris confluens.

Espèce des Tavernoles, à cicatrices placées au même niveau d'une rangée longitudinale à l'autre, et confluentes l'une au-dessus de l'autre, avec un arc interne profondément recourbé ; grosses verrues entre les cicatrices foliaires.

Caulopteris transitiva.

M. Bardon a découvert à Trélys une tige de fougère présentant ceci de particulier que le circuit vasculaire ordinairement fermé s'ouvre comme pour livrer passage à l'arc interne, lorsque celui-ci s'en est rapproché au point de le toucher ; mais alors l'arc disparaît, ce qui prouve bien, comme l'a expliqué M. Zeiller, qu'il dérive en ce point, par voie d'anastomose, du faisceau annulaire. Sous ce rapport, la tige du Gard se comporte comme le *Caul. varians* de Commentry.

Protopteris cebennensis, n. sp.

J'ai trouvé à La Grand'Combe (Trouche, couche Grand'Baume), un véritable *Protopteris* (Pl. IX, Fig. 2) à contours de cicatrice peu indiqués, mais, par compensation, avec une trace vasculaire d'une netteté rare dans ces fossiles. La Fig. 2 me dispense d'une description.

PTYCHOPTERIS, Corda.

Il est maintenant bien établi que ces fossiles représentent les tiges de fougère dépouillées de leur écorce superficielle, c'est-à-dire la surface celluloso-fibreuse du corps vasculaire, recouverte de radicelles intercorticales que l'on voit sortir de cette surface entre les rangées verticales de cicatrices foliaires. Les radicelles descendent parallèlement ou à peu près parallèlement, plongées dans un tissu cellulaire conjonctif compris entre le cylindre vasculaire et l'écorce extérieure. Cette organisation n'est pas particulière aux Cauloptéris ; nous l'avons signalée dans les Mégaphytum ; elle paraît propre à toutes les tiges de fougère du monde primitif, et être de l'ordre physiologique, sans valeur taxonomique.

Quoi qu'il en soit, les *Ptychopteris* sont des empreintes caulinaires striées par des radicelles soudées recouvrant un moule où se reconnaissent, quoique déformées, étirées et espacées par l'élongation, les cicatrices de Cauloptéris par leurs traces vasculaires sur l'enveloppe sclérenchymateuse du cylindre ligneux, Seulement ces traces sont souvent peu nettes et les *Ptychopteris* ne sont pas susceptibles d'une détermination aussi rigoureuse que les écorces.

Ptychopteris macrodiscus, Brong. gn.

Les tiges, qu'on est obligé de rapporter à cette espèce, ont des cicatrices de dimension, de forme et de structure assez différentes, mais qui, à défaut de netteté, ne sauraient servir à les distinguer en espèces correspondant à celles de Cauloptéris ; c'est pourquoi j'ai affecté l'espèce en question du signe *gn*, pour indiquer qu'elle personnifie plusieurs espèces de tiges et peut-être même plusieurs genres de Pécoptéris. Aussi se présente-t-elle à tous les niveaux.

Distribution. — Nombreux à Saint-Jean, Molières, Gagnières, Champclauson (C. Fontaine), Portes.

A Trélys, Martinet, Lalle, Bessèges (C. Saint-Auguste, Sainte-Yllyde, Sainte-Mathéa, Saint-Félix, Trias), Crouzille.

Ptychopteris Chaussati, Zeiller.

A Bessèges (C. n° 13), aux Brousses, on a recueilli des Ptychoptéris à cicatrices foliaires considérables, obliques, décurrentes et distantes, que l'on peut rapprocher, autant que le permet le mauvais état ordinaire de conservation de ces fossiles, des formes décrites sous ce nom dans la *Flore de Commentry* (PL. XXXVIII, FIG. 1, 2, 3).

Pytchopteris minor.

Par contre, à Fontanes, il s'en trouve avec des cicatrices fort petites, comparables à celles FIG. 4, PL. XXXVII de la *Flore de Commentry*.

Ptychopteris Benoiti, Zeiller, cf.

A La Trouche, au Pradel, à Sallefermouse, en particulier, existent des tiges à cicatrices étroites, très distantes, étirées, très analogues à celles de cette autre espèce de Commentry.

Ptychopteris obliqua, Germar.

Cette espèce de Wettin s'est rencontrée aux Brousses, avec des cicatrices très obliques sur leur alignement longitudinal, seulement un peu plus fortes que ne les a dessinées Germar.

PSARONIOCAULON, Gr.

Ce nom est applicable à la partie moyenne et inférieure des tiges, dont les cicatrices foliaires sont presque entièrement dissimulées et presque effacées sous une enveloppe de houille striée formée de radicelles à peu près parallèles et soudées. Ces portions de tiges indéterminables appartiennent, j'en ai la conviction, à plusieurs espèces de *Ptychopteris*, mais il ne reste aucun moyen de les distinguer spécifiquement.

Distribution. — Cet état des tiges de fougères abonde à Saint-Jean, à Fontanes, à Portes, aux Brousses ; fréquent à La Montagne-Sainte-Barbe, à L'Arbousset, à Bessèges (C. Sainte-Barbe).

On en trouve à Molières (C. Saint-Ferdinand), Martinet (C. Sainte-Elise), La Clède, Crouzille, Gagnières, Olympie.

PSARONIUS, Cotta.

Les *Psaronius* sont les parties inférieures des tiges de fougères, entourées de radicelles innombrables, tantôt minces, égales et parallèles, plongées dans un tissu cortical cellulaire, tantôt libres et grosses, à structure lacuneuse dénotant des plantes de marécage ou d'eau courante.

Les forêts fossiles contiennent de véritables Psaronius en place, à racines étalées régulièrement autour d'un axe qu'elles entourent comme d'un cône chevelu (Pl. III *bis*, Fig. 5). Nous avons démontré que ces bases de tiges gisent à l'endroit natal *(Flore carbonifère*, p. 94). Dans le Gard, comme dans la Loire, il y en a à racines étagées (Fig. 4), les supérieures ayant poussé après l'envasement des inférieures.

Lorsqu'on peut suivre l'axe des *Psaronius in loco natali*, jusqu'à une certaine hauteur, on aperçoit, sur le moule dépouillé de l'enveloppe radicellaire, des ébauches de cicatrices foliaires qui forcent à penser que le limon houiller où ils sont implantés s'est déposé sous une faible couche d'eau. Les forêts fossiles de Champclauson ont le privilège de contenir des tiges enracinées ayant porté des feuilles à peu de distance au-dessus de la base, ce qu'il faut évidemment rapporter à ce que ces forêts occupent le bord du bassin de dépôt. La tige, debout Fig. 26, est unique en son genre, avec sa base entourée de radicelles et sa partie supérieure ornée de cicatrices elliptiques de feuilles de fougère.

Les débris de Psaronius sont très communs, principalement sous forme de radicules en paquet, réduites, dans les circonstances ordinaires de gisement, à un mince épiderme uni, rubané, d'une largeur moyenne de $0^m,01$. Dans cet état fossile, les racines de fougères se ressemblent toutes. Mais Corda a découvert, dans les racines des Psaronius silicifiés, les différences multiples de plusieurs genres et de nombreuses espèces, et l'on voit, par ce nouvel exemple, que les empreintes végétales, à cause de leur imperfection, dénotent un minimum d'espèces.

On trouve des *Psaronius radices*, notamment au toit de la Couche de Champclauson, de la C. Canal et de la C. Rouvière maigre. Les racines libres de Psaronius sont nombreuses à Fontanes, à Saint-Jean, aux Figeirettes.

Les racines intercorticales, à l'état de petits tubes fibreux, fasciculés et transformés en fusain (*Tubiculites*), ne m'ont pas paru communes ; il y en a quelques fragments dans la houille de Bessèges.

Psaronius Alesiensis, n. sp.

Parmi les Psaronius du Gard, j'ai remarqué au toit de la Couche Fontaine, celui, Pl. VI, Fig. 18, dont l'axe central se termine rapidement en bas par une pointe conique, de laquelle divergent, en nombre indéfini, des radicelles formant, en se rapprochant et se condensant, $0^m,05$ de houille fibreuse autour de cette pointe.

Mais ce qui rend ce Psaronius intéressant, c'est la forme et la disposition des faisceaux ligneux (Fig. 18'). Les faisceaux du 3ᵉ cercle à partir du centre rappellent ceux des *Ps. infarctus* et *Faivrei*, mais l'ensemble des formes est bien différent, et tout dénote une nouvelle espèce que je dédie à la ville d'Alais. La section des faisceaux vasculaires varie constamment jusqu'à leur sortie de la tige. Vers la base de celle-ci, le corps vasculaire occupe presque toute la section ; à la partie supérieure, une large zone est réservée aux faisceaux pétiolaires.

Les faisceaux vasculaires, représentés par de faibles lames charbonneuses, ne paraissent pas avoir subi de déplacement notable pendant le remplissage de la tige par du sable fin, ce qu'il faut sans doute attribuer aux anastomoses qu'ils forment et qui les ont maintenus rigides dans la tige rendue creuse par la pourriture et destruction des tissus cellulaires.

TRIBU DES NÉVROPTÉRIDÉES

Ces fougères, d'un tout autre port et aspect que les Pécoptéris arborescents, sans avoir la prépondérance du nombre, sont très largement représentées dans la flore houillère du Gard.

Elles étaient montées sur d'énormes stipes nus, striés, organisés comme ceux des *Angiopteris*, mais l'on ne connaît pas leur mode de fructification, si les *Parapecopteris*, qui vont être décrits en premier lieu, ne sont pas, comme cela paraît, proches parents d'une catégorie de *Nevropteris*.

On ignore totalement le mode de reproduction des *Alethopteris* et des *Callip-*

teridium, et c'est à peine si l'on soupçonne ceux des *Odontopteris* et des *Ne-vropteris*, d'après deux échantillons trouvés par moi et par M. Kidston.

Mais l'analogie de la fructification des Névroptéris avec celle des Palaeopteris, et le plan d'organisation des stipes de Névroptéridées, suffisent pour les ranger dans les Marattiacées ou, à côté d'elles, près des. Ophioglossées.

J'ai montré, ailleurs, que ces stipes, dépassant de beaucoup la dimension des cicatrices de Cauloptéris, sont sortis d'énormes bulles caulescens. Leur base est accompagnée d'un abondant chevelu radicellaire. Mais, et cela est à remarquer, je ne les ai pas encore rencontrées en place dans les forêts fossiles, ce qui ferait supposer que ces plantes, pour rechercher les endroits humides, n'étaient pas précisément amies des eaux.

AULACOPTERIS, Grand'Eury. MYELOPTERIS, Renault.

J'ai décrit, ailleurs, les Aulacoptéris, qui constituent de beaucoup la plus grande partie du système végétatif des Névroptéridées ; ils encombrent certains schistes et contribuent largement à former, avec les *Psaroniocaulon*, des couches, bancs ou mises de houille.

Je représente PL. XIX, FIG. 8 et 9 les plus gros stipes et FIG. 7 les plus petits, sans limbe foliaire autre que de rares feuilles stipales. Les stipes princi-paux sont ramifiés irrégulièrement. Tous sont représentés par une mince couche de houille striée, que l'on a longtemps décrite comme *Nöggerathia*.

Ces empreintes sont particulièrement abondantes à La Grand'Combe et à Gagnières.

Elles se ressemblent beaucoup et, dans l'état fossile ordinaire, il serait bien difficile de séparer celles qui correspondent aux différents genres et, à plus forte raison, aux espèces de feuilles.

J'ai seulement fait remarquer que ceux des *Alethopteris* ont des stries moins nettes et surtout plus espacées que les stipes des *Odontopteris*, et je crois avoir constaté, à Gagnières, que ceux des *Nevropteris flexuosa* sont carénés, tout au moins à la partie supérieure des frondes.

Avec les Aulacopteris, on trouve une grande quantité de canaux gommeux, notamment dans le charbon de la couche Caserne-Antoine et à Lalle, sous la forme de filaments charbonneux ayant, quelques-uns, jusqu'à un quart et un demi millimètre de diamètre. Il y en a aussi beaucoup contre le nerf pyriteux de La Grand'Baume, et leur examen attentif permet de reconnaître une enveloppe de houille noire contenant du charbon plus clair, jaunâtre, résineux.

Enfin, en dedans de quelques-unes de ces écorces et faisant corps avec elles, on trouve quelquefois des restes de la structure connue sous le nom de Myelopteris et qui est propre, d'après mes observations et celles de mon ami M. B. Renault, aux *Alethopteris*, *Nevropteris* et *Odontopteris*.

Cette structure isolée et à l'état de fusain, gît :

A Saint-Jean, au Vallat des Luminières, à La Clède, et surtout dans la Caserne-Antoine.

PARAPECOPTERIS, n. gen.

Il existe dans le Gard et le bassin de Prades (Ardèche), comme, du reste, à Saint-Etienne, des fougères en quelque façon intermédiaires entre les Pécoptéris-Névroptéroïdes et les Névroptéris, ayant des premiers la nervure moyenne prolongée et des seconds le retrécissement des pinnules à la base et cette nervure moyenne évanouissante. Ils sont en somme assez semblables aux *Nevropteris Schlehani*, Stur, *obliqua*, Br., et même *tenuifolia*, Br., pour être admis à supposer que la fructification suivante est applicable aux *Nevropteris* à petites pinnules, les Pécoptéris-Névroptéroïdes ayant un mode de reproduction (*Scolecopteris*) tout autre.

Parapecopteris nevropteridis, n. sp.

Après avoir rencontré dans le Gard cette espèce à l'état stérile, je l'ai trouvée, à Saint-Etienne, à l'état stérile et fertile (Pl. V, Fig. 2, 3 et 4) ; la Fig. 5 est la photogravure amplifiée au double d'un ensemble de pinnules fertiles pressées au sommet d'une penne.

Ce qui frappe dans cette fougère, c'est ce fait, ressortant sur la Fig. 3, de pinnules fertiles beaucoup plus grandes que les pinnules stériles ; la surface de celles-ci est le tiers ou le quart seulement de la surface de celles-là.

La fronde est au moins bipinnée, les pennes très obtuses, les pinnules très contractées à la base jusqu'aux extrémités des pennes ; les rachis de dernier ordre et la côte moyenne des pinnules sont un peu décurrents ; la côte moyenne s'évanouit davantage que ne l'indique la Fig. 26, Pl. VI ; les nervules dérivent toutes de la côte moyenne. Le limbe est mince et néanmoins les nervules sont peu apparentes. Les pinnules ont une forme caractéristique que je ne connais à aucune des espèces de fougère fossile décrites et figurées.

Les pinnules fertiles se sont rencontrées en grand nombre avec les pinnules stériles ; néanmoins je n'ai pu trouver qu'une feuille qui fût à la fois stérile et fertile (Pl. V, Fig. 3).

Les pinnules fertiles sont de grandeur peu variable, élargies un peu au milieu (Fig. 2, 3 et 5, Pl. X, et Fig. 25, Pl. VI), très obtuses au sommet et à côte moyenne légèrement décurrente à la base. Leur surface dorsale est à peu près unie et finement granulée. Leur surface ventrale est écailleuse et lorsque les écailles ont été couchées du même côté par une compression oblique (FIG. 25 B), elles simulent, en petit, les dents imbriquées du *Macrostachya infundibuliformis*.

Mais ces écailles sont formées par des capsules saillantes disposées en double rangée sur les nervules latérales, et soudées comme dans les Danaea (FIG. 25 A et 25 C) ; elles sont au nombre de 6 à 8 par rangée et séparées par des sillons qui se correspondent dans deux rangées accouplées ; on n'en voit qu'une face libre, et leur sommet se termine par une petite aigrette (FIG. 25 d) ; l'enveloppe en est réticulée à mailles très allongées.

Ces caractères sont ceux d'un mode de fructification nouveau.

Parapecopteris provincialis.

A Molières gît une fougère de même sorte, à pinnules plus courtes, arrondies, rétrécies à la base, et à nervure moyenne faible et évanouissante, d'une manière analogue aux Névroptéris.

ALETHOPTERIS, Stern.

Ce genre de fougères, à pinnules souvent ourlées, mais dont on ne connaît pas l'état fructifère, est abondamment répandu dans le Gard par deux types principaux.

1° Alethopteris Grandini, Brong.

On trouve la forme normale de cette espèce partout dans les couches supérieures. Dans les couches moyennes de La Grand'Combe, cette fougère présente en partie quelques petites différences, résidant dans des pinnules plus bombées ou tout au moins à plus forte côte moyenne, et des pinnules parfois presque séparées à la base.

A Saint-Jean, la même espèce est, ce semble, plus coriace, et les pinnules en sont souvent détachées, ce qui ne se voit pas à Portes. Peut-être y a-t-il là des indices suffisants pour soupçonner, à Saint-Jean, une espèce affine ancestrale de *l'Aleth. Grandini* de Portes.

Distribution. — Nombreux à Champclauson, toit de la couche Salze, à Portes (C. Canal, Terrenoire, Jenny, Palmesalade), à Pourcharesse, à La Grand'Combe, aux Oules, à Saint-Jean.

Au Devès, à Trémont, puits Siméon, filets des Pinèdes, Comberedonde.

37

Alethopteris distans, n. sp.

Mais si les différences qu'offre à Saint-Jean l'espèce précédente par rapport aux formes normales qu'elle revêt constamment à Portes, ne sont pas si tranchées qu'elles justifient la création d'une espèce voisine, il n'en est pas de même des *Alethopteris* des couches inférieures qui, avec l'aspect général de l'*Aleth. Grandini*, s'en éloignent : 1° par des pinnules très inégales d'un côté à l'autre du rachis comme dans l'*Aleth. irregularis ;* 2° par des pinnules généralement plus petites, plus étroites, plus espacées, non renflées, plutôt atténuées, séparées par des sinus aigus ; 3° par des pinnules souvent libres jusqu'à la base, distantes et crénelées ; pinnules d'ailleurs bombées à bord très recourbé et à dos canaliculé ; 4° par un limbe, au reste, consistant sur lequel apparaissent faiblement des nervures plus denses. Quelques modifications rappellent l'*Aleth. Sternbergii*, de Radnitz, illustré par M. d'Ettingshausen, mais ne permettent pas de lui rapporter les fossiles en question. D'autres modifications sont difficiles à distinguer de l'*Aleth. Grandini*, mais elles ne diminuent pas les différences qui séparent en général les deux espèces, très probablement affines et consécutives.

Distribution. — Nombreux à Trélys (au mur de la C. Rochebrune), à Lalle (C. Tri-de-Chaux).

Plus ou moins nombreux à Garde-Giral, Sallefermouse, Rieubert, Gachas, Figeirettes. Bessèges (C. Saint-Auguste), Mas-de-Curé, Péreyrol. Entre La Favède et La Croix-des-Vents et entre Malataverne et Soustelle, Traquette, Feljas (C. n°s 1 et 3).

Recherche de Durand, au bord du bassin à La Jasse.

Isolé à Fontanes (C. Espérance), Cendras (C. n° 1), Olympie, Sainte-Barbe.

Alethopteris marginata, Brong.

Je ne sais pas d'où provient cette espèce du Gard *(Histoire des végétaux fossiles*, Pl. LXXXVII, Fig. 2, p. 291) que je ne suis pas parvenu à retrouver dans le bassin des Cévennes.

Alethopteris magna, n. sp.

A La Grand'Combe, M. Platon a découvert, au puits des Nonnes et principalement à Ricard, un plantureux Aléthoptéris à grandes pinnules et à nervures rares, dont je reproduis deux fragments (Fig. 5 et 6, Pl. XX). La feuille est triangulaire, les pennes et les pinnules atténuées aiguës.

Cette espèce est certainement la plus belle du genre et s'éloigne de toutes celles qui ont été publiées jusqu'à présent.

2° Alethopteris Aquilina, Brong.

Dans un seul système de couches du Gard, abonde un Aléthoptéris particulier que je classe sous ce nom spécifique, moins d'après les figures qu'en ont données Geinitz et même Brongniart, que parce que pareils échantillons du Gard ont été étiquetés comme *Aleth. Aquilina* par l'auteur même de cette espèce, nettement caractérisée (PL. XXI, FIG. 3, 4, 5 et 6) par des pinnules contiguës ou presque contiguës, bien que libres jusqu'à la base, atténuées aiguës, à côte moyenne fortement accusée et bord recourbé, à limbe uni et coriace, où ressortent peu des nervures très nombreuses noyées dans le parenchyme, serrées, subperpendiculaires, bifurquées à la base (FIG. 4 A); les pinnules sont assez variables de dimensions, mais la forme et surtout l'aspect en sont très constants et il est à remarquer qu'elles sont très souvent détachées et isolées (FIG. 4); la forme (FIG. 6), à pinnules soudées contre le rachis, est très rare. Dans aucune publication n'a été figuré cette fougère et je suis très tenté de croire qu'elle est spéciale au Gard. C'est, de tous les *Alethopteris*, le plus rapproché des *Callipteridium*.

Distribution. — Très nombreux à La Grand'Combe (toit C. Pilhouze, C. du Lard, toit C. Grand'Baume), à Palmesalade, à la Grange de Comberedonde, à la Caserne Antoine, au puits Siméon, aux Tavernoles, quartier de La Rouvière.

Plus ou moins aux puits des Oules, à la mine Roux, mur de la couche Abylon, Fraissinet, Olympie, pied du plan des Pinèdes, sommet du plan du Péreyrol, toit de la couche des Lavoirs, Saint-Jean, Filets des Pinèdes, Trépeloup (Dressant).

V. Crassa. — Fougère du Péreyrol d'aspect assez analogue, mais plus épaisse, à pinnules plus grandes et plus rondes.

CALLIPTERIDIUM, Weiss.

Ce genre du terrain houiller supérieur paraît naturel avec ses pennes à demi décurrentes, quoique subperpendiculaires au rachis, ses pinnules contiguës réunies à la base comme celle des *Alethopteris*, mais à pointe tournée vers l'extrémité des pennes et à nervules recourbées et relevées vers cette pointe ; ce double caractère de pinnules et de nervures à extrémité ascendante est en rapport avec un développement particulier qui comporte une pinnule basilaire insérée à l'angle inférieur des pennes, ou des pennes rudimentaires entre les pennes principales.

Les segments foliaires sont susceptibles de formes et de grandeurs variées, par cela même que l'organe est irrégulièrement ramifié, et par suite la classification des débris isolés laissera des doutes jusqu'à ce que l'on ait trouvé des feuilles entières ou qu'on se soit fait, par le rapprochement sur place de leurs parties désunies, une idée exacte des variations qu'elles peuvent éprouver, au moins sur le même individu.

Callipteridium ovatum, Brong.

Cette espèce créée, définie et illustrée par Brongniart, Rost, Germar, à pinnules ovales plus ou moins allongées, m'a paru susceptible de variations assez limitées ; mais les fougères qui se groupent autour de ce type pourraient bien former plusieurs espèces affines. En tout cas, la terminaison Fig. 1, Pl. XIX d'un spécimen du Souterrain est assez différente de celle du véritable *Call. ovatum* de Portes.

Distribution. — Nombreux au Chauvel (C. Salze), au Feljas, Bessèges (C. Trias) ; commun à la Montagne Sainte-Barbe.

Portes (C. Jenny), Champclauson (C. Crouzette), Devès, Mas de Comberedonde, Carrière du Ravin, Sainte-Barbe (C. Ayrolle), Pradel, Bessèges (C. Saint-Auguste, Sainte-Barbe), Lalle (C. n° 12), Montbel, Recherche de Gagnières, Mazel.

Saint-Jean, puits Varin, rare à Molières, à 730m,90 au sondage de Ricard, Vallat des Plôts, Olympie, Gagnières, Rouvière, puits du Doulovy.

V. Oblongifolium, à pinnules sensiblement plus allongées que d'ordinaire, dans les couches inférieures : à Bessèges (nombreux), Mas-Bleu, Sallefermouse, Rieubert, Sainte-Barbe (C. Cantelade), Pontil (C. Velours), Broussous (C. Sans-Nom), Mas-de-Curé, puits de Chavagnac.

Callipteridium pteroides, Geinitz.

J'estime que cette espèce, telle que l'a illustrée Geinitz *(Flore de la Saxe,* Pl. XXXII, Fig. 1, 2, 3), est sensiblement différente de la précédente avec ses pinnules larges et longues, à nervures serrées, et, lorsqu'elles se subdivisent, à lobes arrondis rappelant, par la nervation, à s'y méprendre, si on les trouvait séparées, les *Odontopteris mixoneura.*

Cette espèce à grandes folioles se trouve à La Clède, à Gachas, au Cros.

Callipteridium gigas, Gutbier.

Cette espèce, avec les formes qu'elle a à Commentry *(Flore fossile,* Pl. XX, Fig. 1 et 3) et celle *(v. densifolium)* qu'elle présente au toit de la 8e couche à Saint-Etienne, existe dans le Gard, principalement dans les couches supérieures. Les Fig. 2, 3 et 4, Pl. XIX, représentent quelques petits fragments d'une grande feuille remarquable par des pennes serrées et par la longueur de ses pinnules contiguës recourbées très sensiblement vers l'extrémité des pennes, à côtes moyennes très marquées et nervules denses subperpendiculaires.

Distribution. — Crouzette, Portes (entre C. Dumazert et Sainte-Barbe), Carrière de l'Eglise, Ricard et Ravin.

Callipteridium Mansfeldi, Lesq., cf.

A La Grand'Combe (Trouche) se présente un *Callipteridium* à grandes pinnules répondant assez bien à la figure et à la définition de cette espèce de

Cannelton (*Flore de Pensylvanie*, PL. XXVII, FIG. 1, p. 166), caractérisée dans le Gard par un limbe mince, par la finesse et l'espacement des nervures et par la forme névroptéroïde que prennent les pinnules les plus grandes après s'être désunies à la base des pennes.

NEVROPTERIS, Brong.

Les Névroptéris, qui tiennent une si grande place dans la flore du terrain houiller houiller moyen, n'ont jusqu'à présent révélé leur fructification que par le petit spécimen publié par M. Kidston (*Fruct. of some ferns f. t. Carb.*, PL. VIII, FIG. 7, p. 150), dont la partie supérieure se transforme en filets dichotomiques terminés par des capsules qui ne laissent pas de rappeler le mode de fructification des *Palaeopteris*.

Dans le Gard, ce genre abonde sous la forme *flexuosa*, au niveau de la couche Sans-Nom et au niveau des couches de Gagnières. A la base de la formation, on trouve aux Plôts, au Rieubert, à la recherche Durand, quelques longues et larges folioles rappelant les *Nev. oblongifolia*.

Nevropteris Guardinis, n. sp. dv.

La PL. XXII, FIG. 2, représente une partie importante d'un Névroptéris de Champclauson, qui rappelle le *N. heterophylla* du terrain houiller moyen, mais sans lui ressembler. Toutefois, j'ai peine à croire qu'il ait été créé en dehors de ce type, dont il dérive suivant toute probabilité, et c'est à titre d'espèce affine dérivée que j'ai figuré l'échantillon dont il s'agit, à rachis bifurqué, pennes basilaires étalées et pennes terminales ascendantes ; entre les pennes et au-dessous des ramifications du rachis, celui-ci est garni par côté de folioles stipales entières. Les pinnules sont très serrées, empiétant même latéralement les unes sur les autres, les lobes terminaux sont arrondis (FIG. 2 A) comme dans le *N. heterophylla*, mais la nervation est très fine, dense et peu distincte, et l'ensemble des caractères repousse toute assimilation à cette espèce.

Nevropteris flexuosa, Stern.

Cette espèce est très polymorphe quant à la dimension des pinnules, mais, en dépit de leurs variations, on les reconnaît aisément à leur inflexion basilaire, à la nature membraneuse et rigide du limbe et à la nervation, qui est dense et nette.

Après un grand nombre d'observations des parties gisant ensemble, j'ai tout lieu d'admettre : 1° que les extrémités de fronde sont non seulement analogues, mais identiques aux *N. tenuifolia*, Lesq. (*Flore de Pensylvanie*, PL. V, FIG. 1) ;

2° que les parties situées près des extrémités ont été confondues par le même auteur avec le *N. Loshii* (loc. cit. Pl. XI); 3° que les parties moyennes se rapportent parfaitement au *N. flexuosa*, et la base au *Nevrop. plicata*. Stern de Mireschau (Bohème), ou au *N. undulata*, de Belgique, dessiné par Sauveur. Enfin, le *Cyclopteris fimbriata*, Lesq. représente, je crois, du moins dans le Gard, les feuilles stipales frangées de la même fougère, dont les différentes parties ont fait l'objet de 5 à 6 espèces distinctes (Voir V, X, XI et XII de la flore de Pensylvanie).

On voit, par cet exemple, combien laisse à désirer la détermination des espèces de végétaux fossiles, dans le cas même où la forme et la contexture sont aussi constantes que possible, c'est-à-dire dans le cas le plus favorable.

Distribution. — En quantité : à Gagnières (notamment au toit de la C. n° 2), à Souhaut, au Mazel, à Crouzoule (entre la c. inférieure et la Grande-Couche), à La Bayte, à Mercoirol-Haut et Bas, Mas-Dieu, Laval (C. Sans-Nom), au Pradel (Mas-Nègre), Bois-Commun (Pont Gisquet et Mas-Deleuze).

Nombreux: galerie de Brissac, couches du Souterrain, galerie du Doulovy.

A la partie supérieure des schistes stériles au Mazel et au Frigolet.

Nevropteris ovata, Hoff.

A La Prade, dans les nodules de minerai de fer, on rencontre un *Nevropteris* autant que possible analogue au *Nevr. ovata* des « *Radstock series* », qui paraît représenté au Rieubert et probablement aussi à Lalle.

Nevropteris rotundifolia, Brong.

Quoique je n'aie trouvé qu'un échantillon de cette espèce, je le signale quand même parce que, étant caractéristique, il dénote l'existence du *Nev. rotundifolia* dans la flore fossile du Gard, avec de larges et rondes pinnules empiétant latéralement les unes sur les autres.

Nevropteris gigantea, Stern. dv.

Cette espèce du terrain houiller moyen est représentée à La Grand'Combe par une forme analogue au *Nev. Planchardi*, de Commentry, et qui pourrait bien être dérivée de l'espèce en question ; la même forme se trouve aussi à Olympie, à Champclauson, au puits Siméon ; et, avec des pinnules raccourcies, également sur le mont des Pinèdes, toutefois d'une manière moins certaine.

Nevropteris Loshii, Brong.

Cette espèce, telle qu'elle se présente à Saint-Etienne, a été trouvée à Champclauson et à Portes (Mine Amélie), cependant avec un faciès d'*Odontopteris obtusa* que lui a aussi reconnu le Dr Weiss.

Nevropteris auriculata, Brong.

A Champclauson (carrière de La Crouzette), d'après M. Zeiller, et à Portes (collection de M. Sarran), cette espèce est indiquée par des empreintes analogues à celles de Saint-Etienne. Le *Nevr. Villiersi* du Gard *(Histoire des végétaux fossiles*, p. 233, PL. 64, FIG. 1) se rapporte, je crois, du reste, à la même espèce.

Nevropteris Cordata, Brong.

Cette espèce d'Alais et de Saint-Etienne a des pinnules de forme et de dimension très variables, suivant la position qu'elles occupent, mais elles se reconnaissent aisément à un limbe très mince, à des nervures fines et espacées, joints à une base cordiforme. Les FIG. 1 et 2, PL. XXI, en représentent deux modifications, l'une, FIG. 2, à feuilles stipales entières tenant la place de pennes non développées.

Distribution. — Couche Crouzette (sur le ruisseau de Fambezous), Chauvel (C. Rouvière et C. Salze), Portes (C. Canal, C. Saint-Augustin), Filets du mont des Pinèdes, pied du plan des Pinèdes, carrière Ricard, Saint-Jean (entre C. nos 1 et 2).

V. ac. Dans l'étage inférieur, la même espèce est représentée par des folioles plus rondes, moins cordiformes, plus membraneuses et à nervures plus fines encore, qui me décident à les distinguer comme variété ancestrale.

Saint-Jean, Col de Couze, Lalle, Bessèges (C. Saint-Auguste), Cendras (C. nº 1).

Adiantites recentior, n. sp.

PL. V, FIG. 6, fougère des schistes à écailles de poisson de Ricard, à pennes pinnatifides et lobes obovés, nervures confluentes à la base et, par là, paraissant représenter une espèce errante ou atavique du genre *Palaeopteris* disparu depuis longtemps ; c'est pourquoi je l'ai figurée.

DICTYOPTERIS, Gutbier.

J'ai eu l'avantage de découvrir, à Saint-Jean, un *Dict. nevropteroïdes* en vernation, prolongé en haut par un panicule de renflements charbonneux, en sorte que le genre dont il s'agit pourrait bien faire partie de la famille des Ophioglossées.

Cependant, à Portes comme à Saint-Etienne, gisent, avec le *Dictyopteris Brongnarti* de petits disques écailleux, qui pourraient bien en être le mode de fructification, avec thèques enfoncées dans un lacis fibreux.

M. Zeiller a rapporté au *Dict. Schutzei* des pinnules fructifères rappelant celles du *Pecopteris polymorpha*.

Les Dictyoptéris feraient-ils donc partie de plusieurs genres naturels différents ?

Dictyopteris nevropteroïdes, Gut.

Les pinnules falciformes de cette espèce sont généralement isolées et, lorsqu'elles sont attachées, se relèvent vers le sommet de la fronde ; elles sont susceptibles de s'élargir, mais les plus grands écarts qu'elles offrent, dans ce sens, n'arrivent pas à la dimension et à la forme des pinnules de *Dic. sub Brongniarti*.

Distribution. — Beaucoup à Saint-Jean (entre les C. 1 et 3), à Trélys (C. Saint-Emile). Plus ou moins nombreux à Cendras (carrière Vassal), à Fontanes, à Molières, à Sainte-Barbe (C. Velours, Cantelade et Sans-Nom), Arbousset, Lalle (C. n° 7). Vallat des Luminières, Broussous, Figeirettes, Montbel, Frigolet (schistes stériles), Martinet de Gagnières, recherche de Gagnières (à 700ᵐ de profondeur au mur de la 1ʳᵉ couche rencontrée), puits de Chavagnac, recherche de Durand, puits et schistes stériles du Doulovy.

Dictyopteris Brongniarti, Gutb.

Espèce caractéristique, à larges pinnules.

Distribution. — Portes (mur C. Saint-Augustin), nombreux, et entre C. Jenny et Terrenoire, toit de la C. Salze, à La Grand'Combe.

Dictyopteris Schützei, Römer.

Espèce également caractéristique du terrain houiller supérieur.

Distribution. — Crouzette (C. Fontaine), Portes (collection Sarran), pied du plan des Pinèdes, carrière Trescol.

ODONTOPTERIS, Brong.

La fructification des Odontoptéris n'est connue que par le seul échantillon trouvé à Saint-Etienne, à sores marginaux au bout des nervures.

La Fɪɢ. 6, Pʟ. XIX, représente la première espèce, décrite ci-dessous, en vernation, avec plus de $2^m/^m$ de houille formée de feuilles justaposées ; le rachis est pointillé d'épines et porte de petites folioles (Fɪɢ. 6 A).

Le Dʳ Weiss a partagé le genre en deux sections : 1° *Xenopteris*, à pinnules rhomboïdales aiguës en forme de dents ; 2° *Mixoneura*, à pinnules arrondies névroptéroïdes.

1°

Odontopteris Reichiana, Gutbier.

La Fɪɢ. 5, Pʟ. XIX, représente, en petit, une branche bifurquée de cette espèce de grande fougère, ramifiée plusieurs fois de suite ; stipes moyens Fɪɢ. 7.

Distribution. — Nombreux : à Portes (C. Saint-Augustin, Sainte-Barbe et Dumazert), à La Grand'Combe (C. du sommet des plans), Couche Chauvel, Champclauson. Plus ou moins nombreux : à Rochebelle, Cendras (C. n° 2), à Fontanes (nerf de la 4ᵉ Couche), Vallat de l'Auzonnet (C. de la Forge), puits Siméon, Saint-Jean (entre C. 1 et 2). Bois-Commun (C. Saint-Raby), puits Saint-Félix (à la pyrite), sondage de Ricard (730ᵐ), Couche des Masses, dressant de Trépeloup, Broussous (C. Sans-Nom), Souterrain, recherche de Gagnières.

Variété β, Gutbier, an.

Gutbier a distingué, comme variété de l'espèce précédente, des Odontoptéris à pinnules plus grandes, plus obliques, moins obtuses, moins contiguës, parfois distantes, les nervules plus concentrées au milieu simulant parfois une espèce de côte moyenne à la base ; les feuilles stipales sont un peu iliciformes. Toutes les différences réunies pourraient bien caractériser une espèce affine ancestrale dont toutes les parties ne se distinguent pas de celles de l'*O. Reichiana*; aussi je doute que tous les gisements énumérés ci-dessus, principalement dans les couches inférieures, appartiennent à cette espèce.

Distribution. — Lalle (puits Terret, nombreux, C. Tri-de-Chaux, Côte de Long), Bois-Commun (C. 4, 5, 6), puits Saint-Germain, Traquette, Pradel, Mas-de-Curé, Feljas, Molières, Bessèges (C. Sainte-Barbe et Saint-Auguste), Mas-Bleu, La Clède, Vallat de Gachas, au pied de La Pioulière, puits du Doulovy (325 m.), Fontanes (C. Espérance), Laval, Sainte-Barbe (C. du Pin), Recherche de Durand.

Odontopteris intermedia.

Et une autre preuve que tous les Odontopteris analogues au *Reichiana* n'en font pas partie, ce sont des fougères en quelque façon intermédiaires entre cette espèce et le *Brardii*, et qui ne se trouvent pas avec la première espèce, intermédiaires par la dimension des pinnules plus arrondies et aussi par la côte plane des pennes.

Puits de Chavagnac et du Doulovy, Pigère, Montbel, Trélys.

Odontopteris Brardii, Brong,

Distribution. — Portes (C. Terrenoire et Anonyme), Cornas (C. Blachères), puits Siméon, Carrière de l'Eglise, Grand'Combe.

2°

Odontopteris obtusa, Br., cf.

A La Grand'Combe, dans les schistes à écailles de poisson, a été trouvée une fougère que l'on a pris l'habitude d'étiqueter sous ce nom, laquelle en effet ressemble assez à la Fig. 12, Pl. VI, et surtout à la Fig. 5, Pl. III d'Ottweiler *(Flore de Saar-Rheingebiete),* quoique dans le Gard les pinnules soient beaucoup plus grandes, mais qui serait bien différente de l'*obtusa*, si cette espèce devait être restreinte à la fougère de Commentry, et à la Fig. 2, Pl. LXXVIII, qu'en donne Brongniart dans l'*Histoire des végétaux fossiles ;* mais la Fig. 3 permet de maintenir ce nom aux Odontopteris du Gard, à pinnules plus longues que larges et séparées immédiatement au-dessous du lobe terminal qui n'est pas sans rappeler celui de l'*O. lingulata*, un peu contractées à

38

la base des pennes et y prenant la forme et la nervation névroptéroïdes. A part cela, les nervures sont très fines et denses sur un limbe mince et membraneux.

Distribution. — Ravin, Devès, Destourbes, Carrière de l'Eglise.

Forme un peu différente à Saint-Jean, Cendras (C. n° 3), Fontanes (travers-bancs de 300 mètres), à Gagnières.

Odontopteris obtusiloba, Naumann.

A Portes (Rouvière grasse), à la Carrière de l'Eglise, on a découvert cette espèce à pinnules constamment rondes, parfois même élargies et comme tronquées à l'extrémité libre, à limbe coriace et fortes nervures recourbées, ce qui distingue cette espèce de la précédente, encore que l'une et l'autre aient les mêmes lobes terminaux.

TAENIOPTERIS, Brong.

Ce genre est faiblement représenté dans les Cévennes.

Taeniopteris jejunata, Gr.

Cette fougère, dont M. Zeiller a représenté un échantillon de La Crouzette (*Bulletin de la Société géologique*, 3° série, t. XIII, p. 137, Pl. IX, Fig. 2), avec ses nervures lâches ramifiées seulement près de la base, existe :

A Portes, au Vallat de l'Auzonnet (C. de la Forge), à la Carrière de l'Eglise.

Taeniopteris Carnoti, Zeiller, cf.

Au-dessus de la couche des Blachères, on rencontre un *Taeniopteris* peu éloigné du précédent, à ailes d'une largeur variable entre 0,01 et 0,03, à nervures à peu près normales au bord, obliques et décurrentes à la base où elles sont une ou plus rarement deux fois bifurquées ; par ces caractères, la fougère en question rappelle le *Taen. Carnoti* de Commentry (*Flore fossile*, Pl. XXII; Fig. 10) et non moins autant le *T. Lescuriana* permo-carbonifère d'Amérique, et ce n'est pas sans réserve que je le rapporte à la première plutôt qu'à la seconde espèce.

Excipulites subepidermis.

Sur le Taenioptéris des Blachères se trouvent de petits champignons arrondis plus ou moins développés, les uns ne faisant que gonfler l'épiderme, tandis que d'autres plus avancés présentent un ostiole ou même un bourrelet circulaire autour de l'ouverture centrale parfois étoilée.

Taeniopteris Ardesica, n. sp.

Sur la Pl. VI, la Fig. 19 représente un Taenioptéris de Largentière, à nervures denses et fortes perpendiculaires au rachis, bifurquées seulement à la base. Je ne vois à le comparer qu'au *Taen. coriacea*, Göppert ; mais dans notre espèce les nervures sont beaucoup plus nettement normales à la côte moyenne, ou au *T. Newberryana*, Fontaine, mais sur notre échantillon les nervures plus fortes ne sont ramifiées qu'à la base.

Taeniopteris multinervis, Weiss.

A Largentière, j'ai trouvé d'autres portions de Taenioptéris, dans lesquelles M. Zeiller a reconnu sans hésitation le *multinervis*.

SCHIZOPTERIS, Brong.

S'il y a des Schizoptéris qui sont des expansions stipulaires, ou des dégénérescences de feuilles de fougère, il en est d'autres qui accusent l'existence d'un groupe de fougères schizoptéroïdes, ayant un feuillage et une fructification propres.

Je n'ai vu dans les Cévennes aucune fougère à expansion stipulaire de Schizoptéris. Ceux-ci se trouvant mêlés à certaines fougères paraissent en dépendre. Mais l'un d'eux semble bien former une plante indépendante, le *Sch. Gutbierana*, sans compter le *Schizopteris pinnata*, Gr.

Schizopteris lactuca, Presl.

Dans cette espèce à lobes allongés, les stries se concentrent en bandes ramifiées que bordent et réunissent des expansions membraneuses plus ou moins ondulées par un excès de parenchyme, comme dans les laitues, d'où le qualificatif spécifique ci-dessus.

Distribution. — Trélys, Molières, Fontanes, Trouche, Ricard, Arbousset, Martrimas.

Schizopteris crispa, Gut.

Espèce à surface et nervures plus étalées, mais en somme peu différente de la précédente.

Gagnières, Saint-Jean, Fontanes, Gournier. M. Zeiller l'a signalée à La Grand'Combe et à Champclauson.

Schizopteris rhipis, Gr.

Grandes feuilles en panache, dont la Fig. 10, Pl. XIX ne représente qu'une partie, très coriaces, à divisions enroulées, fausses nervures répandues sur toute la surface ; la base de la feuille figurée paraît, mieux que cela n'est indiqué, correspondre à une insertion. Ce Schizopteris atteint de grandes dimensions ; il est spécial au bassin du Gard. M. Brongniart y avait vu des feuilles destinées à la reproduction de végétaux analogues aux Cycas.

Distribution. — Commun à Molières et à Bessèges (C. Saint-Charles, Saint-Christian), Fontanes (C. n° 5), Ravin, Gagnières.

Schizopteris Gutbieriana, Presl. cf.

Je crois pouvoir rapporter à cette espèce la Fig. 15, Pl. XII et les trois croquis E, d'échantillons trouvés à La Grand'Combe, à la couche Sans-Nom et au Martinet; la feuille Pl. XII est attachée à un pétiole dont les ponctuations s'étendent sur le limbe en diminuant de nombre et disparaissant vers les extrémités. Deux exemplaires du croquis E sont pourvus d'expansions foliaires analogues très minces, à bord crénelé, nervation indécise et attaches de poils près du rachis.

Croquis E

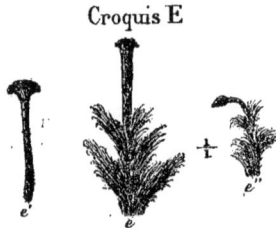

Mais ce qui rend ces échantillons au plus haut point intéressants, ce sont les prolongements supérieurs de l'axe et sa terminaison par un renflement charbonneux en forme de crête de coq, dans lequel il serait bien difficile de ne pas voir un appareil de reproduction.

BOTRYOPTERIS, Renault.

Ce genre de fructification, subordonné aux *Schizopteris* comme feuille et aux *Zygopteris* comme structure, est un des plus remarquables du terrain houiller ; il représente une famille de fougères disparue, de l'avis de M. Renault, qui a réussi à en faire connaître l'organisation anatomique tout entière.

Botryopteris frondosa, Gr.

Je n'ai trouvé cette espèce, à l'état fructifié, qu'au toit de la couche Crouzette (sur le Fambezous). M. Zeiller lui rapporte le *Schizopteris pinnata*.

SOUS-EMBRANCHEMENT DES GYMNOSPERMES

Si dans la flore houillère du Gard, les Cryptogames vasculaires ont la prépondérance du nombre et de la forme, les Gymnospermes sont représentés par
une importante masse de Cordaïtes et par une grande variété de graines riche-
ment organisées.

Les graines très parfaites que l'on est amené à rapprocher des Nöggéra-
thiacées ne sont rien moins que favorables à l'existence, entre les deux embran-
chements, d'une transition ménagée à l'origine par ces fossiles qui ne se relient
pas plus aux Cryptogames (1) que les Cycadées actuelles (alliées, d'après M. Van
Tieghem (*Traité de botanique*, p. 1318) aux fougères et surtout aux
Ophioglossées plus qu'aux autres cryptogames vasculaires).

Les Gymnospermes du terrain houiller, tout en manifestant, par quelques
parties, des analogies avec les Cycadées, Salisburyées, Taxinées, Gnétacées,
ne rentrent cependant pas dans les cadres de ces végétaux vivants ; ils constituent des genres et familles éteints, et il est à remarquer que les graines en sont
beaucoup plus diversifiées que les organes de végétation, en confirmation de la
thèse que je soutiens à ce sujet dans le présent mémoire.

NŒGGÉRATHIACÉES

CYCADOXYLÉES. — CYCADOCARPÉES

Ce groupe hétérogène est un des plus obscurs qui existent, et ce n'est pas
sans crainte que j'en aborde l'étude, au point de vue de l'attribution des graines
polygones, les autres graines, binaires, les plus nombreuses sinon les plus
variées, appartenant, d'après ce que nous verrons, aux Cordaïtées.

Si l'on écarte les Calamodendrons et les Sigillaires, on ne voit presque pas

---

(1) Les grands groupes de plantes carbonifères, ayant apparu en même temps dans le
terrain dévonien, ne sont certainement pas dérivés les uns des autres, non plus que les
genres et types spécifiques, car, dans ce cas, les transformations en auraient été naturellement très inégales d'un pays à un autre, et l'on ne trouverait pas, jusque dans la craie
inclusivement, dans le même étage géologique, la flore parvenue, à *peu près partout*, au
même degré de développement et de composition.

d'autres fossiles à les rapprocher. Or, M. Renault estime à quarante le nombre des genres de graines de Saint-Etienne ; et, sur ces genres, trente au moins restent sans attribution. A quelles empreintes faut-il donc les rattacher ? C'est la grande question de paléontologie végétale qui se posa aujourd'hui.

Je rappellerai d'abord que les anciens *Cyclopteris* du terrain jurassique ont été reconnus pour des feuilles de Salisburyées.

Dès lors, n'existe-t-il pas dans les couches houillères, à défaut de feuille réellement cycadéennes, d'autres feuilles qui, encore classées parmi les fougères (1), représentent le groupe des cycadées qui a joué un si grand rôle pendant la période secondaire et qui paraît aussi avoir été nombreux et varié, à s'en rapporter aux graines, dans la flore primitive ?

On rencontre non rarement dans le terrain houiller des feuilles anomales qui n'ont des Névroptéridées que l'apparence, ce sont : 1° les forts curieux *Whittleseya* d'Amérique que M. de Saporta tient pour des Salisburyées prototypiques ; 2° le *Psigmophyllum flabellatum* d'Angleterre et le *Ps. grandifolium* d'Amérique, qui ont la texture des Cordaïtes ; 3° l'*Adiantites giganteus*, Göpp. qui n'a pas l'aspect d'une fougère ; 4° l'énigmatique *Daubreia pateraeformis ;* 5° les *Lesleya* ou *Cannophyllites*, et le *Megalopteris rectinervis* de Lesq.; 6° le *Nœggerathia Ctenoides*, Göpp. ; 7° les *Doleropteris*, Gr. ; 8° le *Schizopteris anomala*, considéré aujourd'hui comme une feuille de gymnosperme proche des *Dicranophyllum;* 9° le *Nœggerathia foliosa ;* 10° les *Pterophyllum* et *Zamites* de Commentry, etc...

Ces feuilles reflètent des plantes phanérogames, appartenant à des genres différents et éloignés, et si, dans chacun d'eux comme dans les autres groupes de plantes carbonifères, l'organe de reproduction se différenciait plus que l'organe végétatif, ces feuilles anomales seraient, par la variété, en mesure d'absorber la plupart des graines à axe de symétrie du terrain houiller.

Mais, jusqu'à présent, aucune dépendance directe n'a été constatée entre ces graines et ces feuilles. Quelles raisons pourrait-on néanmoins citer à l'appui de leur rapprochement.

Dans le Gard, les graines polygones sont rares et isolées comme ces feuilles, et se rencontrent de préférence dans les mêmes roches micacées.

Ces graines, — et c'est l'un des beaux résultats obtenus par M. Renault de ses recherches anatomiques sur les végétaux silicifiés de Saint-Etienne et d'Au-

---

(1) Il n'existe aucun bon moyen de distinguer les feuilles de Cycadées du monde primitif des feuilles de fougères (de Solms, *Einleitenag in die Palaeophytologie*, 1887, p. 89 à 91).

tun, — sont doublement remarquables : 1° par les tissus lacuneux ou les vessies natatoires qui leur permettaient de flotter et de répandre au loin la plante mère qui était probablement semi-aquatique ; 2° par leur chambre pollinique qui répondait à des circonstances physiologiques qui ne se font plus sentir aujourd'hui.

Il n'y a pas d'invraisemblance à supposer que des graines ainsi organisées, parfois rassemblées sur les plaques de schiste (PL. IV, FIG. 13), ne soient venues de loin, et que les feuilles correspondantes ne soient difficilement parvenues intactes et reconnaissables dans le bassin de dépôt.

Mais au moins, à défaut des feuilles bien conservées, devrait-on rencontrer des tiges variées ayant une organisation comparable à celle des Cycadées.

Il faut convenir que, à part les bois de Cordaïte, peu de tiges ou stipes accusent nettement cette organisation.

On rencontre bien quelques Cycadoxylées : *Medullosa*, *Colpoxylon*, *Poroxylon*, *Lyginodendron*, etc., qui ont, en partie, des Cycadées, le bois centrifuge, sans le bois centripète des Diploxylons (considéré comme un caractère cryptogamique), et, dans les feuilles, le double système ligneux que possèdent ces organes dans les Cycadées et les Cordaïtées. Mais pareille structure a été trouvée dans le stipe du *Sphenopteris refracta* et M. Williamsen en est arrivé à tenir les Cycadoxylons du terrain houiller pour des stipes de fougères primitives. Le fait est que le *Medullosa Leuckati*, Göpp. et Stenzel (die Medullosae, 1881, p. 13, PL. III, FIG. 13), ressemble, à l'extérieur, à un stipe de fougère ; le *Copoxylon Æduensi*, d'Autun, aussi, a une surface comparable à celle des *Aulacopteris* et, de l'avis de M. Renault lui-même, une couche externe organisée comme celle des *Myelopteris*, avec canaux gommeux.

Néanmoins, la communauté de gisement des *Doleropteris* avec des stipes analogues me porte à croire que les Nœggérathiées cycloptéroïdes vont avec certains Cycadoxylons. L'importance des caractères ne se mesurant pas à la quantité, rien ne s'oppose à ce que, malgré une organisation ligneuse très réduite, plus simple en apparence que celle des *Diploxylon* et des *Medullosa*, les *Colpoxylon*, et autres stipes ne se rattachent à des Gymnospermes primitives qu'une station très humide aurait maintenus à l'état herbacé, et que les feuilles de ces Cycadées ne soient celles que nous englobons indistinctement dans le groupe des Nœggérathiacées, auxquelles se rapportent probablement les graines polygones et polyptères, à axe de symétrie.

Toujours est-il que, dans le Gard, on peut facilement se rendre compte que les graines à symétrie rayonnante n'appartiennent pas aux Sigillaires et Calamodendrons, avec les nombreux débris desquels on ne les rencontre pas, à

Saint-Jean, à Gagnières, à Champlauson, etc. ; ni aux Cordaïtées qui se sont reproduites par d'autres graines aujourd'hui connues.

Elles semblent, en définitive, ne pouvoir être attribuées qu'à ces feuilles étranges, également rares, dont nous allons décrire les mieux conservées, avant ces graines qui dénotent des types éteints très originaux, dans l'ordre suivant :

Nœggerathia;
Lesleya;
Daubreia;
Doleropteris;
Pachytesta;
Gaudrya;
Trigonocarpus;
Polypterospermum;
Codonospermum;
Stephanospermum;
Gnetopsis.

CYCADOXYLON

Dans les schistes stériles du Mazel et du Martinet se rencontrent quelques débris d'un bois composé de grosses fibres vasculaires, ornées latéralement de raies ou pores obliques, et séparées par très peu de rayons médullaires ordinaires. Le bois est épais et provient d'une Cycadée assez ligneuse.

NŒGGERATHIA, Stern.

Ce genre, pour ne pas exister dans le Gard sous une forme aussi cycadéenne que le *Nœg. foliosa*, ne paraît pas moins y être représenté par deux espèces.

Nœggerathia Graffini, n. sp.

La feuille Fig. 4, Pl. VIII, bien que participant, à certains égards, des Cycloptéris, paraît cependant bien composée de folioles parcourues de nervures parallèles bien moins nettes que dans les fougères.

Gisement : Champclauson.

Nœggerathia lacineata.

Il a été rencontré sur le Rieubert quelques feuilles isolées Pl. VI, Fig. 11, que leur base calleuse et oblique invite à considérer comme les folioles désarticulées d'une espèce particulière de Nœggérathia à feuilles fissurées ; les nervures sont moins nettes que ne l'indique le dessin.

Croquis F

LESLEYA Lesquereux.,

Ce genre est à substituer au genre plus ancien *Cannophyllites*, de Brongniart, préjugeant d'affinités que ne présentent pas les folioles dont il s'agit. Rapprochés des fougères dans l'hypothèse que ce sont des feuilles simples
comme les *Gangomopteris* du Cap ou certains *Asplenium*,
les *Lesleya, qui sont sessiles*, me paraissent, par cela même
et par la forme et la nature ligneuse du rachis, les nervures
parfois simples, leur peu de netteté, la nature du limbe, enfin
par l'ensemble des caractères, devoir être définitivement
tenus pour des feuilles de gymnospermes, à ranger, en attendant qu'elles soient mieux connues, dans le groupe hétérogène des Nœggérathiées.

Lesleya simplicinervis, n. sp.

J'ai découvert, dans les schistes sortis de 300 mètres
de profondeur, au puits du Doulovy, deux feuilles Fig. 5,
Pl. VIII qui, malgré leur différence de grandeur, paraissent
appartenir à la même espèce. Elles offrent au milieu du
limbe une bande plate, mieux limitée que ne l'indiquent
les dessins, striée régulièrement, s'amincissant et tendant à
disparaître vers le sommet, augmentant au contraire, tout au
moins en largeur, vers la base d'attache qui est calleuse. De
chaque côté, le limbe est parcouru de nervures simples,
ascendantes et parallèles, faisant à peine saillie sur une face,
dérivant de la bande médiane sans bifurcation ; la nature du
limbe dénote une plante différente des fougères ; j'y ai d'ailleurs constaté la présence des mêmes champignons ento-
phylles que sur les Cordaïtes : *Hysterites cordaitis*.

Lesleya angusta, Gr.

Au Vallat des Luminières, j'ai trouvé dans la brèche du
Gard les mêmes feuilles que dans la brèche de la Loire (*Flore
carbonifère*, p. 192). Ces feuilles sont longues, étroites et
sessiles (Croquis F), à côte plate striée et nervures très obliques à la base où elles sont bifurquées, mais simples,
serrées et parallèles jusqu'au bord qu'elles rejoignent à
angle aigu.

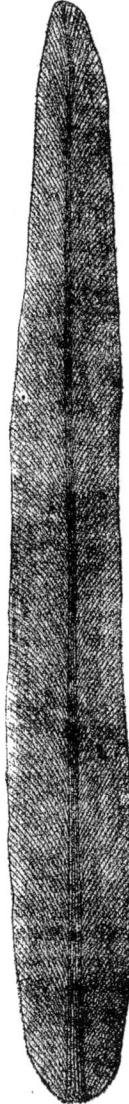

39

DAUBREIA, Zeiller.

M. Zeiller (*Flore de Commentry*, p. 8) a fait, avec raison, un genre de l'*Aphlebia pateraeformis* de Germar, et bien que je n'aie pas rencontré cette espèce à feuilles soudées formant coupe, d'une manière bien positive dans le Gard, je crois pouvoir en faire mention ici, comme d'une plante phanérogame d'eau, à laquelle j'ai quelque raison de rapprocher les *Codonopermum*. Ces graines, en effet, se rencontrent dans la Loire avec les *Daubreia* qui y sont communs, quoique généralement très mal conservés à cause de leur nature tendre et herbacée ; il y a entre les deux organes une proportion de nombre et des rapports de gisement qui me semblent favorables à cette attribution.

DOLEROPTERIS, Gr.

Ce genre (*Flore carbonifère*, 194) est fondé sur de grandes feuilles orbiculaires, que les détails de structure découverts par M. Renault dans un échantillon de Russie, rattachent aux Cycadées. Ces feuilles sont très polymorphes ; il s'en trouve de palmées à surface plissée en longueur, parcourues par des nervures qui ne sont pas dichotomes, mais plutôt bifurquées, et en général dissimulées par de très nombreux filaments gommeux ; leurs oreilles ne sont pas plus cycloptéroïdes que celles des *Rhipidopsis* du terrain prassique. Les bourgeons de feuilles à vernation convolutive (*Fossile Flora der Permischen formation*, PL. LXII, FIG. 1 à 6 ; *Evolution du règne végétal*, Phanérogames, I, 69) ne sont pas d'une fougère. Je crois, d'ailleurs, pouvoir leur rapprocher des disques polliniferes, et aussi les *Pachytesta*.

Doleropteris pseudopeltata, Gr.

Cette espèce de Saint-Etienne, représentée par une grande et belle feuille (PL. VIII, FIG. 1), existe au toit de la couche Crouzette.

Doleropteris coriacea.

A la partie supérieure du système de Portes, existe des feuilles très coriaces, desquelles l'analogie de texture permet de rapprocher les inflorescences suivantes.

ANDROSTACHYS CEBENNENSIS, n. sp.

M. Platon a trouvé à la carrière de Ricard, au bas du plan des Pinèdes, et j'ai rencontré dans les filets charbonneux du mont des Pinèdes, le même pelta discoïde PL. VIII, FIG. 2, caractérisé, sur une face, par des stries fines rayonnant d'un point d'attache excentrique saillant (Fɪɢ. A), et, sur l'autre face, (Fɪɢ. A′) par des lignes courbes entre lesquelles des cloisons séparent des compartiments carrés. Les disques sont très coriaces, représentés par une couche charbonneuse de plus d'un millimètre d'épaisseur. Ils paraissent bien être des feuilles de *Doleropteris* transformées. Ils ressemblent d'ailleurs à des inflorescences analogues, seulement plus grandes et marginées, de la Côte Pelée, près Autun, dans les compartiments desquelles M. Renault a trouvé inclus les gros grains de pollen *c* et *c″ ;* dans un échantillon silicifié de Saint-Etienne, pareils corpuscules remplissent des loges *b* perpendiculaires au limbe qui peut ainsi être considéré comme un réceptacle androphylle.

GRAINES A AXE DE SYMÉTRIE

Nous avons développé ci-dessus les raisons diverses qui convient à décrire ici les graines du terrain houiller du Gard, qui, ne se rattachant pas aux fossiles autres que les Nœggérathiées, paraissent pour cela devoir être placées à leur suite.

Elles se rapprochent, malgré leurs nombreuses enveloppes et leur structure complexe, des graines de Cycadées plus que de celles de Conifères ; ce que l'on sait de l'inflorescence de quelques-unes, des *Pachytesta* par exemple, est en faveur de ce rapprochement.

PACHYTESTA, Brong.

Les graines de ce genre, étudiées par Brongniart sur des spécimens silicifiés de Saint-Etienne, se distinguent de toutes les autres par leur grandeur, l'épaisseur de leur coque divisible en trois valves et striée à la surface par des faisceaux vasculaires régulièrement espacés qui, partant de la chalaze, se prolongent dans le testa jusqu'au sommet.

Ces graines remarquables se trouvent généralement avec les *Alethopteris*, de manière que si ces fossiles ressemblaient moins aux fougères, on serait tenté de les leur attribuer. Nous avons des raisons pour les rapprocher des *Doleropteris*.

On les trouve parfois rassemblés (Fɪɢ. 3, Pʟ. VIII) autour de petits axes striés, comme s'ils s'en étaient détachés par la macération au moment d'échouer au fond de l'eau.

Pachytesta gigantea, Br.

Grosses graines allongées, de 0,03 à 0,08, susceptibles d'atteindre 0,12 de longueur et 0,05 de largeur.

Distribution. — Fréquent au toit de La Pilhouze.
Mine Ricard, Champclauson, Molières, Terrain vineux de La Jasse, Olympie.

V. Quadrata. — Graines plus courtes, toute proportion gardée, très obtuses et comme tronquées :

Tavernoles, Traquette, Rieubert.

Pachytesta intermedia.

La Fig. 3, Pl. VIII d'un échantillon de Bessèges représente les plus fortes graines de cette espèce de grandeur moyenne, obtuses à une extrémité et atténuées à l'autre, mais souvent difficile à distinguer des précédentes.

Distribution. — Nombreux à Bessèges (C. Saint-Auguste); fréquent à Saint-Jean. Puits des Oules, Molières, tête du plan des Pinèdes.

Pachytesta multistriata, Stern.

Le *Carpolithe multistriatus* de Sternberg, la graine la plus petite du genre en question, existe à Lalle.

GAUDRYA, n. gen.

Dans le système des couches de La Crouzille, on trouve des graines à trois valves, dont l'enveloppe charbonneuse est fortement épaissie suivant plusieurs côtes ; le testa, obtus à la base, est recourbé en haut, où la graine se termine par un goulot. J'ai tout lieu de croire que ces graines se rapportent, tout au moins génériquement, à la graine suivante de Saint-Étienne, conservée dans la silice.

Gaudrya trivalvis, n. sp.

Les quatre coupes (Pl. IV, Fig. 12, 12′, 12″, 12‴) ont été pratiquées par les soins de M. Renault dans cette graine ; en voici la légende :

Fig. 12. — Coupe transversale montrant la curieuse déhiscence en trois valves de la graine, grossie deux fois.

a *Endotesta* formé de cellules allongées, contournées, disposées en réseau, à parois épaissies, et traversé par quelques canaux à gomme ou à tannin.

b *Sarcotesta* composé d'un tissu cellulaire lâche traversé par de nombreux réservoirs à gomme ou à tanin, dont quelques-uns s'engagent dans l'*endotesta*.

Fig. 12'. — Coupe longitudinale passant par la région micropylaire, gross. 2/1.

a *Sarcotesta*. La coupe montre les nombreuses cellules, réservoirs à gomme ou à tannin qui le parcourent.

b *Endotesta* composé de cellules allongées, sinueuses, à parois lignifiées.

c Canal micropylaire.

d Restes du nucelle réduit à ses deux épidermes amenés au contact ; toutefois, à la partie supérieure, les deux membranes laissent un vide occupé par la chambre pollinique dans laquelle se trouve encore renfermés un assez grand nombre de grains de pollen.

e Intervalle compris entre le nucelle et l'*endotesta*, dans lequel on remarque les restes de cloisons transversales limitant des lacunes aériennes, destinées à fournir à la graine un moyen de dissémination par voie de flottage.

L'endosperme du sac embryonnaire n'a pas été conservé.

Fig. 12". — Coupe longitudinale passant par la chalaze un peu en dehors du faisceau chalazien ; on remarque l'*endotesta* b et le *sarcotesta* a, dont les cellules à gomme prennent naissance en partie dans l'*endotesta*.

Fig. 12'''. — Portion de coupe transversale, gross. 10/1, montrant: 1° l'*endotesta* formé de deux assises, l'une interne à cellules serrées fortement lignifiées, l'autre plus externe avec des cellules allongées sinueuses, formant une sorte de réseau dans les mailles duquel on voit quelques cellules à gomme ; 2° le *sarcotesta* composé de cellules lâches entre lesquelles se voient un grand nombre de cellules gommeuses.

Les dimensions de la graine sont, en largeur, 18 millimètres ; en hauteur, elle dépassait 3 centimètres.

Le sarcotesta est cylindrique et rappelle, par son organisation, celui des *Rhabdocarpus*.

L'endotesta présente 6 côtes longitudinales assez proéminentes ; leur intervalle est occupé par 6 petites crêtes.

Gaudrya lagenaria.

La Fig. 5, Pl. VI représente assez imparfaitement une graine de La Crouzille et du puits du Doulovy, ayant la forme générale d'une bouteille, à plusieurs fortes côtes longitudinales se prolongeant jusqu'à l'ouverture évasée d'un goulot qui n'est pas complet ; il y a en outre, à la base, d'autres petites côtes intercalées, qui s'évanouissent aux deux tiers de la hauteur.

Carpolithes clavatus, Stern., cf.

Malgré sa forme différente, si l'on retourne le *Carpolithes clavatus*, cette espèce, étant pourvue à la surface de filets gommeux et offrant des côtes inégales, me paraît pouvoir être rapprochée des deux précédentes et rentrer dans le genre *Gaudrya*, dont l'attribution est entièrement inconnue.

Gisement. — Laval.

TRIGONOCARPUS, Brong.

Les graines trigones, si communes dans le terrain houiller moyen, sont pour ainsi dire absentes aux environs d'Alais, où je n'ai trouvé qu'une empreinte de *Trigonocarpus schizocarpoides* à Portes, et une sorte de *Trig. brevis* à Saint-Jean.

POLYPTEROCARPUS, Brong.

Les graines polyptères, spéciales au terrain houiller supérieur, sont assez variées, mais peu nombreuses. Je ne connais pas les organes végétatifs des plantes dont elles proviennent. Leurs empreintes sont parfois rassemblées (Fig. 14, Pl. IV) et quelques-unes semblent attachées comme si elles avaient formé des régimes à graines très nombreuses.

J'en ai trouvé trois espèces, en y comprenant la suivante à trois ailes seulement, et sans compter des graines très charnues de Saint-Jean avec prolongement de *Polylophospermum*, et d'autres graines peu nettes de Martrimas, des Figcirettes, du Foljas, du Mas-de-Curé et de la couche des Lavoirs.

Trypterocarpus arcuatus, n. sp.

Graines très étroites et allongées (Fig. 14, Pl. IV), à trois arêtes prolongées en larges ailes (Fig. 14) dépassant la graine en longueur au moins à un bout ; graines presque toujours arquées, gênées qu'elles ont dû être dans leur développement régulier.

Gisement. — A Traquette (où cette espèce abonde), à Olympie, à Sallefermouse ? Rieubert.

Polypterocarpus radians, n. sp.

J'ai dessiné, Fig. 1, Pl. VI, une graine de Gachas, à larges ailes striées dans le sens rayonnant ; quatre sont visibles sur l'empreinte A, deux autres sont vraisemblablement attachées à la contre-empreinte, et comme on remarque entre les arêtes du noyau qui se prolongent par des ailes, de petites ailes secondaires, la graine en question présente dans son milieu la coupe B, analogue à celle du *Polyp. Renaulti*, Br., mais sans autre ressemblance avec cette espèce de Saint-Etienne.

Polypterocarpus cornutus, n. sp.

La Fig. 2, Pl. VI représente une autre sorte de Polyptérocarpus, recourbés au sommet et prolongés par un bec comme une cornue par son col ; leurs ailes, au nombre de six (2′), se terminent arrondies à la base st se prolongent atténuées vers le sommet ; une amande elliptique ressort au milieu.

Gisement. — Rieubert.

CODONOSPERMUM, Brong.

Les graines singulières de ce genre, munie d'une vessie natatoire, et que je suis tenté de rapprocher des *Daubreia*, se présentent dans le Gard comme à Saint-Etienne, sous un grand et sous un petit format, légitimant la création des deux espèces suivantes :

Codonospermum anomalum, Br.

Cette espèce, devenue classique, se présente sous des aspects assez différents, mais je doute que la forme en ballon Fig. 3, Pl. VI, lui appartienne réellement.

Gisement. — A Portes, couche Fontaine, Gagnières, Fontanes, Olympie.

Codonospermum minus, Gr.

J'ai, depuis longtemps, distingué de l'espèce précédente une forme beaucoup plus petite que l'on trouve le plus souvent aplatie, comme l'indique la Fig. 4 a, Pl. VI. La Fig. 4 b représente un spécimen pourvu d'un énorme réservoir d'air pour une si petite graine.

Gisement. — Sallefermouse, Molières, Mas-de-Curé, puits du Doulovy (à plus grandes dimensions que d'ordinaire).

Carpolithes sulcatus, Stern.

Cette espèce de graine à teste replié d'une manière étrange (*Flore de Commentry*, Pl. LXXIII, Fig. 2) s'est trouvée au Bois-Commun et aux Tavernoles.

STEPHANOSPERMUM, Brong.

Ce genre est représenté dans le Gard par des graines rondes couronnées, et, en plus, par une toute petite graine pourvue d'une aigrette de dissémination, ce qui s'accorde, au dire de M. Renault, avec la structure de l'espèce ci-après, pour démontrer, l'existence des Gnétacées à l'époque houillère. M. Renault suppose que les Gnétacées houillères sont les Calamodendrées. Rien, jusqu'ici, ne m'a mis sur la voie de l'attribution des graines suivantes, trop rares d'ailleurs pour correspondre à ces végétaux très communs et très abondants.

Stephanospermum akenioides, Br.

Gisement. — Confluent du ruisseau La Serre avec le Comberedonde, Broussous ? Puits de Fontanes (pr. 245), Saint-Jean, Lalle.

GNETOPSIS, Renault et Zeiller.

Ce genre de Commentry s'est présenté dans les couches supérieures du bassin d'Alais, à l'état d'exception.

Gnetopsis cristata, n. sp.

A La Crouzette et à Portes (C. Sainte-Barbe), se sont trouvées de très petites graines (Fig. 9, Pl. VI) surmontées d'une aigrette ramifiée à branches poilues, ayant l'aspect du *Gn. hexagona*, mais la graine du Gard, un peu plus forte, n'est pas anguleuse ; sa forme et la nature de sa surface la font ressembler aux *Stephanospermum*, auquel cas, et c'est aussi l'opinion de M. Renault, la couronne de ces dernières serait la base d'attache de très fortes aigrettes détachées.

Carpolithes granulatus, Gr.

Cette petite graine de Saint-Etienne *(Flore carbonifère,* p. 306, Pl. XXXIII, Fig. 7), s'est rencontrée au toit de la couche de Champclauson, rapprochée en grand nombre comme si elle s'était égrenée sur place.

Peut-être appartient-elle aux Dory-Cordaïtes.

FAMILLE DES CORDAÏTÉES

Les Cordaïtées, aujourd'hui connues dans toutes leurs parties, sont, d'après M. Renault, plus rapprochées des Cycadées que des Conifères, et, d'après M. Van Tieghem, intermédiaires aux unes et aux autres sans pouvoir leur être réunies. C'est une famille éteinte qui a joué un rôle considérable par le nombre, encombrant de ses feuilles les schistes, et formant de ses débris une partie importante de la houille. Les écorces gisent dans les grès et les feuilles principalement dans les schistes micacés, dans le Gard comme à Saint-Etienne, comme si ces plantes avaient recherché, pour prospérer, le sol micacé plutôt que le sol granitique. Aussi, quand les roches quartzo-feldspathiques succèdent, comme à Sallefermouse par exemple, aux roches quartzo-micacées, observe-t-on, sous ce rapport une différence de végétation complète dans les schistes qui sont très pauvres ou très riches en Cordaïtes.

Ces plantes fossiles offrent un grand intérêt botanique.

On sait maintenant, et nous démontrerons, que c'est à elles qu'appartiennent les graines à symétrie binaire, aussi variées que nombreuses, formant, d'après M. Renault (*Cours de botanique fossile*, 1re année, p. 102), les genres : *Cardiocarpus, Diplotesta, Sarcotaxus, Leptocaryon, Taxospermum, Rhabdocarpus* ; auxquels je suis en mesure d'ajouter d'autres genres et espèces : *Hypsilocarpus, Samaropsis, Carpolithes disciformis,* etc. Lesquereux a même été conduit à rapporter le *Pachytesta multistriata* au *Cord. Mansfeldi* (Flore de Pensylvanie, Pl. LXXXVII, Fig. 8 et Pl. LXXXV, Fig. 21).

La plupart des graines du terrain houiller paraissent ainsi se rapporter aux Cordaïtes.

Or, ces feuilles sont très peu variées, dénotant deux ou trois genres, et c'est à peine si les bois de Cordaïte forment quelques espèces voisines.

Il s'ensuit : 1° que les graines constituent réellement l'organe variable de ces végétaux, celui où il faut rechercher le caractère différentiel des espèces ; 2° que les espèces de feuilles, en empreintes, correspondent chacune à plusieurs espèces de graines ; 3° que les espèces de bois équivalent certainement à plusieurs genres de graines et à un certain nombre d'espèces de feuilles.

Les différents organes et parties isolés des Cordaïtes seront décrits sous les noms et dans l'ordre suivant :

40

Racines et souches. *Rhizocordaites ;*
Tiges et branches. . *Cormocordaites : Cordaïfloyos, Dadoxylon, Artisia ;*
Rameaux . . . . . . *Cordaicladus ;*
Feuilles et graines . *Cordaites : Eucordaites, Cordaianthus, Cordaicarpus;*
Dory-Cordaites, Botryoconus, Samaropsis ;
Poa-Cordaites, Taxospermum.

RHIZOCORDAITES

Les racines et souches de Cordaïte sont rares dans les forêts fossiles des Cévennes (voir Pl. III *bis*, Fig. 4), où quelques rares tiges ont pris pied et se sont développées, ayant toutes leurs racines étalées et disposées dans leur position naturelle de croissance sur place. Les racines de Cordaïte sont très charbonneuses, leur bois et leur écorce étant indistinctement houillifiés.

Je représente trois sortes de souches : 1° celle Pl. VII, Fig. 12 à racines principales expalmées, desquelles partent, en plongeant, des branches de divers ordres ; 2° celle Pl. III *bis*, Fig. 27 à racines comparativement très peu développées, renfermant, dans le tronc qui surmonte la souche, un moule pierreux artisiiforme et appartenant sans doute à une tige très peu ramifiée ; 3° une racine pivotante Pl. III, Fig. 9 a, haute de 2 à 3 mètres, à racines étagées ; le peu de bois, très altéré, que j'ai pu recueillir de pareilles tiges, semble organisé comme celui des *Palæoxylon*. Dans un tronc de Cordaïte debout au toit de La Grand'-Baume, à Ricard, le bois a été trouvé transformé en un charbon pierreux, terne et homogène comme du cannel-coal, en dedans et au contact d'une écorce convertie en houille spéculaire brillante.

CORMOCORDAITES

Par contre, les tiges de Cordaïte sont très communes et l'on comprendrait difficilement que les souches fussent si rares, si celles trouvées en place avaient été charriées et avaient échoué les racines en bas, comme le prétend M. Fayol.

Ces tiges ont subi une profonde altération : tantôt on n'en trouve que l'écorce, le bois ayant été décomposé et détruit, ou désagrégé et dispersé, tantôt le bois sans l'écorce est pétrifié, et parfois même on rencontre isolées les empreintes de leur moelle diaphragmatique. Il est rare qu'on trouve toutes ces parties réunies, et alors, à Champclauson en particulier (toit de la couche des Lavoirs, Pl. III *bis*, Fig. 8), le bois est converti en charbon avec l'écorce, formant de vraies tiges de houille. (Le fait est rare à Saint-Etienne, où l'eau de carrière des roches ayant été lapidifiante a, la plupart du temps, pétrifié le bois à côté de l'écorce houillifiée). En ce cas, l'épaisseur de houille est considérable et l'on rencontre dans l'axe un moule de grès à la place de la moelle épaisse des tiges. A Champclauson, des tiges de houille contiennent ainsi un axe pierreux de $0^m,08$ à $0^m,12$ de diamètre, vaguement strié en long, quelquefois ridé en travers, avec des saillies disposées en spirale, semblablement aux *Artisia*.

Mais les trois parties : écorce, bois et moelle des tiges de Cordaïte, étant généralement isolées, demandent à être inventoriées, appréciées et déterminées séparément, ce qui va être fait sous les noms des trois genres fossiles : *Cordaifloyos*, *Dadoxylon* et *Artisia*.

CORDAIFLOYOS, Gr.

Réduites à l'écorce qui a offert une résistance bien plus grande à la décomposition que le bois, les tiges de Cordaïte sont communes dans les grès de Champclauson, de l'Affenadou et de Rochebelle ; on en trouve au mur du dressant du Col-Malpertus, au toit de la couche Palmesalade, à Lalle (dans un banc de grès), au puits du Doulovy, à l'Arbousset, etc.

Ces écorces se présentent sous la forme d'un cylindre de houille creux, à surface unie ; la compression des roches en a déplacé la houille qui forme une épaisseur très inégale autour du remplissage minéral.

J'ai montré, et M. Renault a vérifié, que l'écorce restant vivace a pris une grande épaisseur, ce qui permet d'admettre que les différents tronçons de tiges PL. VII, FIG. 11, bien que représentés par un fort cylindre de houille (dont on n'a peu figuré les inégalités d'épaisseur), sont des écorces de Cordaïte, sauf, toutefois, les branches rameuses FIG. U, à noyaux artisiiformes, lesquelles, par cela même, comprennent évidemment le bois et l'écorce convertis indistinctement en charbon. Une écorce a été trouvée, à l'Arbousset, aussi épaisse autour d'un axe ligneux pétrifié que l'écorce M ; les tuyaux de charbons M, N, P, T, avaient une longueur de 2 à 7 mètres, sans changement de diamètre et sans branche ; le système rameux S n'est qu'en partie vide de bois ; à la surface de la branche rameuse U, on distingue quelques indices de cicatrices foliaires, par lesquels elle fait la transition aux *Cordaicladus*, dont il sera parlé un peu plus loin.

Tous ces débris, figurés à petite échelle, font concevoir de grandes et hautes tiges, ramifiées à une certaine hauteur, et surtout aux sommets, comme il arrive aux arbres de haute futaie.

BOIS FOSSILES

CORDAIXYLON, Gr., **DADOXYLON,** Endlicher.

Nous avons signalé (p. 84) des bois fossiles pétrifiés par les eaux minérales qui ont accompagné les éruptions boueuses de gore blanc. A part ces cas, le bois a généralement été converti en houille avec les écorces.

Aussi les bois fossiles sont très rares dans le bassin d'Alais, sauf à l'état fragmentaire de fusain dans la houille.

Ils se rapportent aux Cordaïtées et sont à décrire ici. Etant très peu variés, ils correspondent, avons-nous dit plus haut, chacun à plusieurs espèces de feuilles et même à plusieurs genres de graines. Ils sont dépourvus de canaux résinifères, si communs dans les Conifères.

Dadoxylon Brandlingi, Lindley.

Au-dessus des schistes de la tranchée de Gagnières, on voit, couchées à moitié au Nord dans un gros banc de grès, de grandes et fortes tiges de Dadoxylon, formées de larges fibres ligneuses, percées sur les faces latérales de trois rangées au moins de pores hexagonaux alternes, avec rayons médullaires muriformes souvent doublés au milieu et composés de dix à vingt petites cellules superposées.

Bois analogue à Champclauson, mais dont les fibres, de dimension moyenne, sont pourvues de deux ou tout au plus trois rangées de ponctuations, comme dans l'espèce suivante :

Dadoxylon materiarium, Dawson.

Cette espèce commune dans les *Upper-coal-measures* du Canada et qui est analogue à l'*Araucarites carbonaceus*, Göpp., paraît fréquente dans l'étage supérieur du Gard, où elle est représentée par les bois suivants :

1° Au-dessous de la couche de Champclauson, aux Rosiers, bois silicifiés à fibres moyennes, plutôt petites que fortes, à deux ou trois rangées de pores hexagonaux, avec nombreux rayons médullaires généralement simples, composés de trois à vingt-cinq cellules superposées;

2° Bois silicifié de Comberedonde formé de fibres moyennes, à deux rangées de ponctuations, avec rayons médullaires simples de hauteur variable ;

3° Bois de Cessous assez mal conservé que cependant, sous le microscope, on voit composé de fibres assez minces, à deux rangées de pores hexagonaux;

4° Bois de Portes analogue, presque indéterminable ;

5°   Id.   couche Anonyme.

Dadoxylon tenue.

A l'examen microscopique, un bois fossile de Garde-Giral se montre composé de fibres très minces à une seule rangée de pores largement ouverts ; rayons médullaires rares, simples ou doublés au milieu.

Si les fibres ligneuses étaient, en outre, rayées, ce bois ressemblerait assez au suivant.

Taxoxylon stephanense, Gr. et Ren.

J'avais décrit comme *Dadoxylon stephanense (Flore carbonifère*, p. 265) des bois qui, depuis, ont été complètement analysés par M. Renault. Cet anatomiste leur a trouvé une structure de *Taxoxylon*, Krauss *(Cours de Botanique fossile*, 4° année, p. 81, PL. VI, Fig. 20 à 23).

J'ai trouvé à Molières une branche ou petite tige de bois sidérifié que je crois pouvoir rapporter à la même espèce, malgré son mauvais état de conservation, en raison de ses fibres poreuses et, ce semble, striées, et de la rareté de ses rayons médullaires.

Avec M. Renault, nous pensons que ce bois se rapporte au genre *Poa-Cordaites*, que je décrirai en dernier lieu, après les véritables Cordaïtes.

ARTISIA, Sternberg.

Les *Artisia*, et le fait a été constaté bien des fois, sont les empreintes des moelles diaphragmatiques des tiges de Cordaïte, que la désagrégation ou la décomposition du bois a le plus souvent isolées. Entourées d'une mince couche de houille, représentant l'étui médullaire, ces empreintes sont caractérisées par des sillons transversaux qui sont les traces sur le moule des diaphragmes de la moelle. Les *Artisia* se rencontrent dans l'axe de beaucoup de branches de Cordaïte (PL. VII, Fig. 11, U), et, dans ce cas, ils sont entourés d'une couche de houille plus ou moins épaisse, représentant l'écorce et le bois de tiges qui poussaient très vite, avec un diamètre ayant dépassé, dans quelques cas, $0^m,15$.

Dans une tige ramifiée, je crois avoir constaté que l'*Artisia* de la branche se termine en cône au point où il semble dériver de l'*Artisia* de la tige, comme on devait s'y attendre, la branche résultant du développement d'un bourgeon latéral.

Artisia octogona.

La Fig. 10, Pl. VII est d'un *Artisia* de La Crouzille, à rides transversales, ni plates, ni rondes, ni anguleuses, de hauteur très variable ; mais on voit, en dépouillant le noyau de l'enveloppe qui l'entoure, qu'elles sont de même dimension, l'apparence contraire résultant de ce qu'une mince couche de charbon strié dissimule, par places, plusieurs rides transversales. Les diaphragmes du fossile ne sont pas resorbés ou détruits complètement ; l'un d'eux, figuré au-dessus de l'*Artisia* en question, offre un contour octogonal presque régulier. L'empreinte est bordée de bois qui, bien que transformé en houille, a laissé l'empreinte de sa structure sur le schiste.

Artisia angularis, Dawson.

Cette espèce de moelle correspond certainement à plusieurs sortes de Cordaïtes, car j'ai reçu d'Anzin un spécimen semblable à celui du Gard Fig. 9, Pl. VII. Sur l'échantillon figuré, on peut remarquer des rides supplémentaires sur les parties renflées qui correspondent aux insertions des feuilles.

Gisement. — Bessèges, Couche Sans-Nom (d'après M. Zeiller), Champclauson (C. Fontaine), Portes (Collection Sarran).

Artisia approximata, Lindley.

Cette espèce de moelle diaphragmatique équivaut, évidemment aussi, à plusieurs espèces de tiges ou branches.

Gisement. — La Crouzille, La Clède, Grand'Combe, Chauvel, La Vernarède.

Artisia transversa, Artis.

Cette espèce, à rides plates et larges, et sillons fins, espacés et en partie anastomosés, se présente :

À La Grand'Combe et à Portes.

CORDAICLADUS, Gr.

Les rameaux effeuillés de Cordaïte, à cicatrices foliaires conservées, ne sont pas aussi fréquents dans le Gard qu'à Saint-Etienne.

L'écrasement, sous la compression des roches, du charbon qui les représente, en a altéré les caractères superficiels, et c'est ainsi qu'à La Jasse, à Sainte-Barbe, à Gachas, se présentent des Cordaïcladus indéterminables.

Cordaicladus Schnorrianus, Germ.

Figeirettes, Bessèges, Grand'Combe.

Cordaicladus ellipticus, Gr.

Dans le Gard, sur les cicatrices de cette espèce proche de la précédente, se voient des passages vasculaires alignés horizontalement.

Doulovy (Schistes stériles).

Cordaicladus obliquus.

Tandis que dans les deux espèces précédentes, les cicatrices annoncent des bases de feuilles très calleuses, certains rameaux trouvés à Fontanes révèlent, au contraire, des attaches peu épaisses, par des cicatrices obliques linéaires, sans les insertions ponctiformes qui surmontent souvent les cicatrices de Cordaïte.

Cordaicladus distans, n. sp.

Il a été trouvé à Portes, avec une largeur de $0^m,03$ à $0^m,04$ plus grande que ne l'indique la Fig. 8, Pl. VII, un type particulier de branches de Cordaïte, plus larges que d'ordinaire et que distinguent des cicatrices saillantes très espacées sur une surface striée munie d'un épiderme gercé. Les cicatrices saillantes présentent une forme spéciale.

CORDAITES, Unger.

C'est par des feuilles coriaces recouvertes de nervures égales et parallèles, participant sous ce rapport de celles des *Zamia, Dammara, Salisburya*, que les Cordaïtes se reconnaissent le plus aisément, et c'est à elles qu'a été donné ce nom, en mémoire de Corda, un auteur célèbre qui nous a fait connaître avec une précision remarquable la structure d'un grand nombre de plantes fossiles.

Ces feuilles sont au nombre des fossiles les plus répandus et les plus abondants.

Distribution générale. — Elles dominent les autres débris fossiles : à Pigère (puits des Pilhes), Garde-Giral, Cros et Combelongue ; au toit immédiat de la couche Grand'Baume et dans le charbon de la partie supérieure de cette couche ; à Champclauson (à Gazay), dans la houille et les intercalations schisteuses ; au toit de la couche Salze ; à Portes, dans nombre de bancs de houille avec *Stipitopteris;* couches du Feljas ; charbon affleurant dans le lit de la Gagnières.

Beaucoup : au Nord-Ouest du village de Portes, couche Saint-Augustin, Comberedonde, Palmesalade, Mas-de-Curé, filets des Tavernoles, Traquette, dans une couche du Bois-Commun, en général à Rochebelle, couches inférieures de Bessèges, Mas-Bleu, Gachas, Affenadou, Assises des Trois-Seigneurs, couches du sommet des plans, à La Trouche et à La Grand'Combe en général.

Plus ou moins au puits du Doulovy, à Martrimas, dans les couches supérieures de Saint-Jean, Cendras (2ᵉ couche), Olympie, Bessèges (feuilles et fusain de Cordaïtes dans la houille).

CLASSEMENT GÉNÉRIQUE DES FEUILLES DE CORDAITES

Au premier aspect, ces feuilles larges, longues et striées uniformément sur toute leur étendue, se ressemblent beaucoup, à part certaines feuilles étroites et linaires qui font l'objet du genre *Poa-Cordaites*.

Cependant un examen attentif invite à séparer les plus minces recouvertes de fines stries serrées, d'autant plus qu'elles gisent généralement séparées des autres et que c'est par elles que le groupe est surtout représenté dans le terrain houiller moyen ; je les ai désignées sous le nom de Dory-Cordaïtes parce que leur texture fine paraît subordonnée à une forme en lame de sabre, lancéolée aiguë, tandis que les autres cordaïtes, plus charbonneuses, à nervures plus espacées, sont ordinairement spathuliformes, obtuses, parfois tronquées ; avec cela, les vrais Cordaïtes présentent entre les nervures des rides transversales dues à une structure particulières que ne présentent pas, ou qu'à un degré très atténué, les feuilles en lame de sabre. Toutes admettent des stries hypodermiques destinées, au dire de M. Renault, à renforcer les feuilles qui poussaient très vite, et qui, par là, n'ont qu'une valeur relative, leur nombre et même leur présence n'étant pas constants dans le *Cordaites lingulatus* (page 323).

Les graines et inflorescences qui sont associées aux trois sortes de feuilles sont d'ailleurs assez différentes pour admettre que ces dernières forment trois genres, les suivants :

> *Eucordaites ;*
> *Dory-Cordaites ;*
> *Poa-Cordaites.*

Les genres *Scutocordaites* et *Titanophyllum* de Commentry n'existent pas dans le Gard.

EUCORDAITES

Feuilles cunéiformes obovées, coriaces, épaisses et par suite présentant des caractères différents sur les deux faces ; à nervures saillantes, anguleuses ou noyées dans le parenchyme, souvent séparées par de fines stries produites par des cordons hypodermiques et visibles sur une face seulement ou inégalement sur les deux faces. A la loupe, on voit, au moins sur une face, souvent sur les deux, les nervures séparées par de fines rides transversales produites par un tissu lacuneux de croissance très rapide.

Les vraies Cordaïtes dominent dans le terrain houiller supérieur. A contour et nervation peu variables, elles sont réellement très difficiles à classer, soit parce que leurs dimensions varient beaucoup dans la même espèce, soit parce que la nervation change un peu du milieu au bord et à l'extrémité des feuilles, soit aussi parce que la compression en a altéré les linéaments superficiels. En tenant compte de la forme, de la nervation et des stries hypodermiques, on parvient cependant à en isoler quelques-unes.

Les espèces qu'on peut ainsi distinguer dans l'état fossile ordinaire forment un minimum, M. Renault ayant constaté des structures assez différentes dans des feuilles à nervures égales qu'il serait impossible de distinguer à l'état d'empreintes (*Nouvelles Archives du Muséum*, 1879, Mémoires, t. II, Pl. XVI, Fig. 4 et 5).

Mais à ces feuilles si difficiles à classer correspondent des graines très variées formant non seulement un nombre important d'espèces, mais plusieurs genres : *Cardiocarpus, Diplotesta, Sarcotesta, Taxospermum, Leptocaryon, Rhabdocarpus*, etc.

Les vraies Cordaïtes offrent donc au plus haut point l'anomalie d'avoir porté des feuilles beaucoup moins variées que les fruits que je me propose de décrire à leur suite.

Cordaites borassifolius, Stern.

Cette espèce classique fondée sur des feuilles ovales lancéolées dont la largeur ne dépasse pas, dit-on, 0,05 à 0,06, minces, recouvertes sur les deux faces de nervures alternativement plus fines et plus fortes carénées, est commune dans le Gard, mais le limbe dépasse souvent la largeur ci-dessus et les nervures sont en général moins denses que dans le Nord de la France ; de plus, dans certains échantillons, on aperçoit quelques fines stries entre les nervures, et les graines qui accompagnent les feuilles ne sont pas les mêmes, en sorte que l'espèce en question est de celles à caractères multiples qui réunissent plusieurs formes affines ; mais l'imperfection des empreintes ne permet pas de les séparer.

Gisement. — Nombreux à Traquette, à Rochebelle, dans le Vallat des Luminières, au Vern.

Recherche de Durand, Martrimas, Pigère, Crouzille, Cros, La Prade, Rieubert, Lalle, Bessèges (C. Saint-Auguste), Molières, Saint-Jean (C. n° 3), Bois-Commun, puits Saint-Germain, Olympie, Croix-des-Vents, à La Grand'Combe (Ricard, Trescol, quartier du Rat), aux Oules, sondage de Ricard (pr. 267), Broussous (C. Sans-Nom), Palmesalade, Destourbes, Comberedonde, Trémont, Mas-Andrieu (C. Rouvière).

Cordaites crassifolius, Gr.

Feuilles consistantes, très finement et à peu près également striées sur une face, comme dans l'espèce suivante, et sur l'autre face ressortent des nervures

41

alternativement saillantes et rentrantes (voir Fig. 4, Pl. VII), comme dans l'espèce précédente.

Sur la face striée ressortent parfois, mais pas toujours, chaque 5 à 7 stries, des traits plus forts paraissant correspondre aux nervures qui occupent les sillons de l'autre face. Les nervures principales sont déprimées sur le dos des carènes et celles-ci sont recouvertes par côté d'un fin réseau de cellules quadrangulaires. La base des feuilles est évasée et l'extrémité en est obtuse tronquée. Les feuilles sont généralement très grandes. Elles abondent dans certains bancs de schiste et de charbon, parfois à l'exclusion de tous autres débris fossiles.

Gisement. — Forment une partie du charbon de la couche de Champclauson et du charbon de Portes ; abondent dans les schistes de La Crouzette et de La Vernarède.

A La Grand'Combe (Trouche, Ricard), puits des Oules, Saint-Jean, recherche de Gagnières.

Cordaites principalis, Germar.

Grandes feuilles planes, minces, très uniformément parcourues sur toute la largeur de nervures égales régulières, séparées par 3 à 5 stries plus fines. La structure en a été publiée par M. Renault (*Cours de botanique fossile*, 1re année, p. 92, Pl. XII, Fig. 6).

Les feuilles sont plus ou moins grandes, obovées, obtuses, cunéiformes, parfois fissurées.

Gisement. — Portes (C. Salze, Blachères), Crouzette (C. Fontaine), couche de Champclauson, Lagrange-sous-Veyras, Ravin, Crouzille.

Cordaites papyraceus.

Dans le Gard comme à Saint-Etienne, on trouve de grandes feuilles lisses, membraneuses, parcourues d'une seule sorte de fines nervures, espacées, peu nettes, sur toute la largeur jusqu'au bord, à peu près comme on pourrait l'attendre de la structure Pl. XII, Fig. 2 de l'ouvrage cité plus haut.

Gisement. — Portes (C. Blachères), Crouzette, couche de la Cascade.

Cordaites angulosostriatus, Gr.

Grandes feuilles coriaces de 0,40 à 0,80 de long, de 0,08 à 0,15 de largeur maximum aux deux tiers de la longueur à partir de la base, à nervation inégale, plus forte et anguleuse au milieu de la partie inférieure et plus épaisse des feuilles, et striées, ce semble, sur les deux faces, comme si elles avaient l'organisation représentée par la Fig. 3, Pl. 12 du *Cours botanique fossile* de M. Renault ; la partie calleuse de la base d'attache a jusqu'à 0,04 de largeur.

Gisement. — Nombreux à La Vernarède (C. Saint-Augustin).
Couche Salze, Trépeloup, filets des Tavernoles, couches de Champclauson et Fontaine ; d'après M. Zeiller, à la Carrière de l'Eglise et couches Pilhouze et Abylon.

V. praegressus. — Je crois devoir distinguer, tout au moins comme variété ancestrale, des feuilles également très longues et larges, mais moins coriaces et charbonneuses, ayant d'ailleurs des nervures moins inégales ; elles sont au reste particulièrement cantonnées dans les couches inférieures.

Gisement. — Abondant à Pigère (Cros brûlé), à Sallefermouse (Couches inférieures), à Gachas, au Mas-Bleu, au Feljas (C. n°ˢ 1 et 2).
Martrimas, puits du Doulovy, Bessèges (C. Saint-Auguste), puits de Chavagnac (avec *Hysterites cordaitis*), Broussous d'Auzonnet.

Cordaites lingulatus, Gr.

Feuilles obovées de dimension très variable, ayant une longueur de 0,40 à 0,50, une largeur de près de 0,10 dans l'échantillon FIG. 1, PL. VII, et seulement une longueur de 0,10 dans le bouquet de feuilles FIG. 2, que je crois pouvoir rapporter à la même espèce. Feuilles à base très contractée et un peu embrassantes, qu'on a lieu d'être étonné de voir attachées à un aussi faible rameau que celui visible sur la FIG. 1. Le limbe est assez mince. Les nervures sont sensiblement égales, plus fines et rapprochées sur les bords que ne l'indiquent les dessins ; elles divergent latéralement et sont légèrement conniventes au sommet. M. Renault a constaté dans l'intervalle l'absence de cordons hypodermiques lorsque les nervures sont faibles et rapprochées, et la présence de un à trois de ces cordons lorsqu'elles sont plus fortes, anguleuses et espacées.

La structure FIG. 3 d'une feuille de Grand'Croix (Loire), à nervures égales, me paraît se rapporter à cette espèce ; la coupe transversale est à deux grossissements différents ; la coupe longitudinale est figurée à droite à $\frac{100}{1}$; celle-ci, perpendiculaire au limbe, passe par un faisceau vasculaire : les trachées sont tournées du côté de la face inférieure, elles sont entourées du côté opposé par un arc de vaisseaux ponctués ; de ce côté, les cellules sont fortement lignifiées sous l'épiderme supérieur, qui est dépourvu de stomates.

Gisement. — Nombreux à Pourcharesse (au mur de la C. Saint-Augustin), à la couche Chauvel et entre les couches Salze et Rouvière maigre.
Couche des Lavoirs et, d'après M. Zeiller, couches Pilhouze, Abylon et Grand'Baume.
Les petites feuilles de cette espèce se trouvent à Portes (C. Terrenoire et Canal), couche Crouzette, Palmesalade, Trouche, puits du Doulovy ? Gachas (petite feuille tronquée) ?

Cordaites aequalis, Gr.

Feuilles allongées à nervures espacées (2 par $^{m/m}$), très nettes, déprimées et à rebord relevé sur une face, saillantes sur l'autre, séparant des côtes plates unies, légèrement ondulées et sur lesquelles se devinent quelques nervules noyées dans l'épaisseur du parenchyme épais de la feuille.

Gisement. — Carrière de l'Eglise, couche des Blachères, Bois-Commun, Rochebelle, Saint-Jean, puits du Doulovy, Crouzille.

Cordaites tenuistriatus et ellipticus, Gr.

S'il peut subsister des doutes sur la limite des espèces précédentes et sur la valeur de leurs caractères différentiels, il n'en est pas de même du *Cord. tenuistriatus* qui, s'il n'avait pas déjà reçu ce qualificatif (*Flore carbonifère*, p. 218), justifierait l'appellation *densinervis* par des nervures très rapprochées sur une face, au nombre de quatre à cinq par millimètre, déprimées et séparant de fines côtes lombées ; sur l'autre face, stries trois ou quatre fois plus nombreuses, très fines et inégales ; limbe coriace, feuille de dimension moyenne, à contour elliptique.

Gisement. — Nombreux à l'Affenadou, à La Trouche, à la couche du Sommet des plans. Couche Salze, Rochebelle, Saint-Jean, Fontanes, Pradel, Recherche de Gagnières.

Cordaites foliolatus, Gr.

Si n'était un limbe plus mince, plus uni, des nervures plus faibles, beaucoup moins accusées, les petites feuilles désignées ainsi, que M. Zeiller a reconnues à La Crouzette et à la couche Abylon, et que j'ai aussi trouvées à Portes, seraient à confondre avec les précédentes, dont elles ne constituent peut-être qu'une variété ou même seulement un mode de conservation particulier.

Cordaites acutus, Gr. et Lacoei, Lesq.

Mais je crois qu'il n'en est pas de même de celles Fig. 14, Pl. VI, lesquelles, au lieu d'être elliptiques ou obovées, sont, au contraire, atténuées aiguës, et ont une autre consistance qui m'engage à les tenir séparées ; les nervures sont d'ailleurs plus divergentes à la base, parallèles et même un peu convergentes au milieu. La petite feuille Fig. 14' rappelant celles de certains *Araucaria*, me parait en représenter le premier ou le plus petit état de développement ; par son sommet, elle est comparable au *Cord. Lacoei* Pl. LXXXVII, Fig. 4 de la *Flore de Pensylvanie*.

Gisement. — Comberedonde, Traquette, Garde-Giral.

V. discrepans. — La feuille Pl. VI, Fig. 16, malgré son sommet arrondi, possède l'ensemble des caractères de l'espèce en question.

Cordaïtes circularis.

La Fɪɢ. 15 forme entre les Fɪɢ. 14, 14′ et 16 un contraste complet, ce qui, avec une nervation filiforme rappelant celle de certains *Doleropteris*, ne me permet pas de la rattacher aux espèces ci-dessus décrites.

CORDAIANTHUS, Gr.

Les épis fructifères et florifères de Cordaïte ne sont pas communs, là même où abondent ces feuilles, et comme les rameaux sont également rares, il est à présumer que dans les Cévennes les forêts étaient très peu dévastées, soit par les coups de vent, soit par les inondations violentes ; les organes caducs, presque seuls, en étaient entraînés par les eaux qui baignaient ces forêts, dans le bassin géogénique.

La dépendance des *Cordaianthus*, trouvés attachés aux *Cordaicladus*, n'est plus contestée. Les rameaux florifères ont été détachés bien avant d'avoir rempli leur rôle ; ils sont mâles et femelles, et M. Renault nous en a fait connaître la structure anatomique *(Structure comparée*, etc., 1879, Pʟ. XVI et XVII). La Fɪɢ. 10 de ma Pʟ. VI représente une paire d'inflorescences femelle A et mâle B, la première avec rudiments de graines placées à l'aisselle de bractées striées, et la seconde formée, sans bractées, de bourgeons écailleux caliciformes, desquels on voit sortir de nombreuses anthères, comme des bourgeons mâles de *Cord. angulosostriatus*, Gr., d'après M. Zeiller (*Végétaux fossiles du terrain houiller*, Pʟ. CLXXV, Fɪɢ. 3).

A Saint-Etienne, en Pensylvanie, à Commentry, ont été trouvé des inflorescences très variées, dénotant des types plus nombreux que les feuilles, avec ou sans involucre, avec ou sans bractées, fort courtes ou très allongées, à bourgeons distiques, alternes ou apposés, ou à bourgeons insérés tout autour de l'axe. Les bractées sont, dans tous les cas, des feuilles profondément modifiées, réduites le plus souvent à des écailles sans nervures apparentes.

On ne rencontre pas, et cela se comprend, de rameaux portant des graines mûres. Mais, des restes de pédicelles rencontrés à la base de quelques graines, ou de leur épais sarcotesta *(Flore carbonifère*, Pʟ. XXVI), on peut induire, que, en mûrissant, les graines isolées au centre de chaque bourgeon monocarpe en sortaient portées sur un pédoncule nu ou écailleux.

Je ne me suis pas attaché à rechercher les fleurs de Cordaïte qui offrent peu de ressources pour la stratigraphie ; je n'en ai observé que trois espèces.

Cordaianthus baccifer, Gr.

Cette inflorescence a été trouvée au Mas-de-Curé et à Gachas.

Cordaianthus celticus.

A Bordezac, s'est rencontré un épi rappelant le *Cord. racemosus*, mais assez différent ; épi délié et fléchi, ovules droits, espacés, isolés chacun à l'aisselle d'une·écaille.

Cordaianthus Andræanus, Weiss.

A Olympie, existent des épis formés de gemmes mâles très analogues à ceux de Sarrebruck publiés sous ce nom.

CORDAICARPUS, Gr.

Non moins bien que les inflorescences, les graines de Cordaïte sont connues, non seulement de forme, mais aussi de structure, ces graines ayant été trouvées à Saint-Etienne merveilleusement conservées dans la silice (Brongniart, *Recherches sur les graines silicifiées*, 1881). Par le fait et par le gisement, je crois pouvoir rapporter aux Cordaïtes, en général, toutes les graines à symétrie binaire, c'est-à-dire de beaucoup le plus grand nombre des graines du terrain houiller, lesquelles, par la forme et la structure, à la fois, révèlent[t] plus de genres que les feuilles.

Les graines de Cordaïte se trouvent généralement avec ces feuilles ; il n'y en a pas, non plus que d'autres graines, à Molières par exemple, avec les Sigillaires, Calamodendrons et autres cryptogames vasculaires.

Ces graines, ordinairement cordiformes, sont de dimensions très variables, plus ou moins épaisses, plates ou rondes, courtes ou allongées, lisses ou striées, marginées ou ailées.

Je vais d'abord énumérer celles qui ont assuré la reproduction des Eucordaïtes et qui étaient isolées au bout de chaque axe secondaire des épis. Parmi ces graines, figurent les *Rhabdocarpus* que j'ai trouvés attachés sans bractées à de petits axes florifères striés.

I

CARDIOCARPUS, Brongniart.

Cardiocarpus emarginatus, Göppert et Berger.

Cette espèce de graines, à large marge et qui paraissent avoir eu l'organisation du *Cardiocarpus drupaceus* de Brongniart, est, de toutes, la plus répandue.

Gisement. — Commune au Cros, Bois-Commun (C. n° 6) ; fréquente au Feljas, à Gachas, dans le charbon de Cordaïtes de Champclauson.

Aux Chamades, à La Clède, à Gagnières, à Crouzoule, à Bessèges (C. Saint-Auguste et Sainte-Barbe), à l'Arbousset, à La Trouche, dans la houille de la couche Abylon.

Cardiocarpus Gutbieri, Gein.

Graines analogues, mais moins marginées, généralement plus hautes que larges, un peu pédonculées et plus charbonneuses que les précédents, mais d'aspect trop varié pour qu'elles ne forment pas plusieurs espèces.

Gisement. — Champclauson (fréquentes), Comberedonde (C. de la Cascade), Portes, Chauvel, Trouche (Toit de La Pilhouze), Saint-Félix, Bois-Commun, Trémont, Gagnières, La Clède, Puits du Doulovy.

V. fragosus. — Champclauson, Ricard, Bessèges.

Cardiocarpus minor.

Graines de même forme que les précédentes, mais moitié plus petites, aussi hautes que larges, de la dimension du *Cord. acuminatus*, Ren., mais marginées, également semblables au *Sarcotaxus avellanus*, Br., mais moins épaisses ; l'une d'elles est représentée au-dessous de la Fig. 6, Pl. VII ; la base en est généralement un peu cordiforme.

Gisement. — Crouzille (nombreux), au puits des Bartres (nombreux), puits du Doulovy, à 600 mètres au puits de Gagnières, Saint-Félix, Filets du mont des Pinèdes.

Cardiocarpus excelsus, n. sp.

Je représente Fig. 6, Pl. VII un grand Cardiocarpus de Gagnières, qui, par la taille, la forme de la base et les divers caractères réunis, ne saurait rentrer dans le cadre d'aucune espèce décrite. A Olympie, graine analogue.

Cardiocarpus reniformis, Gein.

De grosses graines charbonneuses très semblables à celles classées sous ce nom se trouvent positivement à Portes (C. Sainte-Barbe).

II

CYCLOCARPUS, Göppert et Fiedler.

Cyclocarpus cordai, Gein.

A Martrimas, se trouvent des graines rondes, de dimension moyenne, très peu cordiformes à la base, très peu aiguës au sommet, à testa très charbonneux, à surface unie, qui se rapportent assez bien à cette espèce à laquelle son auteur compare le *Carpolithes lenticularis* beaucoup plus petit. Le *Card. sclerotesta*, Brong. (*Recherches sur les graines silicifiées*, PL. XI, p. 47), me paraît représenter la structure anatomique de ces sortes de graines rondes qui sont communes et dépourvues de marge à la suture des valves.

Cyclocarpus lenticularis, Presl.

De petites graines rondes charbonneuses, très analogues, pour ne pas dire identiques, à celles décrites sous ce nom, se rencontrent à Portes (C. Canal, Jenny, Blachères), au pied du plan des Pinèdes.

III

RHABDOCARPUS, Göppert et Berger.

Ce genre de graines à sarcotesta filamenteux est faiblement représenté dans le Gard. Je représente, PL. VI, FIG. 6, un spécimen de La Grand'Combe qui par sa forme renflée au milieu rappelle le *Rhab. ovoideus*, Ren. de Commentry, mais il me paraît plutôt se rattacher à l'espèce suivante.

Rhabdocarpus subtunicatus, Gr.

Dans le terrain houiller supérieur, la plupart des Rhabdocarpus se rangent autour du *Rh. tunicatus*, Göppert et Berger, mais ils sont tous plus grands, plus charbonneux, et nul doute qu'ils ne constituent une espèce différente ; le nom en rappelle l'analogie.

Gisement. — Desèges, Combelongue, Ravin, Trouche (toit C. Pilhouze).

IV

HYPSILOCARPUS

Je crois encore pouvoir attribuer aux vraies Cordaïtes les graines très allongées FIG. 7, PL. VI, dont les valves sont souvent séparées, brisées et pourries, comme si ces graines avaient été transportées de loin et provenaient de plantes de terres sèches. L'espèce suivante a été considérée à tort, suivant moi, comme représentant le noyau de quelque *Rhabdocarpus*.

Hypsilocarpus amygdalaeformis, Göpp. et Berg.

La graine FIG. 7′, PL. VI correspond tout à fait à cette espèce d'Oberhohndorf ; elle est seulement un peu moins ventrue et un peu plus allongée, mais la forme·

est identique. Du Bois-Noir, deux graines jumelles semblables paraissent provenir d'un cône où elles étaient serrées.

Hypsilocarpus meridianus.

La Fig. 7 dénote évidemment une autre espèce de graines bien plus grandes et plus fortes, à deux valves et sans base d'attache aussi marquée que sur la petite graine Fig. 7'.

DORY-CORDAITES, Grand'Eury.

Par leur bois présumé (Palaeoxylon), par la contexture de leurs feuilles, par les inflorescences et graines connexes, les Dory-Cordaites forment un groupe plus différent des Cordaites que ne l'indiquent les organes foliaires seulement.

Ceux-ci, très minces et très finement striés, et dont les stries se distinguent peu des nervures, sont ordinairement fissurés, divisés en lanières, si bien que, dans le terrain houiller moyen, on n'a pour ainsi dire pas encore trouvé de feuilles complètes ni même seulement leurs extrémités entières ; ce caractère de feuilles divisées en lanières est très marqué au toit de la couche Pilhouze. Toutefois, les feuilles de la première espèce décrite ci-après, plus coriaces, se rencontrent souvent dans toute leur intégrité, et on peut constater qu'elles sont lancéolées, aiguës vers le sommet et cunéiformes, allongées vers la base. Le limbe est parfois si mince et les nervures si fines que les Dory-Cordaïtes apparaissent comme des membranes presque unies. Entre les nervures on ne voit pas ressortir de rides transversales comme celles qui correspondent au tissu lacuneux des Cordaïtes, et par la minceur du limbe, la finesse des nervures et la forme des feuilles, les Dory-Cordaïtes se distinguent assez facilement des Cordaïtes proprement dites.

Avec les Dory-Cordaïtes, gisent communément, sinon constamment, mais dans une dépendance très étroite lorsqu'il n'y a pas d'autres fossiles, des épis particuliers (Botryoconus) et de petites graines ailées (Samaropsis) que je suis amené à leur rapporter aujourd'hui sans aucune réserve.

Nous verrons que les épis sont composés, c'est-à-dire que de leurs bourgeons latéraux sont sorties plusieurs graines au lieu d'une comme dans les Cordaïtes , et nous verrons que ces graines sont ailées. De pareilles graines, mais très diversifiées et quelques-unes fort grandes, se rencontrent dans le terrain houiller moyen avec les feuilles en question : celles figurées 34 à 51 de la Pl. LXXXV, Fig. 9 à 16, 22 et 23. Pl. CIX et Fig. 1 à 22, Pl. CX de la Flore de Pensylvanie, me paraissent se rapporter aux Dory-Cordaïtes ; les Cardiocarpus ingens, Harveyi, speciosus, dilatatus sont des plus remarquables. La grande variété de

42

formes qu'offrent les graines de *Dory-Cordaites*, en Amérique, est une nouvelle preuve que ces organes se sont plus différentiés que les feuilles.

Quoi qu'il en soit, si l'on rapproche en outre les Palaeoxylons des Dory-Cordaïtes on voit que ces dernières constituent un groupe très différent des Cordaïtes.

Dans le terrain houiller supérieur, les graines sont petites et ailées, étant restées jusqu'à maturité incluses dans de petits cônes latéraux au lieu d'en être sorties portées sur un pédoncule comme les *Cord. Lindleyi, acutum*, et sans doute la plupart de ceux du terrain houiller moyen, ce qui leur a permis de prendre des dimensions fort grandes pour des graines d'abord logées dans un strobile.

Les Dory-Cordaïtes ont des gisements nombreux, mais intermittents dans le Gard, et il est à remarquer que ces feuilles n'accusent pas, comme les Cordaïtes, une préférence pour les roches micacées, elles représentent presque à elles seules ces feuilles dans les schistes quartzo-feldspathiques de l'étage de Bessèges.

Gisement général. — Nombreux : à Rochebelle, à Saint-Jean, au toit de la couche Pilhouze, au puits de Malbosc.

Plein quelques bancs de schiste isolés à Cendras (C. n° 3), au Pontil (C. Cantelade ou Velours), à Fontanes (au dessous de la 3ᵉ), à Fontanieux.

Il n'y a pour ainsi dire pas d'autres Cordaïtes à Molières.

A Bessèges (C. Sainte-Mathéa et Saint-André), à Gagnières, Fontanes (toit de la 1ʳᵉ et de la 4ᵉ), Sainte-Barbe (C. Ayrolle), Grand'Combe (au-dessous de La Grand'Baume), carrière de l'Eglise, Phyllades du Doulovy.

Cordaites palmaeformis, Göppert.

Espèce à nervures fines et rapprochées sur les bords, mais un peu plus fortes et anguleuses au mileu de feuilles assez fermes, peu fissurées.

Gisement. — Champclauson, Rochebelle, Cendras (C. n° 2), Fontanes (C. n° 3), puits Varin.

Cordaites affinis, Gr.

Feuilles très minces, plus délicates ; nervures et stries très fines, égales sur toute la largeur, apparaissant faiblement sur les deux faces, quelques-unes plus fortes faisant saillie sur une face.

Gisement. — Beaucoup au Ravin.

A Ricard, à Saint-Jean (à sommet triangulaire), puits de Malbosc (unies, très minces).

BOTRYOCONUS, Göppert.

Ce genre est motivé et justifié par des épis composés de nombreux petits cônes distiques. Ils gisent avec les Dory-Cordaïtes dans les bancs que remplissent ces feuilles, et font assurément partie des mêmes plantes, ainsi que les *Samaropsis*. Ces sortes d'inflorescences sont longues, dépassant 0,20 et 0,30 dans le terrain houiller supérieur ; elles diffèrent en outre du *Bot. Pitcairniae* en ce que dans le Gard et à Saint-Etienne les graines ne sortaient pas du bourgeon avant maturité comme dans cette courte espèce du terrain houiller moyen ; elles restaient fixées sur des bractées non accrescentes comme l'indique le Croquis G. Ces graines incluses paraissent avoir été attachées au rameau indépendamment des écailles. Elles sont contenues au nombre de 8 à 10 dans certains petits cônes, par lesquels les Dory-Cordaïtes accusent quelque parenté avec les Aiculariées.

Croquis G

Botryoconus femina, Gr. Cf.

A La Grand'Combe (Ravin), M. Platon a découvert un épi analogue à celui de Saint-Etienne, décrit et figuré sous ce nom p. 279, PL. XXXIII, FIG. 1, *Flore carbonifère*, à épillets alternes, sans bractées ; seulement, dans le Gard, les épillets sont sensiblement plus forts que dans la Loire. Mais on croirait en voir sortir des *Samaropsis* identiques. Un caractère à signaler qui aurait une grande importance s'il était bien marqué : c'est que à la Grand'Combe les écailles fructifères (carpophylles) paraissent insérées au bout d'axes secondaires prolongés et dépassant presque les bractées striées de la base.

Pareil épi s'est trouvé à Fontanes au milieu des Dory-Cordaïtes.

Botryoconus occitanus.

Je donne, FIG. 8, PL. V, la photogravure d'une autre portion d'épi de La Grand'Combe, que distinguent des bourgeons floriféres opposés, insérés à l'aisselle de longues bractées linéaires striées, et des écailles moins allongées, concaves. Mais rien ne prouve que les longs épis de Dory-Cordaïte ne changent pas d'un bout à l'autre, et que des modifications, dans le sens de la deuxième espèce, ne se produisent à la base de l'épi faisant l'objet de la première. Toutefois, dans le doute et jusqu'à ce qu'on les connaisse plus complètement, il convient de ne pas confondre des formes aussi éloignées.

SAMAROPSIS

Les graines ailées se rencontrent dans plusieurs familles très différentes, et ce caractère, en lui-même, n'implique pas d'affinités déterminées. Mais, lorsqu'on les voit gisant, presque constamment, avec les mêmes feuilles et sortir de cônes qui appartiennent aux mêmes plantes, comme c'est le cas des *Samaropsis* vis-à-vis des *Botryoconus* et des *Dory-Cordaites*, ledit caractère acquiert une réelle importance comme attaché à un genre de végétaux fossiles propre aux terrains carbonifères.

Samaropsis fluitans, Dawson.

Cette espèce, de très longue durée, n'est pas si bien limitée dans ses formes qu'on la puisse tenir pour irréductible. Les ailes en sont plus ou moins rapprochées au sommet ; en s'y touchant et formant arc, elles caractérisent le *Sam. cornuta* ; le *Sam. ulmiformis* est une autre variété ou espèce voisine.

Gisement. — Très nombreux au-dessous de La Grand'Baume à Ricard et au toit de la C. Pilhouze au Ravin.

Mines de Portes, Péreyrol, couche des Lavoirs, Affenadou, Bois-Commun, puits du Provençal, Fontanes, Fontanieux, Bessèges.

Samaropsis forensis, Gr.

Les Samares que j'ai désignés sous ce nom, sont caractérisés par des ailes arrondies au sommet, au lieu d'être aiguës, arquées et recourbées en dedans comme dans l'espèce précédente.

Gisement. — Couche des Lavoirs et du sommet des plans, Grand'Combe, Traquette, Cendras (C. n°s 2 et 3), Fontanes, Broussous (avec des ailes moins développées, se rejoignant presque au sommet de la graine, comme sur la Fig. 6, Pl. XXIII, *Flore des séries de Radstock).*

Samaropsis mesembrina, n. sp.

Je représente, Fig. 8, Pl. VI, un groupe de graines ailées, dont la position ne paraît pas due au hasard de la sédimentation ; les ailes sont de forme toute particulière, qui éloigne ces Samares des autres. Les végétaux vivants, qui en portent d'assez analogues, sont les *Ephedra*, ou plutôt les *Welwitschia*, cela soit dit sans préjuger des affinités botaniques de ces curieuses petites graines fossiles.

Cardiocarpon Lindleyi, Carruthers, cf.

Dans le minerai de fer de La Prade se trouvent de petites graines marginées, à la vérité moins échancrées à la base et fendues moins profondément au sommet que celles de cette espèce *(Notes on some fossil Plants*, extrait du *Geological Magazine*, vol. IX, p. 7), mais, quoique dépourvues de ligne médiane, elles en sont, pour le moins, aussi semblables que le *Carpolithes corculum*, Stern., que M. Carruthers identifie à son espèce, à laquelle il rapproche, à tort selon moi, les *Samaropsis cornuta* et *bissecta* de M. Dawson.

Cardiocarpon acutum.

Graines un peu plus fortes que les précédentes, à peine marginées, non échancrées, à sommet atténué aigu.

Sainte-Barbe (C. Anonyme), Fontanes, Saint-Jean, Molières, Bessèges.

POA-CORDAITES, Grand'Eury.

Parmi les Cordaïtes se distinguent facilement, avons-nous dit, des feuilles linéaires étroites entières, striées de la même manière, mais à nervures simples, égales, parallèles, partant toutes de la base ; stries hypodermiques à peine apparentes, sans rides transversales causées par l'affaissement d'un tissu lacuneux entre les nervures, d'après M. Renault, qui range ces feuilles dans les Taxinées (*Cours de botanique fossile*, 4ᵉ année, p. 81 et 207). Toujours d'après cet auteur, leur bois est dépourvu de moelle diaphragmatique. Nous verrons que les graines, mieux connues que le bois des Poa-Cordaïtes, les rapprochent réellement des Taxinées.

Poa-Cordaites linearis, Gr.

Cette espèce de Saint-Etienne, fondée sur des feuilles étroites d'une largeur à peu près constante ne dépassant pas 0,01 et d'une longueur variant de 0,05 à 0,30, à nervures égales ou alternativement un peu plus faibles et plus fortes, est caractéristique du terrain houiller supérieur. La FIG. 5, PL. VII, reproduit un bouquet de *Poa-Cordaites linearis* de La Grand'Combe.

Gisement. — Fréquent à Portes et Champclauson : à Portes (C. Blachères et Jenny, nombreux, couche Sainte-Barbe assez, C. Rouvière). Couches supérieures du Chauvel. Mur de la C. de Champclauson, Puits des Nonnes, nombreux à Fontanes, Gagnières.

Poa-Cordaites microstachys, Gold.

Feuilles analogues aux précédentes, mais, outre qu'elles ont une largeur plus variable de 0,05 à 0,02, elles sont accompagnées de plus petites graines, c'est ce qui me décide à les séparer sous ce nom donné à des feuilles analogues (*Flore de Saar-Rheingebiete*, p. 195). On pourrait les joindre aux *Poa-Cordaites linearis* et j'avoue que la réunion des feuilles qui se ressemblent en général simplifierait avantageusement la détermination et les nomenclatures, mais les groupements, par à peu près, ne conviennent pas au but que l'on poursuit, et malgré les difficultés inhérentes aux distinctions à établir entre espèces voisines, et les inconvénients d'augmenter souvent inconsidérément le nombre des espèces, il vaut beaucoup mieux, à mon avis, séparer que confondre les débris fossiles dont l'identité n'est pas évidente.

Gisement. — A la Clède, aux Figeirettes, à Lalle (C. nᵒ 12), à Saint-Jean, Fontanes (C. de l'Espérance), Bois-Commun, Olympie.

Feuilles assez larges : au Feljas, à la recherche de Gagnières.

Poa-Cordaites gracilis, Lesq.

Convaincu de l'utilité qu'il y a de séparer les fossiles différents qu'aucun intermédiaire ne relie ensemble et, sauf à les réunir plus tard s'il y a lieu, je crois devoir signaler, sous ce nom, de petites feuilles d'Olympie, plus étroites à la base d'attache que les précédentes, élargies en forme de massue vers le sommet tronqué, courtes, bref très analogues, pour ne pas dire identiques, à celles sur lesquelles Lesquereux a créé cette espèce (*Flore de Pensylvanie*, PL. LXXXVII, Fig. 4, p. 539).

TAXOSPERMUM, Brongniart.

Feu Adolphe Brongniart, dans ses recherches anatomiques sur les graines silicifiées, a décrit sous le nom de *Taxospermum Gruneri* (page 79, PL. XV) une graine de Saint-Etienne, que sa forme (Fig. 18, PL. A) rapproche, identifie aux graines ci-après qui vont avec les Poa-Cordaites et qui leur appartiennent, à mon avis, indubitablement. En section transversale, ces graines sont peu déprimées ; aussi, à l'état d'empreintes, sont-elles plissées et frippées par l'aplatissement qu'elles ont subi.

Carpolithes disciformis, Stern., et Taxospermum Gruneri, Br.

Ces graines, dont les caractères de détail ont été fixés par Weiss avec le soin qui signale ses déterminations spécifiques, ressemblent, de dimension et de forme, lorsque la pellicule de houille granulée qui les enveloppe a été écartée, tout à fait au noyau du *Tax. Gruneri*. Dans le bouquet de feuille Fig. 5, PL. VII, se trouve l'une de ces graines que je rattache aux *Poa-Cordaites linearis*.

Gisement. — Portes (O. Jenny et Blachères), Chauvel (entre couches Salze et Rouvière maigre), Champclauson, Grand'Combe (carrière Luce), aux Nonnes (en grand nombre sur une plaque de schiste), Fontanes.

Carpolithes ovoideus, Göppert et Berger.

Des graines sensiblement plus petites que les précédentes, ayant même surface granulée et frippées par la compression, quelques-unes identiques à celles d'Ottweiler décrites sous ce nom (*Sarre et Rhein*, p. 206, PL. XVIII, Fig. 10 à 12 et 18 à 21), se rencontrent dans les couches où gît la deuxième espèce de Poa-Cordaïtes.

Gisement. — Mas-de-Curé, Montbel, toit de la couche supérieure des Viges, Cendras, Fontanes.

Carpolithes ellipticus, Stern.

Enfin, je signalerai à Ricard, à Cendras, des graines encore plus petites, très semblables à celles rapportées à cette espèce. Lesquereux leur a identifié des graines d'Amérique un peu plus grandes et, par là, se rapprochant autant du *Carp. ovoideus* que du *Carp. ellipticus*.

CONIFÈRES DIALYCARPÉES

Il n'y a pas, dans le terrain houiller supérieur en général et dans le bassin du Gard en particulier, de Conifères à feuilles aciculaires et à graines agrégées en strobile. Les fossiles, qu'on peut rapporter à la classe des conifères, jouent d'ailleurs un rôle très effacé, n'étant représentées que par deux genres et quatre ou cinq espèces de petites tailles et peu communes, et deux genres dont les affinités sont très obscures.

DICRANOPHYLLUM, Grand'Eury.

Les Dicranophyllum que l'on rapproche des Salisburyées par l'intermédiaire des *Trichopitys* et *Ginkgophyllum*, s'en éloignent réellement et forment un groupe isolé, sans autre liaison avec les Cordaïtes que par le *Lepidoxylon anomalum*, Lesq. L'autonomie du groupe est affirmée par la forme des feuilles, les bourgeons mâles axillaires et les graines insérées sur la base de feuilles à peine modifiées.

Dicranophyllum gallicum, Gr.

Cette espèce du Centre de la France est assez répandue dans le Gard.

Gisement. — Nombreux à La Croix-des-Vents, dans un filet du mont des Pinèdes. Fréquent à Olympie, Traquette.

Quelques-uns à Lagrange-sous-Veyras, au puits Siméon, Rieubert, puits du Doulovy. Recherches des Masses, Affenadou, Ravin, Feljas, Vallat des Plôts, Souhot. Entre Rouquet et Malataverne, à La Prade, puits de Chavagnac.

Dicranophyllum tripartitum, n. sp.

Je suis en mesure d'enrichir le groupe d'une espèce nouvelle assez singulière (Voir PL. VI, FIG. 12 et 13), caractérisée, sur les échantillons figurés (du Rieubert et du puits du Doulovy), par des feuilles trifurquées une ou deux fois (FIG. 12 a et 13 a), et lorsqu'une partition est absente, enlevée avec la roche de la contre-empreinte; on en voit assez nettement l'insertion charbonneuse à la bifurcation restante pour admettre que le caractère est général. L'échantillon (FIG. 12) a un aspect très ligneux. Les feuilles de l'autre sont moins denses et une seule fois trifurquées; cependant, je n'ai pas cru qu'il y eût là motif à les séparer spécifiquement.

Dicranophyllum robustum, Zeiller.

Cette espèce a été établie sur un spécimen des environs d'Alais (*Bulletin de la Société géologique*, 3ᵉ série, t. VII, p. 611, Pl. X).

Il est fort possible qu'elle soit représentée au Rieubert par une branche rappelant l'axe figuré par M. Zeiller. Sur cette branche, les coussinets sont, comme dans les conifères, le prolongement de feuilles latéralement décurrentes et qui sont attachées tout à fait en haut des coussinets, au lieu d'être fixées sur eux comme dans les Lepidodendrons.

WALCHIA, Sternberg.

Les Walchia, dans les Cévennes, sont excessivement rares.

Ils offrent, par l'espèce ci-après, l'exemple d'organes de reproduction très différents attachés à des branches, rameaux et feuilles très semblables, le *Walchia piniformis* ayant été trouvé muni de trois modes de fructification : 1º celui sous forme de cône, qui est permien ; 2º celui que j'ai figuré (*Flore carbonifère*, p. 514) et que M. Renault propose d'appeler *Taxeopsis* (*Cours de botanique foss.*, 4ᵉ année, p. 88 et 208) ; 3º celui à graines solitaires au bout des rameaux (loc. cit., p. 89). Cependant ces Walchia à floraisons si différentes se ressemblent tellement à l'état stérile qu'il est impossible de les distinguer spécifiquement. Dans ces végétaux, l'appareil reproducteur dénonce donc plusieurs genres, là où le système végétatif n'offre aucunes différences morphologiques appréciables.

Je ne connais pas bien le système fructifère des Walchia houillers, mais je n'en suis pas moins convaincu qu'il ne revêt pas la forme de cônes, et par là l'espèce houillère doit être considérée comme fort éloignée de l'espèce permienne. Je lui conserve néanmoins le même nom.

Walchia piniformis, Schlotheim.

Cette espèce, dans le Gard, est représentée par quelques fragments trouvés isolés au Ravin (toit de la couche Pilhouze) : je l'ai aussi rencontrée à Cornas (dans les couches supérieures de Cessous) ; les débris en sont assez fréquents à Ricard. Là, M. Platon a trouvé une branche ramifiée d'une manière toute particulière ; les feuilles carénées sont striées nettement.

Il n'a été aperçu aucun vestige de *Walchia* dans le bassin de La Cèze.

A La Grand'Combe, on ne trouve ces fossiles que dans les schistes à écailles de poissons, aussi bien au Ravin qu'à Ricard.

CONTRIBUTIONS A LA FAUNE FOSSILE

DU

BASSIN HOUILLER DU GARD

Dans mes excursions, j'ai découvert quelques restes d'animaux fossiles qui me paraissent devoir être signalés ici, bien qu'ils n'aient prêté aucun aide pour la détermination des couches.

Je les ai soumis à plusieurs spécialistes, et c'est leur opinion que je vais donner ici sur ces restes fossiles, comprenant des poissons, des insectes, des crustacés, des coquilles, etc.

Ecailles de poissons, Elonichthys.

J'ai signalé, page 69, le gisement de ces débris fossiles.

Ayant soumis à l'appréciation de M. le docteur Sauvages les écailles de poissons de la couche des Blachères, il m'a répondu qu'elles sont spécifiquement indéterminables. Tout ce que l'on peut dire, ajoute-t-il, c'est qu'elles indiquent des poissons de la famille des Polaeoniscidées, probablement voisines des *Elonichthys*, genre essentiellement carbonifère.

Spirangium ventricosum, n. sp.

Récemment il a été reconnu que les *Spirangium* sont tout simplement des œufs de squales et de chimères (*Comptes-Rendus*, CVII, 1022). La consistance cartilagineuse de ces empreintes m'avait depuis longtemps frappé.

Je figure, PL. XXII, FIG. 3, un gros spirangium trouvé, par M. Platon, au

Ravin, dans les schistes à écailles de poissons. Il ressemble à une ampoule entourée de côtes tranchantes enroulées en spirale jusqu'à une extrémité où elles paraissent devenir libres.

Insectes, Blattina.

Les insectes à l'état d'ailes détachées sont communs, principalement à Fontanes (4ᵉ couche) ; on en a trouvé à Saint-Jean, à Lalle, à Gagnières, au Martinet. Ces ailes fossiles forment plusieurs espèces et appartiennent à différents genres. Elles n'ont pas été déterminées. J'en représente une, Pl. XXII, Fig. 6, faisant partie du genre *Etoblattina* de Scuder.

Je donne en outre, Fig. 7, Pl. XXII, une feuille de Cordaïte de La Grand'-Combe, sur laquelles les entomologistes eux-mêmes reconnaissent des galeries d'insectes.

Arachnide, Kreischeria.

J'ai trouvé un Arachnide complet. M. Charles Brongniart, à qui je l'ai communiqué, estime qu'il est de l'ordre des *Anthracomarti* de Karsch et appartient au genre *Kreischeria*. Ce fossile sera décrit par cet entomologiste, avec dessins à l'appui.

Crustacés, Gampsonyx.

M. Lombard a découvert, dans la bacnure du 9ᵉ étage de Bessèges, de petits crustacés allongés rappelant les crevettes. Pour M. Charles Brongniart, ce sont des Amphipodes, appartenant au genre *Gampsonyx*, et peut-être sont le *G. fimbriatus* de Jordan, trouvé dans les sphérosidérites de Lebach, près Sarrebruck. Ce fossile sera décrit par M. Ch. Brongniart.

On trouve non rarement dans les schistes stériles les extrémités caudales détachées de pareils crustacés.

Estheria Cebennensis.

J'ai signalé, page 68, des coquilles très répandues et nombreuses, principalement dans l'étage stérile qu'elles caractérisent. La Fig. 4, Pl. XXII représente un groupe de ces coquilles bivalves très délicates ; en outre des arcs d'accroissement excentriques qui sont dessinés, on voit souvent ressortir sur l'empreinte un fin réseau à mailles rondes de 1 $^{m/m}$, indépendant de la coquille.

Ce sont des *Estheria*, et dans le *Palaeontological Society*, part. V, 186, on peut voir figurées sous ce nom des coquilles analogues à celles du Gard, mais, il paraît, assez différentes.

On avait d'abord été tenté de ranger ces fossiles parmi les *Posidonia*, genre ancien aux dépens duquel a été formé le genre *Estheria* pour les coquilles de crustacés qui ressemblent à celles de ces mollusques ; on les a aussi comparées à l'*Anthracomya* du terrain houiller supérieur d'Ardwick, près Manchester (*Siluria*, Chapitre XII, 4° édition, p. 300).

Mais M. Munier-Chalmas a vu sortir des coquilles du Gard des pattes ou antennes de crustacés, et le doute n'est plus permis : ce sont bien, d'après M. Charles Brongniart, des *Estheria*, et ces fossiles font partie des Phyllopodes et non des Entomostracés.

Leaia Leidyi, Rupert John et Lea.

J'ai découvert, à 10 mètres au-dessous de la couche des Bouziges (au mur et au toit d'un filet de houille), au col de Couze (au-dessus d'un petit banc de charbon supérieur à la couche Gravoulet), et dans un schiste très fin provenant du mur de la couche du sondage au puits Varin, de petites coquilles absolument pareilles à celles figurées par Goldenberg sous ce nom (*Fauna Saraepontana fossilis*, 1873, 1er fasc., PL. II, Fig. 20, 21 et 22). Notre Fig. 15, PL. XIII en représente quelques-unes de Gagnières, au moyen desquelles on pourra se rendre compte de leur identité spécifique avec celles des couches supérieures de Sarrebruck.

Ces coquilles sont des entomostracés de la famille des Limnadiae.

Anthracomya, Cardinia, Unio ?

M. Lange a trouvé à Fontanes, près de la 4° couche, de grandes coquilles que l'on estime être des *Anthracomya* ; l'une d'elles est représentée PL. XXII, Fig. 5.

PL. VI, Fig. 27, sont figurées d'autres coquilles trouvées à Lalle dans les schistes provenant de l'exploitation ; on les rapproche des *Cardinia*.

A Fontanes a été rencontrée une autre coquille d'eau douce, elliptique, allongée, analogue au *Naiadites arenacea*, Daw. de l'*Upper Coal formation* de Pictou (Canada). C'est, suivant toute apparence, un *Unio*.

Il reste des doutes sur ces déterminations.

Vermis Transitus.

Page 67 et PL. IV, Fig. 1 et 2 sont signalées et dessinées des pistes d'Annélides très abondantes dans les schistes houillers micacés du Gard. De gros vers, en passant et repassant dans le même limon, on fait affecter à la roche la forme de petits cylindres tortueux qui s'échancrent et même se traversent, comme l'indiquent les croquis 3. La matière a été repoussée constamment du même côté, et ces traces qui n'ont pas de fin se décomposent en petites calottes sphériques emboîtées dans le même sens. Leur origine est maintenant bien connue. Pareilles pistes de ver sont communes dans les terrains paléozoïques.

ERRATA CONCERNANT LA CARTE

A Traquette, teinte du trias au lieu de celle du terrain primitif.

Sur la coupe D D⁴, touches de carmin au lieu de vermillon.

Au Sud de La Clémentine, teinte du terrain primitif au lieu de la teinte des couches de Bessèges.

A l'Ouest de La Crouzette, touche verte au lieu de la touche jaune.

Le dressant du col Malpertus quitte le ravin de La Grand'Combe près du puits Fournier et de là prend la direction des Ribes.

La faille tracée de Sauvagnac aux Coudounels est à supprimer, en plan et en coupe.

La faille du Mas-Dieu se prolonge de Mercoirol-Bas tout au moins jusqu'à Fanaubert.

Un dressant est à figurer, sur la coupe de Saint-Jean aux Mages, entre les plis de la couche Sans-Nom et le puits Pisani.

La bande verte des couches de Gagnières est à placer au lieu dit « La Fanode »:

INDEX ALPHABÉTIQUE

DES

GENRES ET ESPÈCES DE PLANTES FOSSILES

TABLE GÉNÉRALE DES MATIÈRES

TITRE VI

LIVRE TROISIÈME

Flore carbonifère du bassin houiller du Gard.

CRYPTOGAMES VASCULAIRES

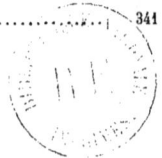

Saint-Étienne, imp. Théolier et Cie, rue Gérentet, 12.

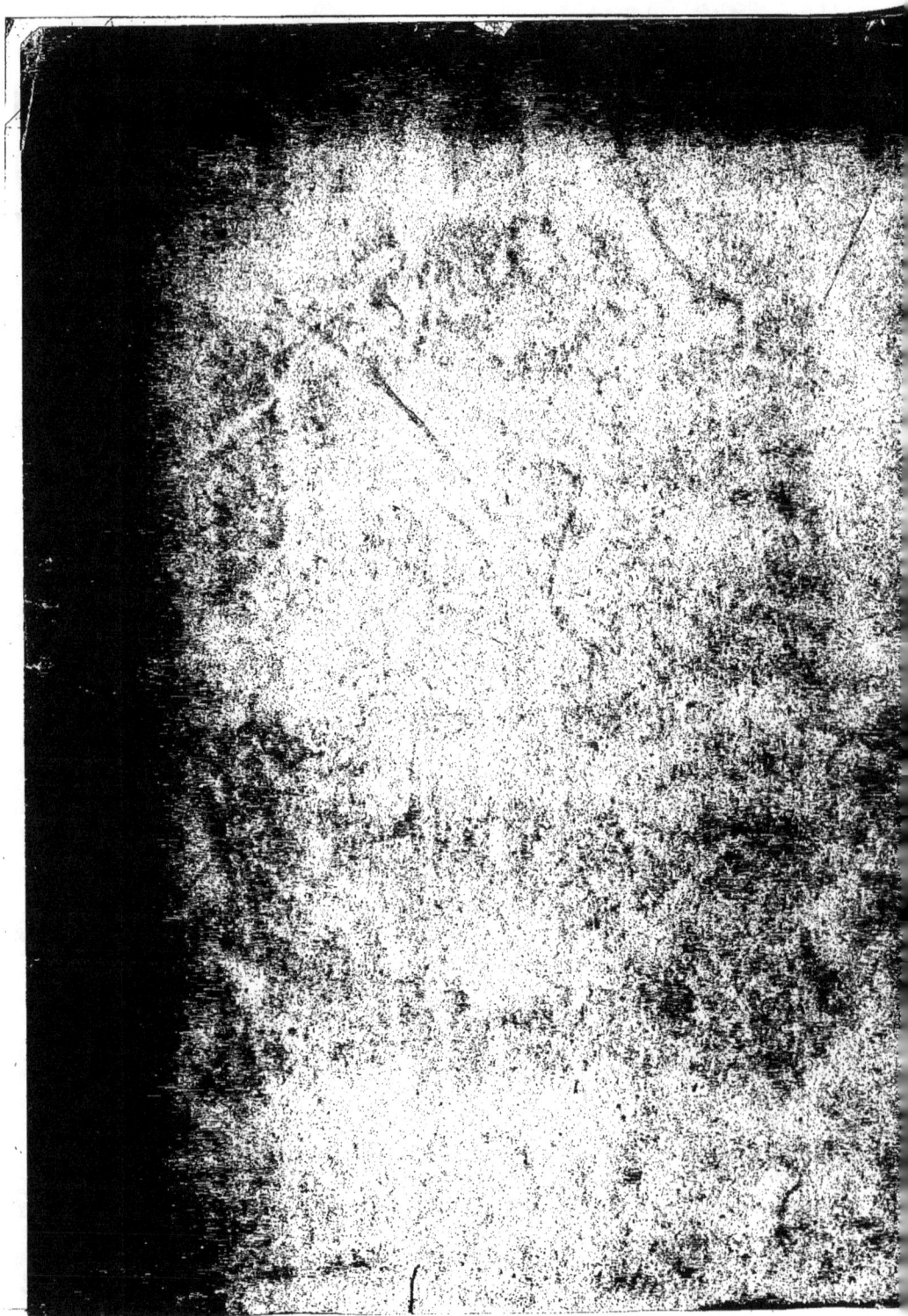

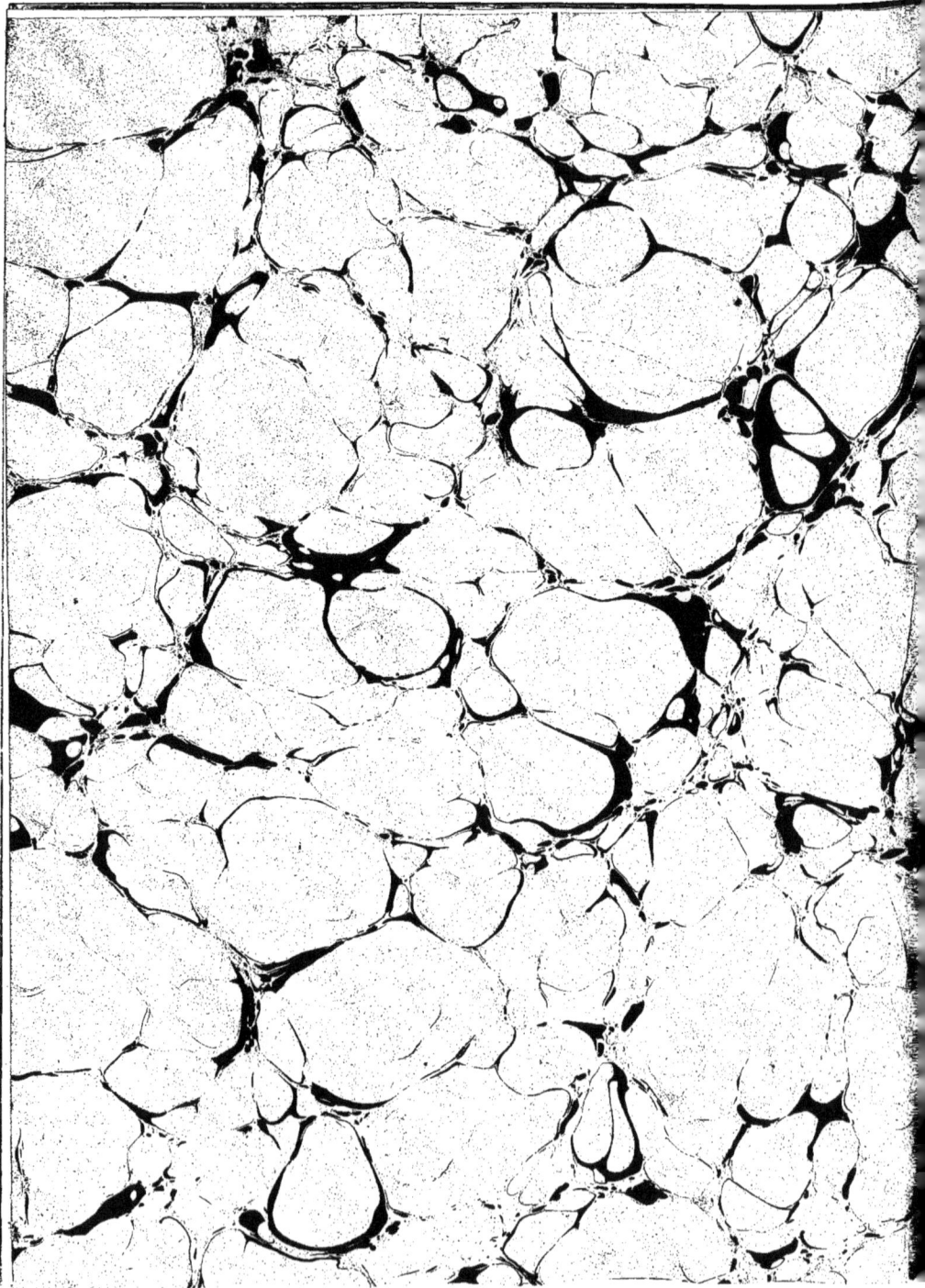

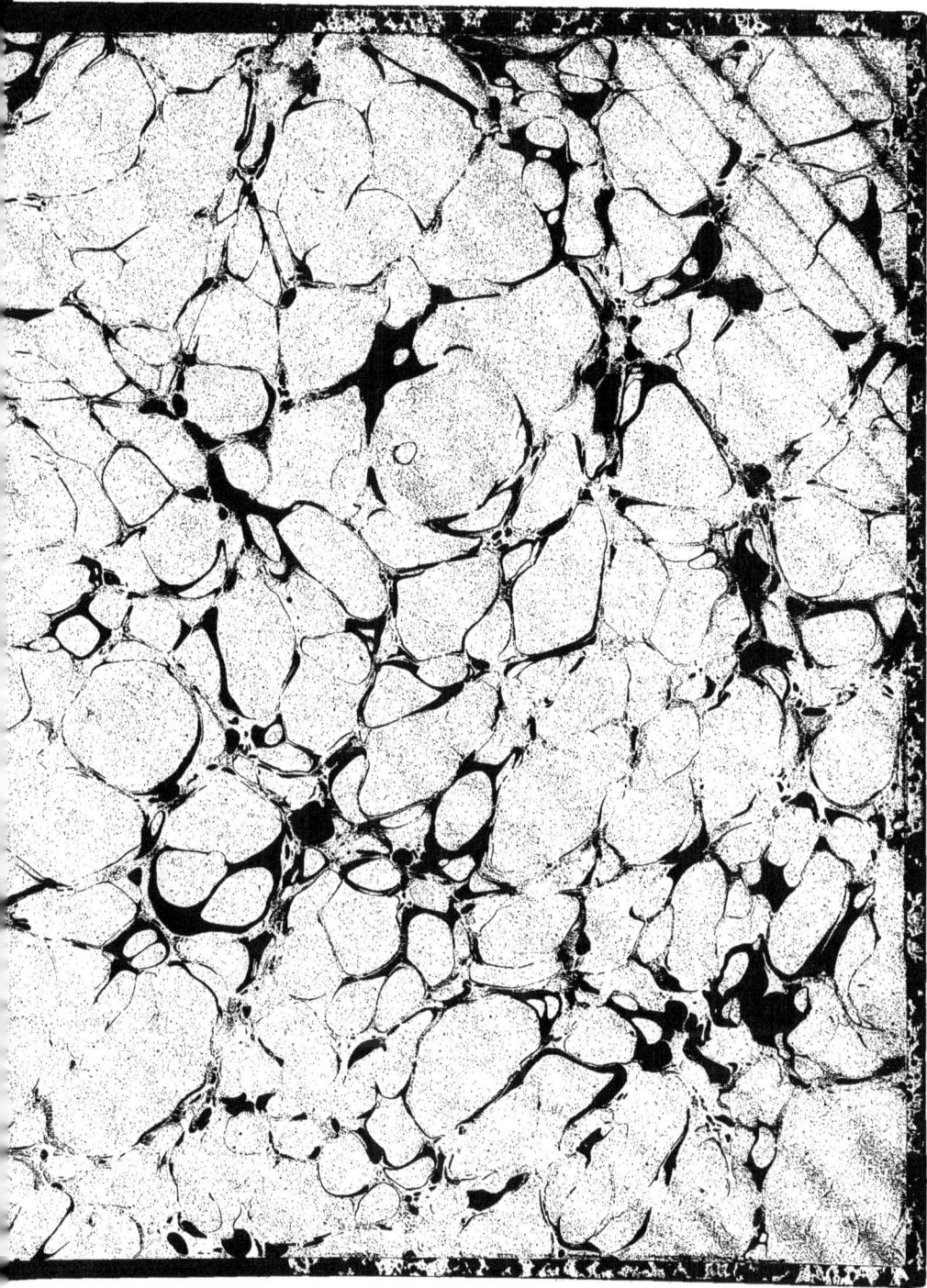

www.ingramcontent.com/pod-product-compliance
Lightning Source LLC
Chambersburg PA
CBHW060116200326
41518CB00008B/836